I0472716

ISBN 978-1-291-35843-8

In copertina foto Nasa di Giove ©
On the cover photo Nasa of Jupiter

INTRODUZIONE

Questo libro, il settimo di una serie di dieci, rappresenta una estesa trattazione di quanto presente sul mio sito riguardo Giove ed i fenomeni ad esso correlati. Vengono qui esaminati i fenomeni mutui dei satelliti, i fenomeni multipli, le occultazioni, i parametri utili per l'osservazione, la macchia rossa, su di un arco temporale esteso, dal 2013 al 2100.

Ovviamente dato che l'era contemporanea è il ventunesimo secolo viene dato il più ampio spazio a questo periodo, riservando il resto delle tabelle agli storici, agli studiosi di statistica astronomica o ai più curiosi.

Questo non è un manuale tecnico e di difficile lettura, ma una descrizione completa e molto dettagliata su quello che il cielo ci offre durante la nostra vita, quindi ogni tabella è pronta all'uso ed ogni evento riportato sarà facilmente visibile ad occhio nudo od eventualmente con un modestissimo binocolo.

Un'opera per astrofili, per astronomi, per professionisti o semplici appassionati.

INTRODUCTION

This book, the seventh in a series of ten, is an extended discussion of that on my website about Jupiter and its phenomenas. All aspects of mutual phenomena of the moons, the multipla phenomena, the occultations, and useful parameter for visually observation, the Great Red Spot, on an extensive period of time, from 2000 to 2100, are reexamined here.

Since the contemporary era is the twenty-first century, for this reason the most room is given to this period, reserving the rest of the tables for historians, astronomical statisticians or the curious.

This is not a technical and difficult to read manual, but a complete and very detailed description of what the sky gives us throughout our lives, so each table is ready for use, and each reported event will be easily visible to the naked eye or possibly with a simple pair of binoculars.

The book is for stargazing astronomers and professionals.

EFFEMERIDI - EPHEMERIDES
2013-2020

Data = nel formato giorno/mese/anno
A.R. e Decl. apparenti
Dist = distanza dalla Terra in unità astronomiche
RV = distanza dal Sole in unità astronomiche
D.Eq. = diametro equatoriale in "
D.Pol. = diametro polare in "
El = elongazione in °
Mag = magnitudine

Date : in the format dd/mm/yyyy
A.R. - Decl = Right Ascension - Declination
Dist = distance from the Earth in A.U.
RV = distance from the Sun in A.U.
D.Eq. = equatorial diameter in "
D.Pol = polar diameter in "
El = elongation in °
Mag = magnitude

GG/MM/AAAA	A.R.	DECL.	Dist.	RV	D.Eq.	D.Pol.	El.	Mag.
01/01/2013	04 24 27.6	+20 54 19	4.210280	5.063561	46.76	43.73	147.0	-2.7
02/01/2013	04 24 03.8	+20 53 38	4.219424	5.063879	46.66	43.64	145.9	-2.7
03/01/2013	04 23 40.8	+20 52 58	4.228822	5.064196	46.56	43.54	144.8	-2.7
04/01/2013	04 23 18.4	+20 52 20	4.238469	5.064514	46.45	43.44	143.7	-2.7
05/01/2013	04 22 56.8	+20 51 43	4.248361	5.064833	46.34	43.34	142.6	-2.7
06/01/2013	04 22 35.8	+20 51 08	4.258494	5.065151	46.23	43.24	141.5	-2.7
07/01/2013	04 22 15.6	+20 50 35	4.268866	5.065470	46.12	43.13	140.4	-2.7
08/01/2013	04 21 56.2	+20 50 03	4.279471	5.065790	46.01	43.02	139.3	-2.7
09/01/2013	04 21 37.6	+20 49 33	4.290306	5.066109	45.89	42.92	138.2	-2.7
10/01/2013	04 21 19.7	+20 49 05	4.301366	5.066429	45.77	42.81	137.1	-2.7
11/01/2013	04 21 02.6	+20 48 38	4.312647	5.066749	45.65	42.69	136.0	-2.7
12/01/2013	04 20 46.3	+20 48 14	4.324143	5.067069	45.53	42.58	135.0	-2.6
13/01/2013	04 20 30.8	+20 47 51	4.335851	5.067390	45.41	42.46	133.9	-2.6
14/01/2013	04 20 16.2	+20 47 30	4.347765	5.067711	45.28	42.35	132.8	-2.6
15/01/2013	04 20 02.3	+20 47 11	4.359880	5.068032	45.16	42.23	131.7	-2.6
16/01/2013	04 19 49.3	+20 46 54	4.372190	5.068354	45.03	42.11	130.7	-2.6
17/01/2013	04 19 37.1	+20 46 39	4.384691	5.068675	44.90	41.99	129.6	-2.6
18/01/2013	04 19 25.8	+20 46 26	4.397378	5.068997	44.77	41.87	128.5	-2.6
19/01/2013	04 19 15.3	+20 46 15	4.410245	5.069320	44.64	41.75	127.5	-2.6
20/01/2013	04 19 05.7	+20 46 06	4.423287	5.069642	44.51	41.63	126.4	-2.6
21/01/2013	04 18 57.0	+20 45 59	4.436500	5.069965	44.38	41.50	125.4	-2.6
22/01/2013	04 18 49.0	+20 45 55	4.449878	5.070288	44.24	41.38	124.3	-2.6
23/01/2013	04 18 42.0	+20 45 52	4.463417	5.070612	44.11	41.25	123.3	-2.6
24/01/2013	04 18 35.8	+20 45 51	4.477111	5.070935	43.97	41.12	122.2	-2.6
25/01/2013	04 18 30.5	+20 45 52	4.490956	5.071259	43.84	41.00	121.2	-2.6
26/01/2013	04 18 26.0	+20 45 56	4.504947	5.071583	43.70	40.87	120.2	-2.6
27/01/2013	04 18 22.5	+20 46 01	4.519080	5.071908	43.57	40.74	119.1	-2.6
28/01/2013	04 18 19.7	+20 46 09	4.533349	5.072233	43.43	40.61	118.1	-2.5
29/01/2013	04 18 17.8	+20 46 19	4.547750	5.072558	43.29	40.49	117.1	-2.5
30/01/2013	04 18 16.8	+20 46 30	4.562279	5.072883	43.15	40.36	116.1	-2.5
31/01/2013	04 18 16.7	+20 46 44	4.576930	5.073209	43.02	40.23	115.0	-2.5
01/02/2013	04 18 17.4	+20 47 00	4.591700	5.073534	42.88	40.10	114.0	-2.5
02/02/2013	04 18 18.9	+20 47 18	4.606583	5.073861	42.74	39.97	113.0	-2.5
03/02/2013	04 18 21.4	+20 47 38	4.621576	5.074187	42.60	39.84	112.0	-2.5
04/02/2013	04 18 24.6	+20 48 00	4.636673	5.074514	42.46	39.71	111.0	-2.5
05/02/2013	04 18 28.8	+20 48 24	4.651871	5.074840	42.32	39.58	110.0	-2.5
06/02/2013	04 18 33.8	+20 48 50	4.667164	5.075168	42.18	39.45	109.0	-2.5
07/02/2013	04 18 39.6	+20 49 18	4.682547	5.075495	42.05	39.32	108.0	-2.5
08/02/2013	04 18 46.4	+20 49 48	4.698015	5.075823	41.91	39.19	107.1	-2.5
09/02/2013	04 18 53.9	+20 50 20	4.713565	5.076151	41.77	39.06	106.1	-2.5
10/02/2013	04 19 02.3	+20 50 55	4.729189	5.076479	41.63	38.93	105.1	-2.4
11/02/2013	04 19 11.5	+20 51 30	4.744884	5.076807	41.49	38.80	104.1	-2.4
12/02/2013	04 19 21.6	+20 52 08	4.760644	5.077136	41.36	38.68	103.2	-2.4
13/02/2013	04 19 32.5	+20 52 48	4.776464	5.077465	41.22	38.55	102.2	-2.4
14/02/2013	04 19 44.2	+20 53 30	4.792340	5.077794	41.08	38.42	101.2	-2.4
15/02/2013	04 19 56.7	+20 54 13	4.808265	5.078124	40.95	38.29	100.3	-2.4
16/02/2013	04 20 10.1	+20 54 58	4.824236	5.078453	40.81	38.17	99.3	-2.4
17/02/2013	04 20 24.2	+20 55 45	4.840248	5.078783	40.68	38.04	98.4	-2.4
18/02/2013	04 20 39.2	+20 56 34	4.856297	5.079114	40.54	37.91	97.4	-2.4
19/02/2013	04 20 54.9	+20 57 24	4.872377	5.079444	40.41	37.79	96.5	-2.4
20/02/2013	04 21 11.5	+20 58 17	4.888485	5.079775	40.27	37.66	95.5	-2.4
21/02/2013	04 21 28.8	+20 59 10	4.904616	5.080106	40.14	37.54	94.6	-2.4
22/02/2013	04 21 46.9	+21 00 06	4.920766	5.080437	40.01	37.42	93.6	-2.4
23/02/2013	04 22 05.7	+21 01 03	4.936931	5.080769	39.88	37.29	92.7	-2.3
24/02/2013	04 22 25.3	+21 02 02	4.953107	5.081100	39.75	37.17	91.8	-2.3
25/02/2013	04 22 45.7	+21 03 02	4.969289	5.081432	39.62	37.05	90.9	-2.3
26/02/2013	04 23 06.8	+21 04 03	4.985476	5.081765	39.49	36.93	89.9	-2.3
27/02/2013	04 23 28.6	+21 05 06	5.001661	5.082097	39.36	36.81	89.0	-2.3
28/02/2013	04 23 51.2	+21 06 11	5.017843	5.082430	39.24	36.69	88.1	-2.3
01/03/2013	04 24 14.4	+21 07 16	5.034017	5.082763	39.11	36.58	87.2	-2.3
02/03/2013	04 24 38.4	+21 08 23	5.050179	5.083096	38.98	36.46	86.3	-2.3
03/03/2013	04 25 03.1	+21 09 32	5.066326	5.083429	38.86	36.34	85.4	-2.3
04/03/2013	04 25 28.5	+21 10 41	5.082455	5.083763	38.74	36.23	84.5	-2.3
05/03/2013	04 25 54.6	+21 11 52	5.098562	5.084097	38.61	36.11	83.6	-2.3
06/03/2013	04 26 21.4	+21 13 04	5.114642	5.084431	38.49	36.00	82.7	-2.3
07/03/2013	04 26 48.9	+21 14 18	5.130692	5.084766	38.37	35.89	81.8	-2.3
08/03/2013	04 27 17.0	+21 15 32	5.146709	5.085100	38.25	35.77	80.9	-2.3
09/03/2013	04 27 45.9	+21 16 48	5.162688	5.085435	38.14	35.66	80.0	-2.2
10/03/2013	04 28 15.3	+21 18 04	5.178625	5.085770	38.02	35.55	79.1	-2.2
11/03/2013	04 28 45.4	+21 19 21	5.194517	5.086106	37.90	35.45	78.3	-2.2
12/03/2013	04 29 16.2	+21 20 40	5.210359	5.086441	37.79	35.34	77.4	-2.2
13/03/2013	04 29 47.6	+21 21 59	5.226148	5.086777	37.67	35.23	76.5	-2.2
14/03/2013	04 30 19.7	+21 23 19	5.241880	5.087113	37.56	35.12	75.6	-2.2

GG/MM/AAAA	A.R.	DECL.	Dist.	RV	D.Eq.	D.Pol.	El.	Mag.
15/03/2013	04 30 52.3	+21 24 40	5.257552	5.087449	37.45	35.02	74.8	-2.2
16/03/2013	04 31 25.6	+21 26 02	5.273159	5.087786	37.34	34.92	73.9	-2.2
17/03/2013	04 31 59.5	+21 27 24	5.288699	5.088123	37.23	34.81	73.0	-2.2
18/03/2013	04 32 33.9	+21 28 48	5.304168	5.088460	37.12	34.71	72.2	-2.2
19/03/2013	04 33 09.0	+21 30 12	5.319563	5.088797	37.01	34.61	71.3	-2.2
20/03/2013	04 33 44.6	+21 31 36	5.334881	5.089134	36.90	34.51	70.5	-2.2
21/03/2013	04 34 20.9	+21 33 01	5.350119	5.089472	36.80	34.41	69.6	-2.2
22/03/2013	04 34 57.6	+21 34 27	5.365275	5.089810	36.70	34.32	68.8	-2.2
23/03/2013	04 35 34.9	+21 35 53	5.380344	5.090148	36.59	34.22	67.9	-2.2
24/03/2013	04 36 12.8	+21 37 20	5.395326	5.090486	36.49	34.13	67.1	-2.1
25/03/2013	04 36 51.2	+21 38 47	5.410216	5.090825	36.39	34.03	66.2	-2.1
26/03/2013	04 37 30.1	+21 40 14	5.425013	5.091164	36.29	33.94	65.4	-2.1
27/03/2013	04 38 09.6	+21 41 42	5.439715	5.091503	36.19	33.85	64.6	-2.1
28/03/2013	04 38 49.5	+21 43 10	5.454318	5.091842	36.10	33.76	63.7	-2.1
29/03/2013	04 39 30.0	+21 44 38	5.468821	5.092181	36.00	33.67	62.9	-2.1
30/03/2013	04 40 11.0	+21 46 07	5.483221	5.092521	35.91	33.58	62.1	-2.1
31/03/2013	04 40 52.5	+21 47 35	5.497516	5.092861	35.81	33.49	61.2	-2.1
01/04/2013	04 41 34.4	+21 49 04	5.511703	5.093201	35.72	33.41	60.4	-2.1
02/04/2013	04 42 16.8	+21 50 33	5.525781	5.093541	35.63	33.32	59.6	-2.1
03/04/2013	04 42 59.8	+21 52 02	5.539746	5.093882	35.54	33.24	58.8	-2.1
04/04/2013	04 43 43.1	+21 53 31	5.553595	5.094223	35.45	33.15	58.0	-2.1
05/04/2013	04 44 27.0	+21 55 01	5.567328	5.094564	35.36	33.07	57.2	-2.1
06/04/2013	04 45 11.3	+21 56 30	5.580939	5.094905	35.28	32.99	56.3	-2.1
07/04/2013	04 45 56.0	+21 57 59	5.594428	5.095246	35.19	32.91	55.5	-2.1
08/04/2013	04 46 41.2	+21 59 28	5.607791	5.095588	35.11	32.83	54.7	-2.1
09/04/2013	04 47 26.8	+22 00 56	5.621026	5.095930	35.03	32.76	53.9	-2.1
10/04/2013	04 48 12.8	+22 02 25	5.634130	5.096272	34.94	32.68	53.1	-2.1
11/04/2013	04 48 59.2	+22 03 53	5.647101	5.096614	34.86	32.60	52.3	-2.0
12/04/2013	04 49 46.1	+22 05 21	5.659936	5.096956	34.78	32.53	51.5	-2.0
13/04/2013	04 50 33.3	+22 06 49	5.672633	5.097299	34.71	32.46	50.7	-2.0
14/04/2013	04 51 21.0	+22 08 17	5.685191	5.097642	34.63	32.39	49.9	-2.0
15/04/2013	04 52 09.1	+22 09 44	5.697606	5.097985	34.55	32.32	49.1	-2.0
16/04/2013	04 52 57.5	+22 11 11	5.709877	5.098328	34.48	32.25	48.3	-2.0
17/04/2013	04 53 46.3	+22 12 37	5.722003	5.098672	34.41	32.18	47.6	-2.0
18/04/2013	04 54 35.4	+22 14 03	5.733981	5.099016	34.34	32.11	46.8	-2.0
19/04/2013	04 55 25.0	+22 15 29	5.745810	5.099359	34.26	32.04	46.0	-2.0
20/04/2013	04 56 14.8	+22 16 54	5.757488	5.099704	34.20	31.98	45.2	-2.0
21/04/2013	04 57 05.0	+22 18 18	5.769014	5.100048	34.13	31.92	44.4	-2.0
22/04/2013	04 57 55.6	+22 19 42	5.780386	5.100392	34.06	31.85	43.6	-2.0
23/04/2013	04 58 46.4	+22 21 05	5.791602	5.100737	33.99	31.79	42.9	-2.0
24/04/2013	04 59 37.6	+22 22 28	5.802663	5.101082	33.93	31.73	42.1	-2.0
25/04/2013	05 00 29.1	+22 23 50	5.813566	5.101427	33.87	31.67	41.3	-2.0
26/04/2013	05 01 20.9	+22 25 11	5.824310	5.101772	33.80	31.61	40.5	-2.0
27/04/2013	05 02 13.0	+22 26 32	5.834894	5.102118	33.74	31.55	39.8	-2.0
28/04/2013	05 03 05.5	+22 27 52	5.845317	5.102464	33.68	31.50	39.0	-2.0
29/04/2013	05 03 58.2	+22 29 11	5.855578	5.102810	33.62	31.44	38.2	-2.0
30/04/2013	05 04 51.2	+22 30 29	5.865674	5.103156	33.56	31.39	37.5	-2.0
01/05/2013	05 05 44.5	+22 31 47	5.875605	5.103502	33.51	31.34	36.7	-2.0
02/05/2013	05 06 38.0	+22 33 03	5.885369	5.103848	33.45	31.28	35.9	-2.0
03/05/2013	05 07 31.9	+22 34 19	5.894964	5.104195	33.40	31.23	35.2	-2.0
04/05/2013	05 08 25.9	+22 35 34	5.904390	5.104542	33.34	31.18	34.4	-2.0
05/05/2013	05 09 20.3	+22 36 48	5.913643	5.104889	33.29	31.13	33.7	-2.0
06/05/2013	05 10 14.9	+22 38 01	5.922722	5.105236	33.24	31.09	32.9	-2.0
07/05/2013	05 11 09.7	+22 39 13	5.931627	5.105584	33.19	31.04	32.1	-2.0
08/05/2013	05 12 04.8	+22 40 24	5.940355	5.105931	33.14	30.99	31.4	-2.0
09/05/2013	05 13 00.2	+22 41 35	5.948905	5.106279	33.10	30.95	30.6	-2.0
10/05/2013	05 13 55.7	+22 42 44	5.957276	5.106627	33.05	30.91	29.9	-2.0
11/05/2013	05 14 51.5	+22 43 52	5.965466	5.106975	33.00	30.86	29.1	-2.0
12/05/2013	05 15 47.5	+22 44 59	5.973475	5.107324	32.96	30.82	28.4	-2.0
13/05/2013	05 16 43.7	+22 46 05	5.981301	5.107672	32.92	30.78	27.6	-1.9
14/05/2013	05 17 40.1	+22 47 09	5.988943	5.108021	32.87	30.74	26.9	-1.9
15/05/2013	05 18 36.7	+22 48 13	5.996400	5.108370	32.83	30.71	26.1	-1.9
16/05/2013	05 19 33.5	+22 49 16	6.003673	5.108719	32.79	30.67	25.4	-1.9
17/05/2013	05 20 30.4	+22 50 17	6.010759	5.109068	32.75	30.63	24.6	-1.9
18/05/2013	05 21 27.6	+22 51 17	6.017658	5.109418	32.72	30.60	23.9	-1.9
19/05/2013	05 22 24.9	+22 52 17	6.024370	5.109767	32.68	30.56	23.2	-1.9
20/05/2013	05 23 22.3	+22 53 14	6.030893	5.110117	32.65	30.53	22.4	-1.9
21/05/2013	05 24 20.0	+22 54 11	6.037229	5.110467	32.61	30.50	21.7	-1.9
22/05/2013	05 25 17.7	+22 55 06	6.043376	5.110817	32.58	30.47	20.9	-1.9
23/05/2013	05 26 15.7	+22 56 00	6.049333	5.111167	32.55	30.44	20.2	-1.9
24/05/2013	05 27 13.7	+22 56 53	6.055101	5.111518	32.51	30.41	19.5	-1.9
25/05/2013	05 28 12.0	+22 57 45	6.060680	5.111869	32.48	30.38	18.7	-1.9
26/05/2013	05 29 10.3	+22 58 35	6.066068	5.112219	32.46	30.35	18.0	-1.9

GG/MM/AAAA	A.R.	DECL.	Dist.	RV	D.Eq.	D.Pol.	El.	Mag.
27/05/2013	05 30 08.8	+22 59 24	6.071266	5.112570	32.43	30.33	17.3	-1.9
28/05/2013	05 31 07.4	+23 00 12	6.076272	5.112922	32.40	30.30	16.5	-1.9
29/05/2013	05 32 06.1	+23 00 58	6.081087	5.113273	32.38	30.28	15.8	-1.9
30/05/2013	05 33 04.9	+23 01 43	6.085709	5.113625	32.35	30.25	15.1	-1.9
31/05/2013	05 34 03.8	+23 02 27	6.090137	5.113976	32.33	30.23	14.3	-1.9
01/06/2013	05 35 02.9	+23 03 09	6.094371	5.114328	32.31	30.21	13.6	-1.9
02/06/2013	05 36 02.0	+23 03 50	6.098409	5.114680	32.28	30.19	12.9	-1.9
03/06/2013	05 37 01.2	+23 04 29	6.102252	5.115032	32.26	30.17	12.1	-1.9
04/06/2013	05 38 00.5	+23 05 07	6.105898	5.115385	32.24	30.15	11.4	-1.9
05/06/2013	05 38 59.9	+23 05 44	6.109346	5.115737	32.23	30.14	10.7	-1.9
06/06/2013	05 39 59.4	+23 06 19	6.112597	5.116090	32.21	30.12	9.9	-1.9
07/06/2013	05 40 58.9	+23 06 53	6.115649	5.116443	32.19	30.11	9.2	-1.9
08/06/2013	05 41 58.5	+23 07 25	6.118501	5.116796	32.18	30.09	8.5	-1.9
09/06/2013	05 42 58.2	+23 07 57	6.121155	5.117149	32.16	30.08	7.7	-1.9
10/06/2013	05 43 57.9	+23 08 26	6.123609	5.117502	32.15	30.07	7.0	-1.9
11/06/2013	05 44 57.7	+23 08 54	6.125863	5.117856	32.14	30.06	6.3	-1.9
12/06/2013	05 45 57.5	+23 09 21	6.127917	5.118210	32.13	30.05	5.6	-1.9
13/06/2013	05 46 57.3	+23 09 46	6.129770	5.118563	32.12	30.04	4.8	-1.9
14/06/2013	05 47 57.2	+23 10 10	6.131424	5.118917	32.11	30.03	4.1	-1.9
15/06/2013	05 48 57.1	+23 10 33	6.132878	5.119272	32.10	30.02	3.4	-1.9
16/06/2013	05 49 57.0	+23 10 54	6.134132	5.119626	32.10	30.02	2.7	-1.9
17/06/2013	05 50 56.9	+23 11 13	6.135186	5.119980	32.09	30.01	2.0	-1.9
18/06/2013	05 51 56.8	+23 11 31	6.136041	5.120335	32.09	30.01	1.3	-1.9
19/06/2013	05 52 56.8	+23 11 48	6.136697	5.120690	32.08	30.00	0.6	-1.9
20/06/2013	05 53 56.6	+23 12 02	6.137154	5.121045	32.08	30.00	0.5	-1.9
21/06/2013	05 54 56.5	+23 12 16	6.137413	5.121400	32.08	30.00	1.0	-1.9
22/06/2013	05 55 56.4	+23 12 29	6.137474	5.121755	32.08	30.00	1.7	-1.9
23/06/2013	05 56 56.3	+23 12 39	6.137338	5.122110	32.08	30.00	2.4	-1.9
24/06/2013	05 57 56.2	+23 12 49	6.137004	5.122466	32.08	30.00	3.2	-1.9
25/06/2013	05 58 56.0	+23 12 57	6.136473	5.122821	32.08	30.00	3.9	-1.9
26/06/2013	05 59 55.8	+23 13 03	6.135744	5.123177	32.09	30.00	4.6	-1.9
27/06/2013	06 00 55.6	+23 13 08	6.134818	5.123533	32.09	30.01	5.3	-1.9
28/06/2013	06 01 55.3	+23 13 12	6.133694	5.123889	32.10	30.02	6.0	-1.9
29/06/2013	06 02 55.0	+23 13 14	6.132373	5.124246	32.11	30.02	6.8	-1.9
30/06/2013	06 03 54.6	+23 13 14	6.130854	5.124602	32.11	30.03	7.5	-1.9
01/07/2013	06 04 54.2	+23 13 13	6.129136	5.124959	32.12	30.04	8.2	-1.9
02/07/2013	06 05 53.7	+23 13 11	6.127221	5.125315	32.13	30.05	8.9	-1.9
03/07/2013	06 06 53.1	+23 13 07	6.125107	5.125672	32.14	30.06	9.7	-1.9
04/07/2013	06 07 52.5	+23 13 02	6.122795	5.126029	32.16	30.07	10.4	-1.9
05/07/2013	06 08 51.8	+23 12 56	6.120286	5.126386	32.17	30.08	11.1	-1.9
06/07/2013	06 09 51.0	+23 12 48	6.117579	5.126744	32.18	30.10	11.8	-1.9
07/07/2013	06 10 50.2	+23 12 39	6.114675	5.127101	32.20	30.11	12.6	-1.9
08/07/2013	06 11 49.2	+23 12 28	6.111574	5.127459	32.21	30.13	13.3	-1.9
09/07/2013	06 12 48.1	+23 12 16	6.108277	5.127816	32.23	30.14	14.0	-1.9
10/07/2013	06 13 47.0	+23 12 03	6.104784	5.128174	32.25	30.16	14.7	-1.9
11/07/2013	06 14 45.7	+23 11 48	6.101095	5.128532	32.27	30.18	15.5	-1.9
12/07/2013	06 15 44.3	+23 11 32	6.097212	5.128890	32.29	30.20	16.2	-1.9
13/07/2013	06 16 42.7	+23 11 15	6.093136	5.129248	32.31	30.22	16.9	-1.9
14/07/2013	06 17 41.0	+23 10 56	6.088867	5.129607	32.33	30.24	17.7	-1.9
15/07/2013	06 18 39.2	+23 10 36	6.084405	5.129965	32.36	30.26	18.4	-1.9
16/07/2013	06 19 37.3	+23 10 15	6.079753	5.130324	32.38	30.28	19.1	-1.9
17/07/2013	06 20 35.2	+23 09 52	6.074911	5.130683	32.41	30.31	19.9	-1.9
18/07/2013	06 21 33.0	+23 09 28	6.069880	5.131041	32.44	30.33	20.6	-1.9
19/07/2013	06 22 30.6	+23 09 03	6.064661	5.131401	32.46	30.36	21.3	-1.9
20/07/2013	06 23 28.0	+23 08 37	6.059255	5.131760	32.49	30.39	22.1	-1.9
21/07/2013	06 24 25.3	+23 08 09	6.053663	5.132119	32.52	30.41	22.8	-1.9
22/07/2013	06 25 22.4	+23 07 40	6.047886	5.132478	32.55	30.44	23.5	-1.9
23/07/2013	06 26 19.3	+23 07 10	6.041925	5.132838	32.59	30.47	24.3	-1.9
24/07/2013	06 27 16.0	+23 06 39	6.035781	5.133198	32.62	30.50	25.0	-1.9
25/07/2013	06 28 12.6	+23 06 07	6.029453	5.133557	32.65	30.54	25.7	-1.9
26/07/2013	06 29 09.0	+23 05 33	6.022943	5.133917	32.69	30.57	26.5	-1.9
27/07/2013	06 30 05.1	+23 04 59	6.016251	5.134277	32.72	30.60	27.2	-1.9
28/07/2013	06 31 01.1	+23 04 23	6.009378	5.134638	32.76	30.64	28.0	-1.9
29/07/2013	06 31 56.8	+23 03 46	6.002324	5.134998	32.80	30.67	28.7	-1.9
30/07/2013	06 32 52.4	+23 03 08	5.995089	5.135358	32.84	30.71	29.4	-1.9
31/07/2013	06 33 47.7	+23 02 29	5.987676	5.135719	32.88	30.75	30.2	-1.9
01/08/2013	06 34 42.8	+23 01 49	5.980083	5.136079	32.92	30.79	30.9	-1.9
02/08/2013	06 35 37.7	+23 01 08	5.972314	5.136440	32.97	30.83	31.7	-1.9
03/08/2013	06 36 32.4	+23 00 26	5.964367	5.136801	33.01	30.87	32.4	-1.9
04/08/2013	06 37 26.8	+22 59 43	5.956245	5.137162	33.05	30.91	33.2	-1.9
05/08/2013	06 38 20.9	+22 58 59	5.947949	5.137523	33.10	30.96	33.9	-1.9
06/08/2013	06 39 14.8	+22 58 14	5.939479	5.137884	33.15	31.00	34.7	-1.9
07/08/2013	06 40 08.4	+22 57 29	5.930838	5.138246	33.20	31.04	35.4	-1.9

GG/MM/AAAA	A.R.	DECL.	Dist.	RV	D.Eq.	D.Pol.	El.	Mag.
08/08/2013	06 41 01.8	+22 56 42	5.922026	5.138607	33.25	31.09	36.2	-1.9
09/08/2013	06 41 54.8	+22 55 55	5.913045	5.138969	33.30	31.14	36.9	-2.0
10/08/2013	06 42 47.6	+22 55 06	5.903897	5.139331	33.35	31.19	37.7	-2.0
11/08/2013	06 43 40.1	+22 54 17	5.894583	5.139692	33.40	31.24	38.5	-2.0
12/08/2013	06 44 32.3	+22 53 27	5.885105	5.140054	33.45	31.29	39.2	-2.0
13/08/2013	06 45 24.2	+22 52 37	5.875465	5.140416	33.51	31.34	40.0	-2.0
14/08/2013	06 46 15.8	+22 51 45	5.865664	5.140779	33.56	31.39	40.7	-2.0
15/08/2013	06 47 07.1	+22 50 53	5.855705	5.141141	33.62	31.44	41.5	-2.0
16/08/2013	06 47 58.0	+22 50 01	5.845588	5.141503	33.68	31.50	42.3	-2.0
17/08/2013	06 48 48.7	+22 49 07	5.835317	5.141866	33.74	31.55	43.0	-2.0
18/08/2013	06 49 39.0	+22 48 13	5.824893	5.142228	33.80	31.61	43.8	-2.0
19/08/2013	06 50 28.9	+22 47 19	5.814317	5.142591	33.86	31.67	44.6	-2.0
20/08/2013	06 51 18.6	+22 46 23	5.803591	5.142954	33.92	31.73	45.3	-2.0
21/08/2013	06 52 07.8	+22 45 28	5.792716	5.143317	33.99	31.78	46.1	-2.0
22/08/2013	06 52 56.7	+22 44 32	5.781695	5.143679	34.05	31.85	46.9	-2.0
23/08/2013	06 53 45.3	+22 43 35	5.770527	5.144043	34.12	31.91	47.7	-2.0
24/08/2013	06 54 33.5	+22 42 38	5.759216	5.144406	34.19	31.97	48.4	-2.0
25/08/2013	06 55 21.3	+22 41 40	5.747761	5.144769	34.25	32.03	49.2	-2.0
26/08/2013	06 56 08.8	+22 40 42	5.736165	5.145132	34.32	32.10	50.0	-2.0
27/08/2013	06 56 55.8	+22 39 44	5.724429	5.145496	34.39	32.16	50.8	-2.0
28/08/2013	06 57 42.5	+22 38 45	5.712555	5.145860	34.46	32.23	51.6	-2.0
29/08/2013	06 58 28.8	+22 37 46	5.700545	5.146223	34.54	32.30	52.4	-2.0
30/08/2013	06 59 14.6	+22 36 47	5.688400	5.146587	34.61	32.37	53.1	-2.0
31/08/2013	07 00 00.1	+22 35 47	5.676122	5.146951	34.69	32.44	53.9	-2.0
01/09/2013	07 00 45.1	+22 34 48	5.663713	5.147315	34.76	32.51	54.7	-2.0
02/09/2013	07 01 29.7	+22 33 48	5.651176	5.147679	34.84	32.58	55.5	-2.0
03/09/2013	07 02 13.9	+22 32 48	5.638513	5.148043	34.92	32.65	56.3	-2.0
04/09/2013	07 02 57.6	+22 31 48	5.625726	5.148407	35.00	32.73	57.1	-2.0
05/09/2013	07 03 40.9	+22 30 48	5.612817	5.148772	35.08	32.80	57.9	-2.0
06/09/2013	07 04 23.7	+22 29 48	5.599788	5.149136	35.16	32.88	58.7	-2.0
07/09/2013	07 05 06.0	+22 28 48	5.586644	5.149501	35.24	32.96	59.5	-2.0
08/09/2013	07 05 47.9	+22 27 48	5.573385	5.149865	35.33	33.04	60.3	-2.1
09/09/2013	07 06 29.2	+22 26 48	5.560015	5.150230	35.41	33.12	61.2	-2.1
10/09/2013	07 07 10.1	+22 25 49	5.546537	5.150595	35.50	33.20	62.0	-2.1
11/09/2013	07 07 50.5	+22 24 49	5.532953	5.150960	35.58	33.28	62.8	-2.1
12/09/2013	07 08 30.4	+22 23 49	5.519266	5.151325	35.67	33.36	63.6	-2.1
13/09/2013	07 09 09.8	+22 22 50	5.505480	5.151690	35.76	33.44	64.4	-2.1
14/09/2013	07 09 48.7	+22 21 51	5.491596	5.152055	35.85	33.53	65.2	-2.1
15/09/2013	07 10 27.0	+22 20 53	5.477619	5.152420	35.94	33.61	66.1	-2.1
16/09/2013	07 11 04.8	+22 19 55	5.463550	5.152785	36.04	33.70	66.9	-2.1
17/09/2013	07 11 42.1	+22 18 57	5.449392	5.153151	36.13	33.79	67.7	-2.1
18/09/2013	07 12 18.8	+22 17 59	5.435147	5.153516	36.22	33.88	68.6	-2.1
19/09/2013	07 12 55.0	+22 17 02	5.420819	5.153882	36.32	33.97	69.4	-2.1
20/09/2013	07 13 30.7	+22 16 06	5.406410	5.154247	36.42	34.06	70.2	-2.1
21/09/2013	07 14 05.7	+22 15 10	5.391921	5.154613	36.51	34.15	71.1	-2.1
22/09/2013	07 14 40.2	+22 14 14	5.377357	5.154979	36.61	34.24	71.9	-2.1
23/09/2013	07 15 14.1	+22 13 19	5.362719	5.155345	36.71	34.33	72.8	-2.1
24/09/2013	07 15 47.5	+22 12 25	5.348010	5.155711	36.81	34.43	73.6	-2.1
25/09/2013	07 16 20.2	+22 11 31	5.333233	5.156077	36.92	34.52	74.5	-2.1
26/09/2013	07 16 52.4	+22 10 38	5.318391	5.156443	37.02	34.62	75.3	-2.1
27/09/2013	07 17 23.9	+22 09 46	5.303486	5.156809	37.12	34.72	76.2	-2.2
28/09/2013	07 17 54.9	+22 08 55	5.288523	5.157175	37.23	34.82	77.0	-2.2
29/09/2013	07 18 25.2	+22 08 04	5.273504	5.157542	37.33	34.91	77.9	-2.2
30/09/2013	07 18 54.8	+22 07 14	5.258433	5.157908	37.44	35.01	78.8	-2.2
01/10/2013	07 19 23.8	+22 06 26	5.243313	5.158275	37.55	35.12	79.6	-2.2
02/10/2013	07 19 52.2	+22 05 38	5.228147	5.158641	37.66	35.22	80.5	-2.2
03/10/2013	07 20 19.9	+22 04 51	5.212940	5.159008	37.77	35.32	81.4	-2.2
04/10/2013	07 20 47.0	+22 04 05	5.197694	5.159374	37.88	35.42	82.3	-2.2
05/10/2013	07 21 13.3	+22 03 21	5.182415	5.159741	37.99	35.53	83.2	-2.2
06/10/2013	07 21 39.0	+22 02 37	5.167105	5.160108	38.10	35.63	84.0	-2.2
07/10/2013	07 22 04.0	+22 01 54	5.151769	5.160475	38.22	35.74	84.9	-2.2
08/10/2013	07 22 28.3	+22 01 13	5.136411	5.160842	38.33	35.85	85.8	-2.2
09/10/2013	07 22 51.9	+22 00 33	5.121035	5.161209	38.45	35.95	86.7	-2.2
10/10/2013	07 23 14.8	+21 59 54	5.105645	5.161576	38.56	36.06	87.6	-2.2
11/10/2013	07 23 37.0	+21 59 16	5.090245	5.161943	38.68	36.17	88.5	-2.2
12/10/2013	07 23 58.4	+21 58 40	5.074840	5.162310	38.80	36.28	89.4	-2.3
13/10/2013	07 24 19.2	+21 58 05	5.059433	5.162677	38.91	36.39	90.3	-2.3
14/10/2013	07 24 39.1	+21 57 31	5.044028	5.163045	39.03	36.50	91.3	-2.3
15/10/2013	07 24 58.4	+21 56 58	5.028630	5.163412	39.15	36.61	92.2	-2.3
16/10/2013	07 25 16.9	+21 56 27	5.013241	5.163779	39.27	36.73	93.1	-2.3
17/10/2013	07 25 34.6	+21 55 58	4.997866	5.164147	39.39	36.84	94.0	-2.3
18/10/2013	07 25 51.6	+21 55 30	4.982508	5.164514	39.51	36.95	94.9	-2.3
19/10/2013	07 26 07.9	+21 55 03	4.967172	5.164882	39.64	37.07	95.9	-2.3

11

GG/MM/AAAA	A.R.	DECL.	Dist.	RV	D.Eq.	D.Pol.	El.	Mag.
20/10/2013	07 26 23.3	+21 54 38	4.951861	5.165250	39.76	37.18	96.8	-2.3
21/10/2013	07 26 38.0	+21 54 15	4.936579	5.165617	39.88	37.30	97.7	-2.3
22/10/2013	07 26 51.9	+21 53 53	4.921330	5.165985	40.01	37.41	98.7	-2.3
23/10/2013	07 27 05.0	+21 53 32	4.906118	5.166353	40.13	37.53	99.6	-2.3
24/10/2013	07 27 17.4	+21 53 14	4.890948	5.166721	40.25	37.65	100.6	-2.3
25/10/2013	07 27 28.9	+21 52 57	4.875823	5.167089	40.38	37.76	101.5	-2.3
26/10/2013	07 27 39.6	+21 52 41	4.860749	5.167457	40.50	37.88	102.5	-2.3
27/10/2013	07 27 49.5	+21 52 28	4.845729	5.167825	40.63	38.00	103.4	-2.4
28/10/2013	07 27 58.6	+21 52 16	4.830769	5.168193	40.76	38.11	104.4	-2.4
29/10/2013	07 28 06.9	+21 52 06	4.815872	5.168561	40.88	38.23	105.4	-2.4
30/10/2013	07 28 14.3	+21 51 57	4.801044	5.168929	41.01	38.35	106.3	-2.4
31/10/2013	07 28 20.9	+21 51 51	4.786290	5.169297	41.13	38.47	107.3	-2.4
01/11/2013	07 28 26.7	+21 51 46	4.771614	5.169665	41.26	38.59	108.3	-2.4
02/11/2013	07 28 31.6	+21 51 43	4.757022	5.170034	41.39	38.70	109.3	-2.4
03/11/2013	07 28 35.7	+21 51 41	4.742518	5.170402	41.51	38.82	110.3	-2.4
04/11/2013	07 28 38.9	+21 51 42	4.728108	5.170770	41.64	38.94	111.2	-2.4
05/11/2013	07 28 41.3	+21 51 44	4.713798	5.171139	41.77	39.06	112.2	-2.4
06/11/2013	07 28 42.9	+21 51 49	4.699591	5.171507	41.89	39.18	113.2	-2.4
07/11/2013	07 28 43.6	+21 51 55	4.685494	5.171876	42.02	39.30	114.2	-2.4
08/11/2013	07 28 43.4	+21 52 03	4.671512	5.172244	42.14	39.41	115.2	-2.4
09/11/2013	07 28 42.4	+21 52 13	4.657649	5.172613	42.27	39.53	116.2	-2.4
10/11/2013	07 28 40.5	+21 52 24	4.643910	5.172981	42.40	39.65	117.3	-2.4
11/11/2013	07 28 37.8	+21 52 38	4.630300	5.173350	42.52	39.76	118.3	-2.5
12/11/2013	07 28 34.2	+21 52 53	4.616824	5.173719	42.64	39.88	119.3	-2.5
13/11/2013	07 28 29.7	+21 53 11	4.603486	5.174087	42.77	40.00	120.3	-2.5
14/11/2013	07 28 24.4	+21 53 30	4.590291	5.174456	42.89	40.11	121.3	-2.5
15/11/2013	07 28 18.3	+21 53 50	4.577244	5.174825	43.01	40.23	122.4	-2.5
16/11/2013	07 28 11.3	+21 54 13	4.564348	5.175194	43.13	40.34	123.4	-2.5
17/11/2013	07 28 03.5	+21 54 37	4.551609	5.175562	43.26	40.45	124.4	-2.5
18/11/2013	07 27 54.9	+21 55 04	4.539031	5.175931	43.37	40.56	125.5	-2.5
19/11/2013	07 27 45.4	+21 55 31	4.526619	5.176300	43.49	40.67	126.5	-2.5
20/11/2013	07 27 35.1	+21 56 01	4.514377	5.176669	43.61	40.79	127.6	-2.5
21/11/2013	07 27 23.9	+21 56 33	4.502310	5.177038	43.73	40.89	128.6	-2.5
22/11/2013	07 27 11.9	+21 57 06	4.490423	5.177407	43.84	41.00	129.7	-2.5
23/11/2013	07 26 59.1	+21 57 41	4.478721	5.177776	43.96	41.11	130.8	-2.5
24/11/2013	07 26 45.5	+21 58 17	4.467208	5.178145	44.07	41.22	131.8	-2.5
25/11/2013	07 26 31.0	+21 58 55	4.455890	5.178514	44.18	41.32	132.9	-2.5
26/11/2013	07 26 15.8	+21 59 35	4.444770	5.178883	44.29	41.42	134.0	-2.6
27/11/2013	07 25 59.7	+22 00 17	4.433855	5.179252	44.40	41.53	135.0	-2.6
28/11/2013	07 25 42.9	+22 01 00	4.423148	5.179621	44.51	41.63	136.1	-2.6
29/11/2013	07 25 25.2	+22 01 44	4.412655	5.179991	44.62	41.73	137.2	-2.6
30/11/2013	07 25 06.8	+22 02 30	4.402381	5.180360	44.72	41.82	138.3	-2.6
01/12/2013	07 24 47.6	+22 03 17	4.392331	5.180729	44.82	41.92	139.4	-2.6
02/12/2013	07 24 27.7	+22 04 06	4.382509	5.181098	44.92	42.01	140.5	-2.6
03/12/2013	07 24 07.1	+22 04 56	4.372921	5.181467	45.02	42.10	141.6	-2.6
04/12/2013	07 23 45.7	+22 05 48	4.363571	5.181837	45.12	42.19	142.7	-2.6
05/12/2013	07 23 23.5	+22 06 40	4.354463	5.182206	45.21	42.28	143.8	-2.6
06/12/2013	07 23 00.7	+22 07 34	4.345602	5.182575	45.31	42.37	144.9	-2.6
07/12/2013	07 22 37.2	+22 08 29	4.336992	5.182944	45.40	42.45	146.0	-2.6
08/12/2013	07 22 13.0	+22 09 26	4.328638	5.183314	45.48	42.54	147.1	-2.6
09/12/2013	07 21 48.2	+22 10 23	4.320541	5.183683	45.57	42.62	148.2	-2.6
10/12/2013	07 21 22.7	+22 11 21	4.312707	5.184052	45.65	42.69	149.3	-2.6
11/12/2013	07 20 56.6	+22 12 20	4.305139	5.184422	45.73	42.77	150.4	-2.6
12/12/2013	07 20 29.9	+22 13 21	4.297839	5.184791	45.81	42.84	151.5	-2.6
13/12/2013	07 20 02.6	+22 14 21	4.290811	5.185160	45.88	42.91	152.7	-2.6
14/12/2013	07 19 34.8	+22 15 23	4.284058	5.185530	45.96	42.98	153.8	-2.6
15/12/2013	07 19 06.4	+22 16 26	4.277584	5.185899	46.03	43.04	154.9	-2.6
16/12/2013	07 18 37.4	+22 17 29	4.271390	5.186268	46.09	43.11	156.1	-2.6
17/12/2013	07 18 08.0	+22 18 33	4.265481	5.186638	46.16	43.17	157.2	-2.6
18/12/2013	07 17 38.1	+22 19 37	4.259858	5.187007	46.22	43.22	158.3	-2.6
19/12/2013	07 17 07.7	+22 20 42	4.254525	5.187376	46.28	43.28	159.5	-2.7
20/12/2013	07 16 36.8	+22 21 47	4.249484	5.187746	46.33	43.33	160.6	-2.7
21/12/2013	07 16 05.5	+22 22 53	4.244738	5.188115	46.38	43.38	161.7	-2.7
22/12/2013	07 15 33.8	+22 23 59	4.240290	5.188485	46.43	43.42	162.9	-2.7
23/12/2013	07 15 01.7	+22 25 06	4.236142	5.188854	46.48	43.46	164.0	-2.7
24/12/2013	07 14 29.2	+22 26 12	4.232296	5.189223	46.52	43.50	165.2	-2.7
25/12/2013	07 13 56.4	+22 27 19	4.228754	5.189593	46.56	43.54	166.3	-2.7
26/12/2013	07 13 23.3	+22 28 26	4.225520	5.189962	46.59	43.57	167.5	-2.7
27/12/2013	07 12 49.9	+22 29 33	4.222594	5.190332	46.63	43.60	168.6	-2.7
28/12/2013	07 12 16.2	+22 30 40	4.219980	5.190701	46.65	43.63	169.8	-2.7
29/12/2013	07 11 42.3	+22 31 47	4.217679	5.191070	46.68	43.65	170.9	-2.7
30/12/2013	07 11 08.1	+22 32 54	4.215692	5.191440	46.70	43.67	172.1	-2.7
31/12/2013	07 10 33.8	+22 34 00	4.214021	5.191809	46.72	43.69	173.2	-2.7

GG/MM/AAAA	A.R.	DECL.	Dist.	RV	D.Eq.	D.Pol.	El.	Mag.
01/01/2014	07 09 59.3	+22 35 07	4.212668	5.192179	46.74	43.71	174.4	-2.7
02/01/2014	07 09 24.7	+22 36 13	4.211633	5.192548	46.75	43.72	175.6	-2.7
03/01/2014	07 08 50.0	+22 37 19	4.210918	5.192917	46.75	43.72	176.7	-2.7
04/01/2014	07 08 15.2	+22 38 24	4.210522	5.193287	46.76	43.73	177.9	-2.7
05/01/2014	07 07 40.3	+22 39 29	4.210446	5.193656	46.76	43.73	179.1	-2.7
06/01/2014	07 07 05.4	+22 40 34	4.210690	5.194025	46.76	43.73	180.0	-2.7
07/01/2014	07 06 30.5	+22 41 37	4.211254	5.194395	46.75	43.72	178.7	-2.7
08/01/2014	07 05 55.6	+22 42 41	4.212136	5.194764	46.74	43.71	177.5	-2.7
09/01/2014	07 05 20.8	+22 43 44	4.213336	5.195133	46.73	43.70	176.4	-2.7
10/01/2014	07 04 46.1	+22 44 46	4.214853	5.195503	46.71	43.68	175.2	-2.7
11/01/2014	07 04 11.5	+22 45 47	4.216687	5.195872	46.69	43.66	174.1	-2.7
12/01/2014	07 03 37.0	+22 46 48	4.218836	5.196241	46.67	43.64	172.9	-2.7
13/01/2014	07 03 02.7	+22 47 47	4.221300	5.196610	46.64	43.62	171.8	-2.7
14/01/2014	07 02 28.6	+22 48 47	4.224077	5.196980	46.61	43.59	170.6	-2.7
15/01/2014	07 01 54.7	+22 49 45	4.227165	5.197349	46.57	43.56	169.5	-2.7
16/01/2014	07 01 21.1	+22 50 42	4.230564	5.197718	46.54	43.52	168.3	-2.7
17/01/2014	07 00 47.7	+22 51 39	4.234271	5.198087	46.50	43.48	167.2	-2.7
18/01/2014	07 00 14.6	+22 52 34	4.238286	5.198456	46.45	43.44	166.0	-2.7
19/01/2014	06 59 41.8	+22 53 29	4.242606	5.198826	46.41	43.40	164.9	-2.7
20/01/2014	06 59 09.3	+22 54 23	4.247229	5.199195	46.35	43.35	163.7	-2.7
21/01/2014	06 58 37.2	+22 55 16	4.252155	5.199564	46.30	43.30	162.6	-2.7
22/01/2014	06 58 05.4	+22 56 08	4.257381	5.199933	46.24	43.25	161.5	-2.6
23/01/2014	06 57 34.1	+22 56 58	4.262904	5.200302	46.18	43.19	160.3	-2.6
24/01/2014	06 57 03.2	+22 57 48	4.268723	5.200671	46.12	43.13	159.2	-2.6
25/01/2014	06 56 32.7	+22 58 37	4.274835	5.201040	46.06	43.07	158.1	-2.6
26/01/2014	06 56 02.8	+22 59 24	4.281238	5.201409	45.99	43.01	156.9	-2.6
27/01/2014	06 55 33.3	+23 00 11	4.287930	5.201778	45.91	42.94	155.8	-2.6
28/01/2014	06 55 04.3	+23 00 56	4.294907	5.202147	45.84	42.87	154.7	-2.6
29/01/2014	06 54 35.9	+23 01 40	4.302167	5.202516	45.76	42.80	153.5	-2.6
30/01/2014	06 54 08.0	+23 02 24	4.309706	5.202885	45.68	42.72	152.4	-2.6
31/01/2014	06 53 40.7	+23 03 06	4.317521	5.203253	45.60	42.64	151.3	-2.6
01/02/2014	06 53 14.0	+23 03 47	4.325609	5.203622	45.51	42.57	150.2	-2.6
02/02/2014	06 52 47.9	+23 04 27	4.333966	5.203991	45.43	42.48	149.1	-2.6
03/02/2014	06 52 22.4	+23 05 05	4.342586	5.204360	45.34	42.40	148.0	-2.6
04/02/2014	06 51 57.6	+23 05 43	4.351467	5.204729	45.24	42.31	146.8	-2.6
05/02/2014	06 51 33.5	+23 06 19	4.360604	5.205097	45.15	42.22	145.7	-2.6
06/02/2014	06 51 10.0	+23 06 54	4.369993	5.205466	45.05	42.13	144.6	-2.6
07/02/2014	06 50 47.3	+23 07 29	4.379628	5.205834	44.95	42.04	143.5	-2.6
08/02/2014	06 50 25.2	+23 08 02	4.389506	5.206203	44.85	41.95	142.4	-2.6
09/02/2014	06 50 03.9	+23 08 33	4.399623	5.206572	44.75	41.85	141.3	-2.6
10/02/2014	06 49 43.3	+23 09 04	4.409973	5.206940	44.64	41.75	140.2	-2.6
11/02/2014	06 49 23.5	+23 09 34	4.420553	5.207309	44.54	41.65	139.2	-2.6
12/02/2014	06 49 04.4	+23 10 02	4.431358	5.207677	44.43	41.55	138.1	-2.5
13/02/2014	06 48 46.1	+23 10 30	4.442384	5.208045	44.32	41.45	137.0	-2.5
14/02/2014	06 48 28.6	+23 10 56	4.453626	5.208414	44.21	41.34	135.9	-2.5
15/02/2014	06 48 11.8	+23 11 21	4.465080	5.208782	44.09	41.24	134.8	-2.5
16/02/2014	06 47 55.9	+23 11 46	4.476741	5.209150	43.98	41.13	133.8	-2.5
17/02/2014	06 47 40.7	+23 12 09	4.488605	5.209519	43.86	41.02	132.7	-2.5
18/02/2014	06 47 26.3	+23 12 31	4.500668	5.209887	43.74	40.91	131.6	-2.5
19/02/2014	06 47 12.8	+23 12 52	4.512925	5.210255	43.63	40.80	130.6	-2.5
20/02/2014	06 47 00.1	+23 13 12	4.525372	5.210623	43.51	40.69	129.5	-2.5
21/02/2014	06 46 48.2	+23 13 30	4.538005	5.210991	43.38	40.57	128.5	-2.5
22/02/2014	06 46 37.1	+23 13 48	4.550818	5.211359	43.26	40.46	127.4	-2.5
23/02/2014	06 46 26.9	+23 14 05	4.563808	5.211727	43.14	40.34	126.4	-2.5
24/02/2014	06 46 17.5	+23 14 21	4.576970	5.212095	43.02	40.23	125.3	-2.5
25/02/2014	06 46 09.0	+23 14 35	4.590299	5.212463	42.89	40.11	124.3	-2.5
26/02/2014	06 46 01.3	+23 14 49	4.603791	5.212831	42.76	39.99	123.3	-2.5
27/02/2014	06 45 54.5	+23 15 02	4.617440	5.213199	42.64	39.87	122.2	-2.4
28/02/2014	06 45 48.5	+23 15 13	4.631242	5.213566	42.51	39.76	121.2	-2.4
01/03/2014	06 45 43.4	+23 15 24	4.645191	5.213934	42.38	39.64	120.2	-2.4
02/03/2014	06 45 39.1	+23 15 34	4.659283	5.214302	42.26	39.52	119.1	-2.4
03/03/2014	06 45 35.7	+23 15 42	4.673512	5.214669	42.13	39.40	118.1	-2.4
04/03/2014	06 45 33.2	+23 15 50	4.687872	5.215037	42.00	39.28	117.1	-2.4
05/03/2014	06 45 31.5	+23 15 56	4.702358	5.215404	41.87	39.15	116.1	-2.4
06/03/2014	06 45 30.8	+23 16 02	4.716966	5.215772	41.74	39.03	115.1	-2.4
07/03/2014	06 45 30.8	+23 16 06	4.731690	5.216139	41.61	38.91	114.1	-2.4
08/03/2014	06 45 31.8	+23 16 10	4.746524	5.216506	41.48	38.79	113.1	-2.4
09/03/2014	06 45 33.6	+23 16 13	4.761464	5.216874	41.35	38.67	112.1	-2.4
10/03/2014	06 45 36.2	+23 16 14	4.776505	5.217241	41.22	38.55	111.1	-2.4
11/03/2014	06 45 39.7	+23 16 15	4.791643	5.217608	41.09	38.43	110.1	-2.4
12/03/2014	06 45 44.0	+23 16 15	4.806872	5.217975	40.96	38.30	109.2	-2.4
13/03/2014	06 45 49.2	+23 16 14	4.822187	5.218342	40.83	38.18	108.2	-2.3
14/03/2014	06 45 55.2	+23 16 11	4.837585	5.218709	40.70	38.06	107.2	-2.3

13

GG/MM/AAAA	A.R.	DECL.	Dist.	RV	D.Eq.	D.Pol.	El.	Mag.
15/03/2014	06 46 02.1	+23 16 08	4.853060	5.219076	40.57	37.94	106.2	-2.3
16/03/2014	06 46 09.7	+23 16 04	4.868609	5.219443	40.44	37.82	105.3	-2.3
17/03/2014	06 46 18.2	+23 15 59	4.884226	5.219810	40.31	37.70	104.3	-2.3
18/03/2014	06 46 27.5	+23 15 53	4.899908	5.220176	40.18	37.58	103.3	-2.3
19/03/2014	06 46 37.6	+23 15 46	4.915651	5.220543	40.05	37.46	102.4	-2.3
20/03/2014	06 46 48.5	+23 15 38	4.931450	5.220910	39.92	37.34	101.4	-2.3
21/03/2014	06 47 00.3	+23 15 29	4.947301	5.221276	39.80	37.22	100.5	-2.3
22/03/2014	06 47 12.8	+23 15 19	4.963199	5.221643	39.67	37.10	99.5	-2.3
23/03/2014	06 47 26.1	+23 15 08	4.979142	5.222009	39.54	36.98	98.6	-2.3
24/03/2014	06 47 40.2	+23 14 56	4.995125	5.222375	39.41	36.86	97.7	-2.3
25/03/2014	06 47 55.1	+23 14 43	5.011143	5.222742	39.29	36.74	96.7	-2.3
26/03/2014	06 48 10.8	+23 14 29	5.027192	5.223108	39.16	36.62	95.8	-2.2
27/03/2014	06 48 27.2	+23 14 14	5.043268	5.223474	39.04	36.51	94.9	-2.2
28/03/2014	06 48 44.4	+23 13 58	5.059366	5.223840	38.91	36.39	93.9	-2.2
29/03/2014	06 49 02.3	+23 13 41	5.075483	5.224206	38.79	36.28	93.0	-2.2
30/03/2014	06 49 21.0	+23 13 22	5.091613	5.224572	38.67	36.16	92.1	-2.2
31/03/2014	06 49 40.5	+23 13 03	5.107752	5.224938	38.55	36.05	91.2	-2.2
01/04/2014	06 50 00.6	+23 12 43	5.123896	5.225304	38.42	35.93	90.3	-2.2
02/04/2014	06 50 21.6	+23 12 21	5.140039	5.225669	38.30	35.82	89.4	-2.2
03/04/2014	06 50 43.2	+23 11 59	5.156179	5.226035	38.18	35.71	88.5	-2.2
04/04/2014	06 51 05.5	+23 11 35	5.172310	5.226401	38.06	35.60	87.6	-2.2
05/04/2014	06 51 28.6	+23 11 11	5.188429	5.226766	37.95	35.49	86.7	-2.2
06/04/2014	06 51 52.4	+23 10 45	5.204531	5.227131	37.83	35.38	85.8	-2.2
07/04/2014	06 52 16.8	+23 10 18	5.220613	5.227497	37.71	35.27	84.9	-2.2
08/04/2014	06 52 41.9	+23 09 51	5.236671	5.227862	37.60	35.16	84.0	-2.1
09/04/2014	06 53 07.7	+23 09 22	5.252702	5.228227	37.48	35.05	83.1	-2.1
10/04/2014	06 53 34.1	+23 08 52	5.268701	5.228592	37.37	34.95	82.2	-2.1
11/04/2014	06 54 01.2	+23 08 20	5.284666	5.228957	37.25	34.84	81.4	-2.1
12/04/2014	06 54 29.0	+23 07 48	5.300592	5.229322	37.14	34.74	80.5	-2.1
13/04/2014	06 54 57.3	+23 07 15	5.316478	5.229687	37.03	34.63	79.6	-2.1
14/04/2014	06 55 26.3	+23 06 40	5.332319	5.230052	36.92	34.53	78.8	-2.1
15/04/2014	06 55 55.9	+23 06 04	5.348113	5.230417	36.81	34.43	77.9	-2.1
16/04/2014	06 56 26.2	+23 05 27	5.363856	5.230781	36.70	34.33	77.0	-2.1
17/04/2014	06 56 57.0	+23 04 49	5.379545	5.231146	36.60	34.23	76.2	-2.1
18/04/2014	06 57 28.4	+23 04 09	5.395179	5.231510	36.49	34.13	75.3	-2.1
19/04/2014	06 58 00.4	+23 03 29	5.410753	5.231875	36.39	34.03	74.5	-2.1
20/04/2014	06 58 33.0	+23 02 47	5.426265	5.232239	36.28	33.93	73.6	-2.1
21/04/2014	06 59 06.2	+23 02 04	5.441711	5.232603	36.18	33.83	72.8	-2.1
22/04/2014	06 59 39.9	+23 01 20	5.457090	5.232967	36.08	33.74	71.9	-2.1
23/04/2014	07 00 14.2	+23 00 34	5.472397	5.233331	35.98	33.65	71.1	-2.1
24/04/2014	07 00 49.0	+22 59 47	5.487629	5.233695	35.88	33.55	70.2	-2.0
25/04/2014	07 01 24.4	+22 58 59	5.502784	5.234059	35.78	33.46	69.4	-2.0
26/04/2014	07 02 00.3	+22 58 10	5.517858	5.234423	35.68	33.37	68.6	-2.0
27/04/2014	07 02 36.7	+22 57 19	5.532848	5.234787	35.58	33.28	67.7	-2.0
28/04/2014	07 03 13.6	+22 56 27	5.547750	5.235150	35.49	33.19	66.9	-2.0
29/04/2014	07 03 51.1	+22 55 34	5.562562	5.235514	35.39	33.10	66.1	-2.0
30/04/2014	07 04 29.1	+22 54 39	5.577280	5.235877	35.30	33.01	65.2	-2.0
01/05/2014	07 05 07.5	+22 53 43	5.591901	5.236240	35.21	32.93	64.4	-2.0
02/05/2014	07 05 46.5	+22 52 45	5.606423	5.236603	35.12	32.84	63.6	-2.0
03/05/2014	07 06 25.9	+22 51 47	5.620842	5.236967	35.03	32.76	62.8	-2.0
04/05/2014	07 07 05.8	+22 50 47	5.635156	5.237330	34.94	32.67	62.0	-2.0
05/05/2014	07 07 46.1	+22 49 45	5.649362	5.237693	34.85	32.59	61.1	-2.0
06/05/2014	07 08 26.9	+22 48 42	5.663458	5.238055	34.76	32.51	60.3	-2.0
07/05/2014	07 09 08.2	+22 47 38	5.677441	5.238418	34.68	32.43	59.5	-2.0
08/05/2014	07 09 49.8	+22 46 33	5.691309	5.238781	34.59	32.35	58.7	-2.0
09/05/2014	07 10 31.9	+22 45 26	5.705061	5.239143	34.51	32.27	57.9	-2.0
10/05/2014	07 11 14.4	+22 44 17	5.718692	5.239506	34.43	32.20	57.1	-2.0
11/05/2014	07 11 57.4	+22 43 08	5.732203	5.239868	34.35	32.12	56.3	-2.0
12/05/2014	07 12 40.7	+22 41 56	5.745590	5.240230	34.27	32.05	55.5	-2.0
13/05/2014	07 13 24.4	+22 40 44	5.758852	5.240592	34.19	31.97	54.7	-2.0
14/05/2014	07 14 08.5	+22 39 30	5.771988	5.240954	34.11	31.90	53.9	-2.0
15/05/2014	07 14 53.0	+22 38 14	5.784994	5.241316	34.03	31.83	53.1	-1.9
16/05/2014	07 15 37.8	+22 36 57	5.797870	5.241678	33.96	31.76	52.3	-1.9
17/05/2014	07 16 23.0	+22 35 39	5.810613	5.242040	33.88	31.69	51.6	-1.9
18/05/2014	07 17 08.6	+22 34 19	5.823223	5.242401	33.81	31.62	50.8	-1.9
19/05/2014	07 17 54.6	+22 32 58	5.835696	5.242763	33.74	31.55	50.0	-1.9
20/05/2014	07 18 40.8	+22 31 35	5.848031	5.243124	33.67	31.48	49.2	-1.9
21/05/2014	07 19 27.4	+22 30 11	5.860227	5.243485	33.60	31.42	48.4	-1.9
22/05/2014	07 20 14.4	+22 28 45	5.872280	5.243847	33.53	31.35	47.6	-1.9
23/05/2014	07 21 01.7	+22 27 18	5.884189	5.244208	33.46	31.29	46.9	-1.9
24/05/2014	07 21 49.2	+22 25 49	5.895952	5.244569	33.39	31.23	46.1	-1.9
25/05/2014	07 22 37.1	+22 24 19	5.907566	5.244929	33.33	31.17	45.3	-1.9
26/05/2014	07 23 25.3	+22 22 48	5.919030	5.245290	33.26	31.11	44.5	-1.9

14

GG/MM/AAAA	A.R.	DECL.	Dist.	RV	D.Eq.	D.Pol.	El.	Mag.
27/05/2014	07 24 13.9	+22 21 14	5.930341	5.245651	33.20	31.05	43.8	-1.9
28/05/2014	07 25 02.7	+22 19 40	5.941497	5.246011	33.14	30.99	43.0	-1.9
29/05/2014	07 25 51.8	+22 18 03	5.952496	5.246372	33.08	30.93	42.2	-1.9
30/05/2014	07 26 41.1	+22 16 26	5.963337	5.246732	33.02	30.88	41.5	-1.9
31/05/2014	07 27 30.8	+22 14 46	5.974017	5.247092	32.96	30.82	40.7	-1.9
01/06/2014	07 28 20.7	+22 13 06	5.984536	5.247452	32.90	30.77	39.9	-1.9
02/06/2014	07 29 10.9	+22 11 24	5.994890	5.247812	32.84	30.71	39.2	-1.9
03/06/2014	07 30 01.3	+22 09 40	6.005080	5.248172	32.79	30.66	38.4	-1.9
04/06/2014	07 30 51.9	+22 07 55	6.015104	5.248532	32.73	30.61	37.6	-1.9
05/06/2014	07 31 42.8	+22 06 08	6.024960	5.248891	32.68	30.56	36.9	-1.9
06/06/2014	07 32 33.9	+22 04 20	6.034647	5.249251	32.62	30.51	36.1	-1.9
07/06/2014	07 33 25.2	+22 02 30	6.044163	5.249610	32.57	30.46	35.4	-1.9
08/06/2014	07 34 16.8	+22 00 39	6.053509	5.249969	32.52	30.42	34.6	-1.9
09/06/2014	07 35 08.5	+21 58 46	6.062682	5.250328	32.47	30.37	33.9	-1.9
10/06/2014	07 36 00.5	+21 56 52	6.071683	5.250687	32.43	30.32	33.1	-1.9
11/06/2014	07 36 52.7	+21 54 56	6.080509	5.251046	32.38	30.28	32.4	-1.8
12/06/2014	07 37 45.0	+21 52 59	6.089160	5.251405	32.33	30.24	31.6	-1.8
13/06/2014	07 38 37.6	+21 51 01	6.097636	5.251763	32.29	30.20	30.9	-1.8
14/06/2014	07 39 30.3	+21 49 00	6.105935	5.252122	32.24	30.15	30.1	-1.8
15/06/2014	07 40 23.2	+21 46 59	6.114057	5.252480	32.20	30.11	29.4	-1.8
16/06/2014	07 41 16.2	+21 44 56	6.122000	5.252838	32.16	30.08	28.6	-1.8
17/06/2014	07 42 09.5	+21 42 51	6.129764	5.253196	32.12	30.04	27.9	-1.8
18/06/2014	07 43 02.8	+21 40 45	6.137347	5.253554	32.08	30.00	27.1	-1.8
19/06/2014	07 43 56.4	+21 38 38	6.144748	5.253912	32.04	29.96	26.4	-1.8
20/06/2014	07 44 50.0	+21 36 29	6.151965	5.254270	32.00	29.93	25.6	-1.8
21/06/2014	07 45 43.9	+21 34 18	6.158998	5.254627	31.97	29.89	24.9	-1.8
22/06/2014	07 46 37.8	+21 32 07	6.165845	5.254985	31.93	29.86	24.1	-1.8
23/06/2014	07 47 31.9	+21 29 53	6.172504	5.255342	31.90	29.83	23.4	-1.8
24/06/2014	07 48 26.2	+21 27 38	6.178975	5.255699	31.86	29.80	22.7	-1.8
25/06/2014	07 49 20.5	+21 25 22	6.185256	5.256056	31.83	29.77	21.9	-1.8
26/06/2014	07 50 15.0	+21 23 04	6.191347	5.256413	31.80	29.74	21.2	-1.8
27/06/2014	07 51 09.6	+21 20 45	6.197245	5.256770	31.77	29.71	20.4	-1.8
28/06/2014	07 52 04.3	+21 18 25	6.202951	5.257127	31.74	29.68	19.7	-1.8
29/06/2014	07 52 59.0	+21 16 03	6.208464	5.257483	31.71	29.66	19.0	-1.8
30/06/2014	07 53 53.9	+21 13 40	6.213782	5.257840	31.68	29.63	18.2	-1.8
01/07/2014	07 54 48.9	+21 11 15	6.218905	5.258196	31.66	29.61	17.5	-1.8
02/07/2014	07 55 43.9	+21 08 50	6.223833	5.258552	31.63	29.58	16.8	-1.8
03/07/2014	07 56 39.0	+21 06 22	6.228564	5.258908	31.61	29.56	16.0	-1.8
04/07/2014	07 57 34.2	+21 03 54	6.233099	5.259264	31.59	29.54	15.3	-1.8
05/07/2014	07 58 29.4	+21 01 24	6.237438	5.259619	31.56	29.52	14.6	-1.8
06/07/2014	07 59 24.7	+20 58 53	6.241579	5.259975	31.54	29.50	13.8	-1.8
07/07/2014	08 00 20.1	+20 56 20	6.245522	5.260330	31.52	29.48	13.1	-1.8
08/07/2014	08 01 15.5	+20 53 46	6.249268	5.260686	31.50	29.46	12.4	-1.8
09/07/2014	08 02 10.9	+20 51 11	6.252816	5.261041	31.49	29.45	11.6	-1.8
10/07/2014	08 03 06.4	+20 48 35	6.256166	5.261396	31.47	29.43	10.9	-1.8
11/07/2014	08 04 01.9	+20 45 57	6.259318	5.261751	31.45	29.42	10.2	-1.8
12/07/2014	08 04 57.4	+20 43 18	6.262273	5.262105	31.44	29.40	9.4	-1.8
13/07/2014	08 05 53.0	+20 40 38	6.265028	5.262460	31.43	29.39	8.7	-1.8
14/07/2014	08 06 48.6	+20 37 57	6.267586	5.262814	31.41	29.38	8.0	-1.8
15/07/2014	08 07 44.2	+20 35 14	6.269944	5.263168	31.40	29.37	7.2	-1.8
16/07/2014	08 08 39.8	+20 32 31	6.272103	5.263522	31.39	29.36	6.5	-1.8
17/07/2014	08 09 35.4	+20 29 46	6.274061	5.263876	31.38	29.35	5.8	-1.8
18/07/2014	08 10 31.0	+20 27 00	6.275820	5.264230	31.37	29.34	5.0	-1.8
19/07/2014	08 11 26.6	+20 24 13	6.277376	5.264584	31.36	29.33	4.3	-1.8
20/07/2014	08 12 22.2	+20 21 25	6.278731	5.264937	31.36	29.32	3.6	-1.8
21/07/2014	08 13 17.8	+20 18 35	6.279883	5.265291	31.35	29.32	2.8	-1.8
22/07/2014	08 14 13.4	+20 15 45	6.280833	5.265644	31.35	29.31	2.1	-1.8
23/07/2014	08 15 09.0	+20 12 53	6.281579	5.265997	31.34	29.31	1.4	-1.8
24/07/2014	08 16 04.5	+20 10 01	6.282121	5.266350	31.34	29.31	0.6	-1.8
25/07/2014	08 17 00.0	+20 07 08	6.282459	5.266702	31.34	29.31	0.0	-1.8
26/07/2014	08 17 55.4	+20 04 13	6.282593	5.267055	31.34	29.31	0.8	-1.8
27/07/2014	08 18 50.9	+20 01 17	6.282523	5.267407	31.34	29.31	1.6	-1.8
28/07/2014	08 19 46.2	+19 58 20	6.282248	5.267760	31.34	29.31	2.3	-1.8
29/07/2014	08 20 41.6	+19 55 23	6.281769	5.268112	31.34	29.31	3.0	-1.8
30/07/2014	08 21 36.8	+19 52 24	6.281086	5.268464	31.34	29.31	3.8	-1.8
31/07/2014	08 22 32.0	+19 49 25	6.280198	5.268815	31.35	29.32	4.5	-1.8
01/08/2014	08 23 27.1	+19 46 25	6.279107	5.269167	31.35	29.32	5.2	-1.8
02/08/2014	08 24 22.2	+19 43 24	6.277813	5.269518	31.36	29.33	6.0	-1.8
03/08/2014	08 25 17.2	+19 40 22	6.276316	5.269870	31.37	29.34	6.7	-1.8
04/08/2014	08 26 12.1	+19 37 19	6.274616	5.270221	31.38	29.34	7.5	-1.8
05/08/2014	08 27 06.9	+19 34 16	6.272714	5.270572	31.39	29.35	8.2	-1.8
06/08/2014	08 28 01.6	+19 31 12	6.270611	5.270923	31.40	29.36	8.9	-1.8
07/08/2014	08 28 56.2	+19 28 07	6.268306	5.271273	31.41	29.37	9.7	-1.8

15

GG/MM/AAAA	A.R.	DECL.	Dist.	RV	D.Eq.	D.Pol.	El.	Mag.
08/08/2014	08 29 50.7	+19 25 01	6.265802	5.271624	31.42	29.38	10.4	-1.8
09/08/2014	08 30 45.1	+19 21 55	6.263098	5.271974	31.43	29.40	11.1	-1.8
10/08/2014	08 31 39.4	+19 18 48	6.260195	5.272324	31.45	29.41	11.9	-1.8
11/08/2014	08 32 33.6	+19 15 40	6.257093	5.272674	31.47	29.43	12.6	-1.8
12/08/2014	08 33 27.7	+19 12 32	6.253793	5.273024	31.48	29.44	13.4	-1.8
13/08/2014	08 34 21.6	+19 09 23	6.250294	5.273374	31.50	29.46	14.1	-1.8
14/08/2014	08 35 15.4	+19 06 13	6.246598	5.273723	31.52	29.48	14.8	-1.8
15/08/2014	08 36 09.1	+19 03 03	6.242703	5.274072	31.54	29.49	15.6	-1.8
16/08/2014	08 37 02.6	+18 59 53	6.238611	5.274421	31.56	29.51	16.3	-1.8
17/08/2014	08 37 56.0	+18 56 42	6.234321	5.274770	31.58	29.53	17.1	-1.8
18/08/2014	08 38 49.3	+18 53 30	6.229833	5.275119	31.60	29.55	17.8	-1.8
19/08/2014	08 39 42.4	+18 50 18	6.225147	5.275468	31.63	29.58	18.6	-1.8
20/08/2014	08 40 35.4	+18 47 06	6.220265	5.275816	31.65	29.60	19.3	-1.8
21/08/2014	08 41 28.2	+18 43 53	6.215186	5.276164	31.68	29.62	20.0	-1.8
22/08/2014	08 42 20.8	+18 40 40	6.209911	5.276513	31.70	29.65	20.8	-1.8
23/08/2014	08 43 13.3	+18 37 27	6.204440	5.276860	31.73	29.68	21.5	-1.8
24/08/2014	08 44 05.6	+18 34 13	6.198774	5.277208	31.76	29.70	22.3	-1.8
25/08/2014	08 44 57.7	+18 30 60	6.192915	5.277556	31.79	29.73	23.0	-1.8
26/08/2014	08 45 49.7	+18 27 46	6.186862	5.277903	31.82	29.76	23.8	-1.8
27/08/2014	08 46 41.4	+18 24 31	6.180616	5.278250	31.85	29.79	24.6	-1.8
28/08/2014	08 47 32.9	+18 21 17	6.174179	5.278597	31.89	29.82	25.3	-1.8
29/08/2014	08 48 24.2	+18 18 03	6.167552	5.278944	31.92	29.85	26.1	-1.8
30/08/2014	08 49 15.4	+18 14 48	6.160735	5.279291	31.96	29.89	26.8	-1.8
31/08/2014	08 50 06.3	+18 11 33	6.153731	5.279637	31.99	29.92	27.6	-1.8
01/09/2014	08 50 57.0	+18 08 19	6.146540	5.279984	32.03	29.96	28.3	-1.8
02/09/2014	08 51 47.5	+18 05 04	6.139163	5.280330	32.07	29.99	29.1	-1.8
03/09/2014	08 52 37.7	+18 01 50	6.131603	5.280676	32.11	30.03	29.9	-1.8
04/09/2014	08 53 27.7	+17 58 35	6.123859	5.281021	32.15	30.07	30.6	-1.8
05/09/2014	08 54 17.5	+17 55 21	6.115935	5.281367	32.19	30.10	31.4	-1.8
06/09/2014	08 55 07.0	+17 52 07	6.107830	5.281712	32.23	30.14	32.2	-1.8
07/09/2014	08 55 56.3	+17 48 53	6.099548	5.282058	32.28	30.19	32.9	-1.8
08/09/2014	08 56 45.3	+17 45 39	6.091088	5.282403	32.32	30.23	33.7	-1.8
09/09/2014	08 57 34.1	+17 42 26	6.082451	5.282747	32.37	30.27	34.5	-1.8
10/09/2014	08 58 22.6	+17 39 13	6.073640	5.283092	32.42	30.31	35.2	-1.8
11/09/2014	08 59 10.9	+17 36 00	6.064655	5.283436	32.46	30.36	36.0	-1.8
12/09/2014	08 59 58.8	+17 32 48	6.055496	5.283781	32.51	30.41	36.8	-1.8
13/09/2014	09 00 46.5	+17 29 35	6.046166	5.284125	32.56	30.45	37.6	-1.8
14/09/2014	09 01 34.0	+17 26 24	6.036664	5.284469	32.61	30.50	38.3	-1.8
15/09/2014	09 02 21.1	+17 23 13	6.026992	5.284812	32.67	30.55	39.1	-1.8
16/09/2014	09 03 08.0	+17 20 02	6.017151	5.285156	32.72	30.60	39.9	-1.9
17/09/2014	09 03 54.6	+17 16 52	6.007142	5.285499	32.77	30.65	40.7	-1.9
18/09/2014	09 04 40.8	+17 13 43	5.996967	5.285842	32.83	30.70	41.5	-1.9
19/09/2014	09 05 26.8	+17 10 34	5.986627	5.286185	32.89	30.76	42.2	-1.9
20/09/2014	09 06 12.4	+17 07 26	5.976123	5.286528	32.94	30.81	43.0	-1.9
21/09/2014	09 06 57.7	+17 04 19	5.965458	5.286871	33.00	30.86	43.8	-1.9
22/09/2014	09 07 42.7	+17 01 12	5.954633	5.287213	33.06	30.92	44.6	-1.9
23/09/2014	09 08 27.3	+16 58 07	5.943649	5.287555	33.12	30.98	45.4	-1.9
24/09/2014	09 09 11.7	+16 55 02	5.932509	5.287897	33.19	31.04	46.2	-1.9
25/09/2014	09 09 55.6	+16 51 58	5.921215	5.288239	33.25	31.09	47.0	-1.9
26/09/2014	09 10 39.2	+16 48 55	5.909768	5.288580	33.31	31.16	47.8	-1.9
27/09/2014	09 11 22.5	+16 45 53	5.898171	5.288922	33.38	31.22	48.6	-1.9
28/09/2014	09 12 05.4	+16 42 53	5.886426	5.289263	33.45	31.28	49.4	-1.9
29/09/2014	09 12 47.9	+16 39 53	5.874536	5.289604	33.51	31.34	50.2	-1.9
30/09/2014	09 13 30.0	+16 36 54	5.862502	5.289944	33.58	31.41	51.0	-1.9
01/10/2014	09 14 11.8	+16 33 57	5.850328	5.290285	33.65	31.47	51.8	-1.9
02/10/2014	09 14 53.2	+16 31 01	5.838015	5.290625	33.72	31.54	52.6	-1.9
03/10/2014	09 15 34.2	+16 28 06	5.825566	5.290966	33.80	31.61	53.4	-1.9
04/10/2014	09 16 14.7	+16 25 12	5.812983	5.291306	33.87	31.67	54.3	-1.9
05/10/2014	09 16 54.9	+16 22 20	5.800270	5.291645	33.94	31.74	55.1	-1.9
06/10/2014	09 17 34.7	+16 19 29	5.787427	5.291985	34.02	31.81	55.9	-1.9
07/10/2014	09 18 14.0	+16 16 40	5.774458	5.292324	34.09	31.89	56.7	-1.9
08/10/2014	09 18 52.9	+16 13 52	5.761364	5.292663	34.17	31.96	57.5	-1.9
09/10/2014	09 19 31.4	+16 11 06	5.748148	5.293002	34.25	32.03	58.4	-1.9
10/10/2014	09 20 09.5	+16 08 21	5.734811	5.293341	34.33	32.11	59.2	-1.9
11/10/2014	09 20 47.2	+16 05 38	5.721356	5.293679	34.41	32.18	60.0	-1.9
12/10/2014	09 21 24.4	+16 02 56	5.707785	5.294018	34.49	32.26	60.9	-2.0
13/10/2014	09 22 01.1	+16 00 17	5.694099	5.294356	34.58	32.34	61.7	-2.0
14/10/2014	09 22 37.4	+15 57 39	5.680302	5.294694	34.66	32.41	62.5	-2.0
15/10/2014	09 23 13.2	+15 55 02	5.666396	5.295031	34.75	32.49	63.4	-2.0
16/10/2014	09 23 48.6	+15 52 28	5.652383	5.295369	34.83	32.57	64.2	-2.0
17/10/2014	09 24 23.5	+15 49 56	5.638266	5.295706	34.92	32.66	65.1	-2.0
18/10/2014	09 24 57.8	+15 47 25	5.624048	5.296043	35.01	32.74	65.9	-2.0
19/10/2014	09 25 31.7	+15 44 57	5.609731	5.296380	35.10	32.82	66.8	-2.0

GG/MM/AAAA	A.R.	DECL.	Dist.	RV	D.Eq.	D.Pol.	El.	Mag.
20/10/2014	09 26 05.1	+15 42 31	5.595318	5.296717	35.19	32.91	67.6	-2.0
21/10/2014	09 26 38.0	+15 40 07	5.580813	5.297053	35.28	32.99	68.5	-2.0
22/10/2014	09 27 10.4	+15 37 45	5.566219	5.297389	35.37	33.08	69.3	-2.0
23/10/2014	09 27 42.3	+15 35 25	5.551538	5.297725	35.46	33.17	70.2	-2.0
24/10/2014	09 28 13.6	+15 33 08	5.536775	5.298061	35.56	33.25	71.1	-2.0
25/10/2014	09 28 44.4	+15 30 53	5.521932	5.298397	35.65	33.34	71.9	-2.0
26/10/2014	09 29 14.6	+15 28 40	5.507014	5.298732	35.75	33.43	72.8	-2.0
27/10/2014	09 29 44.3	+15 26 30	5.492023	5.299067	35.85	33.52	73.7	-2.0
28/10/2014	09 30 13.5	+15 24 22	5.476964	5.299402	35.95	33.62	74.5	-2.0
29/10/2014	09 30 42.1	+15 22 16	5.461840	5.299737	36.05	33.71	75.4	-2.0
30/10/2014	09 31 10.1	+15 20 14	5.446655	5.300071	36.15	33.80	76.3	-2.0
31/10/2014	09 31 37.5	+15 18 14	5.431412	5.300405	36.25	33.90	77.2	-2.0
01/11/2014	09 32 04.4	+15 16 16	5.416116	5.300739	36.35	33.99	78.1	-2.0
02/11/2014	09 32 30.6	+15 14 21	5.400769	5.301073	36.45	34.09	79.0	-2.1
03/11/2014	09 32 56.3	+15 12 29	5.385376	5.301407	36.56	34.19	79.9	-2.1
04/11/2014	09 33 21.4	+15 10 40	5.369940	5.301740	36.66	34.29	80.8	-2.1
05/11/2014	09 33 45.9	+15 08 54	5.354464	5.302073	36.77	34.39	81.7	-2.1
06/11/2014	09 34 09.7	+15 07 10	5.338952	5.302406	36.88	34.49	82.6	-2.1
07/11/2014	09 34 33.0	+15 05 30	5.323407	5.302739	36.98	34.59	83.5	-2.1
08/11/2014	09 34 55.6	+15 03 52	5.307832	5.303071	37.09	34.69	84.4	-2.1
09/11/2014	09 35 17.7	+15 02 17	5.292232	5.303404	37.20	34.79	85.3	-2.1
10/11/2014	09 35 39.0	+15 00 46	5.276609	5.303736	37.31	34.89	86.2	-2.1
11/11/2014	09 35 59.8	+14 59 17	5.260967	5.304067	37.42	35.00	87.1	-2.1
12/11/2014	09 36 19.9	+14 57 52	5.245310	5.304399	37.53	35.10	88.0	-2.1
13/11/2014	09 36 39.3	+14 56 30	5.229643	5.304730	37.65	35.21	89.0	-2.1
14/11/2014	09 36 58.1	+14 55 11	5.213968	5.305061	37.76	35.31	89.9	-2.1
15/11/2014	09 37 16.2	+14 53 55	5.198290	5.305392	37.87	35.42	90.8	-2.1
16/11/2014	09 37 33.6	+14 52 43	5.182613	5.305723	37.99	35.53	91.7	-2.1
17/11/2014	09 37 50.4	+14 51 34	5.166942	5.306053	38.10	35.63	92.7	-2.1
18/11/2014	09 38 06.4	+14 50 28	5.151281	5.306384	38.22	35.74	93.6	-2.2
19/11/2014	09 38 21.8	+14 49 26	5.135635	5.306714	38.34	35.85	94.6	-2.2
20/11/2014	09 38 36.5	+14 48 28	5.120007	5.307043	38.45	35.96	95.5	-2.2
21/11/2014	09 38 50.4	+14 47 33	5.104403	5.307373	38.57	36.07	96.5	-2.2
22/11/2014	09 39 03.7	+14 46 41	5.088827	5.307702	38.69	36.18	97.4	-2.2
23/11/2014	09 39 16.2	+14 45 53	5.073285	5.308031	38.81	36.29	98.4	-2.2
24/11/2014	09 39 28.0	+14 45 09	5.057781	5.308360	38.93	36.40	99.3	-2.2
25/11/2014	09 39 39.1	+14 44 28	5.042321	5.308688	39.05	36.51	100.3	-2.2
26/11/2014	09 39 49.5	+14 43 51	5.026909	5.309017	39.17	36.63	101.3	-2.2
27/11/2014	09 39 59.1	+14 43 18	5.011549	5.309345	39.29	36.74	102.3	-2.2
28/11/2014	09 40 08.0	+14 42 48	4.996248	5.309673	39.41	36.85	103.2	-2.2
29/11/2014	09 40 16.1	+14 42 22	4.981010	5.310000	39.53	36.96	104.2	-2.2
30/11/2014	09 40 23.5	+14 42 00	4.965839	5.310328	39.65	37.08	105.2	-2.2
01/12/2014	09 40 30.1	+14 41 42	4.950741	5.310655	39.77	37.19	106.2	-2.2
02/12/2014	09 40 36.0	+14 41 27	4.935719	5.310982	39.89	37.30	107.2	-2.3
03/12/2014	09 40 41.2	+14 41 16	4.920779	5.311308	40.01	37.42	108.2	-2.3
04/12/2014	09 40 45.6	+14 41 09	4.905925	5.311635	40.13	37.53	109.2	-2.3
05/12/2014	09 40 49.2	+14 41 06	4.891161	5.311961	40.25	37.64	110.2	-2.3
06/12/2014	09 40 52.1	+14 41 07	4.876491	5.312287	40.37	37.76	111.2	-2.3
07/12/2014	09 40 54.2	+14 41 11	4.861922	5.312613	40.49	37.87	112.2	-2.3
08/12/2014	09 40 55.6	+14 41 19	4.847456	5.312938	40.62	37.98	113.2	-2.3
09/12/2014	09 40 56.2	+14 41 31	4.833099	5.313263	40.74	38.10	114.2	-2.3
10/12/2014	09 40 56.0	+14 41 48	4.818855	5.313588	40.86	38.21	115.2	-2.3
11/12/2014	09 40 55.1	+14 42 07	4.804730	5.313913	40.98	38.32	116.2	-2.3
12/12/2014	09 40 53.4	+14 42 31	4.790728	5.314238	41.10	38.43	117.3	-2.3
13/12/2014	09 40 50.9	+14 42 59	4.776854	5.314562	41.22	38.54	118.3	-2.3
14/12/2014	09 40 47.7	+14 43 31	4.763113	5.314886	41.33	38.66	119.3	-2.3
15/12/2014	09 40 43.6	+14 44 06	4.749510	5.315210	41.45	38.77	120.4	-2.3
16/12/2014	09 40 38.8	+14 44 45	4.736051	5.315533	41.57	38.88	121.4	-2.3
17/12/2014	09 40 33.3	+14 45 28	4.722740	5.315856	41.69	38.99	122.4	-2.4
18/12/2014	09 40 26.9	+14 46 15	4.709583	5.316179	41.80	39.09	123.5	-2.4
19/12/2014	09 40 19.8	+14 47 06	4.696586	5.316502	41.92	39.20	124.5	-2.4
20/12/2014	09 40 12.0	+14 48 00	4.683752	5.316825	42.03	39.31	125.6	-2.4
21/12/2014	09 40 03.3	+14 48 59	4.671088	5.317147	42.15	39.42	126.6	-2.4
22/12/2014	09 39 54.0	+14 50 01	4.658599	5.317469	42.26	39.52	127.7	-2.4
23/12/2014	09 39 43.8	+14 51 06	4.646291	5.317791	42.37	39.63	128.8	-2.4
24/12/2014	09 39 32.9	+14 52 16	4.634168	5.318112	42.48	39.73	129.8	-2.4
25/12/2014	09 39 21.3	+14 53 28	4.622236	5.318433	42.59	39.83	130.9	-2.4
26/12/2014	09 39 08.9	+14 54 45	4.610499	5.318754	42.70	39.93	132.0	-2.4
27/12/2014	09 38 55.8	+14 56 05	4.598963	5.319075	42.81	40.04	133.0	-2.4
28/12/2014	09 38 42.0	+14 57 28	4.587631	5.319396	42.92	40.13	134.1	-2.4
29/12/2014	09 38 27.5	+14 58 55	4.576510	5.319716	43.02	40.23	135.2	-2.4
30/12/2014	09 38 12.2	+15 00 25	4.565602	5.320036	43.12	40.33	136.3	-2.4
31/12/2014	09 37 56.3	+15 01 59	4.554912	5.320356	43.22	40.42	137.4	-2.4

17

GG/MM/AAAA	A.R.	DECL.	Dist.	RV	D.Eq.	D.Pol.	El.	Mag.
01/01/2015	09 37 39.6	+15 03 35	4.544444	5.320675	43.32	40.52	138.5	-2.4
02/01/2015	09 37 22.3	+15 05 15	4.534202	5.320994	43.42	40.61	139.6	-2.5
03/01/2015	09 37 04.4	+15 06 58	4.524191	5.321313	43.52	40.70	140.7	-2.5
04/01/2015	09 36 45.7	+15 08 44	4.514414	5.321632	43.61	40.78	141.8	-2.5
05/01/2015	09 36 26.5	+15 10 33	4.504875	5.321950	43.70	40.87	142.9	-2.5
06/01/2015	09 36 06.6	+15 12 25	4.495579	5.322269	43.79	40.96	144.0	-2.5
07/01/2015	09 35 46.0	+15 14 20	4.486529	5.322587	43.88	41.04	145.1	-2.5
08/01/2015	09 35 24.8	+15 16 17	4.477729	5.322904	43.97	41.12	146.2	-2.5
09/01/2015	09 35 03.1	+15 18 17	4.469183	5.323222	44.05	41.20	147.3	-2.5
10/01/2015	09 34 40.7	+15 20 20	4.460894	5.323539	44.13	41.27	148.4	-2.5
11/01/2015	09 34 17.8	+15 22 25	4.452868	5.323856	44.21	41.35	149.5	-2.5
12/01/2015	09 33 54.3	+15 24 33	4.445107	5.324172	44.29	41.42	150.6	-2.5
13/01/2015	09 33 30.2	+15 26 43	4.437616	5.324489	44.37	41.49	151.8	-2.5
14/01/2015	09 33 05.6	+15 28 55	4.430397	5.324805	44.44	41.56	152.9	-2.5
15/01/2015	09 32 40.5	+15 31 09	4.423455	5.325121	44.51	41.62	154.0	-2.5
16/01/2015	09 32 14.9	+15 33 26	4.416793	5.325436	44.58	41.69	155.1	-2.5
17/01/2015	09 31 48.8	+15 35 44	4.410415	5.325752	44.64	41.75	156.3	-2.5
18/01/2015	09 31 22.2	+15 38 04	4.404324	5.326067	44.70	41.80	157.4	-2.5
19/01/2015	09 30 55.2	+15 40 26	4.398524	5.326381	44.76	41.86	158.5	-2.5
20/01/2015	09 30 27.8	+15 42 49	4.393017	5.326696	44.82	41.91	159.7	-2.5
21/01/2015	09 29 59.9	+15 45 14	4.387806	5.327010	44.87	41.96	160.8	-2.5
22/01/2015	09 29 31.6	+15 47 41	4.382894	5.327324	44.92	42.01	161.9	-2.5
23/01/2015	09 29 03.0	+15 50 08	4.378284	5.327638	44.97	42.05	163.1	-2.5
24/01/2015	09 28 34.0	+15 52 37	4.373978	5.327951	45.01	42.09	164.2	-2.5
25/01/2015	09 28 04.7	+15 55 07	4.369977	5.328264	45.05	42.13	165.4	-2.6
26/01/2015	09 27 35.1	+15 57 38	4.366283	5.328577	45.09	42.17	166.5	-2.6
27/01/2015	09 27 05.2	+16 00 09	4.362898	5.328890	45.13	42.20	167.6	-2.6
28/01/2015	09 26 35.1	+16 02 42	4.359822	5.329202	45.16	42.23	168.8	-2.6
29/01/2015	09 26 04.7	+16 05 14	4.357058	5.329514	45.19	42.26	169.9	-2.6
30/01/2015	09 25 34.1	+16 07 48	4.354605	5.329826	45.21	42.28	171.1	-2.6
31/01/2015	09 25 03.4	+16 10 21	4.352464	5.330137	45.23	42.30	172.2	-2.6
01/02/2015	09 24 32.4	+16 12 55	4.350637	5.330449	45.25	42.32	173.3	-2.6
02/02/2015	09 24 01.3	+16 15 29	4.349125	5.330760	45.27	42.33	174.4	-2.6
03/02/2015	09 23 30.1	+16 18 03	4.347926	5.331070	45.28	42.35	175.6	-2.6
04/02/2015	09 22 58.7	+16 20 37	4.347043	5.331381	45.29	42.36	176.7	-2.6
05/02/2015	09 22 27.3	+16 23 11	4.346475	5.331691	45.30	42.36	177.7	-2.6
06/02/2015	09 21 55.8	+16 25 44	4.346223	5.332001	45.30	42.36	178.6	-2.6
07/02/2015	09 21 24.3	+16 28 17	4.346287	5.332310	45.30	42.36	178.9	-2.6
08/02/2015	09 20 52.8	+16 30 49	4.346667	5.332620	45.29	42.36	178.2	-2.6
09/02/2015	09 20 21.2	+16 33 21	4.347362	5.332929	45.29	42.35	177.2	-2.6
10/02/2015	09 19 49.7	+16 35 52	4.348374	5.333237	45.28	42.34	176.1	-2.6
11/02/2015	09 19 18.3	+16 38 22	4.349701	5.333546	45.26	42.33	175.0	-2.6
12/02/2015	09 18 46.9	+16 40 51	4.351343	5.333854	45.25	42.31	173.9	-2.6
13/02/2015	09 18 15.7	+16 43 19	4.353300	5.334162	45.23	42.29	172.8	-2.6
14/02/2015	09 17 44.6	+16 45 46	4.355571	5.334470	45.20	42.27	171.7	-2.6
15/02/2015	09 17 13.6	+16 48 11	4.358155	5.334777	45.18	42.25	170.5	-2.6
16/02/2015	09 16 42.8	+16 50 35	4.361052	5.335084	45.15	42.22	169.4	-2.6
17/02/2015	09 16 12.2	+16 52 58	4.364260	5.335391	45.11	42.19	168.3	-2.6
18/02/2015	09 15 41.8	+16 55 19	4.367777	5.335697	45.08	42.15	167.1	-2.6
19/02/2015	09 15 11.6	+16 57 39	4.371603	5.336003	45.04	42.12	166.0	-2.5
20/02/2015	09 14 41.7	+16 59 56	4.375736	5.336309	44.99	42.08	164.9	-2.5
21/02/2015	09 14 12.1	+17 02 12	4.380172	5.336615	44.95	42.03	163.7	-2.5
22/02/2015	09 13 42.8	+17 04 26	4.384910	5.336920	44.90	41.99	162.6	-2.5
23/02/2015	09 13 13.9	+17 06 37	4.389947	5.337225	44.85	41.94	161.5	-2.5
24/02/2015	09 12 45.2	+17 08 47	4.395280	5.337530	44.79	41.89	160.3	-2.5
25/02/2015	09 12 17.0	+17 10 54	4.400907	5.337834	44.74	41.84	159.2	-2.5
26/02/2015	09 11 49.2	+17 12 59	4.406823	5.338139	44.68	41.78	158.1	-2.5
27/02/2015	09 11 21.8	+17 15 02	4.413026	5.338443	44.61	41.72	157.0	-2.5
28/02/2015	09 10 54.8	+17 17 02	4.419513	5.338746	44.55	41.66	155.9	-2.5
01/03/2015	09 10 28.3	+17 19 00	4.426280	5.339049	44.48	41.60	154.7	-2.5
02/03/2015	09 10 02.2	+17 20 55	4.433325	5.339352	44.41	41.53	153.6	-2.5
03/03/2015	09 09 36.6	+17 22 48	4.440643	5.339655	44.34	41.46	152.5	-2.5
04/03/2015	09 09 11.6	+17 24 38	4.448232	5.339958	44.26	41.39	151.4	-2.5
05/03/2015	09 08 47.0	+17 26 25	4.456088	5.340260	44.18	41.32	150.3	-2.5
06/03/2015	09 08 22.9	+17 28 10	4.464207	5.340562	44.10	41.24	149.2	-2.5
07/03/2015	09 07 59.4	+17 29 52	4.472586	5.340863	44.02	41.17	148.1	-2.5
08/03/2015	09 07 36.5	+17 31 31	4.481222	5.341164	43.93	41.09	147.0	-2.5
09/03/2015	09 07 14.2	+17 33 07	4.490111	5.341465	43.85	41.01	145.9	-2.5
10/03/2015	09 06 52.4	+17 34 40	4.499250	5.341766	43.76	40.92	144.8	-2.5
11/03/2015	09 06 31.2	+17 36 10	4.508634	5.342066	43.67	40.84	143.8	-2.5
12/03/2015	09 06 10.7	+17 37 38	4.518260	5.342367	43.57	40.75	142.7	-2.5
13/03/2015	09 05 50.7	+17 39 02	4.528124	5.342666	43.48	40.66	141.6	-2.4
14/03/2015	09 05 31.4	+17 40 23	4.538223	5.342966	43.38	40.57	140.5	-2.4

18

GG/MM/AAAA	A.R.	DECL.	Dist.	RV	D.Eq.	D.Pol.	El.	Mag.
15/03/2015	09 05 12.8	+17 41 41	4.548552	5.343265	43.28	40.48	139.4	-2.4
16/03/2015	09 04 54.8	+17 42 56	4.559107	5.343564	43.18	40.39	138.4	-2.4
17/03/2015	09 04 37.5	+17 44 07	4.569885	5.343862	43.08	40.29	137.3	-2.4
18/03/2015	09 04 20.9	+17 45 16	4.580881	5.344161	42.98	40.19	136.2	-2.4
19/03/2015	09 04 04.9	+17 46 21	4.592091	5.344459	42.87	40.10	135.2	-2.4
20/03/2015	09 03 49.7	+17 47 23	4.603510	5.344756	42.77	40.00	134.1	-2.4
21/03/2015	09 03 35.2	+17 48 22	4.615133	5.345054	42.66	39.89	133.1	-2.4
22/03/2015	09 03 21.3	+17 49 17	4.626956	5.345351	42.55	39.79	132.0	-2.4
23/03/2015	09 03 08.3	+17 50 09	4.638972	5.345648	42.44	39.69	131.0	-2.4
24/03/2015	09 02 55.9	+17 50 58	4.651178	5.345944	42.33	39.59	129.9	-2.4
25/03/2015	09 02 44.3	+17 51 44	4.663568	5.346240	42.22	39.48	128.9	-2.4
26/03/2015	09 02 33.5	+17 52 26	4.676137	5.346536	42.10	39.37	127.9	-2.4
27/03/2015	09 02 23.3	+17 53 05	4.688880	5.346832	41.99	39.27	126.8	-2.4
28/03/2015	09 02 14.0	+17 53 40	4.701792	5.347127	41.87	39.16	125.8	-2.4
29/03/2015	09 02 05.4	+17 54 13	4.714868	5.347422	41.76	39.05	124.8	-2.3
30/03/2015	09 01 57.5	+17 54 41	4.728104	5.347716	41.64	38.94	123.8	-2.3
31/03/2015	09 01 50.4	+17 55 07	4.741493	5.348011	41.52	38.83	122.7	-2.3
01/04/2015	09 01 44.1	+17 55 29	4.755033	5.348305	41.40	38.72	121.7	-2.3
02/04/2015	09 01 38.5	+17 55 48	4.768718	5.348598	41.29	38.61	120.7	-2.3
03/04/2015	09 01 33.7	+17 56 04	4.782544	5.348892	41.17	38.50	119.7	-2.3
04/04/2015	09 01 29.6	+17 56 17	4.796505	5.349185	41.05	38.39	118.7	-2.3
05/04/2015	09 01 26.3	+17 56 26	4.810598	5.349478	40.93	38.27	117.7	-2.3
06/04/2015	09 01 23.8	+17 56 32	4.824818	5.349770	40.81	38.16	116.7	-2.3
07/04/2015	09 01 22.0	+17 56 34	4.839160	5.350062	40.68	38.05	115.7	-2.3
08/04/2015	09 01 21.0	+17 56 33	4.853620	5.350354	40.56	37.93	114.7	-2.3
09/04/2015	09 01 20.8	+17 56 29	4.868195	5.350646	40.44	37.82	113.8	-2.3
10/04/2015	09 01 21.3	+17 56 22	4.882878	5.350937	40.32	37.71	112.8	-2.3
11/04/2015	09 01 22.5	+17 56 12	4.897667	5.351228	40.20	37.59	111.8	-2.3
12/04/2015	09 01 24.5	+17 55 58	4.912557	5.351518	40.08	37.48	110.8	-2.3
13/04/2015	09 01 27.3	+17 55 41	4.927543	5.351809	39.96	37.37	109.9	-2.2
14/04/2015	09 01 30.8	+17 55 21	4.942620	5.352099	39.83	37.25	108.9	-2.2
15/04/2015	09 01 35.1	+17 54 57	4.957785	5.352388	39.71	37.14	107.9	-2.2
16/04/2015	09 01 40.1	+17 54 31	4.973033	5.352678	39.59	37.02	107.0	-2.2
17/04/2015	09 01 45.9	+17 54 01	4.988358	5.352967	39.47	36.91	106.0	-2.2
18/04/2015	09 01 52.4	+17 53 28	5.003757	5.353255	39.35	36.80	105.1	-2.2
19/04/2015	09 01 59.6	+17 52 52	5.019224	5.353544	39.23	36.68	104.1	-2.2
20/04/2015	09 02 07.6	+17 52 13	5.034754	5.353832	39.10	36.57	103.2	-2.2
21/04/2015	09 02 16.3	+17 51 30	5.050343	5.354120	38.98	36.46	102.2	-2.2
22/04/2015	09 02 25.8	+17 50 45	5.065986	5.354407	38.86	36.34	101.3	-2.2
23/04/2015	09 02 35.9	+17 49 56	5.081677	5.354694	38.74	36.23	100.4	-2.2
24/04/2015	09 02 46.8	+17 49 05	5.097413	5.354981	38.62	36.12	99.4	-2.2
25/04/2015	09 02 58.4	+17 48 10	5.113189	5.355267	38.50	36.01	98.5	-2.1
26/04/2015	09 03 10.7	+17 47 12	5.129000	5.355554	38.39	35.90	97.6	-2.1
27/04/2015	09 03 23.7	+17 46 12	5.144843	5.355839	38.27	35.79	96.7	-2.1
28/04/2015	09 03 37.4	+17 45 08	5.160713	5.356125	38.15	35.68	95.8	-2.1
29/04/2015	09 03 51.7	+17 44 01	5.176606	5.356410	38.03	35.57	94.8	-2.1
30/04/2015	09 04 06.8	+17 42 52	5.192518	5.356695	37.92	35.46	93.9	-2.1
01/05/2015	09 04 22.5	+17 41 39	5.208445	5.356979	37.80	35.35	93.0	-2.1
02/05/2015	09 04 38.8	+17 40 24	5.224384	5.357264	37.68	35.24	92.1	-2.1
03/05/2015	09 04 55.9	+17 39 05	5.240331	5.357548	37.57	35.14	91.2	-2.1
04/05/2015	09 05 13.5	+17 37 44	5.256282	5.357831	37.46	35.03	90.3	-2.1
05/05/2015	09 05 31.9	+17 36 20	5.272233	5.358114	37.34	34.92	89.4	-2.1
06/05/2015	09 05 50.8	+17 34 53	5.288181	5.358397	37.23	34.82	88.6	-2.1
07/05/2015	09 06 10.4	+17 33 23	5.304123	5.358680	37.12	34.71	87.7	-2.1
08/05/2015	09 06 30.6	+17 31 51	5.320055	5.358962	37.01	34.61	86.8	-2.1
09/05/2015	09 06 51.4	+17 30 16	5.335974	5.359244	36.90	34.51	85.9	-2.1
10/05/2015	09 07 12.9	+17 28 38	5.351876	5.359526	36.79	34.40	85.0	-2.0
11/05/2015	09 07 34.9	+17 26 57	5.367757	5.359807	36.68	34.30	84.1	-2.0
12/05/2015	09 07 57.6	+17 25 13	5.383615	5.360088	36.57	34.20	83.3	-2.0
13/05/2015	09 08 20.8	+17 23 27	5.399446	5.360368	36.46	34.10	82.4	-2.0
14/05/2015	09 08 44.6	+17 21 38	5.415246	5.360649	36.36	34.00	81.5	-2.0
15/05/2015	09 09 09.0	+17 19 46	5.431011	5.360929	36.25	33.90	80.7	-2.0
16/05/2015	09 09 34.0	+17 17 52	5.446737	5.361208	36.15	33.80	79.8	-2.0
17/05/2015	09 09 59.5	+17 15 55	5.462422	5.361488	36.04	33.71	79.0	-2.0
18/05/2015	09 10 25.6	+17 13 55	5.478060	5.361767	35.94	33.61	78.1	-2.0
19/05/2015	09 10 52.2	+17 11 53	5.493649	5.362045	35.84	33.52	77.3	-2.0
20/05/2015	09 11 19.4	+17 09 48	5.509184	5.362323	35.74	33.42	76.4	-2.0
21/05/2015	09 11 47.1	+17 07 40	5.524662	5.362601	35.64	33.33	75.6	-2.0
22/05/2015	09 12 15.4	+17 05 30	5.540080	5.362879	35.54	33.23	74.7	-2.0
23/05/2015	09 12 44.2	+17 03 18	5.555434	5.363156	35.44	33.14	73.9	-2.0
24/05/2015	09 13 13.5	+17 01 03	5.570722	5.363433	35.34	33.05	73.0	-2.0
25/05/2015	09 13 43.3	+16 58 45	5.585939	5.363710	35.25	32.96	72.2	-2.0
26/05/2015	09 14 13.5	+16 56 25	5.601084	5.363986	35.15	32.87	71.4	-2.0

GG/MM/AAAA	A.R.	DECL.	Dist.	RV	D.Eq.	D.Pol.	El.	Mag.
27/05/2015	09 14 44.3	+16 54 03	5.616152	5.364262	35.06	32.78	70.5	-2.0
28/05/2015	09 15 15.6	+16 51 38	5.631143	5.364538	34.96	32.70	69.7	-1.9
29/05/2015	09 15 47.3	+16 49 11	5.646052	5.364813	34.87	32.61	68.9	-1.9
30/05/2015	09 16 19.4	+16 46 41	5.660877	5.365088	34.78	32.52	68.1	-1.9
31/05/2015	09 16 52.1	+16 44 09	5.675615	5.365363	34.69	32.44	67.2	-1.9
01/06/2015	09 17 25.2	+16 41 35	5.690265	5.365637	34.60	32.36	66.4	-1.9
02/06/2015	09 17 58.7	+16 38 58	5.704823	5.365911	34.51	32.27	65.6	-1.9
03/06/2015	09 18 32.7	+16 36 19	5.719288	5.366184	34.42	32.19	64.8	-1.9
04/06/2015	09 19 07.1	+16 33 38	5.733657	5.366458	34.34	32.11	64.0	-1.9
05/06/2015	09 19 41.9	+16 30 54	5.747927	5.366731	34.25	32.03	63.2	-1.9
06/06/2015	09 20 17.2	+16 28 08	5.762097	5.367003	34.17	31.95	62.3	-1.9
07/06/2015	09 20 52.8	+16 25 20	5.776164	5.367275	34.08	31.88	61.5	-1.9
08/06/2015	09 21 28.8	+16 22 30	5.790126	5.367547	34.00	31.80	60.7	-1.9
09/06/2015	09 22 05.3	+16 19 38	5.803980	5.367819	33.92	31.72	59.9	-1.9
10/06/2015	09 22 42.1	+16 16 43	5.817723	5.368090	33.84	31.65	59.1	-1.9
11/06/2015	09 23 19.3	+16 13 46	5.831354	5.368361	33.76	31.57	58.3	-1.9
12/06/2015	09 23 56.9	+16 10 47	5.844869	5.368632	33.68	31.50	57.5	-1.9
13/06/2015	09 24 34.9	+16 07 46	5.858266	5.368902	33.61	31.43	56.7	-1.9
14/06/2015	09 25 13.2	+16 04 43	5.871542	5.369172	33.53	31.36	55.9	-1.9
15/06/2015	09 25 51.9	+16 01 37	5.884694	5.369441	33.46	31.29	55.2	-1.9
16/06/2015	09 26 31.0	+15 58 29	5.897720	5.369710	33.38	31.22	54.4	-1.9
17/06/2015	09 27 10.4	+15 55 20	5.910618	5.369979	33.31	31.15	53.6	-1.8
18/06/2015	09 27 50.1	+15 52 08	5.923384	5.370248	33.24	31.08	52.8	-1.8
19/06/2015	09 28 30.2	+15 48 54	5.936017	5.370516	33.17	31.02	52.0	-1.8
20/06/2015	09 29 10.6	+15 45 39	5.948514	5.370783	33.10	30.95	51.2	-1.8
21/06/2015	09 29 51.3	+15 42 21	5.960873	5.371051	33.03	30.89	50.4	-1.8
22/06/2015	09 30 32.3	+15 39 02	5.973092	5.371318	32.96	30.82	49.7	-1.8
23/06/2015	09 31 13.6	+15 35 40	5.985170	5.371585	32.89	30.76	48.9	-1.8
24/06/2015	09 31 55.2	+15 32 17	5.997104	5.371851	32.83	30.70	48.1	-1.8
25/06/2015	09 32 37.1	+15 28 51	6.008893	5.372117	32.76	30.64	47.3	-1.8
26/06/2015	09 33 19.3	+15 25 24	6.020534	5.372383	32.70	30.58	46.5	-1.8
27/06/2015	09 34 01.8	+15 21 55	6.032027	5.372648	32.64	30.52	45.8	-1.8
28/06/2015	09 34 44.5	+15 18 24	6.043369	5.372913	32.58	30.47	45.0	-1.8
29/06/2015	09 35 27.5	+15 14 51	6.054560	5.373178	32.52	30.41	44.2	-1.8
30/06/2015	09 36 10.8	+15 11 17	6.065597	5.373442	32.46	30.35	43.5	-1.8
01/07/2015	09 36 54.3	+15 07 41	6.076480	5.373706	32.40	30.30	42.7	-1.8
02/07/2015	09 37 38.1	+15 04 03	6.087207	5.373970	32.34	30.25	41.9	-1.8
03/07/2015	09 38 22.1	+15 00 23	6.097777	5.374233	32.29	30.19	41.2	-1.8
04/07/2015	09 39 06.3	+14 56 41	6.108188	5.374496	32.23	30.14	40.4	-1.8
05/07/2015	09 39 50.8	+14 52 58	6.118439	5.374758	32.18	30.09	39.6	-1.8
06/07/2015	09 40 35.5	+14 49 13	6.128529	5.375021	32.13	30.04	38.9	-1.8
07/07/2015	09 41 20.4	+14 45 27	6.138455	5.375282	32.07	29.99	38.1	-1.8
08/07/2015	09 42 05.6	+14 41 39	6.148217	5.375544	32.02	29.95	37.4	-1.8
09/07/2015	09 42 50.9	+14 37 49	6.157812	5.375805	31.97	29.90	36.6	-1.8
10/07/2015	09 43 36.5	+14 33 57	6.167239	5.376066	31.92	29.85	35.8	-1.8
11/07/2015	09 44 22.2	+14 30 04	6.176495	5.376326	31.88	29.81	35.1	-1.8
12/07/2015	09 45 08.2	+14 26 10	6.185580	5.376586	31.83	29.77	34.3	-1.8
13/07/2015	09 45 54.4	+14 22 14	6.194491	5.376846	31.78	29.72	33.6	-1.8
14/07/2015	09 46 40.7	+14 18 16	6.203226	5.377105	31.74	29.68	32.8	-1.8
15/07/2015	09 47 27.2	+14 14 17	6.211785	5.377364	31.69	29.64	32.1	-1.8
16/07/2015	09 48 14.0	+14 10 16	6.220165	5.377623	31.65	29.60	31.3	-1.7
17/07/2015	09 49 00.8	+14 06 14	6.228365	5.377881	31.61	29.56	30.5	-1.7
18/07/2015	09 49 47.9	+14 02 11	6.236383	5.378139	31.57	29.52	29.8	-1.7
19/07/2015	09 50 35.1	+13 58 06	6.244219	5.378397	31.53	29.49	29.0	-1.7
20/07/2015	09 51 22.4	+13 54 00	6.251871	5.378654	31.49	29.45	28.3	-1.7
21/07/2015	09 52 09.9	+13 49 52	6.259338	5.378911	31.45	29.42	27.5	-1.7
22/07/2015	09 52 57.5	+13 45 43	6.266619	5.379167	31.42	29.38	26.8	-1.7
23/07/2015	09 53 45.3	+13 41 33	6.273714	5.379424	31.38	29.35	26.0	-1.7
24/07/2015	09 54 33.2	+13 37 21	6.280620	5.379679	31.35	29.32	25.3	-1.7
25/07/2015	09 55 21.2	+13 33 09	6.287338	5.379935	31.31	29.28	24.5	-1.7
26/07/2015	09 56 09.3	+13 28 54	6.293867	5.380190	31.28	29.25	23.8	-1.7
27/07/2015	09 56 57.6	+13 24 39	6.300205	5.380445	31.25	29.22	23.1	-1.7
28/07/2015	09 57 46.0	+13 20 23	6.306353	5.380699	31.22	29.20	22.3	-1.7
29/07/2015	09 58 34.5	+13 16 05	6.312310	5.380953	31.19	29.17	21.6	-1.7
30/07/2015	09 59 23.1	+13 11 47	6.318075	5.381206	31.16	29.14	20.8	-1.7
31/07/2015	10 00 11.7	+13 07 27	6.323648	5.381460	31.13	29.12	20.1	-1.7
01/08/2015	10 01 00.5	+13 03 06	6.329028	5.381713	31.11	29.09	19.3	-1.7
02/08/2015	10 01 49.4	+12 58 44	6.334214	5.381965	31.08	29.07	18.6	-1.7
03/08/2015	10 02 38.3	+12 54 21	6.339206	5.382217	31.06	29.04	17.8	-1.7
04/08/2015	10 03 27.3	+12 49 57	6.344002	5.382469	31.03	29.02	17.1	-1.7
05/08/2015	10 04 16.5	+12 45 32	6.348603	5.382720	31.01	29.00	16.4	-1.7
06/08/2015	10 05 05.6	+12 41 06	6.353006	5.382972	30.99	28.98	15.6	-1.7
07/08/2015	10 05 54.9	+12 36 39	6.357211	5.383222	30.97	28.96	14.9	-1.7

GG/MM/AAAA	A.R.	DECL.	Dist.	RV	D.Eq.	D.Pol.	El.	Mag.
08/08/2015	10 06 44.2	+12 32 11	6.361217	5.383473	30.95	28.94	14.1	-1.7
09/08/2015	10 07 33.6	+12 27 42	6.365022	5.383723	30.93	28.93	13.4	-1.7
10/08/2015	10 08 23.0	+12 23 12	6.368626	5.383972	30.91	28.91	12.6	-1.7
11/08/2015	10 09 12.5	+12 18 41	6.372028	5.384221	30.90	28.90	11.9	-1.7
12/08/2015	10 10 02.1	+12 14 10	6.375227	5.384470	30.88	28.88	11.1	-1.7
13/08/2015	10 10 51.7	+12 09 38	6.378221	5.384719	30.87	28.87	10.4	-1.7
14/08/2015	10 11 41.3	+12 05 05	6.381012	5.384967	30.85	28.85	9.7	-1.7
15/08/2015	10 12 30.9	+12 00 31	6.383597	5.385215	30.84	28.84	8.9	-1.7
16/08/2015	10 13 20.6	+11 55 56	6.385976	5.385462	30.83	28.83	8.2	-1.7
17/08/2015	10 14 10.3	+11 51 21	6.388149	5.385709	30.82	28.82	7.4	-1.7
18/08/2015	10 15 00.0	+11 46 45	6.390116	5.385956	30.81	28.81	6.7	-1.7
19/08/2015	10 15 49.8	+11 42 09	6.391876	5.386202	30.80	28.81	6.0	-1.7
20/08/2015	10 16 39.5	+11 37 32	6.393430	5.386448	30.79	28.80	5.2	-1.7
21/08/2015	10 17 29.3	+11 32 54	6.394776	5.386693	30.79	28.79	4.5	-1.7
22/08/2015	10 18 19.0	+11 28 16	6.395915	5.386939	30.78	28.79	3.8	-1.7
23/08/2015	10 19 08.8	+11 23 38	6.396848	5.387183	30.78	28.78	3.1	-1.7
24/08/2015	10 19 58.5	+11 18 58	6.397573	5.387428	30.77	28.78	2.4	-1.7
25/08/2015	10 20 48.2	+11 14 19	6.398091	5.387672	30.77	28.78	1.7	-1.7
26/08/2015	10 21 38.0	+11 09 39	6.398403	5.387915	30.77	28.78	1.2	-1.7
27/08/2015	10 22 27.6	+11 04 59	6.398508	5.388159	30.77	28.78	0.9	-1.7
28/08/2015	10 23 17.3	+11 00 18	6.398406	5.388402	30.77	28.78	1.2	-1.7
29/08/2015	10 24 06.9	+10 55 37	6.398099	5.388644	30.77	28.78	1.8	-1.7
30/08/2015	10 24 56.5	+10 50 55	6.397585	5.388886	30.77	28.78	2.5	-1.7
31/08/2015	10 25 46.1	+10 46 14	6.396865	5.389128	30.78	28.78	3.2	-1.7
01/09/2015	10 26 35.6	+10 41 32	6.395939	5.389370	30.78	28.79	3.9	-1.7
02/09/2015	10 27 25.0	+10 36 50	6.394807	5.389611	30.79	28.79	4.6	-1.7
03/09/2015	10 28 14.5	+10 32 07	6.393467	5.389851	30.79	28.80	5.4	-1.7
04/09/2015	10 29 03.8	+10 27 25	6.391921	5.390092	30.80	28.81	6.1	-1.7
05/09/2015	10 29 53.2	+10 22 42	6.390167	5.390332	30.81	28.81	6.9	-1.7
06/09/2015	10 30 42.4	+10 17 59	6.388205	5.390571	30.82	28.82	7.6	-1.7
07/09/2015	10 31 31.7	+10 13 16	6.386036	5.390810	30.83	28.83	8.4	-1.7
08/09/2015	10 32 20.8	+10 08 33	6.383658	5.391049	30.84	28.84	9.1	-1.7
09/09/2015	10 33 09.9	+10 03 50	6.381072	5.391287	30.85	28.85	9.9	-1.7
10/09/2015	10 33 58.8	+09 59 07	6.378278	5.391526	30.87	28.87	10.6	-1.7
11/09/2015	10 34 47.8	+09 54 24	6.375277	5.391763	30.88	28.88	11.4	-1.7
12/09/2015	10 35 36.6	+09 49 42	6.372067	5.392000	30.90	28.89	12.1	-1.7
13/09/2015	10 36 25.3	+09 44 59	6.368651	5.392237	30.91	28.91	12.9	-1.7
14/09/2015	10 37 13.9	+09 40 17	6.365027	5.392474	30.93	28.93	13.6	-1.7
15/09/2015	10 38 02.4	+09 35 34	6.361196	5.392710	30.95	28.94	14.4	-1.7
16/09/2015	10 38 50.8	+09 30 52	6.357160	5.392946	30.97	28.96	15.1	-1.7
17/09/2015	10 39 39.2	+09 26 11	6.352918	5.393181	30.99	28.98	15.9	-1.7
18/09/2015	10 40 27.3	+09 21 29	6.348472	5.393416	31.01	29.00	16.7	-1.7
19/09/2015	10 41 15.4	+09 16 48	6.343822	5.393651	31.03	29.02	17.4	-1.7
20/09/2015	10 42 03.4	+09 12 07	6.338968	5.393885	31.06	29.05	18.2	-1.7
21/09/2015	10 42 51.2	+09 07 27	6.333913	5.394119	31.08	29.07	19.0	-1.7
22/09/2015	10 43 38.8	+09 02 47	6.328656	5.394352	31.11	29.09	19.7	-1.7
23/09/2015	10 44 26.4	+08 58 08	6.323199	5.394585	31.14	29.12	20.5	-1.7
24/09/2015	10 45 13.8	+08 53 29	6.317543	5.394818	31.16	29.14	21.3	-1.7
25/09/2015	10 46 01.0	+08 48 51	6.311689	5.395050	31.19	29.17	22.0	-1.7
26/09/2015	10 46 48.1	+08 44 13	6.305638	5.395282	31.22	29.20	22.8	-1.7
27/09/2015	10 47 35.1	+08 39 36	6.299390	5.395513	31.25	29.23	23.6	-1.7
28/09/2015	10 48 21.8	+08 35 00	6.292947	5.395745	31.29	29.26	24.4	-1.7
29/09/2015	10 49 08.4	+08 30 24	6.286310	5.395975	31.32	29.29	25.1	-1.7
30/09/2015	10 49 54.9	+08 25 49	6.279478	5.396206	31.35	29.32	25.9	-1.7
01/10/2015	10 50 41.1	+08 21 15	6.272454	5.396436	31.39	29.35	26.7	-1.7
02/10/2015	10 51 27.2	+08 16 42	6.265236	5.396665	31.42	29.39	27.5	-1.7
03/10/2015	10 52 13.2	+08 12 09	6.257826	5.396894	31.46	29.42	28.2	-1.7
04/10/2015	10 52 58.9	+08 07 37	6.250224	5.397123	31.50	29.46	29.0	-1.7
05/10/2015	10 53 44.5	+08 03 07	6.242432	5.397352	31.54	29.49	29.8	-1.7
06/10/2015	10 54 29.8	+07 58 37	6.234449	5.397580	31.58	29.53	30.6	-1.7
07/10/2015	10 55 15.0	+07 54 08	6.226277	5.397807	31.62	29.57	31.4	-1.7
08/10/2015	10 55 59.9	+07 49 40	6.217917	5.398035	31.66	29.61	32.1	-1.7
09/10/2015	10 56 44.6	+07 45 13	6.209370	5.398261	31.71	29.65	32.9	-1.7
10/10/2015	10 57 29.1	+07 40 48	6.200637	5.398488	31.75	29.69	33.7	-1.7
11/10/2015	10 58 13.4	+07 36 24	6.191719	5.398714	31.80	29.74	34.5	-1.7
12/10/2015	10 58 57.5	+07 32 00	6.182619	5.398940	31.84	29.78	35.3	-1.8
13/10/2015	10 59 41.3	+07 27 38	6.173336	5.399165	31.89	29.83	36.1	-1.8
14/10/2015	11 00 24.9	+07 23 18	6.163873	5.399390	31.94	29.87	36.9	-1.8
15/10/2015	11 01 08.2	+07 18 59	6.154232	5.399614	31.99	29.92	37.7	-1.8
16/10/2015	11 01 51.3	+07 14 41	6.144414	5.399838	32.04	29.97	38.5	-1.8
17/10/2015	11 02 34.1	+07 10 24	6.134420	5.400062	32.09	30.01	39.3	-1.8
18/10/2015	11 03 16.7	+07 06 09	6.124254	5.400285	32.15	30.06	40.1	-1.8
19/10/2015	11 03 59.0	+07 01 56	6.113917	5.400508	32.20	30.11	40.9	-1.8

GG/MM/AAAA	A.R.	DECL.	Dist.	RV	D.Eq.	D.Pol.	El.	Mag.
20/10/2015	11 04 41.0	+06 57 44	6.103410	5.400731	32.26	30.17	41.7	-1.8
21/10/2015	11 05 22.7	+06 53 33	6.092736	5.400953	32.31	30.22	42.5	-1.8
22/10/2015	11 06 04.2	+06 49 25	6.081897	5.401174	32.37	30.27	43.3	-1.8
23/10/2015	11 06 45.4	+06 45 18	6.070895	5.401396	32.43	30.33	44.1	-1.8
24/10/2015	11 07 26.2	+06 41 13	6.059732	5.401617	32.49	30.38	45.0	-1.8
25/10/2015	11 08 06.8	+06 37 09	6.048410	5.401837	32.55	30.44	45.8	-1.8
26/10/2015	11 08 47.1	+06 33 07	6.036931	5.402057	32.61	30.50	46.6	-1.8
27/10/2015	11 09 27.0	+06 29 08	6.025297	5.402277	32.68	30.56	47.4	-1.8
28/10/2015	11 10 06.7	+06 25 10	6.013510	5.402496	32.74	30.62	48.2	-1.8
29/10/2015	11 10 46.0	+06 21 13	6.001570	5.402715	32.80	30.68	49.0	-1.8
30/10/2015	11 11 25.0	+06 17 19	5.989481	5.402934	32.87	30.74	49.9	-1.8
31/10/2015	11 12 03.7	+06 13 27	5.977243	5.403152	32.94	30.80	50.7	-1.8
01/11/2015	11 12 42.0	+06 09 37	5.964858	5.403370	33.01	30.87	51.5	-1.8
02/11/2015	11 13 20.0	+06 05 49	5.952329	5.403587	33.08	30.93	52.4	-1.8
03/11/2015	11 13 57.7	+06 02 03	5.939657	5.403804	33.15	31.00	53.2	-1.8
04/11/2015	11 14 34.9	+05 58 20	5.926844	5.404020	33.22	31.07	54.0	-1.8
05/11/2015	11 15 11.9	+05 54 39	5.913893	5.404237	33.29	31.13	54.9	-1.8
06/11/2015	11 15 48.4	+05 51 00	5.900805	5.404452	33.36	31.20	55.7	-1.8
07/11/2015	11 16 24.6	+05 47 23	5.887584	5.404668	33.44	31.27	56.5	-1.8
08/11/2015	11 17 00.4	+05 43 49	5.874231	5.404882	33.52	31.34	57.4	-1.8
09/11/2015	11 17 35.8	+05 40 17	5.860750	5.405097	33.59	31.42	58.2	-1.9
10/11/2015	11 18 10.8	+05 36 48	5.847143	5.405311	33.67	31.49	59.1	-1.9
11/11/2015	11 18 45.4	+05 33 21	5.833412	5.405525	33.75	31.56	59.9	-1.9
12/11/2015	11 19 19.7	+05 29 57	5.819561	5.405738	33.83	31.64	60.8	-1.9
13/11/2015	11 19 53.4	+05 26 35	5.805594	5.405951	33.91	31.71	61.6	-1.9
14/11/2015	11 20 26.8	+05 23 16	5.791511	5.406163	33.99	31.79	62.5	-1.9
15/11/2015	11 20 59.8	+05 20 00	5.777318	5.406375	34.08	31.87	63.4	-1.9
16/11/2015	11 21 32.3	+05 16 47	5.763017	5.406587	34.16	31.95	64.2	-1.9
17/11/2015	11 22 04.3	+05 13 36	5.748612	5.406798	34.25	32.03	65.1	-1.9
18/11/2015	11 22 35.9	+05 10 29	5.734105	5.407009	34.33	32.11	65.9	-1.9
19/11/2015	11 23 07.1	+05 07 24	5.719501	5.407219	34.42	32.19	66.8	-1.9
20/11/2015	11 23 37.8	+05 04 22	5.704802	5.407429	34.51	32.27	67.7	-1.9
21/11/2015	11 24 08.0	+05 01 24	5.690012	5.407639	34.60	32.36	68.6	-1.9
22/11/2015	11 24 37.8	+04 58 28	5.675134	5.407848	34.69	32.44	69.4	-1.9
23/11/2015	11 25 07.0	+04 55 36	5.660171	5.408057	34.78	32.53	70.3	-1.9
24/11/2015	11 25 35.8	+04 52 46	5.645126	5.408265	34.88	32.62	71.2	-1.9
25/11/2015	11 26 04.1	+04 50 00	5.630003	5.408473	34.97	32.70	72.1	-1.9
26/11/2015	11 26 32.0	+04 47 17	5.614804	5.408681	35.06	32.79	73.0	-1.9
27/11/2015	11 26 59.3	+04 44 37	5.599532	5.408888	35.16	32.88	73.9	-1.9
28/11/2015	11 27 26.1	+04 42 01	5.584191	5.409095	35.26	32.97	74.8	-1.9
29/11/2015	11 27 52.4	+04 39 28	5.568784	5.409301	35.35	33.06	75.6	-2.0
30/11/2015	11 28 18.2	+04 36 58	5.553313	5.409507	35.45	33.15	76.5	-2.0
01/12/2015	11 28 43.4	+04 34 32	5.537782	5.409713	35.55	33.25	77.4	-2.0
02/12/2015	11 29 08.1	+04 32 09	5.522194	5.409918	35.65	33.34	78.3	-2.0
03/12/2015	11 29 32.3	+04 29 50	5.506554	5.410122	35.75	33.44	79.3	-2.0
04/12/2015	11 29 55.9	+04 27 34	5.490864	5.410327	35.86	33.53	80.2	-2.0
05/12/2015	11 30 19.0	+04 25 22	5.475129	5.410530	35.96	33.63	81.1	-2.0
06/12/2015	11 30 41.5	+04 23 14	5.459353	5.410734	36.06	33.73	82.0	-2.0
07/12/2015	11 31 03.4	+04 21 09	5.443538	5.410937	36.17	33.82	82.9	-2.0
08/12/2015	11 31 24.7	+04 19 09	5.427690	5.411139	36.27	33.92	83.8	-2.0
09/12/2015	11 31 45.5	+04 17 12	5.411813	5.411342	36.38	34.02	84.8	-2.0
10/12/2015	11 32 05.7	+04 15 19	5.395911	5.411543	36.49	34.12	85.7	-2.0
11/12/2015	11 32 25.3	+04 13 30	5.379987	5.411745	36.59	34.22	86.6	-2.0
12/12/2015	11 32 44.3	+04 11 44	5.364048	5.411946	36.70	34.32	87.5	-2.0
13/12/2015	11 33 02.6	+04 10 03	5.348097	5.412146	36.81	34.43	88.5	-2.0
14/12/2015	11 33 20.4	+04 08 26	5.332138	5.412346	36.92	34.53	89.4	-2.0
15/12/2015	11 33 37.5	+04 06 53	5.316177	5.412546	37.03	34.63	90.4	-2.0
16/12/2015	11 33 54.0	+04 05 24	5.300218	5.412745	37.15	34.74	91.3	-2.0
17/12/2015	11 34 09.9	+04 03 59	5.284266	5.412944	37.26	34.84	92.2	-2.1
18/12/2015	11 34 25.1	+04 02 38	5.268325	5.413143	37.37	34.95	93.2	-2.1
19/12/2015	11 34 39.7	+04 01 22	5.252400	5.413341	37.48	35.05	94.2	-2.1
20/12/2015	11 34 53.7	+04 00 09	5.236494	5.413538	37.60	35.16	95.1	-2.1
21/12/2015	11 35 07.0	+03 59 01	5.220614	5.413735	37.71	35.27	96.1	-2.1
22/12/2015	11 35 19.6	+03 57 58	5.204762	5.413932	37.83	35.38	97.0	-2.1
23/12/2015	11 35 31.6	+03 56 58	5.188944	5.414128	37.94	35.48	98.0	-2.1
24/12/2015	11 35 43.0	+03 56 03	5.173163	5.414324	38.06	35.59	99.0	-2.1
25/12/2015	11 35 53.7	+03 55 12	5.157424	5.414520	38.17	35.70	99.9	-2.1
26/12/2015	11 36 03.7	+03 54 25	5.141731	5.414715	38.29	35.81	100.9	-2.1
27/12/2015	11 36 13.0	+03 53 43	5.126088	5.414909	38.41	35.92	101.9	-2.1
28/12/2015	11 36 21.6	+03 53 06	5.110499	5.415104	38.52	36.03	102.9	-2.1
29/12/2015	11 36 29.6	+03 52 33	5.094970	5.415297	38.64	36.14	103.9	-2.1
30/12/2015	11 36 36.9	+03 52 04	5.079504	5.415491	38.76	36.25	104.8	-2.1
31/12/2015	11 36 43.5	+03 51 40	5.064107	5.415684	38.88	36.36	105.8	-2.1

GG/MM/AAAA	A.R.	DECL.	Dist.	RV	D.Eq.	D.Pol.	El.	Mag.
01/01/2016	11 36 49.4	+03 51 20	5.048782	5.415876	39.00	36.47	106.8	-2.2
02/01/2016	11 36 54.5	+03 51 05	5.033536	5.416068	39.11	36.58	107.8	-2.2
03/01/2016	11 36 59.0	+03 50 54	5.018373	5.416260	39.23	36.69	108.8	-2.2
04/01/2016	11 37 02.8	+03 50 48	5.003298	5.416451	39.35	36.80	109.8	-2.2
05/01/2016	11 37 05.9	+03 50 47	4.988315	5.416642	39.47	36.91	110.8	-2.2
06/01/2016	11 37 08.2	+03 50 50	4.973431	5.416833	39.59	37.02	111.8	-2.2
07/01/2016	11 37 09.9	+03 50 57	4.958650	5.417023	39.70	37.13	112.9	-2.2
08/01/2016	11 37 10.8	+03 51 10	4.943978	5.417212	39.82	37.24	113.9	-2.2
09/01/2016	11 37 11.1	+03 51 27	4.929420	5.417401	39.94	37.35	114.9	-2.2
10/01/2016	11 37 10.6	+03 51 48	4.914981	5.417590	40.06	37.46	115.9	-2.2
11/01/2016	11 37 09.4	+03 52 14	4.900666	5.417778	40.17	37.57	117.0	-2.2
12/01/2016	11 37 07.4	+03 52 45	4.886482	5.417966	40.29	37.68	118.0	-2.2
13/01/2016	11 37 04.8	+03 53 20	4.872432	5.418154	40.41	37.79	119.0	-2.2
14/01/2016	11 37 01.4	+03 54 00	4.858524	5.418341	40.52	37.90	120.1	-2.3
15/01/2016	11 36 57.4	+03 54 44	4.844760	5.418527	40.64	38.00	121.1	-2.3
16/01/2016	11 36 52.6	+03 55 33	4.831147	5.418713	40.75	38.11	122.1	-2.3
17/01/2016	11 36 47.1	+03 56 26	4.817690	5.418899	40.87	38.22	123.2	-2.3
18/01/2016	11 36 40.9	+03 57 24	4.804392	5.419084	40.98	38.32	124.2	-2.3
19/01/2016	11 36 34.0	+03 58 26	4.791260	5.419269	41.09	38.43	125.3	-2.3
20/01/2016	11 36 26.4	+03 59 33	4.778296	5.419454	41.20	38.53	126.3	-2.3
21/01/2016	11 36 18.1	+04 00 44	4.765506	5.419638	41.31	38.64	127.4	-2.3
22/01/2016	11 36 09.2	+04 01 59	4.752894	5.419821	41.42	38.74	128.4	-2.3
23/01/2016	11 35 59.5	+04 03 18	4.740465	5.420004	41.53	38.84	129.5	-2.3
24/01/2016	11 35 49.2	+04 04 42	4.728222	5.420187	41.64	38.94	130.6	-2.3
25/01/2016	11 35 38.2	+04 06 10	4.716171	5.420369	41.75	39.04	131.6	-2.3
26/01/2016	11 35 26.5	+04 07 42	4.704316	5.420551	41.85	39.14	132.7	-2.3
27/01/2016	11 35 14.2	+04 09 19	4.692661	5.420733	41.95	39.24	133.8	-2.3
28/01/2016	11 35 01.2	+04 10 59	4.681210	5.420914	42.06	39.33	134.9	-2.3
29/01/2016	11 34 47.5	+04 12 43	4.669969	5.421094	42.16	39.43	135.9	-2.3
30/01/2016	11 34 33.2	+04 14 32	4.658942	5.421274	42.26	39.52	137.0	-2.4
31/01/2016	11 34 18.3	+04 16 24	4.648133	5.421454	42.36	39.61	138.1	-2.4
01/02/2016	11 34 02.7	+04 18 20	4.637547	5.421633	42.45	39.70	139.2	-2.4
02/02/2016	11 33 46.5	+04 20 20	4.627188	5.421812	42.55	39.79	140.3	-2.4
03/02/2016	11 33 29.7	+04 22 24	4.617061	5.421990	42.64	39.88	141.4	-2.4
04/02/2016	11 33 12.3	+04 24 31	4.607171	5.422168	42.73	39.96	142.5	-2.4
05/02/2016	11 32 54.3	+04 26 42	4.597521	5.422346	42.82	40.05	143.6	-2.4
06/02/2016	11 32 35.7	+04 28 56	4.588117	5.422523	42.91	40.13	144.7	-2.4
07/02/2016	11 32 16.5	+04 31 14	4.578962	5.422700	43.00	40.21	145.8	-2.4
08/02/2016	11 31 56.8	+04 33 35	4.570061	5.422876	43.08	40.29	146.9	-2.4
09/02/2016	11 31 36.5	+04 35 59	4.561417	5.423052	43.16	40.36	148.0	-2.4
10/02/2016	11 31 15.7	+04 38 27	4.553036	5.423227	43.24	40.44	149.1	-2.4
11/02/2016	11 30 54.3	+04 40 57	4.544920	5.423402	43.32	40.51	150.2	-2.4
12/02/2016	11 30 32.5	+04 43 31	4.537073	5.423576	43.39	40.58	151.3	-2.4
13/02/2016	11 30 10.2	+04 46 07	4.529498	5.423750	43.47	40.65	152.4	-2.4
14/02/2016	11 29 47.4	+04 48 45	4.522199	5.423924	43.54	40.71	153.5	-2.4
15/02/2016	11 29 24.1	+04 51 27	4.515177	5.424097	43.60	40.78	154.6	-2.4
16/02/2016	11 29 00.4	+04 54 11	4.508437	5.424270	43.67	40.84	155.8	-2.4
17/02/2016	11 28 36.3	+04 56 57	4.501980	5.424442	43.73	40.90	156.9	-2.4
18/02/2016	11 28 11.7	+04 59 45	4.495809	5.424614	43.79	40.95	158.0	-2.4
19/02/2016	11 27 46.8	+05 02 36	4.489927	5.424786	43.85	41.01	159.1	-2.4
20/02/2016	11 27 21.5	+05 05 28	4.484334	5.424956	43.90	41.06	160.2	-2.5
21/02/2016	11 26 55.9	+05 08 23	4.479034	5.425127	43.96	41.11	161.3	-2.5
22/02/2016	11 26 29.8	+05 11 19	4.474028	5.425297	44.01	41.15	162.5	-2.5
23/02/2016	11 26 03.5	+05 14 17	4.469318	5.425467	44.05	41.20	163.6	-2.5
24/02/2016	11 25 36.9	+05 17 16	4.464907	5.425636	44.09	41.24	164.7	-2.5
25/02/2016	11 25 10.0	+05 20 17	4.460796	5.425805	44.14	41.28	165.8	-2.5
26/02/2016	11 24 42.8	+05 23 19	4.456988	5.425973	44.17	41.31	167.0	-2.5
27/02/2016	11 24 15.3	+05 26 22	4.453483	5.426141	44.21	41.34	168.1	-2.5
28/02/2016	11 23 47.6	+05 29 26	4.450283	5.426309	44.24	41.37	169.2	-2.5
29/02/2016	11 23 19.7	+05 32 32	4.447390	5.426476	44.27	41.40	170.3	-2.5
01/03/2016	11 22 51.6	+05 35 37	4.444805	5.426642	44.29	41.42	171.4	-2.5
02/03/2016	11 22 23.4	+05 38 44	4.442530	5.426808	44.32	41.44	172.6	-2.5
03/03/2016	11 21 55.0	+05 41 51	4.440566	5.426974	44.34	41.46	173.7	-2.5
04/03/2016	11 21 26.4	+05 44 58	4.438914	5.427139	44.35	41.48	174.8	-2.5
05/03/2016	11 20 57.7	+05 48 05	4.437574	5.427304	44.37	41.49	175.8	-2.5
06/03/2016	11 20 29.0	+05 51 13	4.436548	5.427469	44.38	41.50	176.9	-2.5
07/03/2016	11 20 00.2	+05 54 20	4.435837	5.427633	44.38	41.51	177.8	-2.5
08/03/2016	11 19 31.3	+05 57 28	4.435440	5.427796	44.39	41.51	178.5	-2.5
09/03/2016	11 19 02.4	+06 00 35	4.435358	5.427959	44.39	41.51	178.5	-2.5
10/03/2016	11 18 33.4	+06 03 41	4.435591	5.428122	44.39	41.51	177.8	-2.5
11/03/2016	11 18 04.5	+06 06 47	4.436138	5.428284	44.38	41.50	176.8	-2.5
12/03/2016	11 17 35.7	+06 09 52	4.437000	5.428446	44.37	41.50	175.7	-2.5
13/03/2016	11 17 06.9	+06 12 56	4.438174	5.428607	44.36	41.49	174.7	-2.5

GG/MM/AAAA	A.R.	DECL.	Dist.	RV	D.Eq.	D.Pol.	El.	Mag.
14/03/2016	11 16 38.2	+06 15 60	4.439660	5.428768	44.35	41.47	173.6	-2.5
15/03/2016	11 16 09.5	+06 19 01	4.441456	5.428928	44.33	41.45	172.5	-2.5
16/03/2016	11 15 41.1	+06 22 02	4.443562	5.429088	44.31	41.44	171.4	-2.5
17/03/2016	11 15 12.7	+06 25 01	4.445975	5.429248	44.28	41.41	170.2	-2.5
18/03/2016	11 14 44.6	+06 27 59	4.448693	5.429407	44.26	41.39	169.1	-2.5
19/03/2016	11 14 16.6	+06 30 55	4.451715	5.429566	44.23	41.36	168.0	-2.5
20/03/2016	11 13 48.8	+06 33 49	4.455040	5.429724	44.19	41.33	166.9	-2.5
21/03/2016	11 13 21.2	+06 36 42	4.458664	5.429882	44.16	41.29	165.8	-2.5
22/03/2016	11 12 53.9	+06 39 32	4.462587	5.430039	44.12	41.26	164.7	-2.5
23/03/2016	11 12 26.8	+06 42 20	4.466806	5.430196	44.08	41.22	163.6	-2.5
24/03/2016	11 12 00.0	+06 45 06	4.471319	5.430352	44.03	41.18	162.5	-2.5
25/03/2016	11 11 33.5	+06 47 50	4.476124	5.430508	43.98	41.13	161.4	-2.5
26/03/2016	11 11 07.3	+06 50 31	4.481218	5.430664	43.93	41.09	160.3	-2.5
27/03/2016	11 10 41.4	+06 53 10	4.486600	5.430819	43.88	41.04	159.2	-2.4
28/03/2016	11 10 15.9	+06 55 46	4.492267	5.430974	43.83	40.99	158.1	-2.4
29/03/2016	11 09 50.7	+06 58 20	4.498217	5.431128	43.77	40.93	157.0	-2.4
30/03/2016	11 09 25.9	+07 00 50	4.504446	5.431281	43.71	40.88	155.9	-2.4
31/03/2016	11 09 01.6	+07 03 18	4.510953	5.431435	43.64	40.82	154.8	-2.4
01/04/2016	11 08 37.6	+07 05 43	4.517735	5.431588	43.58	40.75	153.7	-2.4
02/04/2016	11 08 14.0	+07 08 04	4.524788	5.431740	43.51	40.69	152.6	-2.4
03/04/2016	11 07 50.9	+07 10 23	4.532111	5.431892	43.44	40.63	151.5	-2.4
04/04/2016	11 07 28.2	+07 12 38	4.539700	5.432044	43.37	40.56	150.4	-2.4
05/04/2016	11 07 06.0	+07 14 50	4.547551	5.432195	43.29	40.49	149.3	-2.4
06/04/2016	11 06 44.3	+07 16 58	4.555661	5.432345	43.22	40.42	148.3	-2.4
07/04/2016	11 06 23.1	+07 19 03	4.564028	5.432495	43.14	40.34	147.2	-2.4
08/04/2016	11 06 02.4	+07 21 04	4.572646	5.432645	43.06	40.27	146.1	-2.4
09/04/2016	11 05 42.3	+07 23 02	4.581512	5.432794	42.97	40.19	145.0	-2.4
10/04/2016	11 05 22.6	+07 24 56	4.590622	5.432943	42.89	40.11	144.0	-2.4
11/04/2016	11 05 03.6	+07 26 46	4.599971	5.433092	42.80	40.03	142.9	-2.4
12/04/2016	11 04 45.1	+07 28 33	4.609555	5.433240	42.71	39.94	141.8	-2.4
13/04/2016	11 04 27.1	+07 30 15	4.619369	5.433387	42.62	39.86	140.8	-2.4
14/04/2016	11 04 09.8	+07 31 54	4.629409	5.433534	42.53	39.77	139.7	-2.4
15/04/2016	11 03 53.0	+07 33 28	4.639671	5.433681	42.43	39.68	138.7	-2.4
16/04/2016	11 03 36.9	+07 34 59	4.650149	5.433827	42.34	39.59	137.6	-2.4
17/04/2016	11 03 21.3	+07 36 26	4.660841	5.433972	42.24	39.50	136.6	-2.3
18/04/2016	11 03 06.4	+07 37 48	4.671740	5.434118	42.14	39.41	135.5	-2.3
19/04/2016	11 02 52.1	+07 39 07	4.682844	5.434262	42.04	39.32	134.5	-2.3
20/04/2016	11 02 38.4	+07 40 21	4.694147	5.434407	41.94	39.22	133.5	-2.3
21/04/2016	11 02 25.3	+07 41 31	4.705645	5.434551	41.84	39.13	132.4	-2.3
22/04/2016	11 02 12.9	+07 42 37	4.717334	5.434694	41.74	39.03	131.4	-2.3
23/04/2016	11 02 01.1	+07 43 39	4.729210	5.434837	41.63	38.93	130.4	-2.3
24/04/2016	11 01 50.0	+07 44 37	4.741269	5.434980	41.52	38.83	129.4	-2.3
25/04/2016	11 01 39.5	+07 45 30	4.753506	5.435122	41.42	38.73	128.3	-2.3
26/04/2016	11 01 29.7	+07 46 19	4.765917	5.435263	41.31	38.63	127.3	-2.3
27/04/2016	11 01 20.5	+07 47 04	4.778498	5.435404	41.20	38.53	126.3	-2.3
28/04/2016	11 01 12.0	+07 47 45	4.791244	5.435545	41.09	38.43	125.3	-2.3
29/04/2016	11 01 04.2	+07 48 21	4.804152	5.435685	40.98	38.33	124.3	-2.3
30/04/2016	11 00 57.1	+07 48 53	4.817217	5.435825	40.87	38.22	123.3	-2.3
01/05/2016	11 00 50.6	+07 49 21	4.830434	5.435964	40.76	38.12	122.3	-2.3
02/05/2016	11 00 44.8	+07 49 44	4.843800	5.436103	40.65	38.01	121.3	-2.3
03/05/2016	11 00 39.6	+07 50 03	4.857311	5.436242	40.53	37.91	120.3	-2.2
04/05/2016	11 00 35.2	+07 50 18	4.870960	5.436380	40.42	37.80	119.3	-2.2
05/05/2016	11 00 31.4	+07 50 29	4.884744	5.436517	40.31	37.69	118.3	-2.2
06/05/2016	11 00 28.3	+07 50 35	4.898659	5.436654	40.19	37.59	117.4	-2.2
07/05/2016	11 00 26.0	+07 50 37	4.912698	5.436791	40.08	37.48	116.4	-2.2
08/05/2016	11 00 24.3	+07 50 34	4.926858	5.436927	39.96	37.37	115.4	-2.2
09/05/2016	11 00 23.2	+07 50 27	4.941133	5.437063	39.85	37.26	114.4	-2.2
10/05/2016	11 00 22.9	+07 50 16	4.955517	5.437198	39.73	37.15	113.5	-2.2
11/05/2016	11 00 23.3	+07 50 01	4.970007	5.437333	39.61	37.05	112.5	-2.2
12/05/2016	11 00 24.3	+07 49 41	4.984597	5.437467	39.50	36.94	111.5	-2.2
13/05/2016	11 00 26.1	+07 49 17	4.999283	5.437601	39.38	36.83	110.6	-2.2
14/05/2016	11 00 28.5	+07 48 49	5.014059	5.437734	39.27	36.72	109.6	-2.2
15/05/2016	11 00 31.5	+07 48 17	5.028922	5.437867	39.15	36.61	108.7	-2.2
16/05/2016	11 00 35.3	+07 47 41	5.043867	5.438000	39.03	36.50	107.7	-2.1
17/05/2016	11 00 39.7	+07 47 00	5.058889	5.438132	38.92	36.40	106.8	-2.1
18/05/2016	11 00 44.8	+07 46 15	5.073984	5.438264	38.80	36.29	105.9	-2.1
19/05/2016	11 00 50.5	+07 45 27	5.089148	5.438395	38.69	36.18	104.9	-2.1
20/05/2016	11 00 56.9	+07 44 34	5.104377	5.438525	38.57	36.07	104.0	-2.1
21/05/2016	11 01 04.0	+07 43 37	5.119667	5.438656	38.46	35.96	103.1	-2.1
22/05/2016	11 01 11.7	+07 42 36	5.135014	5.438785	38.34	35.86	102.1	-2.1
23/05/2016	11 01 20.0	+07 41 31	5.150413	5.438915	38.23	35.75	101.2	-2.1
24/05/2016	11 01 29.0	+07 40 22	5.165862	5.439044	38.11	35.64	100.3	-2.1
25/05/2016	11 01 38.6	+07 39 09	5.181355	5.439172	38.00	35.54	99.4	-2.1

GG/MM/AAAA	A.R.	DECL.	Dist.	RV	D.Eq.	D.Pol.	El.	Mag.
26/05/2016	11 01 48.9	+07 37 52	5.196890	5.439300	37.88	35.43	98.5	-2.1
27/05/2016	11 01 59.8	+07 36 31	5.212462	5.439427	37.77	35.32	97.6	-2.1
28/05/2016	11 02 11.3	+07 35 06	5.228068	5.439554	37.66	35.22	96.7	-2.1
29/05/2016	11 02 23.5	+07 33 38	5.243704	5.439681	37.55	35.11	95.8	-2.1
30/05/2016	11 02 36.2	+07 32 06	5.259365	5.439807	37.43	35.01	94.9	-2.1
31/05/2016	11 02 49.6	+07 30 30	5.275049	5.439933	37.32	34.90	94.0	-2.0
01/06/2016	11 03 03.5	+07 28 50	5.290751	5.440058	37.21	34.80	93.1	-2.0
02/06/2016	11 03 18.1	+07 27 06	5.306466	5.440182	37.10	34.70	92.2	-2.0
03/06/2016	11 03 33.3	+07 25 19	5.322192	5.440307	36.99	34.59	91.3	-2.0
04/06/2016	11 03 49.1	+07 23 28	5.337923	5.440430	36.88	34.49	90.4	-2.0
05/06/2016	11 04 05.5	+07 21 33	5.353656	5.440554	36.77	34.39	89.5	-2.0
06/06/2016	11 04 22.4	+07 19 35	5.369386	5.440677	36.67	34.29	88.6	-2.0
07/06/2016	11 04 40.0	+07 17 33	5.385110	5.440799	36.56	34.19	87.8	-2.0
08/06/2016	11 04 58.1	+07 15 28	5.400822	5.440921	36.45	34.09	86.9	-2.0
09/06/2016	11 05 16.8	+07 13 19	5.416519	5.441042	36.35	33.99	86.0	-2.0
10/06/2016	11 05 36.1	+07 11 06	5.432197	5.441163	36.24	33.89	85.1	-2.0
11/06/2016	11 05 55.9	+07 08 51	5.447853	5.441284	36.14	33.80	84.3	-2.0
12/06/2016	11 06 16.2	+07 06 31	5.463483	5.441404	36.04	33.70	83.4	-2.0
13/06/2016	11 06 37.1	+07 04 09	5.479083	5.441524	35.93	33.60	82.6	-2.0
14/06/2016	11 06 58.5	+07 01 43	5.494650	5.441643	35.83	33.51	81.7	-2.0
15/06/2016	11 07 20.5	+06 59 14	5.510181	5.441761	35.73	33.41	80.8	-2.0
16/06/2016	11 07 42.9	+06 56 41	5.525673	5.441880	35.63	33.32	80.0	-2.0
17/06/2016	11 08 05.9	+06 54 06	5.541121	5.441997	35.53	33.23	79.1	-2.0
18/06/2016	11 08 29.4	+06 51 27	5.556524	5.442115	35.43	33.14	78.3	-1.9
19/06/2016	11 08 53.4	+06 48 45	5.571879	5.442232	35.33	33.04	77.5	-1.9
20/06/2016	11 09 17.9	+06 46 00	5.587182	5.442348	35.24	32.95	76.6	-1.9
21/06/2016	11 09 42.9	+06 43 12	5.602430	5.442464	35.14	32.86	75.8	-1.9
22/06/2016	11 10 08.4	+06 40 20	5.617621	5.442579	35.05	32.78	74.9	-1.9
23/06/2016	11 10 34.4	+06 37 26	5.632752	5.442694	34.95	32.69	74.1	-1.9
24/06/2016	11 11 00.8	+06 34 29	5.647820	5.442809	34.86	32.60	73.3	-1.9
25/06/2016	11 11 27.7	+06 31 29	5.662822	5.442923	34.77	32.51	72.4	-1.9
26/06/2016	11 11 55.0	+06 28 26	5.677755	5.443036	34.68	32.43	71.6	-1.9
27/06/2016	11 12 22.8	+06 25 20	5.692618	5.443149	34.59	32.34	70.8	-1.9
28/06/2016	11 12 51.1	+06 22 12	5.707406	5.443262	34.50	32.26	69.9	-1.9
29/06/2016	11 13 19.8	+06 19 00	5.722116	5.443374	34.41	32.18	69.1	-1.9
30/06/2016	11 13 49.0	+06 15 46	5.736747	5.443486	34.32	32.09	68.3	-1.9
01/07/2016	11 14 18.6	+06 12 29	5.751293	5.443597	34.23	32.01	67.5	-1.9
02/07/2016	11 14 48.6	+06 09 09	5.765753	5.443708	34.15	31.93	66.7	-1.9
03/07/2016	11 15 19.0	+06 05 46	5.780124	5.443818	34.06	31.85	65.9	-1.9
04/07/2016	11 15 49.9	+06 02 21	5.794401	5.443928	33.98	31.78	65.0	-1.9
05/07/2016	11 16 21.2	+05 58 53	5.808582	5.444038	33.89	31.70	64.2	-1.9
06/07/2016	11 16 52.9	+05 55 23	5.822664	5.444146	33.81	31.62	63.4	-1.8
07/07/2016	11 17 25.0	+05 51 50	5.836644	5.444255	33.73	31.55	62.6	-1.8
08/07/2016	11 17 57.5	+05 48 15	5.850519	5.444363	33.65	31.47	61.8	-1.8
09/07/2016	11 18 30.3	+05 44 37	5.864286	5.444470	33.57	31.40	61.0	-1.8
10/07/2016	11 19 03.6	+05 40 57	5.877944	5.444577	33.49	31.32	60.2	-1.8
11/07/2016	11 19 37.2	+05 37 14	5.891489	5.444684	33.42	31.25	59.4	-1.8
12/07/2016	11 20 11.2	+05 33 29	5.904919	5.444790	33.34	31.18	58.6	-1.8
13/07/2016	11 20 45.5	+05 29 42	5.918232	5.444896	33.27	31.11	57.8	-1.8
14/07/2016	11 21 20.2	+05 25 52	5.931426	5.445001	33.19	31.04	57.0	-1.8
15/07/2016	11 21 55.3	+05 22 00	5.944499	5.445106	33.12	30.97	56.2	-1.8
16/07/2016	11 22 30.7	+05 18 06	5.957448	5.445210	33.05	30.91	55.4	-1.8
17/07/2016	11 23 06.5	+05 14 10	5.970271	5.445314	32.98	30.84	54.6	-1.8
18/07/2016	11 23 42.5	+05 10 12	5.982967	5.445417	32.91	30.77	53.8	-1.8
19/07/2016	11 24 18.9	+05 06 11	5.995534	5.445520	32.84	30.71	53.0	-1.8
20/07/2016	11 24 55.7	+05 02 09	6.007970	5.445622	32.77	30.65	52.3	-1.8
21/07/2016	11 25 32.7	+04 58 04	6.020272	5.445724	32.70	30.58	51.5	-1.8
22/07/2016	11 26 10.1	+04 53 57	6.032440	5.445825	32.64	30.52	50.7	-1.8
23/07/2016	11 26 47.7	+04 49 49	6.044471	5.445926	32.57	30.46	49.9	-1.8
24/07/2016	11 27 25.7	+04 45 38	6.056363	5.446027	32.51	30.40	49.1	-1.8
25/07/2016	11 28 03.9	+04 41 26	6.068115	5.446127	32.44	30.34	48.3	-1.8
26/07/2016	11 28 42.5	+04 37 12	6.079724	5.446226	32.38	30.28	47.6	-1.8
27/07/2016	11 29 21.3	+04 32 55	6.091189	5.446325	32.32	30.23	46.8	-1.8
28/07/2016	11 30 00.4	+04 28 37	6.102506	5.446424	32.26	30.17	46.0	-1.8
29/07/2016	11 30 39.8	+04 24 17	6.113675	5.446522	32.20	30.12	45.2	-1.7
30/07/2016	11 31 19.5	+04 19 56	6.124692	5.446619	32.15	30.06	44.5	-1.7
31/07/2016	11 31 59.5	+04 15 32	6.135555	5.446717	32.09	30.01	43.7	-1.7
01/08/2016	11 32 39.7	+04 11 07	6.146262	5.446813	32.03	29.96	42.9	-1.7
02/08/2016	11 33 20.2	+04 06 41	6.156811	5.446909	31.98	29.91	42.1	-1.7
03/08/2016	11 34 00.9	+04 02 12	6.167200	5.447005	31.92	29.85	41.4	-1.7
04/08/2016	11 34 41.9	+03 57 42	6.177427	5.447100	31.87	29.81	40.6	-1.7
05/08/2016	11 35 23.1	+03 53 11	6.187489	5.447195	31.82	29.76	39.8	-1.7
06/08/2016	11 36 04.6	+03 48 38	6.197386	5.447289	31.77	29.71	39.0	-1.7

GG/MM/AAAA	A.R.	DECL.	Dist.	RV	D.Eq.	D.Pol.	El.	Mag.
07/08/2016	11 36 46.3	+03 44 03	6.207116	5.447383	31.72	29.66	38.3	-1.7
08/08/2016	11 37 28.2	+03 39 27	6.216676	5.447477	31.67	29.62	37.5	-1.7
09/08/2016	11 38 10.4	+03 34 50	6.226066	5.447570	31.62	29.57	36.7	-1.7
10/08/2016	11 38 52.7	+03 30 11	6.235284	5.447662	31.58	29.53	36.0	-1.7
11/08/2016	11 39 35.3	+03 25 30	6.244328	5.447754	31.53	29.49	35.2	-1.7
12/08/2016	11 40 18.1	+03 20 49	6.253198	5.447845	31.48	29.44	34.5	-1.7
13/08/2016	11 41 01.0	+03 16 06	6.261892	5.447936	31.44	29.40	33.7	-1.7
14/08/2016	11 41 44.2	+03 11 22	6.270409	5.448027	31.40	29.36	32.9	-1.7
15/08/2016	11 42 27.6	+03 06 37	6.278749	5.448117	31.36	29.32	32.2	-1.7
16/08/2016	11 43 11.2	+03 01 50	6.286909	5.448206	31.32	29.29	31.4	-1.7
17/08/2016	11 43 54.9	+02 57 02	6.294889	5.448296	31.28	29.25	30.6	-1.7
18/08/2016	11 44 38.8	+02 52 14	6.302687	5.448384	31.24	29.21	29.9	-1.7
19/08/2016	11 45 22.9	+02 47 24	6.310304	5.448472	31.20	29.18	29.1	-1.7
20/08/2016	11 46 07.2	+02 42 33	6.317737	5.448560	31.16	29.14	28.4	-1.7
21/08/2016	11 46 51.6	+02 37 41	6.324987	5.448647	31.13	29.11	27.6	-1.7
22/08/2016	11 47 36.2	+02 32 48	6.332050	5.448734	31.09	29.08	26.8	-1.7
23/08/2016	11 48 21.0	+02 27 54	6.338927	5.448820	31.06	29.05	26.1	-1.7
24/08/2016	11 49 05.9	+02 22 59	6.345615	5.448906	31.03	29.02	25.3	-1.7
25/08/2016	11 49 50.9	+02 18 03	6.352114	5.448991	30.99	28.99	24.6	-1.7
26/08/2016	11 50 36.2	+02 13 06	6.358422	5.449076	30.96	28.96	23.8	-1.7
27/08/2016	11 51 21.5	+02 08 09	6.364537	5.449160	30.93	28.93	23.0	-1.7
28/08/2016	11 52 07.0	+02 03 10	6.370458	5.449244	30.91	28.90	22.3	-1.7
29/08/2016	11 52 52.7	+01 58 11	6.376183	5.449328	30.88	28.88	21.5	-1.7
30/08/2016	11 53 38.4	+01 53 11	6.381712	5.449410	30.85	28.85	20.8	-1.7
31/08/2016	11 54 24.3	+01 48 10	6.387043	5.449493	30.82	28.83	20.0	-1.7
01/09/2016	11 55 10.3	+01 43 08	6.392174	5.449575	30.80	28.80	19.2	-1.7
02/09/2016	11 55 56.5	+01 38 06	6.397105	5.449656	30.78	28.78	18.5	-1.7
03/09/2016	11 56 42.7	+01 33 03	6.401835	5.449737	30.75	28.76	17.7	-1.7
04/09/2016	11 57 29.1	+01 28 00	6.406363	5.449818	30.73	28.74	17.0	-1.7
05/09/2016	11 58 15.5	+01 22 56	6.410688	5.449898	30.71	28.72	16.2	-1.7
06/09/2016	11 59 02.1	+01 17 52	6.414809	5.449978	30.69	28.70	15.5	-1.7
07/09/2016	11 59 48.7	+01 12 47	6.418726	5.450057	30.67	28.68	14.7	-1.7
08/09/2016	12 00 35.5	+01 07 41	6.422438	5.450135	30.66	28.67	14.0	-1.7
09/09/2016	12 01 22.3	+01 02 35	6.425945	5.450213	30.64	28.65	13.2	-1.7
10/09/2016	12 02 09.2	+00 57 29	6.429247	5.450291	30.62	28.64	12.4	-1.7
11/09/2016	12 02 56.1	+00 52 22	6.432342	5.450368	30.61	28.62	11.7	-1.7
12/09/2016	12 03 43.2	+00 47 15	6.435231	5.450445	30.59	28.61	10.9	-1.7
13/09/2016	12 04 30.3	+00 42 08	6.437913	5.450521	30.58	28.60	10.2	-1.7
14/09/2016	12 05 17.5	+00 37 01	6.440389	5.450597	30.57	28.59	9.4	-1.7
15/09/2016	12 06 04.7	+00 31 53	6.442657	5.450672	30.56	28.58	8.7	-1.7
16/09/2016	12 06 52.0	+00 26 45	6.444718	5.450747	30.55	28.57	7.9	-1.7
17/09/2016	12 07 39.3	+00 21 37	6.446571	5.450821	30.54	28.56	7.2	-1.7
18/09/2016	12 08 26.7	+00 16 29	6.448216	5.450895	30.53	28.55	6.4	-1.7
19/09/2016	12 09 14.1	+00 11 21	6.449653	5.450969	30.53	28.55	5.7	-1.7
20/09/2016	12 10 01.6	+00 06 12	6.450881	5.451041	30.52	28.54	4.9	-1.7
21/09/2016	12 10 49.1	+00 01 04	6.451900	5.451114	30.52	28.54	4.2	-1.7
22/09/2016	12 11 36.7	-00 04 04	6.452708	5.451186	30.51	28.53	3.5	-1.7
23/09/2016	12 12 24.3	-00 09 13	6.453306	5.451257	30.51	28.53	2.7	-1.7
24/09/2016	12 13 11.9	-00 14 21	6.453692	5.451328	30.51	28.53	2.1	-1.7
25/09/2016	12 13 59.5	-00 19 29	6.453865	5.451399	30.51	28.53	1.5	-1.7
26/09/2016	12 14 47.1	-00 24 38	6.453826	5.451469	30.51	28.53	1.1	-1.7
27/09/2016	12 15 34.8	-00 29 46	6.453574	5.451538	30.51	28.53	1.2	-1.7
28/09/2016	12 16 22.4	-00 34 54	6.453108	5.451607	30.51	28.53	1.7	-1.7
29/09/2016	12 17 10.1	-00 40 02	6.452428	5.451676	30.51	28.53	2.3	-1.7
30/09/2016	12 17 57.8	-00 45 09	6.451534	5.451744	30.52	28.54	3.0	-1.7
01/10/2016	12 18 45.4	-00 50 17	6.450425	5.451812	30.52	28.54	3.7	-1.7
02/10/2016	12 19 33.1	-00 55 23	6.449102	5.451879	30.53	28.55	4.5	-1.7
03/10/2016	12 20 20.7	-01 00 30	6.447565	5.451946	30.54	28.56	5.2	-1.7
04/10/2016	12 21 08.3	-01 05 36	6.445814	5.452012	30.54	28.56	6.0	-1.7
05/10/2016	12 21 55.9	-01 10 42	6.443849	5.452077	30.55	28.57	6.8	-1.7
06/10/2016	12 22 43.5	-01 15 47	6.441671	5.452143	30.56	28.58	7.5	-1.7
07/10/2016	12 23 31.0	-01 20 52	6.439279	5.452207	30.57	28.59	8.3	-1.7
08/10/2016	12 24 18.5	-01 25 57	6.436674	5.452272	30.59	28.60	9.1	-1.7
09/10/2016	12 25 05.9	-01 31 00	6.433858	5.452335	30.60	28.62	9.8	-1.7
10/10/2016	12 25 53.3	-01 36 03	6.430829	5.452399	30.62	28.63	10.6	-1.7
11/10/2016	12 26 40.6	-01 41 06	6.427590	5.452462	30.63	28.65	11.4	-1.7
12/10/2016	12 27 27.9	-01 46 08	6.424140	5.452524	30.65	28.66	12.1	-1.7
13/10/2016	12 28 15.1	-01 51 09	6.420481	5.452586	30.66	28.68	12.9	-1.7
14/10/2016	12 29 02.2	-01 56 09	6.416612	5.452647	30.68	28.69	13.7	-1.7
15/10/2016	12 29 49.3	-02 01 09	6.412535	5.452708	30.70	28.71	14.5	-1.7
16/10/2016	12 30 36.3	-02 06 08	6.408250	5.452769	30.72	28.73	15.2	-1.7
17/10/2016	12 31 23.2	-02 11 06	6.403757	5.452829	30.74	28.75	16.0	-1.7
18/10/2016	12 32 10.0	-02 16 03	6.399057	5.452888	30.77	28.77	16.8	-1.7

GG/MM/AAAA	A.R.	DECL.	Dist.	RV	D.Eq.	D.Pol.	El.	Mag.
19/10/2016	12 32 56.8	-02 20 59	6.394151	5.452947	30.79	28.80	17.6	-1.7
20/10/2016	12 33 43.5	-02 25 54	6.389038	5.453006	30.82	28.82	18.4	-1.7
21/10/2016	12 34 30.0	-02 30 49	6.383719	5.453064	30.84	28.84	19.1	-1.7
22/10/2016	12 35 16.5	-02 35 42	6.378193	5.453121	30.87	28.87	19.9	-1.7
23/10/2016	12 36 02.9	-02 40 35	6.372462	5.453178	30.90	28.89	20.7	-1.7
24/10/2016	12 36 49.1	-02 45 26	6.366526	5.453235	30.92	28.92	21.5	-1.7
25/10/2016	12 37 35.3	-02 50 17	6.360384	5.453291	30.95	28.95	22.3	-1.7
26/10/2016	12 38 21.3	-02 55 06	6.354038	5.453346	30.99	28.98	23.1	-1.7
27/10/2016	12 39 07.2	-02 59 54	6.347489	5.453402	31.02	29.01	23.9	-1.7
28/10/2016	12 39 52.9	-03 04 40	6.340736	5.453456	31.05	29.04	24.6	-1.7
29/10/2016	12 40 38.6	-03 09 26	6.333782	5.453510	31.08	29.07	25.4	-1.7
30/10/2016	12 41 24.0	-03 14 10	6.326627	5.453564	31.12	29.10	26.2	-1.7
31/10/2016	12 42 09.4	-03 18 53	6.319272	5.453617	31.16	29.14	27.0	-1.7
01/11/2016	12 42 54.5	-03 23 35	6.311719	5.453670	31.19	29.17	27.8	-1.7
02/11/2016	12 43 39.6	-03 28 15	6.303968	5.453722	31.23	29.21	28.6	-1.7
03/11/2016	12 44 24.4	-03 32 54	6.296021	5.453774	31.27	29.24	29.4	-1.7
04/11/2016	12 45 09.1	-03 37 31	6.287879	5.453825	31.31	29.28	30.2	-1.7
05/11/2016	12 45 53.6	-03 42 07	6.279545	5.453876	31.35	29.32	31.0	-1.7
06/11/2016	12 46 37.9	-03 46 41	6.271018	5.453927	31.40	29.36	31.8	-1.7
07/11/2016	12 47 22.1	-03 51 14	6.262302	5.453976	31.44	29.40	32.6	-1.7
08/11/2016	12 48 06.0	-03 55 45	6.253398	5.454026	31.48	29.44	33.4	-1.7
09/11/2016	12 48 49.7	-04 00 14	6.244306	5.454075	31.53	29.49	34.2	-1.7
10/11/2016	12 49 33.3	-04 04 42	6.235030	5.454123	31.58	29.53	35.1	-1.7
11/11/2016	12 50 16.6	-04 09 08	6.225571	5.454171	31.62	29.57	35.9	-1.7
12/11/2016	12 50 59.7	-04 13 32	6.215931	5.454218	31.67	29.62	36.7	-1.7
13/11/2016	12 51 42.6	-04 17 55	6.206110	5.454265	31.72	29.67	37.5	-1.7
14/11/2016	12 52 25.2	-04 22 16	6.196112	5.454312	31.77	29.72	38.3	-1.7
15/11/2016	12 53 07.7	-04 26 35	6.185936	5.454358	31.83	29.76	39.1	-1.7
16/11/2016	12 53 49.9	-04 30 52	6.175586	5.454403	31.88	29.81	39.9	-1.7
17/11/2016	12 54 31.8	-04 35 07	6.165061	5.454448	31.93	29.87	40.8	-1.7
18/11/2016	12 55 13.6	-04 39 20	6.154363	5.454493	31.99	29.92	41.6	-1.7
19/11/2016	12 55 55.0	-04 43 31	6.143495	5.454537	32.05	29.97	42.4	-1.7
20/11/2016	12 56 36.3	-04 47 40	6.132456	5.454581	32.10	30.02	43.2	-1.7
21/11/2016	12 57 17.2	-04 51 47	6.121249	5.454624	32.16	30.08	44.0	-1.7
22/11/2016	12 57 57.9	-04 55 52	6.109875	5.454666	32.22	30.13	44.9	-1.7
23/11/2016	12 58 38.3	-04 59 55	6.098336	5.454708	32.28	30.19	45.7	-1.8
24/11/2016	12 59 18.4	-05 03 56	6.086634	5.454750	32.35	30.25	46.5	-1.8
25/11/2016	12 59 58.2	-05 07 55	6.074771	5.454791	32.41	30.31	47.4	-1.8
26/11/2016	13 00 37.7	-05 11 51	6.062750	5.454832	32.47	30.37	48.2	-1.8
27/11/2016	13 01 16.9	-05 15 45	6.050571	5.454872	32.54	30.43	49.0	-1.8
28/11/2016	13 01 55.8	-05 19 36	6.038239	5.454912	32.61	30.49	49.9	-1.8
29/11/2016	13 02 34.4	-05 23 26	6.025754	5.454951	32.67	30.56	50.7	-1.8
30/11/2016	13 03 12.7	-05 27 13	6.013120	5.454990	32.74	30.62	51.6	-1.8
01/12/2016	13 03 50.6	-05 30 57	6.000339	5.455028	32.81	30.68	52.4	-1.8
02/12/2016	13 04 28.2	-05 34 39	5.987413	5.455066	32.88	30.75	53.3	-1.8
03/12/2016	13 05 05.5	-05 38 19	5.974346	5.455103	32.95	30.82	54.1	-1.8
04/12/2016	13 05 42.4	-05 41 56	5.961141	5.455140	33.03	30.89	55.0	-1.8
05/12/2016	13 06 18.9	-05 45 30	5.947799	5.455176	33.10	30.96	55.8	-1.8
06/12/2016	13 06 55.1	-05 49 02	5.934325	5.455212	33.18	31.03	56.7	-1.8
07/12/2016	13 07 30.8	-05 52 31	5.920720	5.455248	33.25	31.10	57.5	-1.8
08/12/2016	13 08 06.3	-05 55 57	5.906989	5.455283	33.33	31.17	58.4	-1.8
09/12/2016	13 08 41.3	-05 59 21	5.893133	5.455317	33.41	31.24	59.2	-1.8
10/12/2016	13 09 15.9	-06 02 42	5.879157	5.455351	33.49	31.32	60.1	-1.8
11/12/2016	13 09 50.1	-06 06 00	5.865062	5.455384	33.57	31.39	61.0	-1.8
12/12/2016	13 10 24.0	-06 09 15	5.850852	5.455417	33.65	31.47	61.8	-1.8
13/12/2016	13 10 57.4	-06 12 27	5.836528	5.455450	33.73	31.55	62.7	-1.8
14/12/2016	13 11 30.4	-06 15 37	5.822095	5.455482	33.82	31.62	63.6	-1.8
15/12/2016	13 12 03.0	-06 18 44	5.807555	5.455513	33.90	31.70	64.4	-1.8
16/12/2016	13 12 35.2	-06 21 47	5.792909	5.455544	33.99	31.78	65.3	-1.9
17/12/2016	13 13 06.9	-06 24 48	5.778162	5.455575	34.07	31.86	66.2	-1.9
18/12/2016	13 13 38.2	-06 27 46	5.763314	5.455605	34.16	31.95	67.1	-1.9
19/12/2016	13 14 09.0	-06 30 40	5.748371	5.455634	34.25	32.03	67.9	-1.9
20/12/2016	13 14 39.4	-06 33 32	5.733333	5.455664	34.34	32.11	68.8	-1.9
21/12/2016	13 15 09.3	-06 36 20	5.718205	5.455692	34.43	32.20	69.7	-1.9
22/12/2016	13 15 38.7	-06 39 05	5.702990	5.455720	34.52	32.28	70.6	-1.9
23/12/2016	13 16 07.7	-06 41 47	5.687691	5.455748	34.62	32.37	71.5	-1.9
24/12/2016	13 16 36.2	-06 44 26	5.672311	5.455775	34.71	32.46	72.4	-1.9
25/12/2016	13 17 04.1	-06 47 02	5.656854	5.455802	34.80	32.55	73.3	-1.9
26/12/2016	13 17 31.6	-06 49 34	5.641324	5.455828	34.90	32.64	74.2	-1.9
27/12/2016	13 17 58.6	-06 52 03	5.625724	5.455854	35.00	32.73	75.1	-1.9
28/12/2016	13 18 25.0	-06 54 28	5.610058	5.455879	35.09	32.82	76.0	-1.9
29/12/2016	13 18 50.9	-06 56 50	5.594331	5.455904	35.19	32.91	76.9	-1.9
30/12/2016	13 19 16.3	-06 59 09	5.578545	5.455928	35.29	33.01	77.8	-1.9

GG/MM/AAAA	A.R.	DECL.	Dist.	RV	D.Eq.	D.Pol.	El.	Mag.
31/12/2016	13 19 41.1	-07 01 24	5.562706	5.455952	35.39	33.10	78.7	-1.9
01/01/2017	13 20 05.4	-07 03 36	5.546817	5.455975	35.49	33.19	79.6	-1.9
02/01/2017	13 20 29.2	-07 05 44	5.530882	5.455998	35.60	33.29	80.5	-2.0
03/01/2017	13 20 52.3	-07 07 48	5.514906	5.456020	35.70	33.39	81.4	-2.0
04/01/2017	13 21 14.9	-07 09 49	5.498892	5.456042	35.80	33.48	82.4	-2.0
05/01/2017	13 21 37.0	-07 11 46	5.482846	5.456063	35.91	33.58	83.3	-2.0
06/01/2017	13 21 58.4	-07 13 40	5.466771	5.456084	36.01	33.68	84.2	-2.0
07/01/2017	13 22 19.3	-07 15 29	5.450672	5.456104	36.12	33.78	85.1	-2.0
08/01/2017	13 22 39.6	-07 17 16	5.434552	5.456124	36.23	33.88	86.1	-2.0
09/01/2017	13 22 59.2	-07 18 58	5.418415	5.456144	36.34	33.98	87.0	-2.0
10/01/2017	13 23 18.3	-07 20 37	5.402266	5.456162	36.44	34.08	87.9	-2.0
11/01/2017	13 23 36.8	-07 22 12	5.386109	5.456181	36.55	34.18	88.9	-2.0
12/01/2017	13 23 54.7	-07 23 43	5.369946	5.456199	36.66	34.29	89.8	-2.0
13/01/2017	13 24 12.0	-07 25 10	5.353783	5.456216	36.77	34.39	90.8	-2.0
14/01/2017	13 24 28.6	-07 26 33	5.337622	5.456233	36.89	34.49	91.7	-2.0
15/01/2017	13 24 44.6	-07 27 53	5.321469	5.456250	37.00	34.60	92.7	-2.0
16/01/2017	13 24 59.9	-07 29 09	5.305326	5.456266	37.11	34.70	93.6	-2.0
17/01/2017	13 25 14.7	-07 30 20	5.289199	5.456281	37.22	34.81	94.6	-2.0
18/01/2017	13 25 28.7	-07 31 28	5.273090	5.456296	37.34	34.92	95.5	-2.0
19/01/2017	13 25 42.1	-07 32 32	5.257006	5.456311	37.45	35.02	96.5	-2.1
20/01/2017	13 25 54.9	-07 33 31	5.240950	5.456325	37.57	35.13	97.4	-2.1
21/01/2017	13 26 07.0	-07 34 27	5.224927	5.456338	37.68	35.24	98.4	-2.1
22/01/2017	13 26 18.4	-07 35 19	5.208941	5.456351	37.80	35.35	99.4	-2.1
23/01/2017	13 26 29.2	-07 36 06	5.192998	5.456364	37.91	35.46	100.3	-2.1
24/01/2017	13 26 39.2	-07 36 50	5.177102	5.456376	38.03	35.56	101.3	-2.1
25/01/2017	13 26 48.6	-07 37 29	5.161258	5.456388	38.15	35.67	102.3	-2.1
26/01/2017	13 26 57.3	-07 38 05	5.145471	5.456399	38.26	35.78	103.3	-2.1
27/01/2017	13 27 05.3	-07 38 36	5.129746	5.456409	38.38	35.89	104.3	-2.1
28/01/2017	13 27 12.6	-07 39 03	5.114088	5.456420	38.50	36.00	105.2	-2.1
29/01/2017	13 27 19.2	-07 39 26	5.098502	5.456429	38.62	36.11	106.2	-2.1
30/01/2017	13 27 25.1	-07 39 44	5.082993	5.456438	38.73	36.22	107.2	-2.1
31/01/2017	13 27 30.3	-07 39 59	5.067567	5.456447	38.85	36.33	108.2	-2.1
01/02/2017	13 27 34.7	-07 40 09	5.052229	5.456455	38.97	36.44	109.2	-2.1
02/02/2017	13 27 38.5	-07 40 15	5.036983	5.456463	39.09	36.55	110.2	-2.1
03/02/2017	13 27 41.6	-07 40 17	5.021834	5.456470	39.20	36.66	111.2	-2.2
04/02/2017	13 27 43.9	-07 40 15	5.006788	5.456477	39.32	36.77	112.2	-2.2
05/02/2017	13 27 45.5	-07 40 08	4.991849	5.456483	39.44	36.88	113.2	-2.2
06/02/2017	13 27 46.5	-07 39 58	4.977022	5.456489	39.56	36.99	114.2	-2.2
07/02/2017	13 27 46.7	-07 39 43	4.962311	5.456494	39.68	37.10	115.3	-2.2
08/02/2017	13 27 46.2	-07 39 24	4.947721	5.456499	39.79	37.21	116.3	-2.2
09/02/2017	13 27 45.0	-07 39 01	4.933256	5.456503	39.91	37.32	117.3	-2.2
10/02/2017	13 27 43.1	-07 38 34	4.918921	5.456507	40.03	37.43	118.3	-2.2
11/02/2017	13 27 40.4	-07 38 03	4.904720	5.456510	40.14	37.54	119.3	-2.2
12/02/2017	13 27 37.1	-07 37 27	4.890657	5.456513	40.26	37.65	120.4	-2.2
13/02/2017	13 27 33.0	-07 36 48	4.876738	5.456516	40.37	37.75	121.4	-2.2
14/02/2017	13 27 28.3	-07 36 04	4.862966	5.456517	40.49	37.86	122.4	-2.2
15/02/2017	13 27 22.8	-07 35 16	4.849347	5.456519	40.60	37.97	123.5	-2.2
16/02/2017	13 27 16.6	-07 34 25	4.835884	5.456520	40.71	38.07	124.5	-2.3
17/02/2017	13 27 09.8	-07 33 29	4.822584	5.456520	40.82	38.18	125.5	-2.3
18/02/2017	13 27 02.2	-07 32 29	4.809450	5.456520	40.94	38.28	126.6	-2.3
19/02/2017	13 26 53.9	-07 31 25	4.796487	5.456519	41.05	38.39	127.6	-2.3
20/02/2017	13 26 45.0	-07 30 17	4.783700	5.456518	41.16	38.49	128.7	-2.3
21/02/2017	13 26 35.3	-07 29 05	4.771095	5.456517	41.27	38.59	129.7	-2.3
22/02/2017	13 26 25.0	-07 27 50	4.758676	5.456515	41.37	38.69	130.8	-2.3
23/02/2017	13 26 14.0	-07 26 30	4.746447	5.456512	41.48	38.79	131.8	-2.3
24/02/2017	13 26 02.3	-07 25 07	4.734414	5.456509	41.58	38.89	132.9	-2.3
25/02/2017	13 25 49.9	-07 23 40	4.722582	5.456506	41.69	38.99	134.0	-2.3
26/02/2017	13 25 36.9	-07 22 09	4.710955	5.456502	41.79	39.08	135.0	-2.3
27/02/2017	13 25 23.2	-07 20 34	4.699538	5.456497	41.89	39.18	136.1	-2.3
28/02/2017	13 25 08.9	-07 18 56	4.688335	5.456492	41.99	39.27	137.2	-2.3
01/03/2017	13 24 53.9	-07 17 14	4.677352	5.456487	42.09	39.36	138.2	-2.3
02/03/2017	13 24 38.3	-07 15 28	4.666592	5.456481	42.19	39.45	139.3	-2.3
03/03/2017	13 24 22.1	-07 13 39	4.656060	5.456474	42.28	39.54	140.4	-2.3
04/03/2017	13 24 05.3	-07 11 47	4.645760	5.456467	42.38	39.63	141.5	-2.3
05/03/2017	13 23 47.9	-07 09 51	4.635696	5.456460	42.47	39.72	142.5	-2.4
06/03/2017	13 23 30.0	-07 07 52	4.625870	5.456452	42.56	39.80	143.6	-2.4
07/03/2017	13 23 11.4	-07 05 50	4.616287	5.456444	42.65	39.88	144.7	-2.4
08/03/2017	13 22 52.3	-07 03 45	4.606951	5.456435	42.74	39.97	145.8	-2.4
09/03/2017	13 22 32.7	-07 01 36	4.597863	5.456425	42.82	40.04	146.9	-2.4
10/03/2017	13 22 12.5	-06 59 25	4.589029	5.456416	42.90	40.12	148.0	-2.4
11/03/2017	13 21 51.8	-06 57 11	4.580450	5.456405	42.98	40.20	149.1	-2.4
12/03/2017	13 21 30.6	-06 54 54	4.572129	5.456394	43.06	40.27	150.2	-2.4
13/03/2017	13 21 08.8	-06 52 34	4.564071	5.456383	43.14	40.34	151.2	-2.4

GG/MM/AAAA	A.R.	DECL.	Dist.	RV	D.Eq.	D.Pol.	El.	Mag.
14/03/2017	13 20 46.6	-06 50 11	4.556277	5.456371	43.21	40.41	152.3	-2.4
15/03/2017	13 20 24.0	-06 47 46	4.548751	5.456359	43.28	40.48	153.4	-2.4
16/03/2017	13 20 00.9	-06 45 18	4.541497	5.456346	43.35	40.54	154.5	-2.4
17/03/2017	13 19 37.3	-06 42 48	4.534516	5.456333	43.42	40.60	155.6	-2.4
18/03/2017	13 19 13.3	-06 40 16	4.527812	5.456319	43.48	40.66	156.7	-2.4
19/03/2017	13 18 48.9	-06 37 42	4.521387	5.456305	43.54	40.72	157.8	-2.4
20/03/2017	13 18 24.2	-06 35 05	4.515246	5.456290	43.60	40.78	158.9	-2.4
21/03/2017	13 17 59.0	-06 32 26	4.509389	5.456275	43.66	40.83	160.0	-2.4
22/03/2017	13 17 33.5	-06 29 46	4.503820	5.456259	43.71	40.88	161.1	-2.4
23/03/2017	13 17 07.6	-06 27 04	4.498542	5.456243	43.77	40.93	162.3	-2.4
24/03/2017	13 16 41.5	-06 24 20	4.493556	5.456226	43.81	40.97	163.4	-2.4
25/03/2017	13 16 15.0	-06 21 34	4.488865	5.456209	43.86	41.02	164.5	-2.4
26/03/2017	13 15 48.2	-06 18 47	4.484472	5.456191	43.90	41.06	165.6	-2.4
27/03/2017	13 15 21.1	-06 15 58	4.480377	5.456173	43.94	41.09	166.7	-2.4
28/03/2017	13 14 53.8	-06 13 09	4.476584	5.456155	43.98	41.13	167.8	-2.4
29/03/2017	13 14 26.3	-06 10 18	4.473094	5.456135	44.01	41.16	168.9	-2.5
30/03/2017	13 13 58.6	-06 07 26	4.469908	5.456116	44.05	41.19	170.0	-2.5
31/03/2017	13 13 30.6	-06 04 33	4.467027	5.456096	44.07	41.22	171.1	-2.5
01/04/2017	13 13 02.6	-06 01 40	4.464452	5.456075	44.10	41.24	172.2	-2.5
02/04/2017	13 12 34.3	-05 58 46	4.462183	5.456054	44.12	41.26	173.3	-2.5
03/04/2017	13 12 06.0	-05 55 51	4.460222	5.456032	44.14	41.28	174.3	-2.5
04/04/2017	13 11 37.5	-05 52 57	4.458568	5.456010	44.16	41.30	175.4	-2.5
05/04/2017	13 11 09.0	-05 50 02	4.457221	5.455988	44.17	41.31	176.4	-2.5
06/04/2017	13 10 40.4	-05 47 06	4.456181	5.455965	44.18	41.32	177.3	-2.5
07/04/2017	13 10 11.8	-05 44 11	4.455448	5.455941	44.19	41.32	178.1	-2.5
08/04/2017	13 09 43.1	-05 41 16	4.455021	5.455917	44.19	41.33	178.4	-2.5
09/04/2017	13 09 14.4	-05 38 21	4.454901	5.455893	44.19	41.33	177.9	-2.5
10/04/2017	13 08 45.8	-05 35 27	4.455086	5.455868	44.19	41.33	177.1	-2.5
11/04/2017	13 08 17.1	-05 32 33	4.455577	5.455842	44.19	41.32	176.2	-2.5
12/04/2017	13 07 48.6	-05 29 40	4.456373	5.455816	44.18	41.32	175.2	-2.5
13/04/2017	13 07 20.1	-05 26 47	4.457473	5.455790	44.17	41.31	174.1	-2.5
14/04/2017	13 06 51.7	-05 23 56	4.458876	5.455763	44.15	41.29	173.0	-2.5
15/04/2017	13 06 23.4	-05 21 05	4.460582	5.455735	44.14	41.28	172.0	-2.5
16/04/2017	13 05 55.2	-05 18 15	4.462590	5.455707	44.11	41.26	170.9	-2.5
17/04/2017	13 05 27.2	-05 15 27	4.464899	5.455679	44.10	41.24	169.8	-2.5
18/04/2017	13 04 59.3	-05 12 40	4.467508	5.455650	44.07	41.21	168.7	-2.5
19/04/2017	13 04 31.7	-05 09 54	4.470416	5.455621	44.04	41.19	167.6	-2.5
20/04/2017	13 04 04.2	-05 07 10	4.473621	5.455591	44.01	41.16	166.5	-2.5
21/04/2017	13 03 37.0	-05 04 28	4.477122	5.455561	43.97	41.12	165.4	-2.4
22/04/2017	13 03 10.0	-05 01 47	4.480918	5.455530	43.94	41.09	164.3	-2.4
23/04/2017	13 02 43.3	-04 59 08	4.485006	5.455498	43.90	41.05	163.3	-2.4
24/04/2017	13 02 16.8	-04 56 32	4.489386	5.455466	43.85	41.01	162.2	-2.4
25/04/2017	13 01 50.6	-04 53 57	4.494055	5.455434	43.81	40.97	161.1	-2.4
26/04/2017	13 01 24.8	-04 51 25	4.499011	5.455401	43.76	40.92	160.0	-2.4
27/04/2017	13 00 59.3	-04 48 55	4.504251	5.455368	43.71	40.88	158.9	-2.4
28/04/2017	13 00 34.1	-04 46 27	4.509773	5.455334	43.66	40.83	157.8	-2.4
29/04/2017	13 00 09.4	-04 44 02	4.515573	5.455300	43.60	40.77	156.7	-2.4
30/04/2017	12 59 45.0	-04 41 40	4.521650	5.455265	43.54	40.72	155.7	-2.4
01/05/2017	12 59 21.0	-04 39 20	4.527999	5.455230	43.48	40.66	154.6	-2.4
02/05/2017	12 58 57.4	-04 37 03	4.534616	5.455194	43.42	40.60	153.5	-2.4
03/05/2017	12 58 34.3	-04 34 50	4.541499	5.455158	43.35	40.54	152.4	-2.4
04/05/2017	12 58 11.5	-04 32 39	4.548645	5.455121	43.28	40.48	151.4	-2.4
05/05/2017	12 57 49.3	-04 30 31	4.556048	5.455084	43.21	40.41	150.3	-2.4
06/05/2017	12 57 27.5	-04 28 26	4.563706	5.455047	43.14	40.34	149.2	-2.4
07/05/2017	12 57 06.2	-04 26 25	4.571616	5.455008	43.07	40.27	148.2	-2.4
08/05/2017	12 56 45.4	-04 24 27	4.579773	5.454970	42.99	40.20	147.1	-2.4
09/05/2017	12 56 25.1	-04 22 32	4.588175	5.454931	42.91	40.13	146.1	-2.4
10/05/2017	12 56 05.3	-04 20 41	4.596817	5.454891	42.83	40.05	145.0	-2.4
11/05/2017	12 55 46.0	-04 18 53	4.605696	5.454851	42.75	39.98	144.0	-2.4
12/05/2017	12 55 27.3	-04 17 09	4.614809	5.454810	42.66	39.90	142.9	-2.4
13/05/2017	12 55 09.1	-04 15 28	4.624152	5.454769	42.58	39.82	141.9	-2.4
14/05/2017	12 54 51.5	-04 13 52	4.633720	5.454728	42.49	39.73	140.8	-2.4
15/05/2017	12 54 34.4	-04 12 18	4.643512	5.454686	42.40	39.65	139.8	-2.3
16/05/2017	12 54 17.9	-04 10 49	4.653522	5.454643	42.31	39.57	138.8	-2.3
17/05/2017	12 54 02.0	-04 09 24	4.663748	5.454600	42.21	39.48	137.7	-2.3
18/05/2017	12 53 46.6	-04 08 02	4.674185	5.454557	42.12	39.39	136.7	-2.3
19/05/2017	12 53 31.9	-04 06 44	4.684830	5.454513	42.02	39.30	135.7	-2.3
20/05/2017	12 53 17.8	-04 05 30	4.695679	5.454468	41.93	39.21	134.6	-2.3
21/05/2017	12 53 04.2	-04 04 20	4.706728	5.454423	41.83	39.12	133.6	-2.3
22/05/2017	12 52 51.3	-04 03 14	4.717972	5.454378	41.73	39.03	132.6	-2.3
23/05/2017	12 52 39.0	-04 02 13	4.729409	5.454332	41.63	38.93	131.6	-2.3
24/05/2017	12 52 27.3	-04 01 15	4.741032	5.454285	41.53	38.84	130.6	-2.3
25/05/2017	12 52 16.3	-04 00 21	4.752839	5.454239	41.42	38.74	129.6	-2.3

GG/MM/AAAA	A.R.	DECL.	Dist.	RV	D.Eq.	D.Pol.	El.	Mag.
26/05/2017	12 52 05.9	-03 59 32	4.764825	5.454191	41.32	38.64	128.6	-2.3
27/05/2017	12 51 56.2	-03 58 47	4.776984	5.454143	41.21	38.54	127.6	-2.3
28/05/2017	12 51 47.1	-03 58 06	4.789312	5.454095	41.11	38.44	126.6	-2.3
29/05/2017	12 51 38.7	-03 57 29	4.801805	5.454046	41.00	38.34	125.6	-2.3
30/05/2017	12 51 30.9	-03 56 57	4.814456	5.453997	40.89	38.24	124.6	-2.3
31/05/2017	12 51 23.8	-03 56 28	4.827262	5.453947	40.79	38.14	123.6	-2.3
01/06/2017	12 51 17.4	-03 56 04	4.840218	5.453897	40.68	38.04	122.6	-2.2
02/06/2017	12 51 11.6	-03 55 45	4.853318	5.453846	40.57	37.94	121.6	-2.2
03/06/2017	12 51 06.4	-03 55 29	4.866559	5.453795	40.46	37.83	120.6	-2.2
04/06/2017	12 51 02.0	-03 55 18	4.879936	5.453743	40.34	37.73	119.7	-2.2
05/06/2017	12 50 58.2	-03 55 11	4.893444	5.453691	40.23	37.63	118.7	-2.2
06/06/2017	12 50 55.1	-03 55 08	4.907079	5.453638	40.12	37.52	117.7	-2.2
07/06/2017	12 50 52.6	-03 55 10	4.920837	5.453585	40.01	37.42	116.8	-2.2
08/06/2017	12 50 50.8	-03 55 16	4.934713	5.453531	39.90	37.31	115.8	-2.2
09/06/2017	12 50 49.7	-03 55 26	4.948704	5.453477	39.78	37.21	114.8	-2.2
10/06/2017	12 50 49.2	-03 55 40	4.962804	5.453423	39.67	37.10	113.9	-2.2
11/06/2017	12 50 49.4	-03 55 58	4.977011	5.453368	39.56	36.99	112.9	-2.2
12/06/2017	12 50 50.3	-03 56 21	4.991320	5.453312	39.44	36.89	112.0	-2.2
13/06/2017	12 50 51.8	-03 56 48	5.005726	5.453256	39.33	36.78	111.0	-2.2
14/06/2017	12 50 53.9	-03 57 19	5.020226	5.453199	39.22	36.68	110.1	-2.2
15/06/2017	12 50 56.8	-03 57 54	5.034816	5.453142	39.10	36.57	109.2	-2.1
16/06/2017	12 51 00.2	-03 58 33	5.049492	5.453085	38.99	36.46	108.2	-2.1
17/06/2017	12 51 04.4	-03 59 17	5.064249	5.453027	38.88	36.36	107.3	-2.1
18/06/2017	12 51 09.2	-04 00 04	5.079085	5.452968	38.76	36.25	106.4	-2.1
19/06/2017	12 51 14.6	-04 00 56	5.093993	5.452909	38.65	36.14	105.4	-2.1
20/06/2017	12 51 20.7	-04 01 51	5.108971	5.452850	38.54	36.04	104.5	-2.1
21/06/2017	12 51 27.4	-04 02 51	5.124015	5.452790	38.42	35.93	103.6	-2.1
22/06/2017	12 51 34.8	-04 03 54	5.139119	5.452730	38.31	35.83	102.7	-2.1
23/06/2017	12 51 42.8	-04 05 02	5.154279	5.452669	38.20	35.72	101.7	-2.1
24/06/2017	12 51 51.5	-04 06 14	5.169492	5.452607	38.08	35.62	100.8	-2.1
25/06/2017	12 52 00.8	-04 07 29	5.184751	5.452546	37.97	35.51	99.9	-2.1
26/06/2017	12 52 10.7	-04 08 49	5.200053	5.452483	37.86	35.41	99.0	-2.1
27/06/2017	12 52 21.3	-04 10 12	5.215394	5.452420	37.75	35.30	98.1	-2.1
28/06/2017	12 52 32.5	-04 11 40	5.230768	5.452357	37.64	35.20	97.2	-2.1
29/06/2017	12 52 44.3	-04 13 11	5.246172	5.452293	37.53	35.10	96.3	-2.1
30/06/2017	12 52 56.7	-04 14 46	5.261601	5.452229	37.42	34.99	95.4	-2.0
01/07/2017	12 53 09.8	-04 16 24	5.277052	5.452165	37.31	34.89	94.5	-2.0
02/07/2017	12 53 23.4	-04 18 06	5.292520	5.452099	37.20	34.79	93.6	-2.0
03/07/2017	12 53 37.7	-04 19 52	5.308001	5.452034	37.09	34.69	92.7	-2.0
04/07/2017	12 53 52.5	-04 21 42	5.323492	5.451967	36.98	34.59	91.9	-2.0
05/07/2017	12 54 07.9	-04 23 35	5.338990	5.451901	36.88	34.49	91.0	-2.0
06/07/2017	12 54 24.0	-04 25 32	5.354490	5.451834	36.77	34.39	90.1	-2.0
07/07/2017	12 54 40.6	-04 27 32	5.369989	5.451766	36.66	34.29	89.2	-2.0
08/07/2017	12 54 57.7	-04 29 36	5.385484	5.451698	36.56	34.19	88.3	-2.0
09/07/2017	12 55 15.5	-04 31 43	5.400971	5.451630	36.45	34.09	87.5	-2.0
10/07/2017	12 55 33.8	-04 33 54	5.416447	5.451561	36.35	33.99	86.6	-2.0
11/07/2017	12 55 52.7	-04 36 08	5.431909	5.451491	36.25	33.90	85.7	-2.0
12/07/2017	12 56 12.1	-04 38 25	5.447353	5.451421	36.14	33.80	84.9	-2.0
13/07/2017	12 56 32.0	-04 40 46	5.462777	5.451351	36.04	33.70	84.0	-2.0
14/07/2017	12 56 52.6	-04 43 10	5.478176	5.451280	35.94	33.61	83.2	-2.0
15/07/2017	12 57 13.6	-04 45 37	5.493548	5.451208	35.84	33.52	82.3	-2.0
16/07/2017	12 57 35.2	-04 48 07	5.508889	5.451136	35.74	33.42	81.4	-2.0
17/07/2017	12 57 57.3	-04 50 40	5.524197	5.451064	35.64	33.33	80.6	-2.0
18/07/2017	12 58 20.0	-04 53 16	5.539467	5.450991	35.54	33.24	79.7	-1.9
19/07/2017	12 58 43.2	-04 55 56	5.554696	5.450918	35.44	33.15	78.9	-1.9
20/07/2017	12 59 06.9	-04 58 38	5.569882	5.450844	35.35	33.06	78.0	-1.9
21/07/2017	12 59 31.1	-05 01 24	5.585019	5.450770	35.25	32.97	77.2	-1.9
22/07/2017	12 59 55.8	-05 04 13	5.600105	5.450695	35.16	32.88	76.4	-1.9
23/07/2017	13 00 21.0	-05 07 04	5.615137	5.450620	35.06	32.79	75.5	-1.9
24/07/2017	13 00 46.8	-05 09 58	5.630109	5.450544	34.97	32.70	74.7	-1.9
25/07/2017	13 01 13.0	-05 12 55	5.645019	5.450468	34.88	32.62	73.8	-1.9
26/07/2017	13 01 39.7	-05 15 55	5.659864	5.450391	34.79	32.53	73.0	-1.9
27/07/2017	13 02 06.9	-05 18 58	5.674639	5.450314	34.69	32.45	72.2	-1.9
28/07/2017	13 02 34.5	-05 22 03	5.689342	5.450236	34.61	32.36	71.4	-1.9
29/07/2017	13 03 02.7	-05 25 11	5.703970	5.450158	34.52	32.28	70.5	-1.9
30/07/2017	13 03 31.3	-05 28 22	5.718520	5.450080	34.43	32.20	69.7	-1.9
31/07/2017	13 04 00.3	-05 31 35	5.732989	5.450001	34.34	32.12	68.9	-1.9
01/08/2017	13 04 29.8	-05 34 50	5.747374	5.449921	34.26	32.04	68.1	-1.9
02/08/2017	13 04 59.8	-05 38 09	5.761672	5.449841	34.17	31.96	67.2	-1.9
03/08/2017	13 05 30.2	-05 41 29	5.775881	5.449761	34.09	31.88	66.4	-1.9
04/08/2017	13 06 01.0	-05 44 52	5.789999	5.449680	34.00	31.80	65.6	-1.9
05/08/2017	13 06 32.2	-05 48 18	5.804022	5.449598	33.92	31.72	64.8	-1.9
06/08/2017	13 07 03.9	-05 51 45	5.817949	5.449516	33.84	31.65	64.0	-1.8

GG/MM/AAAA	A.R.	DECL.	Dist.	RV	D.Eq.	D.Pol.	El.	Mag.
07/08/2017	13 07 36.0	-05 55 15	5.831776	5.449434	33.76	31.57	63.2	-1.8
08/08/2017	13 08 08.5	-05 58 47	5.845503	5.449351	33.68	31.50	62.3	-1.8
09/08/2017	13 08 41.4	-06 02 21	5.859126	5.449268	33.60	31.42	61.5	-1.8
10/08/2017	13 09 14.7	-06 05 58	5.872642	5.449184	33.52	31.35	60.7	-1.8
11/08/2017	13 09 48.4	-06 09 36	5.886051	5.449100	33.45	31.28	59.9	-1.8
12/08/2017	13 10 22.5	-06 13 17	5.899349	5.449015	33.37	31.21	59.1	-1.8
13/08/2017	13 10 57.0	-06 16 59	5.912533	5.448930	33.30	31.14	58.3	-1.8
14/08/2017	13 11 31.9	-06 20 44	5.925603	5.448844	33.23	31.07	57.5	-1.8
15/08/2017	13 12 07.2	-06 24 30	5.938554	5.448758	33.15	31.00	56.7	-1.8
16/08/2017	13 12 42.8	-06 28 19	5.951385	5.448671	33.08	30.94	55.9	-1.8
17/08/2017	13 13 18.8	-06 32 09	5.964093	5.448584	33.01	30.87	55.1	-1.8
18/08/2017	13 13 55.2	-06 36 01	5.976675	5.448497	32.94	30.81	54.3	-1.8
19/08/2017	13 14 32.0	-06 39 55	5.989129	5.448409	32.87	30.74	53.5	-1.8
20/08/2017	13 15 09.1	-06 43 51	6.001451	5.448320	32.81	30.68	52.7	-1.8
21/08/2017	13 15 46.5	-06 47 48	6.013639	5.448231	32.74	30.62	51.9	-1.8
22/08/2017	13 16 24.3	-06 51 48	6.025691	5.448142	32.67	30.56	51.1	-1.8
23/08/2017	13 17 02.4	-06 55 48	6.037604	5.448052	32.61	30.50	50.3	-1.8
24/08/2017	13 17 40.9	-06 59 51	6.049375	5.447961	32.55	30.44	49.5	-1.8
25/08/2017	13 18 19.7	-07 03 55	6.061002	5.447870	32.48	30.38	48.8	-1.8
26/08/2017	13 18 58.8	-07 08 00	6.072484	5.447779	32.42	30.32	48.0	-1.8
27/08/2017	13 19 38.3	-07 12 07	6.083817	5.447687	32.36	30.26	47.2	-1.8
28/08/2017	13 20 18.1	-07 16 15	6.095001	5.447595	32.30	30.21	46.4	-1.8
29/08/2017	13 20 58.1	-07 20 25	6.106033	5.447502	32.24	30.15	45.6	-1.8
30/08/2017	13 21 38.5	-07 24 36	6.116911	5.447409	32.19	30.10	44.8	-1.7
31/08/2017	13 22 19.2	-07 28 48	6.127634	5.447315	32.13	30.05	44.0	-1.7
01/09/2017	13 23 00.2	-07 33 02	6.138201	5.447221	32.07	30.00	43.3	-1.7
02/09/2017	13 23 41.4	-07 37 17	6.148608	5.447126	32.02	29.94	42.5	-1.7
03/09/2017	13 24 23.0	-07 41 33	6.158855	5.447031	31.97	29.90	41.7	-1.7
04/09/2017	13 25 04.8	-07 45 50	6.168941	5.446936	31.91	29.85	40.9	-1.7
05/09/2017	13 25 46.9	-07 50 08	6.178863	5.446840	31.86	29.80	40.1	-1.7
06/09/2017	13 26 29.3	-07 54 28	6.188621	5.446743	31.81	29.75	39.3	-1.7
07/09/2017	13 27 11.9	-07 58 48	6.198213	5.446646	31.76	29.71	38.6	-1.7
08/09/2017	13 27 54.8	-08 03 10	6.207637	5.446549	31.72	29.66	37.8	-1.7
09/09/2017	13 28 37.9	-08 07 32	6.216892	5.446451	31.67	29.62	37.0	-1.7
10/09/2017	13 29 21.3	-08 11 55	6.225976	5.446352	31.62	29.57	36.2	-1.7
11/09/2017	13 30 05.0	-08 16 19	6.234889	5.446253	31.58	29.53	35.5	-1.7
12/09/2017	13 30 48.9	-08 20 44	6.243627	5.446154	31.53	29.49	34.7	-1.7
13/09/2017	13 31 33.0	-08 25 10	6.252189	5.446054	31.49	29.45	33.9	-1.7
14/09/2017	13 32 17.4	-08 29 37	6.260574	5.445954	31.45	29.41	33.1	-1.7
15/09/2017	13 33 02.0	-08 34 05	6.268779	5.445853	31.41	29.37	32.4	-1.7
16/09/2017	13 33 46.9	-08 38 33	6.276803	5.445752	31.37	29.33	31.6	-1.7
17/09/2017	13 34 32.0	-08 43 02	6.284644	5.445650	31.33	29.30	30.8	-1.7
18/09/2017	13 35 17.2	-08 47 31	6.292299	5.445548	31.29	29.26	30.0	-1.7
19/09/2017	13 36 02.8	-08 52 02	6.299768	5.445445	31.25	29.23	29.3	-1.7
20/09/2017	13 36 48.5	-08 56 32	6.307049	5.445342	31.22	29.19	28.5	-1.7
21/09/2017	13 37 34.4	-09 01 04	6.314139	5.445239	31.18	29.16	27.7	-1.7
22/09/2017	13 38 20.5	-09 05 35	6.321038	5.445135	31.15	29.13	26.9	-1.7
23/09/2017	13 39 06.8	-09 10 08	6.327745	5.445030	31.11	29.10	26.2	-1.7
24/09/2017	13 39 53.3	-09 14 40	6.334257	5.444925	31.08	29.07	25.4	-1.7
25/09/2017	13 40 40.0	-09 19 13	6.340575	5.444820	31.05	29.04	24.6	-1.7
26/09/2017	13 41 26.9	-09 23 47	6.346696	5.444714	31.02	29.01	23.8	-1.7
27/09/2017	13 42 14.0	-09 28 21	6.352620	5.444607	30.99	28.98	23.1	-1.7
28/09/2017	13 43 01.2	-09 32 55	6.358347	5.444501	30.96	28.96	22.3	-1.7
29/09/2017	13 43 48.6	-09 37 29	6.363874	5.444393	30.94	28.93	21.5	-1.7
30/09/2017	13 44 36.2	-09 42 04	6.369202	5.444285	30.91	28.91	20.8	-1.7
01/10/2017	13 45 23.9	-09 46 39	6.374330	5.444177	30.89	28.88	20.0	-1.7
02/10/2017	13 46 11.7	-09 51 13	6.379257	5.444068	30.86	28.86	19.2	-1.7
03/10/2017	13 46 59.7	-09 55 48	6.383982	5.443959	30.84	28.84	18.4	-1.7
04/10/2017	13 47 47.9	-10 00 23	6.388504	5.443850	30.82	28.82	17.7	-1.7
05/10/2017	13 48 36.2	-10 04 58	6.392824	5.443740	30.80	28.80	16.9	-1.7
06/10/2017	13 49 24.6	-10 09 33	6.396941	5.443629	30.78	28.78	16.1	-1.7
07/10/2017	13 50 13.2	-10 14 08	6.400853	5.443518	30.76	28.76	15.4	-1.7
08/10/2017	13 51 01.9	-10 18 43	6.404560	5.443406	30.74	28.75	14.6	-1.7
09/10/2017	13 51 50.7	-10 23 18	6.408061	5.443294	30.72	28.73	13.8	-1.7
10/10/2017	13 52 39.6	-10 27 53	6.411356	5.443182	30.71	28.72	13.0	-1.7
11/10/2017	13 53 28.7	-10 32 28	6.414443	5.443069	30.69	28.70	12.3	-1.7
12/10/2017	13 54 17.9	-10 37 02	6.417321	5.442956	30.68	28.69	11.5	-1.7
13/10/2017	13 55 07.1	-10 41 37	6.419990	5.442842	30.67	28.68	10.7	-1.7
14/10/2017	13 55 56.5	-10 46 11	6.422448	5.442727	30.65	28.67	10.0	-1.7
15/10/2017	13 56 46.0	-10 50 45	6.424694	5.442613	30.64	28.66	9.2	-1.7
16/10/2017	13 57 35.6	-10 55 18	6.426727	5.442497	30.63	28.65	8.4	-1.7
17/10/2017	13 58 25.3	-10 59 51	6.428547	5.442382	30.63	28.64	7.6	-1.7
18/10/2017	13 59 15.0	-11 04 24	6.430153	5.442266	30.62	28.63	6.9	-1.7

GG/MM/AAAA	A.R.	DECL.	Dist.	RV	D.Eq.	D.Pol.	El.	Mag.
19/10/2017	14 00 04.8	-11 08 57	6.431543	5.442149	30.61	28.63	6.1	-1.7
20/10/2017	14 00 54.8	-11 13 29	6.432719	5.442032	30.61	28.62	5.3	-1.7
21/10/2017	14 01 44.7	-11 18 00	6.433678	5.441914	30.60	28.62	4.6	-1.7
22/10/2017	14 02 34.8	-11 22 31	6.434422	5.441796	30.60	28.61	3.8	-1.7
23/10/2017	14 03 24.9	-11 27 02	6.434948	5.441678	30.60	28.61	3.1	-1.7
24/10/2017	14 04 15.1	-11 31 32	6.435259	5.441559	30.59	28.61	2.4	-1.7
25/10/2017	14 05 05.3	-11 36 01	6.435353	5.441439	30.59	28.61	1.7	-1.7
26/10/2017	14 05 55.5	-11 40 30	6.435230	5.441319	30.59	28.61	1.1	-1.7
27/10/2017	14 06 45.8	-11 44 58	6.434891	5.441199	30.60	28.61	1.0	-1.7
28/10/2017	14 07 36.1	-11 49 25	6.434335	5.441078	30.60	28.62	1.4	-1.7
29/10/2017	14 08 26.5	-11 53 52	6.433563	5.440957	30.60	28.62	2.0	-1.7
30/10/2017	14 09 16.8	-11 58 18	6.432575	5.440835	30.61	28.62	2.7	-1.7
31/10/2017	14 10 07.2	-12 02 43	6.431371	5.440713	30.61	28.63	3.5	-1.7
01/11/2017	14 10 57.6	-12 07 07	6.429952	5.440590	30.62	28.63	4.2	-1.7
02/11/2017	14 11 48.0	-12 11 31	6.428318	5.440467	30.63	28.64	5.0	-1.7
03/11/2017	14 12 38.5	-12 15 53	6.426468	5.440344	30.64	28.65	5.8	-1.7
04/11/2017	14 13 28.9	-12 20 15	6.424405	5.440220	30.65	28.66	6.5	-1.7
05/11/2017	14 14 19.3	-12 24 36	6.422126	5.440095	30.66	28.67	7.3	-1.7
06/11/2017	14 15 09.7	-12 28 55	6.419634	5.439970	30.67	28.68	8.1	-1.7
07/11/2017	14 16 00.1	-12 33 14	6.416927	5.439845	30.68	28.69	8.9	-1.7
08/11/2017	14 16 50.5	-12 37 32	6.414006	5.439719	30.70	28.71	9.6	-1.7
09/11/2017	14 17 40.9	-12 41 49	6.410871	5.439593	30.71	28.72	10.4	-1.7
10/11/2017	14 18 31.2	-12 46 05	6.407521	5.439466	30.73	28.73	11.2	-1.7
11/11/2017	14 19 21.6	-12 50 20	6.403957	5.439338	30.74	28.75	12.0	-1.7
12/11/2017	14 20 11.8	-12 54 33	6.400178	5.439211	30.76	28.77	12.8	-1.7
13/11/2017	14 21 02.1	-12 58 46	6.396184	5.439083	30.78	28.79	13.6	-1.7
14/11/2017	14 21 52.2	-13 02 57	6.391976	5.438954	30.80	28.80	14.3	-1.7
15/11/2017	14 22 42.4	-13 07 07	6.387555	5.438825	30.82	28.82	15.1	-1.7
16/11/2017	14 23 32.4	-13 11 16	6.382919	5.438695	30.84	28.85	15.9	-1.7
17/11/2017	14 24 22.4	-13 15 24	6.378071	5.438565	30.87	28.87	16.7	-1.7
18/11/2017	14 25 12.4	-13 19 30	6.373010	5.438435	30.89	28.89	17.5	-1.7
19/11/2017	14 26 02.2	-13 23 36	6.367737	5.438304	30.92	28.91	18.3	-1.7
20/11/2017	14 26 52.0	-13 27 39	6.362253	5.438172	30.95	28.94	19.1	-1.7
21/11/2017	14 27 41.7	-13 31 42	6.356559	5.438040	30.97	28.97	19.9	-1.7
22/11/2017	14 28 31.3	-13 35 43	6.350656	5.437908	31.00	28.99	20.7	-1.7
23/11/2017	14 29 20.8	-13 39 43	6.344545	5.437775	31.03	29.02	21.5	-1.7
24/11/2017	14 30 10.2	-13 43 41	6.338228	5.437642	31.06	29.05	22.3	-1.7
25/11/2017	14 30 59.4	-13 47 37	6.331704	5.437508	31.09	29.08	23.1	-1.7
26/11/2017	14 31 48.6	-13 51 33	6.324976	5.437374	31.13	29.11	23.9	-1.7
27/11/2017	14 32 37.6	-13 55 26	6.318045	5.437240	31.16	29.14	24.7	-1.7
28/11/2017	14 33 26.5	-13 59 19	6.310911	5.437105	31.20	29.17	25.5	-1.7
29/11/2017	14 34 15.2	-14 03 09	6.303578	5.436969	31.23	29.21	26.3	-1.7
30/11/2017	14 35 03.8	-14 06 58	6.296045	5.436833	31.27	29.24	27.1	-1.7
01/12/2017	14 35 52.3	-14 10 45	6.288314	5.436697	31.31	29.28	27.9	-1.7
02/12/2017	14 36 40.6	-14 14 31	6.280387	5.436560	31.35	29.32	28.7	-1.7
03/12/2017	14 37 28.7	-14 18 15	6.272265	5.436422	31.39	29.35	29.5	-1.7
04/12/2017	14 38 16.7	-14 21 58	6.263949	5.436285	31.43	29.39	30.4	-1.7
05/12/2017	14 39 04.6	-14 25 39	6.255441	5.436146	31.47	29.43	31.2	-1.7
06/12/2017	14 39 52.2	-14 29 18	6.246740	5.436008	31.52	29.47	32.0	-1.7
07/12/2017	14 40 39.7	-14 32 55	6.237849	5.435868	31.56	29.52	32.8	-1.7
08/12/2017	14 41 27.0	-14 36 31	6.228768	5.435729	31.61	29.56	33.6	-1.7
09/12/2017	14 42 14.0	-14 40 04	6.219498	5.435589	31.66	29.60	34.4	-1.7
10/12/2017	14 43 00.9	-14 43 37	6.210040	5.435448	31.70	29.65	35.2	-1.7
11/12/2017	14 43 47.6	-14 47 07	6.200396	5.435307	31.75	29.69	36.1	-1.7
12/12/2017	14 44 34.0	-14 50 35	6.190568	5.435166	31.80	29.74	36.9	-1.7
13/12/2017	14 45 20.3	-14 54 02	6.180555	5.435024	31.85	29.79	37.7	-1.7
14/12/2017	14 46 06.3	-14 57 26	6.170361	5.434882	31.91	29.84	38.5	-1.7
15/12/2017	14 46 52.1	-15 00 49	6.159986	5.434739	31.96	29.89	39.3	-1.7
16/12/2017	14 47 37.6	-15 04 10	6.149433	5.434595	32.02	29.94	40.2	-1.7
17/12/2017	14 48 22.9	-15 07 29	6.138703	5.434452	32.07	29.99	41.0	-1.7
18/12/2017	14 49 07.9	-15 10 45	6.127799	5.434308	32.13	30.05	41.8	-1.8
19/12/2017	14 49 52.7	-15 14 00	6.116722	5.434163	32.19	30.10	42.7	-1.8
20/12/2017	14 50 37.2	-15 17 13	6.105475	5.434018	32.25	30.16	43.5	-1.8
21/12/2017	14 51 21.4	-15 20 24	6.094060	5.433872	32.31	30.21	44.3	-1.8
22/12/2017	14 52 05.3	-15 23 33	6.082479	5.433726	32.37	30.27	45.2	-1.8
23/12/2017	14 52 49.0	-15 26 40	6.070734	5.433580	32.43	30.33	46.0	-1.8
24/12/2017	14 53 32.3	-15 29 44	6.058829	5.433433	32.49	30.39	46.8	-1.8
25/12/2017	14 54 15.3	-15 32 47	6.046765	5.433286	32.56	30.45	47.7	-1.8
26/12/2017	14 54 58.0	-15 35 47	6.034545	5.433138	32.63	30.51	48.5	-1.8
27/12/2017	14 55 40.4	-15 38 45	6.022171	5.432990	32.69	30.57	49.3	-1.8
28/12/2017	14 56 22.4	-15 41 41	6.009647	5.432841	32.76	30.64	50.2	-1.8
29/12/2017	14 57 04.1	-15 44 35	5.996975	5.432692	32.83	30.70	51.0	-1.8
30/12/2017	14 57 45.5	-15 47 27	5.984156	5.432543	32.90	30.77	51.9	-1.8

GG/MM/AAAA	A.R.	DECL.	Dist.	RV	D.Eq.	D.Pol.	El.	Mag.
31/12/2017	14 58 26.5	-15 50 16	5.971195	5.432393	32.97	30.83	52.7	-1.8
01/01/2018	14 59 07.2	-15 53 03	5.958093	5.432242	33.04	30.90	53.6	-1.8
02/01/2018	14 59 47.5	-15 55 48	5.944852	5.432091	33.12	30.97	54.4	-1.8
03/01/2018	15 00 27.5	-15 58 31	5.931475	5.431940	33.19	31.04	55.3	-1.8
04/01/2018	15 01 07.1	-16 01 12	5.917963	5.431788	33.27	31.11	56.1	-1.8
05/01/2018	15 01 46.3	-16 03 50	5.904320	5.431636	33.35	31.18	57.0	-1.8
06/01/2018	15 02 25.1	-16 06 26	5.890547	5.431483	33.42	31.26	57.9	-1.8
07/01/2018	15 03 03.5	-16 09 00	5.876647	5.431330	33.50	31.33	58.7	-1.8
08/01/2018	15 03 41.4	-16 11 31	5.862622	5.431176	33.58	31.41	59.6	-1.8
09/01/2018	15 04 19.0	-16 14 00	5.848475	5.431022	33.66	31.48	60.4	-1.8
10/01/2018	15 04 56.2	-16 16 26	5.834208	5.430868	33.75	31.56	61.3	-1.9
11/01/2018	15 05 32.9	-16 18 51	5.819824	5.430713	33.83	31.64	62.2	-1.9
12/01/2018	15 06 09.2	-16 21 13	5.805327	5.430557	33.91	31.72	63.0	-1.9
13/01/2018	15 06 45.1	-16 23 32	5.790719	5.430402	34.00	31.80	63.9	-1.9
14/01/2018	15 07 20.4	-16 25 49	5.776004	5.430245	34.09	31.88	64.8	-1.9
15/01/2018	15 07 55.4	-16 28 04	5.761184	5.430089	34.17	31.96	65.7	-1.9
16/01/2018	15 08 29.8	-16 30 16	5.746263	5.429932	34.26	32.04	66.5	-1.9
17/01/2018	15 09 03.8	-16 32 26	5.731244	5.429774	34.35	32.13	67.4	-1.9
18/01/2018	15 09 37.3	-16 34 33	5.716132	5.429616	34.44	32.21	68.3	-1.9
19/01/2018	15 10 10.3	-16 36 38	5.700929	5.429457	34.53	32.30	69.2	-1.9
20/01/2018	15 10 42.8	-16 38 40	5.685639	5.429298	34.63	32.38	70.1	-1.9
21/01/2018	15 11 14.7	-16 40 40	5.670265	5.429139	34.72	32.47	70.9	-1.9
22/01/2018	15 11 46.2	-16 42 37	5.654813	5.428979	34.82	32.56	71.8	-1.9
23/01/2018	15 12 17.1	-16 44 32	5.639284	5.428819	34.91	32.65	72.7	-1.9
24/01/2018	15 12 47.5	-16 46 24	5.623683	5.428658	35.01	32.74	73.6	-1.9
25/01/2018	15 13 17.4	-16 48 14	5.608014	5.428497	35.11	32.83	74.5	-1.9
26/01/2018	15 13 46.7	-16 50 01	5.592281	5.428335	35.21	32.92	75.4	-1.9
27/01/2018	15 14 15.4	-16 51 45	5.576486	5.428173	35.31	33.02	76.3	-1.9
28/01/2018	15 14 43.6	-16 53 27	5.560635	5.428011	35.41	33.11	77.2	-2.0
29/01/2018	15 15 11.2	-16 55 06	5.544729	5.427848	35.51	33.21	78.1	-2.0
30/01/2018	15 15 38.3	-16 56 43	5.528774	5.427685	35.61	33.30	79.0	-2.0
31/01/2018	15 16 04.8	-16 58 17	5.512772	5.427521	35.71	33.40	79.9	-2.0
01/02/2018	15 16 30.7	-16 59 49	5.496726	5.427357	35.82	33.50	80.8	-2.0
02/02/2018	15 16 56.0	-17 01 18	5.480641	5.427192	35.92	33.59	81.7	-2.0
03/02/2018	15 17 20.6	-17 02 44	5.464518	5.427027	36.03	33.69	82.6	-2.0
04/02/2018	15 17 44.7	-17 04 07	5.448363	5.426861	36.14	33.79	83.6	-2.0
05/02/2018	15 18 08.2	-17 05 28	5.432178	5.426695	36.24	33.89	84.5	-2.0
06/02/2018	15 18 31.0	-17 06 47	5.415968	5.426529	36.35	34.00	85.4	-2.0
07/02/2018	15 18 53.2	-17 08 02	5.399736	5.426362	36.46	34.10	86.3	-2.0
08/02/2018	15 19 14.8	-17 09 15	5.383486	5.426195	36.57	34.20	87.2	-2.0
09/02/2018	15 19 35.7	-17 10 26	5.367222	5.426027	36.68	34.30	88.2	-2.0
10/02/2018	15 19 56.0	-17 11 33	5.350949	5.425859	36.79	34.41	89.1	-2.0
11/02/2018	15 20 15.6	-17 12 38	5.334670	5.425690	36.91	34.51	90.0	-2.0
12/02/2018	15 20 34.5	-17 13 40	5.318391	5.425521	37.02	34.62	91.0	-2.0
13/02/2018	15 20 52.8	-17 14 40	5.302115	5.425351	37.13	34.73	91.9	-2.0
14/02/2018	15 21 10.4	-17 15 37	5.285847	5.425181	37.25	34.83	92.8	-2.0
15/02/2018	15 21 27.2	-17 16 31	5.269592	5.425011	37.36	34.94	93.8	-2.1
16/02/2018	15 21 43.4	-17 17 22	5.253354	5.424840	37.48	35.05	94.7	-2.1
17/02/2018	15 21 58.9	-17 18 11	5.237137	5.424669	37.59	35.16	95.7	-2.1
18/02/2018	15 22 13.7	-17 18 56	5.220948	5.424497	37.71	35.27	96.6	-2.1
19/02/2018	15 22 27.8	-17 19 39	5.204790	5.424325	37.83	35.38	97.6	-2.1
20/02/2018	15 22 41.1	-17 20 19	5.188667	5.424153	37.94	35.49	98.5	-2.1
21/02/2018	15 22 53.8	-17 20 57	5.172586	5.423980	38.06	35.60	99.5	-2.1
22/02/2018	15 23 05.7	-17 21 32	5.156550	5.423806	38.18	35.71	100.4	-2.1
23/02/2018	15 23 16.9	-17 22 03	5.140564	5.423632	38.30	35.82	101.4	-2.1
24/02/2018	15 23 27.3	-17 22 32	5.124632	5.423458	38.42	35.93	102.4	-2.1
25/02/2018	15 23 37.0	-17 22 59	5.108760	5.423283	38.54	36.04	103.3	-2.1
26/02/2018	15 23 46.0	-17 23 22	5.092951	5.423108	38.66	36.15	104.3	-2.1
27/02/2018	15 23 54.3	-17 23 43	5.077210	5.422932	38.78	36.26	105.3	-2.1
28/02/2018	15 24 01.8	-17 24 01	5.061541	5.422756	38.90	36.38	106.3	-2.1
01/03/2018	15 24 08.5	-17 24 17	5.045948	5.422580	39.02	36.49	107.2	-2.2
02/03/2018	15 24 14.5	-17 24 29	5.030435	5.422403	39.14	36.60	108.2	-2.2
03/03/2018	15 24 19.8	-17 24 39	5.015006	5.422226	39.26	36.71	109.2	-2.2
04/03/2018	15 24 24.3	-17 24 46	4.999667	5.422048	39.38	36.83	110.2	-2.2
05/03/2018	15 24 28.0	-17 24 50	4.984420	5.421870	39.50	36.94	111.2	-2.2
06/03/2018	15 24 31.0	-17 24 51	4.969271	5.421691	39.62	37.05	112.1	-2.2
07/03/2018	15 24 33.2	-17 24 50	4.954224	5.421512	39.74	37.16	113.1	-2.2
08/03/2018	15 24 34.7	-17 24 46	4.939284	5.421333	39.86	37.28	114.1	-2.2
09/03/2018	15 24 35.4	-17 24 39	4.924455	5.421153	39.98	37.39	115.1	-2.2
10/03/2018	15 24 35.3	-17 24 30	4.909742	5.420972	40.10	37.50	116.1	-2.2
11/03/2018	15 24 34.4	-17 24 17	4.895150	5.420792	40.22	37.61	117.1	-2.2
12/03/2018	15 24 32.8	-17 24 02	4.880684	5.420610	40.34	37.72	118.1	-2.2
13/03/2018	15 24 30.5	-17 23 44	4.866349	5.420429	40.46	37.84	119.2	-2.2

GG/MM/AAAA	A.R.	DECL.	Dist.	RV	D.Eq.	D.Pol.	El.	Mag.
14/03/2018	15 24 27.3	-17 23 23	4.852149	5.420247	40.58	37.95	120.2	-2.3
15/03/2018	15 24 23.4	-17 23 00	4.838090	5.420064	40.69	38.06	121.2	-2.3
16/03/2018	15 24 18.7	-17 22 34	4.824177	5.419881	40.81	38.17	122.2	-2.3
17/03/2018	15 24 13.2	-17 22 05	4.810414	5.419698	40.93	38.28	123.2	-2.3
18/03/2018	15 24 07.0	-17 21 33	4.796806	5.419514	41.04	38.38	124.2	-2.3
19/03/2018	15 24 00.1	-17 20 59	4.783359	5.419330	41.16	38.49	125.3	-2.3
20/03/2018	15 23 52.3	-17 20 22	4.770076	5.419146	41.27	38.60	126.3	-2.3
21/03/2018	15 23 43.9	-17 19 42	4.756964	5.418961	41.39	38.71	127.3	-2.3
22/03/2018	15 23 34.7	-17 19 00	4.744026	5.418775	41.50	38.81	128.3	-2.3
23/03/2018	15 23 24.7	-17 18 15	4.731267	5.418589	41.61	38.92	129.4	-2.3
24/03/2018	15 23 14.1	-17 17 27	4.718692	5.418403	41.72	39.02	130.4	-2.3
25/03/2018	15 23 02.7	-17 16 37	4.706304	5.418216	41.83	39.12	131.5	-2.3
26/03/2018	15 22 50.6	-17 15 44	4.694107	5.418029	41.94	39.22	132.5	-2.3
27/03/2018	15 22 37.7	-17 14 49	4.682107	5.417841	42.05	39.32	133.5	-2.3
28/03/2018	15 22 24.2	-17 13 51	4.670306	5.417653	42.16	39.42	134.6	-2.3
29/03/2018	15 22 10.0	-17 12 51	4.658708	5.417465	42.26	39.52	135.6	-2.4
30/03/2018	15 21 55.1	-17 11 48	4.647317	5.417276	42.36	39.62	136.7	-2.4
31/03/2018	15 21 39.5	-17 10 43	4.636137	5.417087	42.47	39.71	137.7	-2.4
01/04/2018	15 21 23.3	-17 09 35	4.625172	5.416897	42.57	39.81	138.8	-2.4
02/04/2018	15 21 06.4	-17 08 25	4.614425	5.416707	42.67	39.90	139.8	-2.4
03/04/2018	15 20 48.8	-17 07 13	4.603900	5.416516	42.76	39.99	140.9	-2.4
04/04/2018	15 20 30.6	-17 05 58	4.593601	5.416325	42.86	40.08	142.0	-2.4
05/04/2018	15 20 11.8	-17 04 41	4.583531	5.416134	42.95	40.17	143.0	-2.4
06/04/2018	15 19 52.4	-17 03 22	4.573695	5.415942	43.05	40.26	144.1	-2.4
07/04/2018	15 19 32.3	-17 02 00	4.564096	5.415750	43.14	40.34	145.2	-2.4
08/04/2018	15 19 11.7	-17 00 37	4.554739	5.415557	43.23	40.42	146.2	-2.4
09/04/2018	15 18 50.4	-16 59 11	4.545626	5.415364	43.31	40.50	147.3	-2.4
10/04/2018	15 18 28.6	-16 57 43	4.536762	5.415171	43.40	40.58	148.4	-2.4
11/04/2018	15 18 06.2	-16 56 13	4.528150	5.414977	43.48	40.66	149.4	-2.4
12/04/2018	15 17 43.3	-16 54 41	4.519794	5.414782	43.56	40.74	150.5	-2.4
13/04/2018	15 17 19.9	-16 53 07	4.511698	5.414588	43.64	40.81	151.6	-2.4
14/04/2018	15 16 55.9	-16 51 31	4.503864	5.414393	43.71	40.88	152.7	-2.4
15/04/2018	15 16 31.4	-16 49 53	4.496296	5.414197	43.79	40.95	153.8	-2.4
16/04/2018	15 16 06.5	-16 48 14	4.488997	5.414001	43.86	41.02	154.8	-2.4
17/04/2018	15 15 41.1	-16 46 32	4.481971	5.413805	43.93	41.08	155.9	-2.5
18/04/2018	15 15 15.2	-16 44 49	4.475220	5.413608	43.99	41.14	157.0	-2.5
19/04/2018	15 14 49.0	-16 43 05	4.468747	5.413410	44.06	41.20	158.1	-2.5
20/04/2018	15 14 22.3	-16 41 18	4.462553	5.413213	44.12	41.26	159.2	-2.5
21/04/2018	15 13 55.2	-16 39 31	4.456642	5.413015	44.18	41.31	160.3	-2.5
22/04/2018	15 13 27.8	-16 37 42	4.451016	5.412816	44.23	41.37	161.3	-2.5
23/04/2018	15 13 00.0	-16 35 51	4.445676	5.412617	44.29	41.42	162.4	-2.5
24/04/2018	15 12 31.9	-16 33 59	4.440623	5.412418	44.34	41.46	163.5	-2.5
25/04/2018	15 12 03.5	-16 32 06	4.435859	5.412218	44.38	41.51	164.6	-2.5
26/04/2018	15 11 34.8	-16 30 12	4.431386	5.412018	44.43	41.55	165.7	-2.5
27/04/2018	15 11 05.8	-16 28 17	4.427205	5.411817	44.47	41.59	166.8	-2.5
28/04/2018	15 10 36.5	-16 26 21	4.423316	5.411616	44.51	41.62	167.9	-2.5
29/04/2018	15 10 07.0	-16 24 24	4.419722	5.411415	44.55	41.66	168.9	-2.5
30/04/2018	15 09 37.3	-16 22 26	4.416422	5.411213	44.58	41.69	170.0	-2.5
01/05/2018	15 09 07.5	-16 20 27	4.413419	5.411011	44.61	41.72	171.1	-2.5
02/05/2018	15 08 37.4	-16 18 28	4.410713	5.410808	44.64	41.74	172.2	-2.5
03/05/2018	15 08 07.2	-16 16 28	4.408305	5.410605	44.66	41.77	173.3	-2.5
04/05/2018	15 07 36.9	-16 14 28	4.406196	5.410401	44.68	41.79	174.3	-2.5
05/05/2018	15 07 06.4	-16 12 27	4.404387	5.410197	44.70	41.80	175.4	-2.5
06/05/2018	15 06 35.9	-16 10 25	4.402878	5.409993	44.72	41.82	176.4	-2.5
07/05/2018	15 06 05.3	-16 08 24	4.401671	5.409788	44.73	41.83	177.4	-2.5
08/05/2018	15 05 34.6	-16 06 22	4.400765	5.409583	44.74	41.84	178.3	-2.5
09/05/2018	15 05 03.9	-16 04 20	4.400161	5.409378	44.74	41.84	178.8	-2.5
10/05/2018	15 04 33.2	-16 02 18	4.399859	5.409172	44.75	41.85	178.4	-2.5
11/05/2018	15 04 02.5	-16 00 16	4.399860	5.408965	44.75	41.85	177.5	-2.5
12/05/2018	15 03 31.9	-15 58 15	4.400164	5.408759	44.74	41.84	176.5	-2.5
13/05/2018	15 03 01.3	-15 56 13	4.400769	5.408551	44.74	41.84	175.5	-2.5
14/05/2018	15 02 30.8	-15 54 12	4.401677	5.408344	44.73	41.83	174.4	-2.5
15/05/2018	15 02 00.4	-15 52 11	4.402885	5.408136	44.72	41.82	173.4	-2.5
16/05/2018	15 01 30.1	-15 50 11	4.404395	5.407927	44.70	41.80	172.3	-2.5
17/05/2018	15 01 00.0	-15 48 11	4.406204	5.407718	44.68	41.79	171.2	-2.5
18/05/2018	15 00 30.0	-15 46 12	4.408312	5.407509	44.66	41.77	170.1	-2.5
19/05/2018	15 00 00.2	-15 44 14	4.410716	5.407299	44.64	41.74	169.0	-2.5
20/05/2018	14 59 30.7	-15 42 17	4.413416	5.407089	44.61	41.72	168.0	-2.5
21/05/2018	14 59 01.4	-15 40 21	4.416408	5.406879	44.58	41.69	166.9	-2.5
22/05/2018	14 58 32.3	-15 38 25	4.419692	5.406668	44.55	41.66	165.8	-2.5
23/05/2018	14 58 03.5	-15 36 31	4.423265	5.406457	44.51	41.63	164.7	-2.5
24/05/2018	14 57 35.0	-15 34 39	4.427125	5.406245	44.47	41.59	163.6	-2.5
25/05/2018	14 57 06.7	-15 32 47	4.431270	5.406033	44.43	41.55	162.6	-2.5

GG/MM/AAAA	A.R.	DECL.	Dist.	RV	D.Eq.	D.Pol.	El.	Mag.
26/05/2018	14 56 38.8	-15 30 57	4.435696	5.405820	44.39	41.51	161.5	-2.5
27/05/2018	14 56 11.3	-15 29 08	4.440403	5.405608	44.34	41.46	160.4	-2.5
28/05/2018	14 55 44.1	-15 27 21	4.445386	5.405394	44.29	41.42	159.3	-2.5
29/05/2018	14 55 17.3	-15 25 36	4.450645	5.405180	44.24	41.37	158.3	-2.5
30/05/2018	14 54 50.9	-15 23 52	4.456177	5.404966	44.18	41.32	157.2	-2.5
31/05/2018	14 54 24.8	-15 22 10	4.461979	5.404752	44.12	41.26	156.1	-2.5
01/06/2018	14 53 59.3	-15 20 30	4.468049	5.404537	44.06	41.21	155.1	-2.5
02/06/2018	14 53 34.1	-15 18 52	4.474384	5.404322	44.00	41.15	154.0	-2.5
03/06/2018	14 53 09.4	-15 17 16	4.480981	5.404106	43.94	41.09	153.0	-2.5
04/06/2018	14 52 45.1	-15 15 42	4.487838	5.403890	43.87	41.03	151.9	-2.5
05/06/2018	14 52 21.4	-15 14 10	4.494953	5.403673	43.80	40.96	150.9	-2.4
06/06/2018	14 51 58.1	-15 12 41	4.502322	5.403456	43.73	40.89	149.8	-2.4
07/06/2018	14 51 35.3	-15 11 13	4.509942	5.403239	43.65	40.83	148.8	-2.4
08/06/2018	14 51 13.1	-15 09 48	4.517811	5.403021	43.58	40.75	147.7	-2.4
09/06/2018	14 50 51.3	-15 08 26	4.525925	5.402803	43.50	40.68	146.7	-2.4
10/06/2018	14 50 30.2	-15 07 05	4.534281	5.402584	43.42	40.61	145.6	-2.4
11/06/2018	14 50 09.6	-15 05 48	4.542877	5.402365	43.34	40.53	144.6	-2.4
12/06/2018	14 49 49.5	-15 04 32	4.551707	5.402146	43.25	40.45	143.5	-2.4
13/06/2018	14 49 30.1	-15 03 20	4.560770	5.401926	43.17	40.37	142.5	-2.4
14/06/2018	14 49 11.2	-15 02 10	4.570060	5.401706	43.08	40.29	141.5	-2.4
15/06/2018	14 48 53.0	-15 01 03	4.579575	5.401486	42.99	40.20	140.4	-2.4
16/06/2018	14 48 35.4	-14 59 59	4.589309	5.401265	42.90	40.12	139.4	-2.4
17/06/2018	14 48 18.4	-14 58 57	4.599258	5.401043	42.81	40.03	138.4	-2.4
18/06/2018	14 48 02.0	-14 57 59	4.609419	5.400822	42.71	39.94	137.4	-2.4
19/06/2018	14 47 46.3	-14 57 03	4.619786	5.400599	42.62	39.85	136.3	-2.4
20/06/2018	14 47 31.2	-14 56 11	4.630356	5.400377	42.52	39.76	135.3	-2.4
21/06/2018	14 47 16.8	-14 55 21	4.641124	5.400154	42.42	39.67	134.3	-2.4
22/06/2018	14 47 03.1	-14 54 35	4.652085	5.399931	42.32	39.58	133.3	-2.4
23/06/2018	14 46 50.0	-14 53 51	4.663235	5.399707	42.22	39.48	132.3	-2.4
24/06/2018	14 46 37.6	-14 53 11	4.674570	5.399483	42.12	39.39	131.3	-2.3
25/06/2018	14 46 25.8	-14 52 34	4.686087	5.399258	42.01	39.29	130.3	-2.3
26/06/2018	14 46 14.8	-14 51 59	4.697780	5.399033	41.91	39.19	129.3	-2.3
27/06/2018	14 46 04.4	-14 51 28	4.709646	5.398808	41.80	39.09	128.3	-2.3
28/06/2018	14 45 54.8	-14 51 01	4.721680	5.398582	41.70	38.99	127.3	-2.3
29/06/2018	14 45 45.8	-14 50 36	4.733879	5.398356	41.59	38.89	126.3	-2.3
30/06/2018	14 45 37.5	-14 50 15	4.746239	5.398130	41.48	38.79	125.3	-2.3
01/07/2018	14 45 29.9	-14 49 57	4.758756	5.397903	41.37	38.69	124.3	-2.3
02/07/2018	14 45 23.0	-14 49 42	4.771425	5.397675	41.26	38.59	123.4	-2.3
03/07/2018	14 45 16.8	-14 49 30	4.784242	5.397448	41.15	38.48	122.4	-2.3
04/07/2018	14 45 11.4	-14 49 21	4.797204	5.397220	41.04	38.38	121.4	-2.3
05/07/2018	14 45 06.6	-14 49 16	4.810307	5.396991	40.93	38.28	120.4	-2.3
06/07/2018	14 45 02.5	-14 49 14	4.823546	5.396762	40.82	38.17	119.5	-2.3
07/07/2018	14 44 59.2	-14 49 15	4.836918	5.396533	40.70	38.07	118.5	-2.3
08/07/2018	14 44 56.5	-14 49 19	4.850418	5.396303	40.59	37.96	117.5	-2.3
09/07/2018	14 44 54.6	-14 49 27	4.864042	5.396073	40.48	37.85	116.6	-2.3
10/07/2018	14 44 53.4	-14 49 38	4.877787	5.395843	40.36	37.75	115.6	-2.2
11/07/2018	14 44 52.9	-14 49 52	4.891646	5.395612	40.25	37.64	114.7	-2.2
12/07/2018	14 44 53.2	-14 50 10	4.905617	5.395381	40.13	37.53	113.7	-2.2
13/07/2018	14 44 54.2	-14 50 31	4.919693	5.395149	40.02	37.43	112.8	-2.2
14/07/2018	14 44 55.8	-14 50 55	4.933872	5.394917	39.90	37.32	111.8	-2.2
15/07/2018	14 44 58.2	-14 51 22	4.948148	5.394685	39.79	37.21	110.9	-2.2
16/07/2018	14 45 01.3	-14 51 53	4.962515	5.394452	39.67	37.10	109.9	-2.2
17/07/2018	14 45 05.2	-14 52 27	4.976970	5.394219	39.56	36.99	109.0	-2.2
18/07/2018	14 45 09.7	-14 53 04	4.991508	5.393985	39.44	36.89	108.1	-2.2
19/07/2018	14 45 14.9	-14 53 44	5.006124	5.393752	39.33	36.78	107.1	-2.2
20/07/2018	14 45 20.9	-14 54 27	5.020814	5.393517	39.21	36.67	106.2	-2.2
21/07/2018	14 45 27.5	-14 55 14	5.035574	5.393283	39.10	36.56	105.3	-2.2
22/07/2018	14 45 34.9	-14 56 03	5.050399	5.393047	38.98	36.46	104.4	-2.2
23/07/2018	14 45 42.9	-14 56 56	5.065286	5.392812	38.87	36.35	103.4	-2.2
24/07/2018	14 45 51.7	-14 57 52	5.080230	5.392576	38.75	36.24	102.5	-2.1
25/07/2018	14 46 01.1	-14 58 51	5.095227	5.392340	38.64	36.14	101.6	-2.1
26/07/2018	14 46 11.2	-14 59 52	5.110274	5.392103	38.53	36.03	100.7	-2.1
27/07/2018	14 46 22.0	-15 00 57	5.125367	5.391866	38.41	35.92	99.8	-2.1
28/07/2018	14 46 33.5	-15 02 05	5.140501	5.391629	38.30	35.82	98.9	-2.1
29/07/2018	14 46 45.6	-15 03 16	5.155674	5.391391	38.19	35.71	98.0	-2.1
30/07/2018	14 46 58.5	-15 04 29	5.170882	5.391153	38.07	35.61	97.1	-2.1
31/07/2018	14 47 11.9	-15 05 46	5.186120	5.390914	37.96	35.50	96.2	-2.1
01/08/2018	14 47 26.1	-15 07 05	5.201386	5.390676	37.85	35.40	95.3	-2.1
02/08/2018	14 47 40.9	-15 08 27	5.216676	5.390436	37.74	35.29	94.4	-2.1
03/08/2018	14 47 56.3	-15 09 52	5.231985	5.390197	37.63	35.19	93.5	-2.1
04/08/2018	14 48 12.4	-15 11 20	5.247311	5.389957	37.52	35.09	92.6	-2.1
05/08/2018	14 48 29.1	-15 12 50	5.262650	5.389716	37.41	34.99	91.7	-2.1
06/08/2018	14 48 46.5	-15 14 23	5.277997	5.389475	37.30	34.88	90.9	-2.1

35

GG/MM/AAAA	A.R.	DECL.	Dist.	RV	D.Eq.	D.Pol.	El.	Mag.
07/08/2018	14 49 04.6	-15 15 59	5.293350	5.389234	37.19	34.78	90.0	-2.1
08/08/2018	14 49 23.2	-15 17 37	5.308704	5.388993	37.09	34.68	89.1	-2.1
09/08/2018	14 49 42.5	-15 19 18	5.324056	5.388751	36.98	34.58	88.2	-2.0
10/08/2018	14 50 02.5	-15 21 01	5.339401	5.388508	36.87	34.48	87.3	-2.0
11/08/2018	14 50 23.0	-15 22 47	5.354736	5.388266	36.77	34.38	86.5	-2.0
12/08/2018	14 50 44.2	-15 24 36	5.370056	5.388023	36.66	34.29	85.6	-2.0
13/08/2018	14 51 06.0	-15 26 27	5.385357	5.387779	36.56	34.19	84.7	-2.0
14/08/2018	14 51 28.3	-15 28 20	5.400635	5.387535	36.45	34.09	83.9	-2.0
15/08/2018	14 51 51.3	-15 30 16	5.415886	5.387291	36.35	34.00	83.0	-2.0
16/08/2018	14 52 14.9	-15 32 14	5.431107	5.387046	36.25	33.90	82.2	-2.0
17/08/2018	14 52 39.1	-15 34 14	5.446295	5.386801	36.15	33.81	81.3	-2.0
18/08/2018	14 53 03.8	-15 36 17	5.461444	5.386556	36.05	33.71	80.4	-2.0
19/08/2018	14 53 29.2	-15 38 22	5.476553	5.386310	35.95	33.62	79.6	-2.0
20/08/2018	14 53 55.1	-15 40 29	5.491618	5.386064	35.85	33.53	78.7	-2.0
21/08/2018	14 54 21.6	-15 42 38	5.506636	5.385818	35.75	33.44	77.9	-2.0
22/08/2018	14 54 48.6	-15 44 49	5.521603	5.385571	35.66	33.35	77.0	-2.0
23/08/2018	14 55 16.2	-15 47 02	5.536517	5.385324	35.56	33.26	76.2	-2.0
24/08/2018	14 55 44.3	-15 49 18	5.551375	5.385076	35.47	33.17	75.3	-2.0
25/08/2018	14 56 13.0	-15 51 35	5.566173	5.384828	35.37	33.08	74.5	-2.0
26/08/2018	14 56 42.2	-15 53 54	5.580910	5.384580	35.28	32.99	73.7	-2.0
27/08/2018	14 57 12.0	-15 56 15	5.595581	5.384331	35.18	32.90	72.8	-2.0
28/08/2018	14 57 42.2	-15 58 38	5.610184	5.384082	35.09	32.82	72.0	-1.9
29/08/2018	14 58 13.0	-16 01 02	5.624717	5.383833	35.00	32.73	71.1	-1.9
30/08/2018	14 58 44.3	-16 03 28	5.639177	5.383583	34.91	32.65	70.3	-1.9
31/08/2018	14 59 16.1	-16 05 56	5.653561	5.383333	34.82	32.57	69.5	-1.9
01/09/2018	14 59 48.5	-16 08 26	5.667865	5.383083	34.74	32.48	68.6	-1.9
02/09/2018	15 00 21.3	-16 10 57	5.682088	5.382832	34.65	32.40	67.8	-1.9
03/09/2018	15 00 54.6	-16 13 30	5.696226	5.382581	34.56	32.32	67.0	-1.9
04/09/2018	15 01 28.4	-16 16 04	5.710276	5.382329	34.48	32.24	66.2	-1.9
05/09/2018	15 02 02.8	-16 18 40	5.724236	5.382077	34.39	32.16	65.3	-1.9
06/09/2018	15 02 37.5	-16 21 18	5.738102	5.381825	34.31	32.09	64.5	-1.9
07/09/2018	15 03 12.8	-16 23 57	5.751871	5.381572	34.23	32.01	63.7	-1.9
08/09/2018	15 03 48.6	-16 26 37	5.765540	5.381319	34.15	31.93	62.9	-1.9
09/09/2018	15 04 24.8	-16 29 19	5.779106	5.381065	34.07	31.86	62.1	-1.9
10/09/2018	15 05 01.4	-16 32 01	5.792566	5.380812	33.99	31.79	61.2	-1.9
11/09/2018	15 05 38.6	-16 34 46	5.805916	5.380558	33.91	31.71	60.4	-1.9
12/09/2018	15 06 16.1	-16 37 31	5.819153	5.380303	33.83	31.64	59.6	-1.9
13/09/2018	15 06 54.2	-16 40 18	5.832276	5.380048	33.76	31.57	58.8	-1.9
14/09/2018	15 07 32.6	-16 43 05	5.845280	5.379793	33.68	31.50	58.0	-1.9
15/09/2018	15 08 11.5	-16 45 54	5.858164	5.379537	33.61	31.43	57.2	-1.9
16/09/2018	15 08 50.8	-16 48 44	5.870926	5.379281	33.53	31.36	56.4	-1.9
17/09/2018	15 09 30.6	-16 51 35	5.883562	5.379025	33.46	31.29	55.5	-1.9
18/09/2018	15 10 10.7	-16 54 27	5.896070	5.378768	33.39	31.23	54.7	-1.8
19/09/2018	15 10 51.3	-16 57 20	5.908449	5.378511	33.32	31.16	53.9	-1.8
20/09/2018	15 11 32.3	-17 00 13	5.920696	5.378254	33.25	31.10	53.1	-1.8
21/09/2018	15 12 13.6	-17 03 08	5.932809	5.377996	33.18	31.03	52.3	-1.8
22/09/2018	15 12 55.4	-17 06 03	5.944786	5.377738	33.12	30.97	51.5	-1.8
23/09/2018	15 13 37.5	-17 08 59	5.956625	5.377480	33.05	30.91	50.7	-1.8
24/09/2018	15 14 20.0	-17 11 56	5.968324	5.377221	32.99	30.85	49.9	-1.8
25/09/2018	15 15 02.9	-17 14 54	5.979881	5.376962	32.92	30.79	49.1	-1.8
26/09/2018	15 15 46.1	-17 17 52	5.991295	5.376702	32.86	30.73	48.3	-1.8
27/09/2018	15 16 29.7	-17 20 50	6.002563	5.376442	32.80	30.67	47.5	-1.8
28/09/2018	15 17 13.7	-17 23 50	6.013683	5.376182	32.74	30.62	46.7	-1.8
29/09/2018	15 17 58.0	-17 26 49	6.024654	5.375921	32.68	30.56	45.9	-1.8
30/09/2018	15 18 42.7	-17 29 50	6.035473	5.375661	32.62	30.51	45.1	-1.8
01/10/2018	15 19 27.8	-17 32 51	6.046139	5.375399	32.56	30.45	44.3	-1.8
02/10/2018	15 20 13.2	-17 35 52	6.056649	5.375138	32.51	30.40	43.5	-1.8
03/10/2018	15 20 58.9	-17 38 53	6.067001	5.374876	32.45	30.35	42.7	-1.8
04/10/2018	15 21 44.9	-17 41 55	6.077193	5.374613	32.40	30.30	41.9	-1.8
05/10/2018	15 22 31.3	-17 44 58	6.087222	5.374351	32.34	30.25	41.1	-1.8
06/10/2018	15 23 18.0	-17 48 00	6.097087	5.374087	32.29	30.20	40.3	-1.8
07/10/2018	15 24 05.0	-17 51 03	6.106784	5.373824	32.24	30.15	39.5	-1.8
08/10/2018	15 24 52.4	-17 54 06	6.116313	5.373560	32.19	30.10	38.8	-1.8
09/10/2018	15 25 40.0	-17 57 10	6.125670	5.373296	32.14	30.06	38.0	-1.8
10/10/2018	15 26 27.9	-18 00 13	6.134854	5.373032	32.09	30.01	37.2	-1.8
11/10/2018	15 27 16.2	-18 03 16	6.143862	5.372767	32.04	29.97	36.4	-1.8
12/10/2018	15 28 04.7	-18 06 20	6.152693	5.372502	32.00	29.93	35.6	-1.8
13/10/2018	15 28 53.5	-18 09 23	6.161345	5.372236	31.95	29.88	34.8	-1.8
14/10/2018	15 29 42.6	-18 12 27	6.169817	5.371971	31.91	29.84	34.0	-1.8
15/10/2018	15 30 32.0	-18 15 31	6.178107	5.371704	31.87	29.80	33.2	-1.8
16/10/2018	15 31 21.6	-18 18 34	6.186214	5.371438	31.83	29.76	32.4	-1.8
17/10/2018	15 32 11.5	-18 21 37	6.194137	5.371171	31.78	29.72	31.6	-1.8
18/10/2018	15 33 01.7	-18 24 41	6.201873	5.370904	31.75	29.69	30.9	-1.8

GG/MM/AAAA	A.R.	DECL.	Dist.	RV	D.Eq.	D.Pol.	El.	Mag.
19/10/2018	15 33 52.1	-18 27 44	6.209423	5.370636	31.71	29.65	30.1	-1.8
20/10/2018	15 34 42.7	-18 30 46	6.216784	5.370368	31.67	29.62	29.3	-1.8
21/10/2018	15 35 33.6	-18 33 49	6.223956	5.370100	31.63	29.58	28.5	-1.8
22/10/2018	15 36 24.7	-18 36 51	6.230938	5.369831	31.60	29.55	27.7	-1.8
23/10/2018	15 37 16.0	-18 39 53	6.237729	5.369562	31.56	29.52	26.9	-1.8
24/10/2018	15 38 07.6	-18 42 55	6.244327	5.369293	31.53	29.49	26.1	-1.7
25/10/2018	15 38 59.3	-18 45 56	6.250732	5.369024	31.50	29.46	25.4	-1.7
26/10/2018	15 39 51.3	-18 48 56	6.256942	5.368754	31.47	29.43	24.6	-1.7
27/10/2018	15 40 43.5	-18 51 57	6.262957	5.368483	31.44	29.40	23.8	-1.7
28/10/2018	15 41 36.0	-18 54 56	6.268775	5.368213	31.41	29.37	23.0	-1.7
29/10/2018	15 42 28.6	-18 57 56	6.274395	5.367942	31.38	29.34	22.2	-1.7
30/10/2018	15 43 21.4	-19 00 55	6.279816	5.367670	31.35	29.32	21.4	-1.7
31/10/2018	15 44 14.4	-19 03 53	6.285036	5.367399	31.33	29.29	20.7	-1.7
01/11/2018	15 45 07.6	-19 06 51	6.290055	5.367127	31.30	29.27	19.9	-1.7
02/11/2018	15 46 01.0	-19 09 48	6.294870	5.366854	31.28	29.25	19.1	-1.7
03/11/2018	15 46 54.5	-19 12 45	6.299481	5.366582	31.25	29.23	18.3	-1.7
04/11/2018	15 47 48.3	-19 15 40	6.303886	5.366309	31.23	29.21	17.5	-1.7
05/11/2018	15 48 42.1	-19 18 36	6.308083	5.366035	31.21	29.19	16.7	-1.7
06/11/2018	15 49 36.2	-19 21 30	6.312072	5.365762	31.19	29.17	15.9	-1.7
07/11/2018	15 50 30.4	-19 24 24	6.315852	5.365488	31.17	29.15	15.2	-1.7
08/11/2018	15 51 24.8	-19 27 17	6.319421	5.365213	31.15	29.14	14.4	-1.7
09/11/2018	15 52 19.3	-19 30 09	6.322778	5.364939	31.14	29.12	13.6	-1.7
10/11/2018	15 53 13.9	-19 33 00	6.325924	5.364664	31.12	29.11	12.8	-1.7
11/11/2018	15 54 08.7	-19 35 51	6.328856	5.364388	31.11	29.09	12.0	-1.7
12/11/2018	15 55 03.6	-19 38 40	6.331576	5.364113	31.09	29.08	11.2	-1.7
13/11/2018	15 55 58.6	-19 41 29	6.334082	5.363837	31.08	29.07	10.5	-1.7
14/11/2018	15 56 53.7	-19 44 17	6.336373	5.363560	31.07	29.06	9.7	-1.7
15/11/2018	15 57 49.0	-19 47 04	6.338451	5.363284	31.06	29.05	8.9	-1.7
16/11/2018	15 58 44.3	-19 49 49	6.340313	5.363007	31.05	29.04	8.1	-1.7
17/11/2018	15 59 39.7	-19 52 34	6.341961	5.362729	31.04	29.03	7.3	-1.7
18/11/2018	16 00 35.2	-19 55 18	6.343394	5.362452	31.04	29.03	6.6	-1.7
19/11/2018	16 01 30.8	-19 58 01	6.344612	5.362174	31.03	29.02	5.8	-1.7
20/11/2018	16 02 26.5	-20 00 43	6.345614	5.361895	31.03	29.02	5.0	-1.7
21/11/2018	16 03 22.3	-20 03 23	6.346402	5.361617	31.02	29.01	4.2	-1.7
22/11/2018	16 04 18.1	-20 06 03	6.346974	5.361338	31.02	29.01	3.5	-1.7
23/11/2018	16 05 14.0	-20 08 41	6.347330	5.361059	31.02	29.01	2.7	-1.7
24/11/2018	16 06 09.9	-20 11 18	6.347472	5.360779	31.02	29.01	2.0	-1.7
25/11/2018	16 07 05.9	-20 13 54	6.347397	5.360499	31.02	29.01	1.3	-1.7
26/11/2018	16 08 02.0	-20 16 29	6.347107	5.360219	31.02	29.01	0.8	-1.7
27/11/2018	16 08 58.1	-20 19 02	6.346600	5.359938	31.02	29.01	0.9	-1.7
28/11/2018	16 09 54.2	-20 21 35	6.345877	5.359657	31.02	29.01	1.5	-1.7
29/11/2018	16 10 50.4	-20 24 07	6.344937	5.359376	31.03	29.02	2.3	-1.7
30/11/2018	16 11 46.6	-20 26 37	6.343779	5.359094	31.04	29.02	3.0	-1.7
01/12/2018	16 12 42.8	-20 29 05	6.342404	5.358813	31.04	29.03	3.8	-1.7
02/12/2018	16 13 39.1	-20 31 33	6.340810	5.358530	31.05	29.04	4.6	-1.7
03/12/2018	16 14 35.3	-20 33 59	6.338999	5.358248	31.06	29.05	5.3	-1.7
04/12/2018	16 15 31.6	-20 36 24	6.336968	5.357965	31.07	29.05	6.1	-1.7
05/12/2018	16 16 27.8	-20 38 47	6.334719	5.357682	31.08	29.07	6.9	-1.7
06/12/2018	16 17 24.1	-20 41 10	6.332252	5.357398	31.09	29.08	7.7	-1.7
07/12/2018	16 18 20.3	-20 43 31	6.329566	5.357115	31.10	29.09	8.5	-1.7
08/12/2018	16 19 16.5	-20 45 50	6.326663	5.356830	31.12	29.10	9.3	-1.7
09/12/2018	16 20 12.7	-20 48 08	6.323542	5.356546	31.13	29.12	10.1	-1.7
10/12/2018	16 21 08.8	-20 50 25	6.320203	5.356261	31.15	29.13	10.9	-1.7
11/12/2018	16 22 04.9	-20 52 40	6.316649	5.355976	31.17	29.15	11.7	-1.7
12/12/2018	16 23 01.0	-20 54 54	6.312879	5.355691	31.19	29.17	12.5	-1.7
13/12/2018	16 23 57.0	-20 57 07	6.308894	5.355405	31.21	29.18	13.3	-1.7
14/12/2018	16 24 52.9	-20 59 18	6.304694	5.355119	31.23	29.20	14.1	-1.7
15/12/2018	16 25 48.8	-21 01 27	6.300282	5.354833	31.25	29.22	14.9	-1.7
16/12/2018	16 26 44.6	-21 03 35	6.295657	5.354546	31.27	29.25	15.6	-1.7
17/12/2018	16 27 40.3	-21 05 42	6.290820	5.354259	31.30	29.27	16.4	-1.7
18/12/2018	16 28 35.9	-21 07 47	6.285773	5.353972	31.32	29.29	17.2	-1.7
19/12/2018	16 29 31.4	-21 09 50	6.280517	5.353684	31.35	29.32	18.0	-1.8
20/12/2018	16 30 26.9	-21 11 52	6.275052	5.353396	31.38	29.34	18.8	-1.8
21/12/2018	16 31 22.2	-21 13 53	6.269379	5.353108	31.40	29.37	19.6	-1.8
22/12/2018	16 32 17.4	-21 15 52	6.263501	5.352819	31.43	29.40	20.4	-1.8
23/12/2018	16 33 12.5	-21 17 49	6.257416	5.352531	31.46	29.42	21.2	-1.8
24/12/2018	16 34 07.5	-21 19 46	6.251127	5.352241	31.50	29.45	22.0	-1.8
25/12/2018	16 35 02.4	-21 21 40	6.244634	5.351952	31.53	29.48	22.9	-1.8
26/12/2018	16 35 57.1	-21 23 33	6.237938	5.351662	31.56	29.52	23.7	-1.8
27/12/2018	16 36 51.7	-21 25 25	6.231039	5.351372	31.60	29.55	24.5	-1.8
28/12/2018	16 37 46.2	-21 27 14	6.223938	5.351082	31.63	29.58	25.3	-1.8
29/12/2018	16 38 40.4	-21 29 03	6.216635	5.350791	31.67	29.62	26.1	-1.8
30/12/2018	16 39 34.6	-21 30 50	6.209133	5.350500	31.71	29.65	26.9	-1.8

GG/MM/AAAA	A.R.	DECL.	Dist.	RV	D.Eq.	D.Pol.	El.	Mag.
31/12/2018	16 40 28.5	-21 32 35	6.201430	5.350209	31.75	29.69	27.7	-1.8
01/01/2019	16 41 22.3	-21 34 19	6.193529	5.349917	31.79	29.73	28.5	-1.8
02/01/2019	16 42 15.9	-21 36 01	6.185430	5.349625	31.83	29.77	29.3	-1.8
03/01/2019	16 43 09.4	-21 37 41	6.177136	5.349333	31.87	29.81	30.1	-1.8
04/01/2019	16 44 02.6	-21 39 21	6.168646	5.349040	31.92	29.85	30.9	-1.8
05/01/2019	16 44 55.6	-21 40 58	6.159962	5.348747	31.96	29.89	31.7	-1.8
06/01/2019	16 45 48.5	-21 42 34	6.151087	5.348454	32.01	29.93	32.5	-1.8
07/01/2019	16 46 41.1	-21 44 09	6.142022	5.348161	32.05	29.98	33.4	-1.8
08/01/2019	16 47 33.4	-21 45 42	6.132768	5.347867	32.10	30.02	34.2	-1.8
09/01/2019	16 48 25.6	-21 47 13	6.123327	5.347573	32.15	30.07	35.0	-1.8
10/01/2019	16 49 17.5	-21 48 43	6.113701	5.347278	32.20	30.12	35.8	-1.8
11/01/2019	16 50 09.1	-21 50 11	6.103892	5.346984	32.25	30.16	36.6	-1.8
12/01/2019	16 51 00.5	-21 51 38	6.093903	5.346689	32.31	30.21	37.4	-1.8
13/01/2019	16 51 51.7	-21 53 03	6.083734	5.346393	32.36	30.26	38.3	-1.8
14/01/2019	16 52 42.5	-21 54 27	6.073389	5.346098	32.42	30.32	39.1	-1.8
15/01/2019	16 53 33.1	-21 55 49	6.062869	5.345802	32.47	30.37	39.9	-1.8
16/01/2019	16 54 23.4	-21 57 09	6.052176	5.345506	32.53	30.42	40.7	-1.8
17/01/2019	16 55 13.4	-21 58 28	6.041313	5.345209	32.59	30.48	41.6	-1.8
18/01/2019	16 56 03.2	-21 59 46	6.030281	5.344912	32.65	30.53	42.4	-1.8
19/01/2019	16 56 52.6	-22 01 02	6.019083	5.344615	32.71	30.59	43.2	-1.8
20/01/2019	16 57 41.7	-22 02 16	6.007721	5.344318	32.77	30.65	44.0	-1.8
21/01/2019	16 58 30.5	-22 03 30	5.996197	5.344020	32.83	30.71	44.9	-1.8
22/01/2019	16 59 19.0	-22 04 41	5.984513	5.343722	32.90	30.77	45.7	-1.8
23/01/2019	17 00 07.1	-22 05 51	5.972669	5.343424	32.96	30.83	46.5	-1.8
24/01/2019	17 00 54.9	-22 07 00	5.960669	5.343125	33.03	30.89	47.4	-1.8
25/01/2019	17 01 42.4	-22 08 07	5.948514	5.342826	33.10	30.95	48.2	-1.8
26/01/2019	17 02 29.5	-22 09 13	5.936205	5.342527	33.17	31.02	49.0	-1.9
27/01/2019	17 03 16.3	-22 10 18	5.923746	5.342228	33.24	31.08	49.9	-1.9
28/01/2019	17 04 02.7	-22 11 21	5.911136	5.341928	33.31	31.15	50.7	-1.9
29/01/2019	17 04 48.7	-22 12 22	5.898380	5.341628	33.38	31.22	51.5	-1.9
30/01/2019	17 05 34.3	-22 13 22	5.885479	5.341327	33.45	31.28	52.4	-1.9
31/01/2019	17 06 19.6	-22 14 21	5.872435	5.341027	33.53	31.35	53.2	-1.9
01/02/2019	17 07 04.4	-22 15 19	5.859251	5.340726	33.60	31.42	54.1	-1.9
02/02/2019	17 07 48.9	-22 16 15	5.845930	5.340425	33.68	31.50	54.9	-1.9
03/02/2019	17 08 32.9	-22 17 10	5.832474	5.340123	33.76	31.57	55.7	-1.9
04/02/2019	17 09 16.5	-22 18 03	5.818886	5.339821	33.83	31.64	56.6	-1.9
05/02/2019	17 09 59.7	-22 18 55	5.805169	5.339519	33.91	31.72	57.4	-1.9
06/02/2019	17 10 42.4	-22 19 46	5.791326	5.339217	34.00	31.79	58.3	-1.9
07/02/2019	17 11 24.7	-22 20 36	5.777359	5.338914	34.08	31.87	59.1	-1.9
08/02/2019	17 12 06.5	-22 21 24	5.763273	5.338611	34.16	31.95	60.0	-1.9
09/02/2019	17 12 47.9	-22 22 11	5.749070	5.338308	34.25	32.03	60.8	-1.9
10/02/2019	17 13 28.7	-22 22 56	5.734752	5.338004	34.33	32.11	61.7	-1.9
11/02/2019	17 14 09.1	-22 23 41	5.720325	5.337700	34.42	32.19	62.5	-1.9
12/02/2019	17 14 49.1	-22 24 24	5.705789	5.337396	34.51	32.27	63.4	-1.9
13/02/2019	17 15 28.5	-22 25 06	5.691150	5.337092	34.59	32.35	64.3	-1.9
14/02/2019	17 16 07.4	-22 25 47	5.676410	5.336787	34.68	32.44	65.1	-1.9
15/02/2019	17 16 45.8	-22 26 26	5.661572	5.336482	34.77	32.52	66.0	-2.0
16/02/2019	17 17 23.7	-22 27 05	5.646639	5.336177	34.87	32.61	66.9	-2.0
17/02/2019	17 18 01.1	-22 27 42	5.631615	5.335871	34.96	32.69	67.7	-2.0
18/02/2019	17 18 38.0	-22 28 19	5.616502	5.335565	35.05	32.78	68.6	-2.0
19/02/2019	17 19 14.3	-22 28 54	5.601304	5.335259	35.15	32.87	69.5	-2.0
20/02/2019	17 19 50.1	-22 29 28	5.586024	5.334953	35.25	32.96	70.3	-2.0
21/02/2019	17 20 25.3	-22 30 01	5.570663	5.334646	35.34	33.05	71.2	-2.0
22/02/2019	17 21 00.0	-22 30 33	5.555226	5.334339	35.44	33.14	72.1	-2.0
23/02/2019	17 21 34.1	-22 31 04	5.539714	5.334032	35.54	33.24	72.9	-2.0
24/02/2019	17 22 07.6	-22 31 34	5.524131	5.333724	35.64	33.33	73.8	-2.0
25/02/2019	17 22 40.6	-22 32 03	5.508480	5.333416	35.74	33.42	74.7	-2.0
26/02/2019	17 23 13.0	-22 32 31	5.492765	5.333108	35.84	33.52	75.6	-2.0
27/02/2019	17 23 44.7	-22 32 58	5.476988	5.332800	35.95	33.62	76.5	-2.0
28/02/2019	17 24 15.9	-22 33 24	5.461153	5.332491	36.05	33.71	77.3	-2.0
01/03/2019	17 24 46.5	-22 33 49	5.445264	5.332182	36.16	33.81	78.2	-2.0
02/03/2019	17 25 16.4	-22 34 13	5.429323	5.331873	36.26	33.91	79.1	-2.0
03/03/2019	17 25 45.7	-22 34 36	5.413337	5.331564	36.37	34.01	80.0	-2.0
04/03/2019	17 26 14.4	-22 34 59	5.397307	5.331254	36.48	34.11	80.9	-2.0
05/03/2019	17 26 42.4	-22 35 21	5.381237	5.330944	36.59	34.22	81.8	-2.0
06/03/2019	17 27 09.8	-22 35 41	5.365133	5.330634	36.70	34.32	82.7	-2.1
07/03/2019	17 27 36.5	-22 36 01	5.348997	5.330323	36.81	34.42	83.6	-2.1
08/03/2019	17 28 02.5	-22 36 20	5.332835	5.330012	36.92	34.53	84.5	-2.1
09/03/2019	17 28 27.8	-22 36 39	5.316649	5.329701	37.03	34.63	85.4	-2.1
10/03/2019	17 28 52.5	-22 36 56	5.300445	5.329390	37.14	34.74	86.3	-2.1
11/03/2019	17 29 16.5	-22 37 13	5.284226	5.329078	37.26	34.84	87.2	-2.1
12/03/2019	17 29 39.8	-22 37 29	5.267997	5.328766	37.37	34.95	88.1	-2.1
13/03/2019	17 30 02.4	-22 37 44	5.251762	5.328454	37.49	35.06	89.0	-2.1

GG/MM/AAAA	A.R.	DECL.	Dist.	RV	D.Eq.	D.Pol.	El.	Mag.
14/03/2019	17 30 24.3	-22 37 59	5.235524	5.328141	37.60	35.17	89.9	-2.1
15/03/2019	17 30 45.5	-22 38 13	5.219289	5.327828	37.72	35.28	90.9	-2.1
16/03/2019	17 31 05.9	-22 38 26	5.203059	5.327515	37.84	35.39	91.8	-2.1
17/03/2019	17 31 25.7	-22 38 38	5.186840	5.327202	37.96	35.50	92.7	-2.1
18/03/2019	17 31 44.7	-22 38 50	5.170635	5.326889	38.08	35.61	93.6	-2.1
19/03/2019	17 32 03.0	-22 39 02	5.154448	5.326575	38.20	35.72	94.5	-2.1
20/03/2019	17 32 20.5	-22 39 12	5.138283	5.326261	38.32	35.83	95.5	-2.2
21/03/2019	17 32 37.3	-22 39 22	5.122142	5.325946	38.44	35.95	96.4	-2.2
22/03/2019	17 32 53.4	-22 39 32	5.106031	5.325632	38.56	36.06	97.3	-2.2
23/03/2019	17 33 08.7	-22 39 41	5.089953	5.325317	38.68	36.17	98.3	-2.2
24/03/2019	17 33 23.2	-22 39 49	5.073911	5.325001	38.80	36.29	99.2	-2.2
25/03/2019	17 33 37.0	-22 39 57	5.057910	5.324686	38.93	36.40	100.1	-2.2
26/03/2019	17 33 50.0	-22 40 04	5.041954	5.324370	39.05	36.52	101.1	-2.2
27/03/2019	17 34 02.3	-22 40 11	5.026047	5.324054	39.17	36.63	102.0	-2.2
28/03/2019	17 34 13.7	-22 40 17	5.010193	5.323738	39.30	36.75	103.0	-2.2
29/03/2019	17 34 24.4	-22 40 23	4.994396	5.323422	39.42	36.87	103.9	-2.2
30/03/2019	17 34 34.3	-22 40 28	4.978662	5.323105	39.54	36.98	104.9	-2.2
31/03/2019	17 34 43.4	-22 40 32	4.962994	5.322788	39.67	37.10	105.8	-2.2
01/04/2019	17 34 51.7	-22 40 37	4.947398	5.322471	39.79	37.22	106.8	-2.2
02/04/2019	17 34 59.2	-22 40 41	4.931877	5.322153	39.92	37.33	107.7	-2.3
03/04/2019	17 35 05.9	-22 40 44	4.916437	5.321835	40.05	37.45	108.7	-2.3
04/04/2019	17 35 11.7	-22 40 47	4.901083	5.321517	40.17	37.57	109.7	-2.3
05/04/2019	17 35 16.8	-22 40 49	4.885818	5.321199	40.30	37.68	110.6	-2.3
06/04/2019	17 35 21.0	-22 40 51	4.870649	5.320880	40.42	37.80	111.6	-2.3
07/04/2019	17 35 24.4	-22 40 52	4.855578	5.320561	40.55	37.92	112.6	-2.3
08/04/2019	17 35 27.0	-22 40 53	4.840613	5.320242	40.67	38.04	113.5	-2.3
09/04/2019	17 35 28.8	-22 40 54	4.825756	5.319923	40.80	38.15	114.5	-2.3
10/04/2019	17 35 29.8	-22 40 54	4.811013	5.319603	40.92	38.27	115.5	-2.3
11/04/2019	17 35 30.0	-22 40 54	4.796388	5.319284	41.05	38.39	116.5	-2.3
12/04/2019	17 35 29.4	-22 40 53	4.781886	5.318963	41.17	38.50	117.5	-2.3
13/04/2019	17 35 27.9	-22 40 52	4.767511	5.318643	41.30	38.62	118.5	-2.3
14/04/2019	17 35 25.6	-22 40 50	4.753268	5.318322	41.42	38.74	119.4	-2.3
15/04/2019	17 35 22.5	-22 40 48	4.739160	5.318002	41.54	38.85	120.4	-2.3
16/04/2019	17 35 18.6	-22 40 46	4.725192	5.317680	41.67	38.97	121.4	-2.4
17/04/2019	17 35 13.9	-22 40 43	4.711368	5.317359	41.79	39.08	122.4	-2.4
18/04/2019	17 35 08.4	-22 40 40	4.697692	5.317037	41.91	39.19	123.4	-2.4
19/04/2019	17 35 02.1	-22 40 37	4.684168	5.316716	42.03	39.31	124.4	-2.4
20/04/2019	17 34 55.0	-22 40 33	4.670799	5.316394	42.15	39.42	125.4	-2.4
21/04/2019	17 34 47.1	-22 40 28	4.657590	5.316071	42.27	39.53	126.4	-2.4
22/04/2019	17 34 38.4	-22 40 23	4.644544	5.315749	42.39	39.64	127.4	-2.4
23/04/2019	17 34 29.0	-22 40 18	4.631667	5.315426	42.51	39.75	128.5	-2.4
24/04/2019	17 34 18.7	-22 40 12	4.618961	5.315103	42.62	39.86	129.5	-2.4
25/04/2019	17 34 07.7	-22 40 06	4.606433	5.314779	42.74	39.97	130.5	-2.4
26/04/2019	17 33 55.8	-22 40 00	4.594084	5.314456	42.86	40.08	131.5	-2.4
27/04/2019	17 33 43.2	-22 39 53	4.581921	5.314132	42.97	40.18	132.5	-2.4
28/04/2019	17 33 29.9	-22 39 46	4.569948	5.313808	43.08	40.29	133.5	-2.4
29/04/2019	17 33 15.7	-22 39 38	4.558168	5.313483	43.19	40.39	134.6	-2.4
30/04/2019	17 33 00.9	-22 39 30	4.546587	5.313159	43.30	40.50	135.6	-2.4
01/05/2019	17 32 45.2	-22 39 21	4.535208	5.312834	43.41	40.60	136.6	-2.5
02/05/2019	17 32 28.9	-22 39 11	4.524036	5.312509	43.52	40.70	137.7	-2.5
03/05/2019	17 32 11.8	-22 39 02	4.513075	5.312184	43.62	40.80	138.7	-2.5
04/05/2019	17 31 54.0	-22 38 51	4.502330	5.311858	43.73	40.89	139.7	-2.5
05/05/2019	17 31 35.4	-22 38 41	4.491804	5.311532	43.83	40.99	140.8	-2.5
06/05/2019	17 31 16.2	-22 38 29	4.481501	5.311206	43.93	41.08	141.8	-2.5
07/05/2019	17 30 56.3	-22 38 18	4.471426	5.310880	44.03	41.18	142.9	-2.5
08/05/2019	17 30 35.8	-22 38 05	4.461582	5.310553	44.13	41.27	143.9	-2.5
09/05/2019	17 30 14.6	-22 37 53	4.451973	5.310227	44.22	41.36	145.0	-2.5
10/05/2019	17 29 52.7	-22 37 40	4.442603	5.309900	44.32	41.44	146.0	-2.5
11/05/2019	17 29 30.2	-22 37 26	4.433474	5.309572	44.41	41.53	147.1	-2.5
12/05/2019	17 29 07.1	-22 37 12	4.424590	5.309245	44.50	41.61	148.1	-2.5
13/05/2019	17 28 43.4	-22 36 57	4.415954	5.308917	44.58	41.69	149.2	-2.5
14/05/2019	17 28 19.1	-22 36 42	4.407568	5.308589	44.67	41.77	150.2	-2.5
15/05/2019	17 27 54.2	-22 36 26	4.399436	5.308261	44.75	41.85	151.3	-2.5
16/05/2019	17 27 28.8	-22 36 09	4.391559	5.307933	44.83	41.93	152.4	-2.5
17/05/2019	17 27 02.9	-22 35 53	4.383941	5.307604	44.91	42.00	153.4	-2.5
18/05/2019	17 26 36.4	-22 35 35	4.376584	5.307275	44.98	42.07	154.5	-2.5
19/05/2019	17 26 09.4	-22 35 17	4.369490	5.306946	45.06	42.14	155.6	-2.6
20/05/2019	17 25 42.0	-22 34 59	4.362663	5.306617	45.13	42.20	156.6	-2.6
21/05/2019	17 25 14.1	-22 34 40	4.356103	5.306288	45.20	42.27	157.7	-2.6
22/05/2019	17 24 45.7	-22 34 20	4.349814	5.305958	45.26	42.33	158.8	-2.6
23/05/2019	17 24 16.9	-22 34 00	4.343799	5.305628	45.32	42.39	159.8	-2.6
24/05/2019	17 23 47.7	-22 33 40	4.338060	5.305298	45.38	42.44	160.9	-2.6
25/05/2019	17 23 18.0	-22 33 18	4.332598	5.304967	45.44	42.50	162.0	-2.6

GG/MM/AAAA	A.R.	DECL.	Dist.	RV	D.Eq.	D.Pol.	El.	Mag.
26/05/2019	17 22 48.0	-22 32 57	4.327417	5.304636	45.50	42.55	163.1	-2.6
27/05/2019	17 22 17.6	-22 32 35	4.322519	5.304306	45.55	42.60	164.1	-2.6
28/05/2019	17 21 46.9	-22 32 12	4.317906	5.303974	45.60	42.64	165.2	-2.6
29/05/2019	17 21 15.9	-22 31 49	4.313579	5.303643	45.64	42.68	166.3	-2.6
30/05/2019	17 20 44.6	-22 31 25	4.309541	5.303312	45.68	42.72	167.4	-2.6
31/05/2019	17 20 13.0	-22 31 01	4.305793	5.302980	45.72	42.76	168.5	-2.6
01/06/2019	17 19 41.1	-22 30 36	4.302338	5.302648	45.76	42.80	169.6	-2.6
02/06/2019	17 19 09.0	-22 30 11	4.299176	5.302316	45.79	42.83	170.6	-2.6
03/06/2019	17 18 36.7	-22 29 45	4.296309	5.301983	45.83	42.86	171.7	-2.6
04/06/2019	17 18 04.3	-22 29 19	4.293738	5.301650	45.85	42.88	172.8	-2.6
05/06/2019	17 17 31.6	-22 28 52	4.291465	5.301317	45.88	42.90	173.9	-2.6
06/06/2019	17 16 58.9	-22 28 25	4.289489	5.300984	45.90	42.92	175.0	-2.6
07/06/2019	17 16 26.0	-22 27 58	4.287812	5.300651	45.92	42.94	176.0	-2.6
08/06/2019	17 15 53.1	-22 27 30	4.286433	5.300318	45.93	42.95	177.1	-2.6
09/06/2019	17 15 20.0	-22 27 02	4.285352	5.299984	45.94	42.96	178.2	-2.6
10/06/2019	17 14 47.0	-22 26 34	4.284570	5.299650	45.95	42.97	179.1	-2.6
11/06/2019	17 14 13.9	-22 26 06	4.284085	5.299316	45.96	42.98	179.3	-2.6
12/06/2019	17 13 40.9	-22 25 37	4.283898	5.298981	45.96	42.98	178.4	-2.6
13/06/2019	17 13 07.8	-22 25 08	4.284008	5.298647	45.96	42.98	177.3	-2.6
14/06/2019	17 12 34.8	-22 24 38	4.284414	5.298312	45.95	42.97	176.3	-2.6
15/06/2019	17 12 02.0	-22 24 09	4.285116	5.297977	45.95	42.97	175.2	-2.6
16/06/2019	17 11 29.2	-22 23 39	4.286112	5.297641	45.93	42.96	174.1	-2.6
17/06/2019	17 10 56.5	-22 23 09	4.287403	5.297306	45.92	42.94	173.1	-2.6
18/06/2019	17 10 24.0	-22 22 39	4.288986	5.296970	45.90	42.93	172.0	-2.6
19/06/2019	17 09 51.6	-22 22 09	4.290862	5.296634	45.88	42.91	170.9	-2.6
20/06/2019	17 09 19.4	-22 21 39	4.293029	5.296298	45.86	42.89	169.8	-2.6
21/06/2019	17 08 47.5	-22 21 09	4.295487	5.295962	45.83	42.86	168.8	-2.6
22/06/2019	17 08 15.7	-22 20 39	4.298234	5.295625	45.80	42.84	167.7	-2.6
23/06/2019	17 07 44.2	-22 20 09	4.301270	5.295289	45.77	42.81	166.6	-2.6
24/06/2019	17 07 13.0	-22 19 39	4.304592	5.294952	45.74	42.77	165.6	-2.6
25/06/2019	17 06 42.0	-22 19 09	4.308200	5.294615	45.70	42.74	164.5	-2.6
26/06/2019	17 06 11.4	-22 18 39	4.312093	5.294277	45.66	42.70	163.4	-2.6
27/06/2019	17 05 41.1	-22 18 10	4.316268	5.293940	45.61	42.66	162.3	-2.6
28/06/2019	17 05 11.2	-22 17 40	4.320724	5.293602	45.57	42.61	161.3	-2.6
29/06/2019	17 04 41.6	-22 17 11	4.325460	5.293264	45.52	42.57	160.2	-2.6
30/06/2019	17 04 12.4	-22 16 42	4.330473	5.292926	45.46	42.52	159.1	-2.6
01/07/2019	17 03 43.7	-22 16 13	4.335760	5.292587	45.41	42.47	158.1	-2.6
02/07/2019	17 03 15.4	-22 15 45	4.341321	5.292249	45.35	42.41	157.0	-2.6
03/07/2019	17 02 47.5	-22 15 17	4.347152	5.291910	45.29	42.35	156.0	-2.6
04/07/2019	17 02 20.1	-22 14 50	4.353251	5.291571	45.23	42.29	154.9	-2.6
05/07/2019	17 01 53.2	-22 14 23	4.359614	5.291232	45.16	42.23	153.8	-2.6
06/07/2019	17 01 26.9	-22 13 57	4.366238	5.290892	45.09	42.17	152.8	-2.6
07/07/2019	17 01 01.0	-22 13 31	4.373121	5.290553	45.02	42.10	151.7	-2.6
08/07/2019	17 00 35.7	-22 13 06	4.380259	5.290213	44.87	41.96	150.7	-2.5
09/07/2019	17 00 10.9	-22 12 42	4.387648	5.289873	44.87	41.96	149.6	-2.5
10/07/2019	16 59 46.7	-22 12 18	4.395284	5.289533	44.79	41.89	148.6	-2.5
11/07/2019	16 59 23.1	-22 11 54	4.403165	5.289193	44.71	41.82	147.5	-2.5
12/07/2019	16 59 00.1	-22 11 32	4.411286	5.288852	44.63	41.74	146.5	-2.5
13/07/2019	16 58 37.8	-22 11 10	4.419644	5.288511	44.55	41.66	145.5	-2.5
14/07/2019	16 58 16.0	-22 10 49	4.428236	5.288170	44.46	41.58	144.4	-2.5
15/07/2019	16 57 54.9	-22 10 29	4.437058	5.287829	44.37	41.50	143.4	-2.5
16/07/2019	16 57 34.4	-22 10 10	4.446106	5.287488	44.28	41.41	142.3	-2.5
17/07/2019	16 57 14.6	-22 09 51	4.455377	5.287146	44.19	41.33	141.3	-2.5
18/07/2019	16 56 55.5	-22 09 34	4.464868	5.286804	44.10	41.24	140.3	-2.5
19/07/2019	16 56 37.0	-22 09 17	4.474575	5.286463	44.00	41.15	139.3	-2.5
20/07/2019	16 56 19.2	-22 09 02	4.484495	5.286120	43.90	41.06	138.2	-2.5
21/07/2019	16 56 02.1	-22 08 47	4.494624	5.285778	43.80	40.96	137.2	-2.5
22/07/2019	16 55 45.8	-22 08 33	4.504959	5.285436	43.70	40.87	136.2	-2.5
23/07/2019	16 55 30.1	-22 08 21	4.515495	5.285093	43.60	40.78	135.2	-2.5
24/07/2019	16 55 15.1	-22 08 09	4.526230	5.284750	43.50	40.68	134.2	-2.5
25/07/2019	16 55 00.9	-22 07 59	4.537159	5.284407	43.39	40.58	133.2	-2.5
26/07/2019	16 54 47.4	-22 07 49	4.548279	5.284064	43.29	40.48	132.2	-2.5
27/07/2019	16 54 34.7	-22 07 41	4.559585	5.283720	43.18	40.38	131.2	-2.4
28/07/2019	16 54 22.8	-22 07 33	4.571075	5.283377	43.07	40.28	130.2	-2.4
29/07/2019	16 54 11.5	-22 07 27	4.582744	5.283033	42.96	40.18	129.2	-2.4
30/07/2019	16 54 01.1	-22 07 22	4.594588	5.282689	42.85	40.07	128.2	-2.4
31/07/2019	16 53 51.4	-22 07 19	4.606602	5.282345	42.74	39.97	127.2	-2.4
01/08/2019	16 53 42.6	-22 07 16	4.618783	5.282001	42.63	39.86	126.2	-2.4
02/08/2019	16 53 34.4	-22 07 15	4.631125	5.281656	42.51	39.76	125.2	-2.4
03/08/2019	16 53 27.1	-22 07 15	4.643624	5.281311	42.40	39.65	124.2	-2.4
04/08/2019	16 53 20.6	-22 07 16	4.656276	5.280966	42.28	39.54	123.2	-2.4
05/08/2019	16 53 14.8	-22 07 18	4.669075	5.280621	42.17	39.43	122.2	-2.4
06/08/2019	16 53 09.9	-22 07 22	4.682017	5.280276	42.05	39.32	121.3	-2.4

GG/MM/AAAA	A.R.	DECL.	Dist.	RV	D.Eq.	D.Pol.	El.	Mag.
07/08/2019	16 53 05.8	-22 07 27	4.695097	5.279931	41.93	39.22	120.3	-2.4
08/08/2019	16 53 02.4	-22 07 33	4.708311	5.279585	41.82	39.11	119.3	-2.4
09/08/2019	16 52 59.9	-22 07 40	4.721654	5.279239	41.70	38.99	118.4	-2.4
10/08/2019	16 52 58.1	-22 07 49	4.735122	5.278893	41.58	38.88	117.4	-2.4
11/08/2019	16 52 57.2	-22 07 59	4.748710	5.278547	41.46	38.77	116.4	-2.4
12/08/2019	16 52 57.0	-22 08 10	4.762414	5.278201	41.34	38.66	115.5	-2.3
13/08/2019	16 52 57.7	-22 08 23	4.776230	5.277854	41.22	38.55	114.5	-2.3
14/08/2019	16 52 59.1	-22 08 37	4.790155	5.277508	41.10	38.44	113.6	-2.3
15/08/2019	16 53 01.3	-22 08 51	4.804183	5.277161	40.98	38.32	112.6	-2.3
16/08/2019	16 53 04.4	-22 09 08	4.818311	5.276814	40.86	38.21	111.7	-2.3
17/08/2019	16 53 08.2	-22 09 25	4.832535	5.276467	40.74	38.10	110.7	-2.3
18/08/2019	16 53 12.8	-22 09 44	4.846851	5.276119	40.62	37.99	109.8	-2.3
19/08/2019	16 53 18.1	-22 10 03	4.861255	5.275772	40.50	37.87	108.8	-2.3
20/08/2019	16 53 24.3	-22 10 24	4.875743	5.275424	40.38	37.76	107.9	-2.3
21/08/2019	16 53 31.3	-22 10 47	4.890311	5.275076	40.26	37.65	107.0	-2.3
22/08/2019	16 53 39.0	-22 11 10	4.904955	5.274728	40.14	37.54	106.0	-2.3
23/08/2019	16 53 47.5	-22 11 34	4.919672	5.274380	40.02	37.43	105.1	-2.3
24/08/2019	16 53 56.8	-22 12 00	4.934457	5.274032	39.90	37.31	104.2	-2.3
25/08/2019	16 54 06.9	-22 12 27	4.949305	5.273683	39.78	37.20	103.3	-2.3
26/08/2019	16 54 17.7	-22 12 55	4.964215	5.273335	39.66	37.09	102.3	-2.3
27/08/2019	16 54 29.3	-22 13 24	4.979180	5.272986	39.54	36.98	101.4	-2.2
28/08/2019	16 54 41.7	-22 13 54	4.994196	5.272637	39.42	36.87	100.5	-2.2
29/08/2019	16 54 54.9	-22 14 25	5.009260	5.272288	39.30	36.76	99.6	-2.2
30/08/2019	16 55 08.8	-22 14 57	5.024368	5.271938	39.19	36.65	98.7	-2.2
31/08/2019	16 55 23.4	-22 15 31	5.039513	5.271589	39.07	36.54	97.8	-2.2
01/09/2019	16 55 38.8	-22 16 05	5.054693	5.271239	38.95	36.43	96.8	-2.2
02/09/2019	16 55 55.0	-22 16 41	5.069902	5.270889	38.83	36.32	95.9	-2.2
03/09/2019	16 56 11.9	-22 17 17	5.085137	5.270539	38.72	36.21	95.0	-2.2
04/09/2019	16 56 29.5	-22 17 54	5.100392	5.270189	38.60	36.10	94.1	-2.2
05/09/2019	16 56 47.9	-22 18 32	5.115664	5.269839	38.49	35.99	93.2	-2.2
06/09/2019	16 57 07.0	-22 19 11	5.130949	5.269488	38.37	35.88	92.4	-2.2
07/09/2019	16 57 26.9	-22 19 51	5.146242	5.269138	38.26	35.78	91.5	-2.2
08/09/2019	16 57 47.4	-22 20 32	5.161541	5.268787	38.14	35.67	90.6	-2.2
09/09/2019	16 58 08.6	-22 21 14	5.176841	5.268436	38.03	35.57	89.7	-2.2
10/09/2019	16 58 30.6	-22 21 56	5.192138	5.268085	37.92	35.46	88.8	-2.1
11/09/2019	16 58 53.2	-22 22 40	5.207430	5.267734	37.81	35.36	87.9	-2.1
12/09/2019	16 59 16.6	-22 23 24	5.222713	5.267382	37.70	35.25	87.0	-2.1
13/09/2019	16 59 40.6	-22 24 08	5.237983	5.267031	37.59	35.15	86.2	-2.1
14/09/2019	17 00 05.2	-22 24 54	5.253237	5.266679	37.48	35.05	85.3	-2.1
15/09/2019	17 00 30.6	-22 25 40	5.268472	5.266327	37.37	34.95	84.4	-2.1
16/09/2019	17 00 56.6	-22 26 26	5.283684	5.265975	37.26	34.85	83.5	-2.1
17/09/2019	17 01 23.3	-22 27 13	5.298870	5.265623	37.16	34.75	82.7	-2.1
18/09/2019	17 01 50.6	-22 28 01	5.314027	5.265271	37.05	34.65	81.8	-2.1
19/09/2019	17 02 18.5	-22 28 49	5.329151	5.264918	36.94	34.55	80.9	-2.1
20/09/2019	17 02 47.2	-22 29 38	5.344240	5.264566	36.84	34.45	80.1	-2.1
21/09/2019	17 03 16.4	-22 30 27	5.359289	5.264213	36.74	34.36	79.2	-2.1
22/09/2019	17 03 46.3	-22 31 17	5.374296	5.263860	36.63	34.26	78.3	-2.1
23/09/2019	17 04 16.8	-22 32 07	5.389258	5.263507	36.53	34.16	77.5	-2.1
24/09/2019	17 04 48.0	-22 32 57	5.404170	5.263154	36.43	34.07	76.6	-2.1
25/09/2019	17 05 19.7	-22 33 48	5.419029	5.262800	36.33	33.98	75.8	-2.1
26/09/2019	17 05 52.1	-22 34 40	5.433832	5.262447	36.23	33.88	74.9	-2.1
27/09/2019	17 06 25.0	-22 35 31	5.448575	5.262093	36.13	33.79	74.0	-2.1
28/09/2019	17 06 58.6	-22 36 23	5.463255	5.261739	36.04	33.70	73.2	-2.0
29/09/2019	17 07 32.7	-22 37 15	5.477867	5.261385	35.94	33.61	72.3	-2.0
30/09/2019	17 08 07.4	-22 38 07	5.492408	5.261031	35.85	33.52	71.5	-2.0
01/10/2019	17 08 42.8	-22 38 59	5.506875	5.260677	35.75	33.43	70.7	-2.0
02/10/2019	17 09 18.6	-22 39 52	5.521264	5.260323	35.66	33.35	69.8	-2.0
03/10/2019	17 09 55.1	-22 40 44	5.535572	5.259968	35.57	33.26	69.0	-2.0
04/10/2019	17 10 32.1	-22 41 37	5.549796	5.259614	35.48	33.18	68.1	-2.0
05/10/2019	17 11 09.6	-22 42 30	5.563932	5.259259	35.39	33.09	67.3	-2.0
06/10/2019	17 11 47.7	-22 43 23	5.577979	5.258904	35.30	33.01	66.4	-2.0
07/10/2019	17 12 26.3	-22 44 15	5.591932	5.258549	35.21	32.93	65.6	-2.0
08/10/2019	17 13 05.5	-22 45 08	5.605790	5.258194	35.12	32.84	64.8	-2.0
09/10/2019	17 13 45.1	-22 46 01	5.619550	5.257838	35.03	32.76	63.9	-2.0
10/10/2019	17 14 25.3	-22 46 53	5.633209	5.257483	34.95	32.68	63.1	-2.0
11/10/2019	17 15 05.9	-22 47 45	5.646764	5.257127	34.87	32.61	62.3	-2.0
12/10/2019	17 15 47.1	-22 48 37	5.660214	5.256771	34.78	32.53	61.4	-2.0
13/10/2019	17 16 28.7	-22 49 29	5.673555	5.256416	34.70	32.45	60.6	-2.0
14/10/2019	17 17 10.9	-22 50 21	5.686785	5.256060	34.62	32.38	59.8	-2.0
15/10/2019	17 17 53.5	-22 51 12	5.699903	5.255703	34.54	32.30	59.0	-2.0
16/10/2019	17 18 36.6	-22 52 03	5.712905	5.255347	34.46	32.23	58.1	-2.0
17/10/2019	17 19 20.1	-22 52 53	5.725789	5.254991	34.38	32.16	57.3	-2.0
18/10/2019	17 20 04.1	-22 53 44	5.738553	5.254634	34.31	32.08	56.5	-2.0

41

GG/MM/AAAA	A.R.	DECL.	Dist.	RV	D.Eq.	D.Pol.	El.	Mag.
19/10/2019	17 20 48.6	-22 54 33	5.751194	5.254278	34.23	32.01	55.7	-2.0
20/10/2019	17 21 33.5	-22 55 23	5.763710	5.253921	34.16	31.94	54.9	-1.9
21/10/2019	17 22 18.9	-22 56 12	5.776098	5.253564	34.09	31.88	54.0	-1.9
22/10/2019	17 23 04.7	-22 57 00	5.788356	5.253207	34.01	31.81	53.2	-1.9
23/10/2019	17 23 50.9	-22 57 48	5.800481	5.252850	33.94	31.74	52.4	-1.9
24/10/2019	17 24 37.5	-22 58 36	5.812470	5.252492	33.87	31.68	51.6	-1.9
25/10/2019	17 25 24.6	-22 59 23	5.824321	5.252135	33.80	31.61	50.8	-1.9
26/10/2019	17 26 12.0	-23 00 09	5.836032	5.251777	33.74	31.55	50.0	-1.9
27/10/2019	17 26 59.9	-23 00 55	5.847598	5.251420	33.67	31.49	49.1	-1.9
28/10/2019	17 27 48.2	-23 01 40	5.859018	5.251062	33.60	31.43	48.3	-1.9
29/10/2019	17 28 36.9	-23 02 24	5.870289	5.250704	33.54	31.36	47.5	-1.9
30/10/2019	17 29 25.9	-23 03 08	5.881409	5.250346	33.47	31.31	46.7	-1.9
31/10/2019	17 30 15.3	-23 03 50	5.892375	5.249988	33.41	31.25	45.9	-1.9
01/11/2019	17 31 05.2	-23 04 33	5.903185	5.249629	33.35	31.19	45.1	-1.9
02/11/2019	17 31 55.3	-23 05 14	5.913836	5.249271	33.29	31.13	44.3	-1.9
03/11/2019	17 32 45.8	-23 05 55	5.924328	5.248913	33.23	31.08	43.5	-1.9
04/11/2019	17 33 36.7	-23 06 34	5.934658	5.248554	33.17	31.02	42.7	-1.9
05/11/2019	17 34 27.9	-23 07 13	5.944825	5.248195	33.12	30.97	41.9	-1.9
06/11/2019	17 35 19.4	-23 07 51	5.954826	5.247836	33.06	30.92	41.1	-1.9
07/11/2019	17 36 11.3	-23 08 28	5.964660	5.247477	33.01	30.87	40.3	-1.9
08/11/2019	17 37 03.4	-23 09 04	5.974326	5.247118	32.95	30.82	39.5	-1.9
09/11/2019	17 37 55.9	-23 09 39	5.983822	5.246759	32.90	30.77	38.7	-1.9
10/11/2019	17 38 48.7	-23 10 13	5.993146	5.246400	32.85	30.72	37.9	-1.9
11/11/2019	17 39 41.8	-23 10 46	6.002297	5.246040	32.80	30.67	37.1	-1.9
12/11/2019	17 40 35.2	-23 11 18	6.011274	5.245681	32.75	30.63	36.3	-1.9
13/11/2019	17 41 28.9	-23 11 49	6.020074	5.245321	32.70	30.58	35.5	-1.9
14/11/2019	17 42 22.8	-23 12 19	6.028698	5.244961	32.66	30.54	34.7	-1.9
15/11/2019	17 43 17.0	-23 12 48	6.037142	5.244601	32.61	30.50	33.9	-1.9
16/11/2019	17 44 11.6	-23 13 16	6.045406	5.244241	32.57	30.46	33.1	-1.9
17/11/2019	17 45 06.3	-23 13 43	6.053489	5.243881	32.52	30.42	32.3	-1.9
18/11/2019	17 46 01.4	-23 14 08	6.061387	5.243521	32.48	30.38	31.5	-1.9
19/11/2019	17 46 56.7	-23 14 33	6.069101	5.243161	32.44	30.34	30.7	-1.9
20/11/2019	17 47 52.2	-23 14 56	6.076628	5.242800	32.40	30.30	29.9	-1.9
21/11/2019	17 48 47.9	-23 15 18	6.083966	5.242440	32.36	30.26	29.1	-1.9
22/11/2019	17 49 43.9	-23 15 39	6.091114	5.242079	32.32	30.23	28.3	-1.9
23/11/2019	17 50 40.2	-23 15 58	6.098070	5.241718	32.29	30.19	27.5	-1.9
24/11/2019	17 51 36.6	-23 16 16	6.104832	5.241358	32.25	30.16	26.7	-1.9
25/11/2019	17 52 33.3	-23 16 33	6.111398	5.240997	32.22	30.13	25.9	-1.8
26/11/2019	17 53 30.2	-23 16 49	6.117767	5.240636	32.18	30.10	25.1	-1.8
27/11/2019	17 54 27.3	-23 17 04	6.123938	5.240275	32.15	30.07	24.3	-1.8
28/11/2019	17 55 24.6	-23 17 17	6.129909	5.239913	32.12	30.04	23.5	-1.8
29/11/2019	17 56 22.1	-23 17 29	6.135679	5.239552	32.09	30.01	22.7	-1.8
30/11/2019	17 57 19.7	-23 17 39	6.141246	5.239191	32.06	29.98	21.9	-1.8
01/12/2019	17 58 17.6	-23 17 48	6.146611	5.238829	32.03	29.95	21.1	-1.8
02/12/2019	17 59 15.6	-23 17 56	6.151771	5.238467	32.00	29.93	20.3	-1.8
03/12/2019	18 00 13.7	-23 18 03	6.156727	5.238106	31.98	29.91	19.5	-1.8
04/12/2019	18 01 12.0	-23 18 08	6.161478	5.237744	31.95	29.88	18.8	-1.8
05/12/2019	18 02 10.5	-23 18 11	6.166022	5.237382	31.93	29.86	18.0	-1.8
06/12/2019	18 03 09.0	-23 18 14	6.170360	5.237020	31.91	29.84	17.2	-1.8
07/12/2019	18 04 07.8	-23 18 15	6.174491	5.236658	31.89	29.82	16.4	-1.8
08/12/2019	18 05 06.6	-23 18 14	6.178414	5.236296	31.87	29.80	15.6	-1.8
09/12/2019	18 06 05.6	-23 18 12	6.182128	5.235933	31.85	29.78	14.8	-1.8
10/12/2019	18 07 04.7	-23 18 09	6.185635	5.235571	31.83	29.77	14.0	-1.8
11/12/2019	18 08 03.9	-23 18 04	6.188931	5.235209	31.81	29.75	13.2	-1.8
12/12/2019	18 09 03.2	-23 17 57	6.192019	5.234846	31.80	29.74	12.4	-1.8
13/12/2019	18 10 02.6	-23 17 50	6.194896	5.234483	31.78	29.72	11.7	-1.8
14/12/2019	18 11 02.1	-23 17 41	6.197563	5.234121	31.77	29.71	10.9	-1.8
15/12/2019	18 12 01.7	-23 17 30	6.200019	5.233758	31.75	29.70	10.1	-1.8
16/12/2019	18 13 01.4	-23 17 18	6.202264	5.233395	31.74	29.69	9.3	-1.8
17/12/2019	18 14 01.1	-23 17 04	6.204296	5.233032	31.73	29.68	8.5	-1.8
18/12/2019	18 15 00.9	-23 16 50	6.206115	5.232669	31.72	29.67	7.7	-1.8
19/12/2019	18 16 00.8	-23 16 33	6.207720	5.232306	31.72	29.66	6.9	-1.8
20/12/2019	18 17 00.7	-23 16 15	6.209110	5.231942	31.71	29.65	6.1	-1.8
21/12/2019	18 18 00.7	-23 15 56	6.210286	5.231579	31.70	29.65	5.3	-1.8
22/12/2019	18 19 00.7	-23 15 35	6.211245	5.231216	31.70	29.64	4.5	-1.8
23/12/2019	18 20 00.8	-23 15 13	6.211988	5.230852	31.69	29.64	3.7	-1.8
24/12/2019	18 21 00.9	-23 14 49	6.212514	5.230489	31.69	29.64	3.0	-1.8
25/12/2019	18 22 01.1	-23 14 24	6.212823	5.230125	31.69	29.64	2.1	-1.8
26/12/2019	18 23 01.2	-23 13 57	6.212914	5.229761	31.69	29.64	1.3	-1.8
27/12/2019	18 24 01.4	-23 13 29	6.212787	5.229397	31.69	29.64	0.5	-1.8
28/12/2019	18 25 01.5	-23 12 58	6.212442	5.229034	31.69	29.64	0.0	-1.8
29/12/2019	18 26 01.7	-23 12 28	6.211880	5.228670	31.69	29.64	0.9	-1.8
30/12/2019	18 27 01.9	-23 11 56	6.211100	5.228306	31.70	29.64	1.7	-1.8

GG/MM/AAAA	A.R.	DECL.	Dist.	RV	D.Eq.	D.Pol.	El.	Mag.
31/12/2019	18 28 02.0	-23 11 22	6.210102	5.227941	31.70	29.65	2.5	-1.8
01/01/2020	18 29 02.2	-23 10 47	6.208888	5.227577	31.71	29.65	3.3	-1.8
02/01/2020	18 30 02.3	-23 10 10	6.207458	5.227213	31.72	29.66	4.1	-1.8
03/01/2020	18 31 02.3	-23 09 32	6.205811	5.226849	31.73	29.67	4.9	-1.8
04/01/2020	18 32 02.3	-23 08 52	6.203949	5.226484	31.73	29.68	5.7	-1.8
05/01/2020	18 33 02.3	-23 08 11	6.201871	5.226120	31.75	29.69	6.5	-1.8
06/01/2020	18 34 02.2	-23 07 28	6.199580	5.225755	31.76	29.70	7.3	-1.8
07/01/2020	18 35 02.0	-23 06 45	6.197074	5.225391	31.77	29.71	8.1	-1.8
08/01/2020	18 36 01.8	-23 05 59	6.194356	5.225026	31.78	29.72	8.9	-1.8
09/01/2020	18 37 01.6	-23 05 13	6.191424	5.224661	31.80	29.74	9.7	-1.8
10/01/2020	18 38 01.2	-23 04 25	6.188281	5.224296	31.81	29.75	10.4	-1.8
11/01/2020	18 39 00.8	-23 03 36	6.184927	5.223932	31.83	29.77	11.2	-1.8
12/01/2020	18 40 00.3	-23 02 45	6.181361	5.223567	31.85	29.79	12.0	-1.8
13/01/2020	18 40 59.6	-23 01 53	6.177585	5.223202	31.87	29.80	12.8	-1.8
14/01/2020	18 41 58.9	-23 01 00	6.173599	5.222837	31.89	29.82	13.6	-1.8
15/01/2020	18 42 58.1	-23 00 06	6.169404	5.222471	31.91	29.84	14.4	-1.8
16/01/2020	18 43 57.1	-22 59 10	6.164998	5.222106	31.94	29.87	15.2	-1.8
17/01/2020	18 44 56.1	-22 58 13	6.160384	5.221741	31.96	29.89	16.0	-1.8
18/01/2020	18 45 54.9	-22 57 15	6.155560	5.221376	31.98	29.91	16.8	-1.8
19/01/2020	18 46 53.6	-22 56 15	6.150528	5.221010	32.01	29.94	17.6	-1.9
20/01/2020	18 47 52.2	-22 55 15	6.145288	5.220645	32.04	29.96	18.4	-1.9
21/01/2020	18 48 50.6	-22 54 13	6.139841	5.220279	32.07	29.99	19.1	-1.9
22/01/2020	18 49 48.9	-22 53 10	6.134186	5.219914	32.10	30.02	19.9	-1.9
23/01/2020	18 50 47.0	-22 52 05	6.128326	5.219548	32.13	30.04	20.7	-1.9
24/01/2020	18 51 45.0	-22 51 00	6.122261	5.219182	32.16	30.07	21.5	-1.9
25/01/2020	18 52 42.8	-22 49 54	6.115993	5.218817	32.19	30.10	22.3	-1.9
26/01/2020	18 53 40.4	-22 48 46	6.109521	5.218451	32.23	30.14	23.1	-1.9
27/01/2020	18 54 37.8	-22 47 38	6.102848	5.218085	32.26	30.17	23.9	-1.9
28/01/2020	18 55 35.1	-22 46 28	6.095975	5.217719	32.30	30.20	24.7	-1.9
29/01/2020	18 56 32.1	-22 45 17	6.088903	5.217353	32.33	30.24	25.5	-1.9
30/01/2020	18 57 28.9	-22 44 06	6.081635	5.216987	32.37	30.27	26.3	-1.9
31/01/2020	18 58 25.5	-22 42 53	6.074170	5.216621	32.41	30.31	27.1	-1.9
01/02/2020	18 59 22.0	-22 41 39	6.066511	5.216255	32.45	30.35	27.9	-1.9
02/02/2020	19 00 18.1	-22 40 25	6.058660	5.215889	32.50	30.39	28.7	-1.9
03/02/2020	19 01 14.1	-22 39 09	6.050617	5.215523	32.54	30.43	29.5	-1.9
04/02/2020	19 02 09.8	-22 37 53	6.042386	5.215157	32.58	30.47	30.3	-1.9
05/02/2020	19 03 05.3	-22 36 35	6.033966	5.214790	32.63	30.51	31.1	-1.9
06/02/2020	19 04 00.5	-22 35 17	6.025361	5.214424	32.68	30.56	31.9	-1.9
07/02/2020	19 04 55.5	-22 33 59	6.016571	5.214058	32.72	30.60	32.7	-1.9
08/02/2020	19 05 50.3	-22 32 39	6.007599	5.213691	32.77	30.65	33.5	-1.9
09/02/2020	19 06 44.7	-22 31 19	5.998446	5.213325	32.82	30.69	34.3	-1.9
10/02/2020	19 07 38.9	-22 29 57	5.989113	5.212958	32.87	30.74	35.1	-1.9
11/02/2020	19 08 32.9	-22 28 36	5.979601	5.212592	32.93	30.79	35.9	-1.9
12/02/2020	19 09 26.5	-22 27 13	5.969913	5.212225	32.98	30.84	36.7	-1.9
13/02/2020	19 10 19.9	-22 25 50	5.960048	5.211859	33.03	30.89	37.5	-1.9
14/02/2020	19 11 12.9	-22 24 26	5.950010	5.211492	33.09	30.94	38.3	-1.9
15/02/2020	19 12 05.7	-22 23 02	5.939798	5.211125	33.15	31.00	39.1	-1.9
16/02/2020	19 12 58.2	-22 21 37	5.929414	5.210758	33.20	31.05	39.9	-1.9
17/02/2020	19 13 50.3	-22 20 12	5.918860	5.210392	33.26	31.11	40.7	-1.9
18/02/2020	19 14 42.2	-22 18 46	5.908138	5.210025	33.32	31.16	41.5	-1.9
19/02/2020	19 15 33.7	-22 17 19	5.897249	5.209658	33.39	31.22	42.4	-1.9
20/02/2020	19 16 24.9	-22 15 53	5.886195	5.209291	33.45	31.28	43.2	-1.9
21/02/2020	19 17 15.7	-22 14 26	5.874978	5.208924	33.51	31.34	44.0	-1.9
22/02/2020	19 18 06.2	-22 12 58	5.863601	5.208557	33.58	31.40	44.8	-1.9
23/02/2020	19 18 56.4	-22 11 30	5.852065	5.208190	33.64	31.46	45.6	-1.9
24/02/2020	19 19 46.2	-22 10 02	5.840373	5.207823	33.71	31.53	46.4	-1.9
25/02/2020	19 20 35.6	-22 08 34	5.828526	5.207456	33.78	31.59	47.2	-1.9
26/02/2020	19 21 24.6	-22 07 05	5.816528	5.207089	33.85	31.65	48.0	-2.0
27/02/2020	19 22 13.2	-22 05 37	5.804381	5.206722	33.92	31.72	48.9	-2.0
28/02/2020	19 23 01.5	-22 04 08	5.792088	5.206355	33.99	31.79	49.7	-2.0
29/02/2020	19 23 49.4	-22 02 39	5.779650	5.205988	34.06	31.86	50.5	-2.0
01/03/2020	19 24 36.9	-22 01 10	5.767071	5.205621	34.14	31.93	51.3	-2.0
02/03/2020	19 25 23.9	-21 59 41	5.754354	5.205253	34.21	32.00	52.1	-2.0
03/03/2020	19 26 10.6	-21 58 11	5.741500	5.204886	34.29	32.07	53.0	-2.0
04/03/2020	19 26 56.8	-21 56 42	5.728512	5.204519	34.37	32.14	53.8	-2.0
05/03/2020	19 27 42.6	-21 55 13	5.715394	5.204152	34.45	32.21	54.6	-2.0
06/03/2020	19 28 28.0	-21 53 44	5.702147	5.203784	34.53	32.29	55.4	-2.0
07/03/2020	19 29 13.0	-21 52 16	5.688775	5.203417	34.61	32.37	56.3	-2.0
08/03/2020	19 29 57.5	-21 50 47	5.675280	5.203050	34.69	32.44	57.1	-2.0
09/03/2020	19 30 41.5	-21 49 19	5.661663	5.202682	34.77	32.52	57.9	-2.0
10/03/2020	19 31 25.1	-21 47 51	5.647929	5.202315	34.86	32.60	58.7	-2.0
11/03/2020	19 32 08.3	-21 46 23	5.634078	5.201947	34.94	32.68	59.6	-2.0
12/03/2020	19 32 50.9	-21 44 56	5.620113	5.201580	35.03	32.76	60.4	-2.0

GG/MM/AAAA	A.R.	DECL.	Dist.	RV	D.Eq.	D.Pol.	El.	Mag.
13/03/2020	19 33 33.1	-21 43 29	5.606036	5.201213	35.12	32.84	61.2	-2.0
14/03/2020	19 34 14.9	-21 42 02	5.591850	5.200845	35.21	32.93	62.1	-2.0
15/03/2020	19 34 56.1	-21 40 36	5.577557	5.200478	35.30	33.01	62.9	-2.0
16/03/2020	19 35 36.9	-21 39 10	5.563159	5.200110	35.39	33.10	63.7	-2.0
17/03/2020	19 36 17.1	-21 37 45	5.548659	5.199743	35.48	33.18	64.6	-2.0
18/03/2020	19 36 56.9	-21 36 20	5.534060	5.199375	35.58	33.27	65.4	-2.0
19/03/2020	19 37 36.1	-21 34 56	5.519365	5.199007	35.67	33.36	66.3	-2.1
20/03/2020	19 38 14.8	-21 33 33	5.504576	5.198640	35.77	33.45	67.1	-2.1
21/03/2020	19 38 53.0	-21 32 10	5.489697	5.198272	35.86	33.54	67.9	-2.1
22/03/2020	19 39 30.6	-21 30 49	5.474731	5.197905	35.96	33.63	68.8	-2.1
23/03/2020	19 40 07.7	-21 29 27	5.459681	5.197537	36.06	33.72	69.6	-2.1
24/03/2020	19 40 44.3	-21 28 07	5.444550	5.197170	36.16	33.82	70.5	-2.1
25/03/2020	19 41 20.3	-21 26 48	5.429343	5.196802	36.26	33.91	71.3	-2.1
26/03/2020	19 41 55.7	-21 25 29	5.414061	5.196434	36.36	34.01	72.2	-2.1
27/03/2020	19 42 30.5	-21 24 12	5.398709	5.196067	36.47	34.10	73.0	-2.1
28/03/2020	19 43 04.8	-21 22 55	5.383290	5.195699	36.57	34.20	73.9	-2.1
29/03/2020	19 43 38.5	-21 21 39	5.367808	5.195331	36.68	34.30	74.8	-2.1
30/03/2020	19 44 11.6	-21 20 25	5.352266	5.194964	36.78	34.40	75.6	-2.1
31/03/2020	19 44 44.1	-21 19 11	5.336667	5.194596	36.89	34.50	76.5	-2.1
01/04/2020	19 45 16.0	-21 17 59	5.321016	5.194228	37.00	34.60	77.3	-2.1
02/04/2020	19 45 47.3	-21 16 48	5.305316	5.193861	37.11	34.70	78.2	-2.1
03/04/2020	19 46 18.0	-21 15 38	5.289570	5.193493	37.22	34.81	79.1	-2.1
04/04/2020	19 46 48.1	-21 14 29	5.273782	5.193125	37.33	34.91	79.9	-2.1
05/04/2020	19 47 17.5	-21 13 22	5.257955	5.192758	37.44	35.02	80.8	-2.2
06/04/2020	19 47 46.4	-21 12 16	5.242092	5.192390	37.56	35.12	81.7	-2.2
07/04/2020	19 48 14.5	-21 11 11	5.226197	5.192022	37.67	35.23	82.5	-2.2
08/04/2020	19 48 42.1	-21 10 08	5.210273	5.191655	37.79	35.34	83.4	-2.2
09/04/2020	19 49 09.0	-21 09 06	5.194322	5.191287	37.90	35.45	84.3	-2.2
10/04/2020	19 49 35.2	-21 08 06	5.178349	5.190919	38.02	35.56	85.2	-2.2
11/04/2020	19 50 00.8	-21 07 07	5.162355	5.190552	38.14	35.67	86.1	-2.2
12/04/2020	19 50 25.7	-21 06 10	5.146345	5.190184	38.26	35.78	86.9	-2.2
13/04/2020	19 50 50.0	-21 05 14	5.130322	5.189817	38.38	35.89	87.8	-2.2
14/04/2020	19 51 13.6	-21 04 20	5.114289	5.189449	38.50	36.00	88.7	-2.2
15/04/2020	19 51 36.5	-21 03 27	5.098250	5.189081	38.62	36.11	89.6	-2.2
16/04/2020	19 51 58.7	-21 02 36	5.082209	5.188714	38.74	36.23	90.5	-2.2
17/04/2020	19 52 20.2	-21 01 47	5.066169	5.188346	38.86	36.34	91.4	-2.2
18/04/2020	19 52 41.0	-21 01 00	5.050135	5.187978	38.99	36.46	92.3	-2.3
19/04/2020	19 53 01.1	-21 00 14	5.034111	5.187611	39.11	36.57	93.2	-2.3
20/04/2020	19 53 20.4	-20 59 31	5.018101	5.187243	39.23	36.69	94.1	-2.3
21/04/2020	19 53 39.1	-20 58 49	5.002108	5.186876	39.36	36.81	95.0	-2.3
22/04/2020	19 53 57.0	-20 58 09	4.986137	5.186508	39.49	36.93	95.9	-2.3
23/04/2020	19 54 14.2	-20 57 31	4.970193	5.186140	39.61	37.04	96.8	-2.3
24/04/2020	19 54 30.6	-20 56 55	4.954279	5.185773	39.74	37.16	97.7	-2.3
25/04/2020	19 54 46.3	-20 56 20	4.938400	5.185405	39.87	37.28	98.6	-2.3
26/04/2020	19 55 01.3	-20 55 48	4.922560	5.185038	40.00	37.40	99.5	-2.3
27/04/2020	19 55 15.5	-20 55 18	4.906764	5.184670	40.12	37.52	100.4	-2.3
28/04/2020	19 55 29.0	-20 54 50	4.891016	5.184303	40.25	37.64	101.4	-2.3
29/04/2020	19 55 41.7	-20 54 24	4.875320	5.183935	40.38	37.77	102.3	-2.3
30/04/2020	19 55 53.6	-20 54 00	4.859680	5.183568	40.51	37.89	103.2	-2.3
01/05/2020	19 56 04.8	-20 53 38	4.844101	5.183201	40.64	38.01	104.1	-2.3
02/05/2020	19 56 15.2	-20 53 18	4.828586	5.182833	40.77	38.13	105.1	-2.4
03/05/2020	19 56 24.8	-20 53 01	4.813140	5.182466	40.90	38.25	106.0	-2.4
04/05/2020	19 56 33.7	-20 52 45	4.797767	5.182098	41.04	38.38	106.9	-2.4
05/05/2020	19 56 41.8	-20 52 32	4.782470	5.181731	41.17	38.50	107.9	-2.4
06/05/2020	19 56 49.1	-20 52 21	4.767254	5.181364	41.30	38.62	108.8	-2.4
07/05/2020	19 56 55.6	-20 52 12	4.752121	5.180996	41.43	38.74	109.8	-2.4
08/05/2020	19 57 01.3	-20 52 05	4.737077	5.180629	41.56	38.87	110.7	-2.4
09/05/2020	19 57 06.3	-20 52 01	4.722124	5.180262	41.69	38.99	111.6	-2.4
10/05/2020	19 57 10.5	-20 51 58	4.707266	5.179895	41.82	39.11	112.6	-2.4
11/05/2020	19 57 13.9	-20 51 58	4.692508	5.179527	41.96	39.24	113.6	-2.4
12/05/2020	19 57 16.5	-20 52 01	4.677854	5.179160	42.09	39.36	114.5	-2.4
13/05/2020	19 57 18.3	-20 52 05	4.663307	5.178793	42.22	39.48	115.5	-2.4
14/05/2020	19 57 19.4	-20 52 12	4.648873	5.178426	42.35	39.61	116.4	-2.4
15/05/2020	19 57 19.6	-20 52 21	4.634555	5.178059	42.48	39.73	117.4	-2.4
16/05/2020	19 57 19.0	-20 52 32	4.620359	5.177692	42.61	39.85	118.4	-2.5
17/05/2020	19 57 17.6	-20 52 46	4.606288	5.177325	42.74	39.97	119.3	-2.5
18/05/2020	19 57 15.4	-20 53 01	4.592347	5.176958	42.87	40.09	120.3	-2.5
19/05/2020	19 57 12.4	-20 53 19	4.578541	5.176591	43.00	40.21	121.3	-2.5
20/05/2020	19 57 08.6	-20 53 40	4.564873	5.176224	43.13	40.33	122.3	-2.5
21/05/2020	19 57 04.1	-20 54 02	4.551350	5.175857	43.26	40.45	123.2	-2.5
22/05/2020	19 56 58.7	-20 54 27	4.537975	5.175490	43.38	40.57	124.2	-2.5
23/05/2020	19 56 52.5	-20 54 54	4.524753	5.175123	43.51	40.69	125.2	-2.5
24/05/2020	19 56 45.6	-20 55 23	4.511689	5.174756	43.64	40.81	126.2	-2.5

GG/MM/AAAA	A.R.	DECL.	Dist.	RV	D.Eq.	D.Pol.	El.	Mag.
25/05/2020	19 56 37.8	-20 55 54	4.498786	5.174390	43.76	40.93	127.2	-2.5
26/05/2020	19 56 29.3	-20 56 28	4.486050	5.174023	43.89	41.04	128.2	-2.5
27/05/2020	19 56 20.0	-20 57 03	4.473484	5.173656	44.01	41.16	129.2	-2.5
28/05/2020	19 56 09.9	-20 57 41	4.461094	5.173290	44.13	41.27	130.2	-2.5
29/05/2020	19 55 59.1	-20 58 21	4.448882	5.172923	44.25	41.39	131.2	-2.5
30/05/2020	19 55 47.5	-20 59 03	4.436854	5.172556	44.37	41.50	132.2	-2.6
31/05/2020	19 55 35.1	-20 59 47	4.425012	5.172190	44.49	41.61	133.2	-2.6
01/06/2020	19 55 22.0	-21 00 33	4.413361	5.171823	44.61	41.72	134.2	-2.6
02/06/2020	19 55 08.2	-21 01 21	4.401904	5.171457	44.73	41.83	135.2	-2.6
03/06/2020	19 54 53.6	-21 02 11	4.390645	5.171091	44.84	41.93	136.2	-2.6
04/06/2020	19 54 38.3	-21 03 03	4.379588	5.170724	44.95	42.04	137.3	-2.6
05/06/2020	19 54 22.3	-21 03 57	4.368735	5.170358	45.07	42.14	138.3	-2.6
06/06/2020	19 54 05.6	-21 04 52	4.358090	5.169992	45.18	42.25	139.3	-2.6
07/06/2020	19 53 48.2	-21 05 49	4.347657	5.169626	45.28	42.35	140.3	-2.6
08/06/2020	19 53 30.1	-21 06 48	4.337440	5.169259	45.39	42.45	141.4	-2.6
09/06/2020	19 53 11.3	-21 07 49	4.327441	5.168893	45.50	42.55	142.4	-2.6
10/06/2020	19 52 51.8	-21 08 52	4.317664	5.168527	45.60	42.64	143.4	-2.6
11/06/2020	19 52 31.7	-21 09 56	4.308114	5.168161	45.70	42.74	144.5	-2.6
12/06/2020	19 52 10.9	-21 11 01	4.298794	5.167795	45.80	42.83	145.5	-2.6
13/06/2020	19 51 49.4	-21 12 09	4.289708	5.167429	45.90	42.92	146.5	-2.6
14/06/2020	19 51 27.4	-21 13 17	4.280858	5.167063	45.99	43.01	147.6	-2.6
15/06/2020	19 51 04.7	-21 14 27	4.272250	5.166698	46.08	43.10	148.6	-2.6
16/06/2020	19 50 41.4	-21 15 39	4.263886	5.166332	46.17	43.18	149.7	-2.6
17/06/2020	19 50 17.5	-21 16 52	4.255770	5.165966	46.26	43.26	150.7	-2.7
18/06/2020	19 49 53.0	-21 18 06	4.247905	5.165600	46.35	43.34	151.8	-2.7
19/06/2020	19 49 28.0	-21 19 21	4.240294	5.165235	46.43	43.42	152.8	-2.7
20/06/2020	19 49 02.4	-21 20 37	4.232942	5.164869	46.51	43.50	153.9	-2.7
21/06/2020	19 48 36.3	-21 21 54	4.225851	5.164504	46.59	43.57	155.0	-2.7
22/06/2020	19 48 09.7	-21 23 13	4.219023	5.164138	46.66	43.64	156.0	-2.7
23/06/2020	19 47 42.6	-21 24 32	4.212462	5.163773	46.74	43.71	157.1	-2.7
24/06/2020	19 47 15.0	-21 25 52	4.206171	5.163408	46.81	43.77	158.1	-2.7
25/06/2020	19 46 47.0	-21 27 14	4.200152	5.163043	46.87	43.84	159.2	-2.7
26/06/2020	19 46 18.5	-21 28 36	4.194407	5.162677	46.94	43.90	160.3	-2.7
27/06/2020	19 45 49.6	-21 29 58	4.188938	5.162312	47.00	43.95	161.3	-2.7
28/06/2020	19 45 20.3	-21 31 21	4.183748	5.161947	47.06	44.01	162.4	-2.7
29/06/2020	19 44 50.7	-21 32 45	4.178837	5.161582	47.11	44.06	163.5	-2.7
30/06/2020	19 44 20.6	-21 34 09	4.174208	5.161217	47.17	44.11	164.5	-2.7
01/07/2020	19 43 50.3	-21 35 34	4.169861	5.160852	47.21	44.15	165.6	-2.7
02/07/2020	19 43 19.6	-21 36 59	4.165799	5.160488	47.26	44.20	166.7	-2.7
03/07/2020	19 42 48.7	-21 38 24	4.162021	5.160123	47.30	44.24	167.8	-2.7
04/07/2020	19 42 17.4	-21 39 49	4.158530	5.159758	47.34	44.28	168.8	-2.7
05/07/2020	19 41 46.0	-21 41 15	4.155327	5.159394	47.38	44.31	169.9	-2.7
06/07/2020	19 41 14.3	-21 42 41	4.152412	5.159029	47.41	44.34	171.0	-2.7
07/07/2020	19 40 42.4	-21 44 07	4.149788	5.158665	47.44	44.37	172.1	-2.7
08/07/2020	19 40 10.2	-21 45 33	4.147454	5.158300	47.47	44.39	173.1	-2.7
09/07/2020	19 39 38.0	-21 46 58	4.145412	5.157936	47.49	44.42	174.2	-2.7
10/07/2020	19 39 05.5	-21 48 24	4.143664	5.157572	47.51	44.43	175.3	-2.7
11/07/2020	19 38 33.0	-21 49 49	4.142209	5.157208	47.53	44.45	176.4	-2.7
12/07/2020	19 38 00.3	-21 51 14	4.141049	5.156844	47.54	44.46	177.5	-2.8
13/07/2020	19 37 27.6	-21 52 39	4.140185	5.156480	47.55	44.47	178.5	-2.8
14/07/2020	19 36 54.8	-21 54 03	4.139616	5.156116	47.56	44.48	179.6	-2.8
15/07/2020	19 36 22.0	-21 55 27	4.139344	5.155752	47.56	44.48	179.3	-2.8
16/07/2020	19 35 49.2	-21 56 51	4.139369	5.155388	47.56	44.48	178.2	-2.8
17/07/2020	19 35 16.4	-21 58 13	4.139691	5.155024	47.56	44.48	177.1	-2.8
18/07/2020	19 34 43.6	-21 59 35	4.140310	5.154661	47.55	44.47	176.0	-2.7
19/07/2020	19 34 10.9	-22 00 57	4.141225	5.154297	47.54	44.46	174.9	-2.7
20/07/2020	19 33 38.3	-22 02 18	4.142437	5.153934	47.53	44.45	173.9	-2.7
21/07/2020	19 33 05.9	-22 03 38	4.143945	5.153570	47.51	44.43	172.8	-2.7
22/07/2020	19 32 33.5	-22 04 57	4.145749	5.153207	47.49	44.41	171.7	-2.7
23/07/2020	19 32 01.3	-22 06 16	4.147846	5.152844	47.47	44.39	170.6	-2.7
24/07/2020	19 31 29.4	-22 07 33	4.150237	5.152481	47.44	44.36	169.5	-2.7
25/07/2020	19 30 57.6	-22 08 50	4.152919	5.152118	47.41	44.34	168.4	-2.7
26/07/2020	19 30 26.1	-22 10 05	4.155891	5.151755	47.37	44.30	167.4	-2.7
27/07/2020	19 29 54.8	-22 11 19	4.159152	5.151392	47.34	44.27	166.3	-2.7
28/07/2020	19 29 23.8	-22 12 33	4.162698	5.151029	47.30	44.23	165.2	-2.7
29/07/2020	19 28 53.1	-22 13 45	4.166529	5.150666	47.25	44.19	164.1	-2.7
30/07/2020	19 28 22.8	-22 14 56	4.170641	5.150304	47.21	44.15	163.1	-2.7
31/07/2020	19 27 52.8	-22 16 06	4.175034	5.149941	47.16	44.10	162.0	-2.7
01/08/2020	19 27 23.2	-22 17 14	4.179704	5.149579	47.10	44.05	160.9	-2.7
02/08/2020	19 26 53.9	-22 18 22	4.184650	5.149216	47.05	44.00	159.8	-2.7
03/08/2020	19 26 25.1	-22 19 28	4.189869	5.148854	46.99	43.94	158.8	-2.7
04/08/2020	19 25 56.7	-22 20 33	4.195359	5.148492	46.93	43.89	157.7	-2.7
05/08/2020	19 25 28.7	-22 21 36	4.201118	5.148130	46.86	43.83	156.6	-2.7

45

GG/MM/AAAA	A.R.	DECL.	Dist.	RV	D.Eq.	D.Pol.	El.	Mag.
06/08/2020	19 25 01.2	-22 22 38	4.207144	5.147768	46.80	43.76	155.6	-2.7
07/08/2020	19 24 34.2	-22 23 39	4.213434	5.147406	46.73	43.70	154.5	-2.7
08/08/2020	19 24 07.7	-22 24 38	4.219986	5.147044	46.65	43.63	153.4	-2.7
09/08/2020	19 23 41.6	-22 25 36	4.226798	5.146683	46.58	43.56	152.4	-2.7
10/08/2020	19 23 16.1	-22 26 33	4.233866	5.146321	46.50	43.49	151.3	-2.7
11/08/2020	19 22 51.2	-22 27 28	4.241189	5.145960	46.42	43.41	150.3	-2.7
12/08/2020	19 22 26.9	-22 28 21	4.248763	5.145598	46.34	43.33	149.2	-2.7
13/08/2020	19 22 03.1	-22 29 13	4.256586	5.145237	46.25	43.26	148.2	-2.7
14/08/2020	19 21 39.9	-22 30 04	4.264655	5.144876	46.17	43.17	147.1	-2.7
15/08/2020	19 21 17.4	-22 30 53	4.272966	5.144515	46.08	43.09	146.1	-2.6
16/08/2020	19 20 55.4	-22 31 40	4.281517	5.144154	45.98	43.00	145.0	-2.6
17/08/2020	19 20 34.2	-22 32 26	4.290304	5.143793	45.89	42.92	144.0	-2.6
18/08/2020	19 20 13.5	-22 33 11	4.299324	5.143432	45.79	42.83	142.9	-2.6
19/08/2020	19 19 53.6	-22 33 54	4.308573	5.143072	45.69	42.73	141.9	-2.6
20/08/2020	19 19 34.3	-22 34 35	4.318047	5.142711	45.59	42.64	140.9	-2.6
21/08/2020	19 19 15.8	-22 35 15	4.327743	5.142351	45.49	42.54	139.8	-2.6
22/08/2020	19 18 57.9	-22 35 53	4.337655	5.141990	45.39	42.45	138.8	-2.6
23/08/2020	19 18 40.8	-22 36 30	4.347781	5.141630	45.28	42.35	137.8	-2.6
24/08/2020	19 18 24.5	-22 37 05	4.358115	5.141270	45.18	42.25	136.7	-2.6
25/08/2020	19 18 08.8	-22 37 38	4.368654	5.140910	45.07	42.15	135.7	-2.6
26/08/2020	19 17 54.0	-22 38 10	4.379392	5.140550	44.96	42.04	134.7	-2.6
27/08/2020	19 17 39.9	-22 38 40	4.390326	5.140190	44.84	41.94	133.7	-2.6
28/08/2020	19 17 26.5	-22 39 09	4.401451	5.139831	44.73	41.83	132.7	-2.6
29/08/2020	19 17 14.0	-22 39 36	4.412763	5.139471	44.62	41.72	131.6	-2.6
30/08/2020	19 17 02.2	-22 40 02	4.424259	5.139112	44.50	41.62	130.6	-2.6
31/08/2020	19 16 51.2	-22 40 26	4.435933	5.138753	44.38	41.51	129.6	-2.6
01/09/2020	19 16 41.0	-22 40 48	4.447783	5.138393	44.26	41.40	128.6	-2.6
02/09/2020	19 16 31.6	-22 41 09	4.459803	5.138034	44.15	41.28	127.6	-2.5
03/09/2020	19 16 23.0	-22 41 29	4.471990	5.137675	44.03	41.17	126.6	-2.5
04/09/2020	19 16 15.1	-22 41 46	4.484340	5.137317	43.90	41.06	125.6	-2.5
05/09/2020	19 16 08.1	-22 42 03	4.496850	5.136958	43.78	40.94	124.6	-2.5
06/09/2020	19 16 01.9	-22 42 17	4.509514	5.136599	43.66	40.83	123.6	-2.5
07/09/2020	19 15 56.6	-22 42 30	4.522330	5.136241	43.54	40.71	122.6	-2.5
08/09/2020	19 15 52.0	-22 42 41	4.535292	5.135883	43.41	40.60	121.6	-2.5
09/09/2020	19 15 48.3	-22 42 51	4.548398	5.135524	43.29	40.48	120.7	-2.5
10/09/2020	19 15 45.4	-22 43 00	4.561642	5.135166	43.16	40.36	119.7	-2.5
11/09/2020	19 15 43.3	-22 43 06	4.575021	5.134808	43.03	40.24	118.7	-2.5
12/09/2020	19 15 42.1	-22 43 12	4.588531	5.134451	42.91	40.13	117.7	-2.5
13/09/2020	19 15 41.7	-22 43 15	4.602167	5.134093	42.78	40.01	116.7	-2.5
14/09/2020	19 15 42.1	-22 43 17	4.615926	5.133735	42.65	39.89	115.8	-2.5
15/09/2020	19 15 43.3	-22 43 18	4.629802	5.133378	42.52	39.77	114.8	-2.5
16/09/2020	19 15 45.4	-22 43 17	4.643791	5.133020	42.40	39.65	113.8	-2.5
17/09/2020	19 15 48.3	-22 43 14	4.657889	5.132663	42.27	39.53	112.9	-2.5
18/09/2020	19 15 52.1	-22 43 10	4.672090	5.132306	42.14	39.41	111.9	-2.4
19/09/2020	19 15 56.6	-22 43 05	4.686391	5.131949	42.01	39.29	110.9	-2.4
20/09/2020	19 16 02.0	-22 42 57	4.700786	5.131593	41.88	39.17	110.0	-2.4
21/09/2020	19 16 08.3	-22 42 48	4.715271	5.131236	41.75	39.05	109.0	-2.4
22/09/2020	19 16 15.4	-22 42 38	4.729840	5.130879	41.63	38.93	108.1	-2.4
23/09/2020	19 16 23.3	-22 42 26	4.744489	5.130523	41.50	38.81	107.1	-2.4
24/09/2020	19 16 32.0	-22 42 13	4.759214	5.130167	41.37	38.69	106.2	-2.4
25/09/2020	19 16 41.5	-22 41 58	4.774010	5.129811	41.24	38.57	105.2	-2.4
26/09/2020	19 16 51.8	-22 41 41	4.788872	5.129455	41.11	38.45	104.3	-2.4
27/09/2020	19 17 03.0	-22 41 23	4.803798	5.129099	40.98	38.33	103.4	-2.4
28/09/2020	19 17 14.9	-22 41 03	4.818781	5.128743	40.86	38.21	102.4	-2.4
29/09/2020	19 17 27.7	-22 40 42	4.833820	5.128388	40.73	38.09	101.5	-2.4
30/09/2020	19 17 41.2	-22 40 19	4.848908	5.128032	40.60	37.97	100.6	-2.4
01/10/2020	19 17 55.5	-22 39 55	4.864044	5.127677	40.48	37.85	99.6	-2.4
02/10/2020	19 18 10.6	-22 39 29	4.879222	5.127322	40.35	37.74	98.7	-2.4
03/10/2020	19 18 26.4	-22 39 01	4.894439	5.126967	40.23	37.62	97.8	-2.3
04/10/2020	19 18 43.1	-22 38 32	4.909691	5.126612	40.10	37.50	96.9	-2.3
05/10/2020	19 19 00.5	-22 38 02	4.924974	5.126257	39.98	37.38	96.0	-2.3
06/10/2020	19 19 18.6	-22 37 29	4.940285	5.125903	39.85	37.27	95.0	-2.3
07/10/2020	19 19 37.5	-22 36 55	4.955620	5.125548	39.73	37.15	94.1	-2.3
08/10/2020	19 19 57.2	-22 36 20	4.970975	5.125194	39.61	37.04	93.2	-2.3
09/10/2020	19 20 17.6	-22 35 43	4.986345	5.124840	39.48	36.92	92.3	-2.3
10/10/2020	19 20 38.7	-22 35 04	5.001728	5.124486	39.36	36.81	91.4	-2.3
11/10/2020	19 21 00.6	-22 34 24	5.017120	5.124132	39.24	36.70	90.5	-2.3
12/10/2020	19 21 23.2	-22 33 42	5.032516	5.123779	39.12	36.59	89.6	-2.3
13/10/2020	19 21 46.5	-22 32 59	5.047913	5.123425	39.00	36.47	88.7	-2.3
14/10/2020	19 22 10.6	-22 32 14	5.063306	5.123072	38.88	36.36	87.8	-2.3
15/10/2020	19 22 35.3	-22 31 27	5.078692	5.122719	38.77	36.25	86.9	-2.3
16/10/2020	19 23 00.8	-22 30 39	5.094067	5.122366	38.65	36.14	86.0	-2.3
17/10/2020	19 23 26.9	-22 29 49	5.109425	5.122013	38.53	36.04	85.1	-2.3

GG/MM/AAAA	A.R.	DECL.	Dist.	RV	D.Eq.	D.Pol.	El.	Mag.
18/10/2020	19 23 53.7	-22 28 57	5.124764	5.121660	38.42	35.93	84.2	-2.2
19/10/2020	19 24 21.3	-22 28 04	5.140078	5.121307	38.30	35.82	83.4	-2.2
20/10/2020	19 24 49.5	-22 27 09	5.155363	5.120955	38.19	35.71	82.5	-2.2
21/10/2020	19 25 18.3	-22 26 13	5.170617	5.120603	38.08	35.61	81.6	-2.2
22/10/2020	19 25 47.9	-22 25 14	5.185835	5.120251	37.96	35.50	80.7	-2.2
23/10/2020	19 26 18.1	-22 24 14	5.201012	5.119899	37.85	35.40	79.8	-2.2
24/10/2020	19 26 48.9	-22 23 13	5.216147	5.119547	37.74	35.30	79.0	-2.2
25/10/2020	19 27 20.3	-22 22 09	5.231235	5.119196	37.64	35.20	78.1	-2.2
26/10/2020	19 27 52.4	-22 21 04	5.246273	5.118844	37.53	35.10	77.2	-2.2
27/10/2020	19 28 25.1	-22 19 58	5.261258	5.118493	37.42	35.00	76.3	-2.2
28/10/2020	19 28 58.4	-22 18 49	5.276187	5.118142	37.31	34.90	75.5	-2.2
29/10/2020	19 29 32.3	-22 17 39	5.291057	5.117791	37.21	34.80	74.6	-2.2
30/10/2020	19 30 06.7	-22 16 27	5.305864	5.117440	37.11	34.70	73.7	-2.2
31/10/2020	19 30 41.8	-22 15 14	5.320605	5.117089	37.00	34.61	72.9	-2.2
01/11/2020	19 31 17.5	-22 13 59	5.335279	5.116739	36.90	34.51	72.0	-2.2
02/11/2020	19 31 53.7	-22 12 42	5.349881	5.116389	36.80	34.42	71.2	-2.2
03/11/2020	19 32 30.4	-22 11 23	5.364408	5.116039	36.70	34.32	70.3	-2.1
04/11/2020	19 33 07.8	-22 10 02	5.378859	5.115689	36.60	34.23	69.4	-2.1
05/11/2020	19 33 45.7	-22 08 40	5.393229	5.115339	36.51	34.14	68.6	-2.1
06/11/2020	19 34 24.1	-22 07 16	5.407517	5.114989	36.41	34.05	67.7	-2.1
07/11/2020	19 35 03.1	-22 05 50	5.421718	5.114640	36.31	33.96	66.9	-2.1
08/11/2020	19 35 42.5	-22 04 22	5.435830	5.114291	36.22	33.87	66.0	-2.1
09/11/2020	19 36 22.5	-22 02 53	5.449851	5.113942	36.13	33.78	65.2	-2.1
10/11/2020	19 37 03.1	-22 01 22	5.463776	5.113593	36.03	33.70	64.3	-2.1
11/11/2020	19 37 44.1	-21 59 49	5.477604	5.113244	35.94	33.61	63.5	-2.1
12/11/2020	19 38 25.6	-21 58 14	5.491330	5.112896	35.85	33.53	62.7	-2.1
13/11/2020	19 39 07.6	-21 56 38	5.504951	5.112547	35.76	33.45	61.8	-2.1
14/11/2020	19 39 50.1	-21 54 60	5.518465	5.112199	35.68	33.36	61.0	-2.1
15/11/2020	19 40 33.0	-21 53 19	5.531867	5.111851	35.59	33.28	60.1	-2.1
16/11/2020	19 41 16.5	-21 51 37	5.545156	5.111503	35.50	33.20	59.3	-2.1
17/11/2020	19 42 00.3	-21 49 53	5.558327	5.111156	35.42	33.13	58.5	-2.1
18/11/2020	19 42 44.7	-21 48 08	5.571377	5.110808	35.34	33.05	57.6	-2.1
19/11/2020	19 43 29.5	-21 46 20	5.584305	5.110461	35.26	32.97	56.8	-2.1
20/11/2020	19 44 14.7	-21 44 31	5.597107	5.110114	35.18	32.90	56.0	-2.1
21/11/2020	19 45 00.4	-21 42 40	5.609781	5.109767	35.10	32.82	55.1	-2.1
22/11/2020	19 45 46.4	-21 40 47	5.622324	5.109420	35.02	32.75	54.3	-2.1
23/11/2020	19 46 32.9	-21 38 52	5.634735	5.109074	34.94	32.68	53.5	-2.0
24/11/2020	19 47 19.7	-21 36 56	5.647010	5.108728	34.86	32.60	52.7	-2.0
25/11/2020	19 48 07.0	-21 34 57	5.659148	5.108381	34.79	32.53	51.8	-2.0
26/11/2020	19 48 54.6	-21 32 57	5.671147	5.108035	34.72	32.47	51.0	-2.0
27/11/2020	19 49 42.6	-21 30 55	5.683005	5.107690	34.64	32.40	50.2	-2.0
28/11/2020	19 50 30.9	-21 28 51	5.694719	5.107344	34.57	32.33	49.4	-2.0
29/11/2020	19 51 19.7	-21 26 45	5.706288	5.106999	34.50	32.27	48.5	-2.0
30/11/2020	19 52 08.8	-21 24 37	5.717710	5.106654	34.43	32.20	47.7	-2.0
01/12/2020	19 52 58.2	-21 22 28	5.728983	5.106309	34.37	32.14	46.9	-2.0
02/12/2020	19 53 48.0	-21 20 16	5.740104	5.105964	34.30	32.08	46.1	-2.0
03/12/2020	19 54 38.1	-21 18 03	5.751072	5.105619	34.23	32.01	45.3	-2.0
04/12/2020	19 55 28.5	-21 15 48	5.761886	5.105275	34.17	31.95	44.5	-2.0
05/12/2020	19 56 19.3	-21 13 31	5.772543	5.104931	34.11	31.90	43.6	-2.0
06/12/2020	19 57 10.3	-21 11 13	5.783040	5.104586	34.04	31.84	42.8	-2.0
07/12/2020	19 58 01.7	-21 08 52	5.793377	5.104243	33.98	31.78	42.0	-2.0
08/12/2020	19 58 53.3	-21 06 30	5.803551	5.103899	33.92	31.73	41.2	-2.0
09/12/2020	19 59 45.3	-21 04 06	5.813560	5.103556	33.87	31.67	40.4	-2.0
10/12/2020	20 00 37.5	-21 01 40	5.823402	5.103212	33.81	31.62	39.6	-2.0
11/12/2020	20 01 30.0	-20 59 13	5.833074	5.102869	33.75	31.56	38.8	-2.0
12/12/2020	20 02 22.8	-20 56 43	5.842575	5.102527	33.70	31.51	38.0	-2.0
13/12/2020	20 03 15.9	-20 54 12	5.851902	5.102184	33.64	31.46	37.2	-2.0
14/12/2020	20 04 09.2	-20 51 38	5.861053	5.101841	33.59	31.41	36.4	-2.0
15/12/2020	20 05 02.8	-20 49 03	5.870026	5.101499	33.54	31.37	35.6	-2.0
16/12/2020	20 05 56.6	-20 46 27	5.878819	5.101157	33.49	31.32	34.8	-2.0
17/12/2020	20 06 50.7	-20 43 48	5.887430	5.100815	33.44	31.27	33.9	-2.0
18/12/2020	20 07 45.0	-20 41 08	5.895859	5.100474	33.39	31.23	33.1	-2.0
19/12/2020	20 08 39.5	-20 38 26	5.904103	5.100132	33.35	31.19	32.3	-2.0
20/12/2020	20 09 34.2	-20 35 42	5.912161	5.099791	33.30	31.14	31.5	-2.0
21/12/2020	20 10 29.1	-20 32 57	5.920032	5.099450	33.26	31.10	30.7	-2.0
22/12/2020	20 11 24.2	-20 30 09	5.927715	5.099109	33.21	31.06	30.0	-2.0
23/12/2020	20 12 19.5	-20 27 20	5.935209	5.098769	33.17	31.02	29.2	-2.0
24/12/2020	20 13 14.9	-20 24 30	5.942512	5.098429	33.13	30.98	28.4	-2.0
25/12/2020	20 14 10.6	-20 21 37	5.949624	5.098088	33.09	30.95	27.6	-2.0
26/12/2020	20 15 06.4	-20 18 43	5.956543	5.097748	33.05	30.91	26.8	-2.0
27/12/2020	20 16 02.4	-20 15 47	5.963270	5.097409	33.02	30.88	26.0	-2.0
28/12/2020	20 16 58.5	-20 12 50	5.969802	5.097069	32.98	30.84	25.2	-2.0
29/12/2020	20 17 54.8	-20 09 51	5.976139	5.096730	32.94	30.81	24.4	-2.0

47

GG/MM/AAAA	A.R.	DECL.	Dist.	RV	D.Eq.	D.Pol.	El.	Mag.
30/12/2020	20 18 51.3	-20 06 50	5.982280	5.096391	32.91	30.78	23.6	-2.0
31/12/2020	20 19 47.9	-20 03 48	5.988225	5.096052	32.88	30.75	22.8	-2.0
01/01/2021	20 20 44.6	-20 00 44	5.993972	5.095713	32.85	30.72	22.0	-2.0
02/01/2021	20 21 41.4	-19 57 38	5.999521	5.095375	32.82	30.69	21.2	-2.0
03/01/2021	20 22 38.4	-19 54 31	6.004870	5.095037	32.79	30.66	20.4	-2.0
04/01/2021	20 23 35.5	-19 51 23	6.010019	5.094699	32.76	30.64	19.6	-2.0
05/01/2021	20 24 32.7	-19 48 12	6.014966	5.094361	32.73	30.61	18.9	-2.0
06/01/2021	20 25 30.0	-19 45 01	6.019711	5.094023	32.71	30.59	18.1	-1.9
07/01/2021	20 26 27.4	-19 41 47	6.024252	5.093686	32.68	30.56	17.3	-1.9
08/01/2021	20 27 24.9	-19 38 33	6.028588	5.093349	32.66	30.54	16.5	-1.9

FENOMENI - PHENOMENAS
2000-2100

DATA = nel formato gg/mm/aaaa
RV = distanza in Unità astronomiche

DATA = date in the format dd/mm/yyyy
RV = distance in A.U.

PERIELII - PERIHELIA

DATA	ORA	RV
17/03/2011	18:04	4,94839
20/01/2023	12:46	4,95101
05/12/2034	18:00	4,95268
01/11/2046	12:40	4,95342
13/09/2058	03:32	4,95141
11/07/2070	21:35	4,94826
15/05/2082	11:05	4,95052
29/03/2094	17:51	4,95249

AFELII - APHELIA

DATA	ORA	RV
14/04/2005	22:43	5,45652
17/02/2017	08:17	5,45652
28/12/2028	03:42	5,45386
18/11/2040	10:55	5,45292
07/10/2052	22:46	5,45335
08/08/2064	23:11	5,45640
13/06/2076	03:35	5,45670
21/04/2088	19:24	5,45406
11/03/2100	17:36	5,45257

PERIGEI - PERIGEAS

DATA	ORA	RV
26/11/2000	16:10	4,04936
31/12/2001	02:07	4,18747
01/02/2003	20:14	4,32715
04/03/2004	10:21	4,42566
04/04/2005	14:41	4,45664
06/05/2006	00:48	4,41270
07/06/2007	13:20	4,30437
10/07/2008	12:03	4,16101
15/08/2009	04:17	4,02782
20/09/2010	22:22	3,95393
27/10/2011	19:44	3,96976
01/12/2012	15:54	4,06854
04/01/2014	18:42	4,21044
06/02/2015	08:09	4,34621
08/03/2016	19:15	4,43535
08/04/2017	22:27	4,45490
10/05/2018	12:57	4,39982
12/06/2019	04:07	4,28390
15/07/2020	11:00	4,13932
20/08/2021	06:29	4,01320
26/09/2022	03:17	3,95256
01/11/2023	22:04	3,98237
06/12/2024	11:03	4,08937
09/01/2026	09:09	4,23169
10/02/2027	16:35	4,36113
13/03/2028	02:49	4,44032
13/04/2029	07:03	4,44891

DATA	ORA	RV
14/05/2030	23:43	4,38506
16/06/2031	21:38	4,26443
20/07/2032	08:17	4,12117
25/08/2033	08:45	4,00224
01/10/2034	06:34	3,95305
06/11/2035	21:04	3,99381
11/12/2036	06:42	4,10718
13/01/2038	21:35	4,24937
15/02/2039	03:31	4,37329
17/03/2040	10:46	4,44400
17/04/2041	16:43	4,44426
19/05/2042	12:20	4,37385
21/06/2043	13:14	4,25018
25/07/2044	04:28	4,10798
30/08/2045	07:47	3,99480
06/10/2046	04:26	3,95412
11/11/2047	18:14	4,00322
15/12/2048	21:39	4,12145
18/01/2050	10:20	4,26381
19/02/2051	11:16	4,38394
21/03/2052	19:33	4,44793
22/04/2053	00:56	4,43959
24/05/2054	00:14	4,36090
26/06/2055	05:27	4,23156
30/07/2056	02:27	4,08937
04/09/2057	08:36	3,98269
11/10/2058	08:15	3,95360
16/11/2059	17:17	4,01486
20/12/2060	16:47	4,14132
22/01/2062	22:15	4,28559
23/02/2063	20:28	4,40072
26/03/2064	00:29	4,45484
26/04/2065	08:28	4,43439
28/05/2066	09:36	4,34418
30/06/2067	21:50	4,20770
04/08/2068	00:04	4,06575
09/09/2069	13:30	3,96830
16/10/2070	12:17	3,95448
21/11/2071	19:03	4,03003
25/12/2072	11:54	4,16377
27/01/2074	11:58	4,30653
28/02/2075	05:15	4,41406
30/03/2076	09:57	4,45707
30/04/2077	17:29	4,42508
02/06/2078	00:48	4,32575
05/07/2079	16:55	4,18543
09/08/2080	03:01	4,04758
14/09/2081	17:29	3,96195
21/10/2082	16:16	3,96274
26/11/2083	17:35	4,04928
30/12/2084	03:16	4,18604
31/01/2086	22:35	4,32455
04/03/2087	13:18	4,42262
03/04/2088	16:55	4,45458

50

DATA	ORA	RV	DATA	ORA	RV
05/05/2089	04:53	4,41250	02/12/2042	23:15	6,31672
06/06/2090	14:46	4,30678	04/01/2044	04:47	6,17912
10/07/2091	14:36	4,16575	07/02/2045	00:56	6,04505
14/08/2092	03:21	4,03372	16/03/2046	07:24	5,96290
19/09/2093	21:20	3,95873	24/04/2047	02:23	5,96701
26/10/2094	18:02	3,97152	31/05/2048	07:20	6,05592
01/12/2095	13:28	4,06622	06/07/2049	06:00	6,19319
03/01/2097	19:08	4,20490	08/08/2050	16:17	6,32959
05/02/2098	08:46	4,33903	08/09/2051	19:51	6,42413
08/03/2099	22:08	4,42906	07/10/2052	19:20	6,45220
09/04/2100	02:20	4,45171	06/11/2053	14:50	6,40748
			07/12/2054	05:39	6,30054

APOGEI - APOGEAS

DATA	ORA	RV	DATA	ORA	RV
			08/01/2056	20:50	6,15973
			11/02/2057	23:11	6,02880
10/05/2000	08:46	5,99611	21/03/2058	16:04	5,95615
16/06/2001	19:15	6,11522	29/04/2059	12:07	5,97278
21/07/2002	12:25	6,26069	05/06/2060	11:05	6,07255
22/08/2003	18:40	6,38382	11/07/2061	04:03	6,21499
21/09/2004	03:38	6,44986	13/08/2062	01:29	6,34958
20/10/2005	21:29	6,44285	13/09/2063	00:28	6,43631
19/11/2006	21:58	6,36471	11/10/2064	19:03	6,45317
21/12/2007	08:06	6,23482	10/11/2065	14:14	6,39625
23/01/2009	03:47	6,09055	11/12/2066	12:44	6,27962
28/02/2010	15:01	5,98064	13/01/2068	10:27	6,13490
08/04/2011	02:44	5,94919	17/02/2069	03:17	6,00866
15/05/2012	21:35	6,01015	27/03/2070	03:18	5,94881
21/06/2013	20:25	6,13748	04/05/2071	23:58	5,98149
26/07/2014	04:45	6,28260	10/06/2072	18:28	6,09261
27/08/2015	01:13	6,39851	15/07/2073	21:53	6,23764
25/09/2016	08:37	6,45388	17/08/2074	13:09	6,36725
24/10/2017	23:24	6,43535	17/09/2075	03:30	6,44422
24/11/2018	04:43	6,34747	15/10/2076	22:33	6,44945
25/12/2019	23:01	6,21292	14/11/2077	19:57	6,38203
28/01/2021	03:21	6,07125	15/12/2078	22:58	6,25849
05/03/2022	23:16	5,97206	18/01/2080	08:33	6,11364
13/04/2023	15:38	5,95514	22/02/2081	09:02	5,99542
21/05/2024	02:46	6,02788	01/04/2082	14:38	5,94982
26/06/2025	17:07	6,15963	10/05/2083	10:40	5,99617
30/07/2026	16:12	6,30124	15/06/2084	17:33	6,11449
31/08/2027	06:56	6,40866	20/07/2085	13:02	6,25864
29/09/2028	09:56	6,45317	21/08/2086	18:44	6,38082
29/10/2029	04:50	6,42459	21/09/2087	08:03	6,44720
28/11/2030	12:45	6,32986	20/10/2088	00:36	6,44163
30/12/2031	14:59	6,19332	19/11/2089	02:51	6,36570
02/02/2033	03:05	6,05599	20/12/2090	13:13	6,23850
11/03/2034	07:07	5,96639	23/01/2092	05:45	6,09600
18/04/2035	22:24	5,96142	27/02/2093	14:22	5,98638
26/05/2036	06:43	6,04348	07/04/2094	00:47	5,95267
01/07/2037	13:41	6,17819	15/05/2095	15:24	6,00979
04/08/2038	03:25	6,31669	20/06/2096	16:29	6,13340
04/09/2039	13:55	6,41659	25/07/2097	03:03	6,27588
03/10/2040	15:55	6,45253	26/08/2098	03:17	6,39153
02/11/2041	09:16	6,41638	25/09/2099	11:44	6,44883
			25/10/2100	07:18	6,43469

MAGNITUDINE MASSIMA
MAXIMA MAGNITUDE

DATA	ORA	MAG
27/11/2000	17:41	-2,9
31/12/2001	20:46	-2,7
02/02/2003	06:24	-2,6
04/03/2004	03:29	-2,5
03/04/2005	21:23	-2,5
05/05/2006	01:08	-2,5
06/06/2007	08:41	-2,6
09/07/2008	16:11	-2,7
15/08/2009	01:32	-2,9
28/02/2010	18:19	-2,0
21/09/2010	10:47	-2,9
28/10/2011	17:52	-2,9
02/12/2012	21:56	-2,8
05/01/2014	16:28	-2,7
06/02/2015	16:38	-2,6
08/03/2016	10:30	-2,5
08/04/2017	04:29	-2,5
09/05/2018	10:27	-2,5
11/06/2019	00:40	-2,6
14/07/2020	13:30	-2,8
20/08/2021	06:41	-2,9
05/03/2022	19:49	-2,0
26/09/2022	16:46	-2,9
02/11/2023	20:35	-2,9
07/12/2024	15:31	-2,8
10/01/2026	05:06	-2,7
10/02/2027	22:39	-2,6
12/03/2028	16:33	-2,5
12/04/2029	12:35	-2,5
13/05/2030	21:43	-2,5
15/06/2031	19:52	-2,6
19/07/2032	14:31	-2,8
25/08/2033	09:31	-2,9
10/03/2034	19:06	-2,0
01/10/2034	21:28	-2,9
07/11/2035	23:00	-2,9
12/12/2036	08:23	-2,8
14/01/2038	16:30	-2,7
15/02/2039	05:04	-2,5
16/03/2040	22:55	-2,5
16/04/2041	20:48	-2,5
18/05/2042	09:00	-2,5
20/06/2043	12:56	-2,6
24/07/2044	12:37	-2,8
30/08/2045	11:01	-2,9
15/03/2046	15:51	-2,0
06/10/2046	21:26	-2,9
12/11/2047	23:48	-2,9
16/12/2048	21:43	-2,8
19/01/2050	03:09	-2,7

DATA	ORA	MAG
19/02/2051	12:25	-2,5
21/03/2052	06:25	-2,5
21/04/2053	04:59	-2,5
22/05/2054	19:51	-2,5
25/06/2055	06:42	-2,7
29/07/2056	12:10	-2,8
04/09/2057	14:24	-2,9
20/03/2058	18:31	-2,0
12/10/2058	01:11	-2,9
17/11/2059	19:05	-2,9
21/12/2060	22:05	-2,8
23/01/2062	17:54	-2,6
23/02/2063	18:45	-2,5
25/03/2064	10:50	-2,5
25/04/2065	11:03	-2,5
27/05/2066	05:34	-2,6
30/06/2067	00:40	-2,7
03/08/2068	14:16	-2,8
17/02/2069	21:08	-2,0
09/09/2069	21:02	-2,9
25/03/2070	21:17	-2,1
17/10/2070	08:02	-2,9
22/11/2071	23:51	-2,9
26/12/2072	08:15	-2,7
28/01/2074	01:17	-2,6
28/02/2075	00:47	-2,5
29/03/2076	17:40	-2,5
29/04/2077	19:01	-2,5
31/05/2078	19:06	-2,6
04/07/2079	21:02	-2,7
08/08/2080	19:47	-2,8
22/02/2081	20:40	-2,0
15/09/2081	03:48	-2,9
22/10/2082	13:07	-2,9
27/11/2083	18:05	-2,9
30/12/2084	23:10	-2,7
01/02/2086	09:54	-2,6
04/03/2087	07:17	-2,5
03/04/2088	00:43	-2,5
04/05/2089	04:58	-2,5
05/06/2090	10:44	-2,6
09/07/2091	17:15	-2,7
13/08/2092	23:57	-2,9
27/02/2093	18:05	-2,0
20/09/2093	08:18	-2,9
27/10/2094	14:52	-2,9
02/12/2095	14:42	-2,8
04/01/2097	12:47	-2,7
05/02/2098	16:53	-2,6
08/03/2099	13:39	-2,5
08/04/2100	08:55	-2,5

OPPOSIZIONI-OPPOSITIONS

DATA	ORA
28/11/2000	03:13
01/01/2002	06:53
02/02/2003	10:12
04/03/2004	06:05
03/04/2005	16:30
04/05/2006	15:36
06/06/2007	00:13
09/07/2008	08:39
14/08/2009	18:53
21/09/2010	12:36
29/10/2011	02:42
03/12/2012	02:45
05/01/2014	22:11
06/02/2015	19:20
08/03/2016	11:57
07/04/2017	22:39
09/05/2018	01:39
10/06/2019	16:28
14/07/2020	08:59
20/08/2021	01:29
26/09/2022	20:33
03/11/2023	06:03
07/12/2024	21:58
10/01/2026	09:42
11/02/2027	01:29
12/03/2028	16:37
12/04/2029	05:05
13/05/2030	12:33
15/06/2031	10:20
19/07/2032	09:34
25/08/2033	06:40
02/10/2034	01:59
08/11/2035	06:43
12/12/2036	15:43
14/01/2038	20:58
15/02/2039	09:02
16/03/2040	22:59
16/04/2041	13:21
18/05/2042	00:55
20/06/2043	03:36
24/07/2044	07:55
30/08/2045	08:03
07/10/2046	02:30
13/11/2047	03:12
17/12/2048	06:33
19/01/2050	06:57
19/02/2051	15:40
21/03/2052	04:59
20/04/2053	20:41
22/05/2054	12:03
24/06/2055	20:51
29/07/2056	07:47
04/09/2057	12:29
12/10/2058	07:38
18/11/2059	04:01
22/12/2060	00:27
23/01/2062	17:51
23/02/2063	21:36
25/03/2064	08:21
25/04/2065	01:17
26/05/2066	21:11
29/06/2067	13:24
03/08/2068	08:45
09/09/2069	19:53
17/10/2070	15:19
23/11/2071	06:15
26/12/2072	18:42
28/01/2074	04:55
28/02/2075	04:11
29/03/2076	14:21
29/04/2077	09:41
31/05/2078	11:16
04/07/2079	11:07
08/08/2080	13:59
15/09/2081	04:14
22/10/2082	21:06
28/11/2083	04:43
31/12/2084	08:37
01/02/2086	12:41
04/03/2087	09:09
02/04/2088	19:46
03/05/2089	19:06
05/06/2090	02:53
09/07/2091	10:05
13/08/2092	18:27
20/09/2093	10:39
28/10/2094	00:05
03/12/2095	00:44
04/01/2097	21:54
05/02/2098	20:51
08/03/2099	15:17
08/04/2100	03:09

CONGIUNZIONI-CONJUNCTIONS

DATA	ORA
08/05/2000	05:09
14/06/2001	13:38
20/07/2002	02:19
22/08/2003	11:08
22/09/2004	00:48
22/10/2005	13:54
22/11/2006	00:15
23/12/2007	06:56
24/01/2009	06:44
28/02/2010	11:44

53

DATA	ORA
06/04/2011	15:40
13/05/2012	14:23
19/06/2013	17:11
24/07/2014	21:44
26/08/2015	23:02
26/09/2016	08:00
26/10/2017	19:10
26/11/2018	07:33
27/12/2019	19:26
29/01/2021	02:40
05/03/2022	15:07
11/04/2023	23:07
18/05/2024	19:46
24/06/2025	16:17
29/07/2026	13:18
31/08/2027	08:30
30/09/2028	13:51
31/10/2029	00:57
30/11/2030	15:43
01/01/2032	08:35
02/02/2033	22:31
10/03/2034	17:18
17/04/2035	04:13
23/05/2036	23:33
29/06/2037	14:44
03/08/2038	05:07
04/09/2039	19:04
04/10/2040	21:24
04/11/2041	07:34
05/12/2042	00:05
05/01/2044	20:39
07/02/2045	15:44
15/03/2046	15:31
22/04/2047	05:38
28/05/2048	23:54
04/07/2049	10:46
07/08/2050	19:55
09/09/2051	04:41
09/10/2052	03:34
08/11/2053	13:00
09/12/2054	07:30
10/01/2056	09:18
12/02/2057	11:37
20/03/2058	18:44
27/04/2059	12:17
03/06/2060	04:47
09/07/2061	09:25
12/08/2062	10:06
13/09/2063	12:01
13/10/2064	06:37
12/11/2065	15:21
13/12/2066	13:19
14/01/2068	22:10
17/02/2069	09:57
26/03/2070	01:11
02/05/2071	21:59
08/06/2072	10:56
14/07/2073	07:36
17/08/2074	00:36
17/09/2075	20:25
17/10/2076	12:16
16/11/2077	21:42
17/12/2078	23:48
19/01/2080	15:38
22/02/2081	11:23
31/03/2082	08:14
08/05/2083	05:07
13/06/2084	12:40
19/07/2085	01:54
21/08/2086	11:44
22/09/2087	03:16
21/10/2088	17:41
21/11/2089	04:54
22/12/2090	11:23
24/01/2092	09:43
27/02/2093	12:06
05/04/2094	13:21
13/05/2095	10:03
18/06/2096	13:10
23/07/2097	19:37
25/08/2098	23:41
26/09/2099	11:16
27/10/2100	00:28

MOTO RETROGRADO
RETROGRADE MOTION

DATA	ORA
29/09/2000	15:00
02/11/2001	18:03
04/12/2002	22:17
04/01/2004	15:49
02/02/2005	16:41
05/03/2006	01:10
06/04/2007	02:40
09/05/2008	16:00
15/06/2009	20:53
24/07/2010	04:53
30/08/2011	18:30
04/10/2012	14:50
07/11/2013	08:21
09/12/2014	07:48
08/01/2016	20:35
06/02/2017	20:22
09/03/2018	10:43
10/04/2019	18:03
14/05/2020	19:28
21/06/2021	05:32

DATA	ORA		DATA	ORA
29/07/2022	12:48		17/07/2081	18:43
04/09/2023	22:02		24/08/2082	13:12
09/10/2024	08:13		29/09/2083	16:52
11/11/2025	20:54		01/11/2084	18:28
13/12/2026	13:03		04/12/2085	01:14
13/01/2028	00:57		03/01/2087	19:09
11/02/2029	01:32		02/02/2088	20:00
13/03/2030	19:28		04/03/2089	06:29
15/04/2031	13:03		05/04/2090	04:44
19/05/2032	20:59		09/05/2091	18:17
26/06/2033	13:04		14/06/2092	18:46
03/08/2034	19:17		23/07/2093	01:40
09/09/2035	20:43		29/08/2094	16:23
14/10/2036	02:36		04/10/2095	11:21
16/11/2037	07:33		06/11/2096	09:10
17/12/2038	21:44		08/12/2097	08:44
17/01/2040	05:12		08/01/2099	01:18
15/02/2041	07:52		07/02/2100	02:06
18/03/2042	06:40			
20/04/2043	05:11			
24/05/2044	21:28			

MOTO DIRETTO-PROGRADE MOTION

DATA	ORA		DATA	ORA
01/07/2045	16:40		25/01/2001	15:42
08/08/2046	18:58		01/03/2002	15:43
14/09/2047	17:48		04/04/2003	06:07
18/10/2048	17:00		05/05/2004	14:08
20/11/2049	19:01		05/06/2005	22:59
22/12/2050	03:15		06/07/2006	20:07
21/01/2052	10:48		07/08/2007	06:58
19/02/2053	12:17		08/09/2008	04:27
22/03/2054	15:55		13/10/2009	09:38
24/04/2055	23:15		19/11/2010	06:57
30/05/2056	00:39		26/12/2011	12:27
06/07/2057	22:09		30/01/2013	17:22
14/08/2058	01:32		06/03/2014	10:58
19/09/2059	17:34		08/04/2015	21:00
23/10/2060	10:50		10/05/2016	00:12
25/11/2061	05:41		10/06/2017	05:57
26/12/2062	09:05		11/07/2018	04:49
25/01/2064	11:06		11/08/2019	17:27
23/02/2065	15:40		13/09/2020	00:55
26/03/2066	23:51		18/10/2021	11:57
29/04/2067	18:01		24/11/2022	13:43
04/06/2068	03:53		31/12/2023	16:10
12/07/2069	09:18		04/02/2025	14:07
19/08/2070	08:48		11/03/2026	03:45
24/09/2071	18:24		13/04/2027	07:18
28/10/2072	05:20		14/05/2028	09:02
29/11/2073	16:33		14/06/2029	12:50
30/12/2074	14:40		15/07/2030	12:22
29/01/2076	16:31		16/08/2031	07:48
27/02/2077	21:20		17/09/2032	20:23
31/03/2078	14:22		23/10/2033	15:06
04/05/2079	16:53		29/11/2034	17:56
09/06/2080	12:58			

DATA	ORA	DATA	ORA
05/01/2036	16:15	02/10/2068	07:04
09/02/2037	11:03	07/11/2069	20:28
15/03/2038	18:17	15/12/2070	02:04
17/04/2039	21:06	20/01/2072	17:12
18/05/2040	17:45	23/02/2073	22:40
18/06/2041	21:53	29/03/2074	18:26
19/07/2042	22:29	01/05/2075	06:45
20/08/2043	20:32	31/05/2076	18:31
22/09/2044	15:55	01/07/2077	15:55
28/10/2045	13:45	01/08/2078	22:55
04/12/2046	16:47	03/09/2079	12:44
10/01/2048	13:24	07/10/2080	09:06
14/02/2049	02:49	13/11/2081	01:35
20/03/2050	09:53	20/12/2082	07:50
22/04/2051	07:32	25/01/2084	17:14
23/05/2052	04:10	28/02/2085	16:16
23/06/2053	04:31	03/04/2086	07:25
24/07/2054	07:12	05/05/2087	15:40
25/08/2055	09:31	05/06/2088	00:49
27/09/2056	11:32	06/07/2089	00:13
02/11/2057	14:52	06/08/2090	08:56
09/12/2058	21:16	08/09/2091	08:10
15/01/2060	13:05	12/10/2092	09:29
19/02/2061	00:49	18/11/2093	06:53
25/03/2062	01:33	25/12/2094	10:30
26/04/2063	19:51	30/01/2096	14:23
27/05/2064	09:27	05/03/2097	10:02
27/06/2065	09:53	07/04/2098	19:37
28/07/2066	12:02	10/05/2099	02:18
29/08/2067	21:13	10/06/2100	09:14

FENOMENI MUTUI DEI SATELLITI
MUTUAL PHENOMENA OF THE MOONS
2013-2020

```
Ec.D. : inizio dell'eclisse          I  : Io
Ec.D. : beginning of the eclipse     I  : Io
Ec.R. : fine dell'eclisse            II : Europa
Ec.R. : ending of the eclipse        II : Europa
Oc.D. : inizio dell'occultazione    III: Ganymede
Oc.D. : beginning of the occultation III: Ganymede
Oc.R. : fine dell'occultazione       IV : Callisto
Oc.R. : ending of the occultation    IV : Callisto
Tr.I. : inizio del transito
Tr.I. : beginning of the transit
Tr.E. : fine del transito
Tr.E. : ending of the transit
Sh.I. : ingresso dell'ombra
Sh.I. : beginning of the umbra transit
Sh.E. : uscita dell'ombra
Sh.E. : ending of the umbra transit

TEMPI IN T.U.
TIMES IN U.T.
```

Data	Ora	Sat.	Fenomeno	
01/01/2013	03:08,3	I	Occ.	D.
02/01/2013	00:15,3	I	Tr.	I.
02/01/2013	00:59,3	I	Sh.	I.
02/01/2013	02:25,8	I	Tr.	E.
02/01/2013	03:10,6	I	Sh.	E.
02/01/2013	17:10,5	II	Ec.	R.
02/01/2013	21:34,8	I	Occ.	D.
03/01/2013	00:30,7	I	Ec.	R.
03/01/2013	18:37,4	III	Tr.	E.
03/01/2013	18:41,9	I	Tr.	I.
03/01/2013	19:28,2	I	Sh.	I.
03/01/2013	19:39,4	III	Sh.	I.
03/01/2013	20:52,4	I	Tr.	E.
03/01/2013	21:39,5	I	Sh.	E.
03/01/2013	21:50,3	III	Sh.	E.
04/01/2013	18:59,5	I	Ec.	R.
06/01/2013	02:24,7	II	Occ.	D.
07/01/2013	21:28,7	II	Tr.	I.
07/01/2013	23:10,2	II	Sh.	I.
07/01/2013	23:51,7	II	Tr.	E.
08/01/2013	01:34,8	II	Sh.	E.
09/01/2013	02:02,0	I	Tr.	I.
09/01/2013	02:54,6	I	Sh.	I.
09/01/2013	04:12,7	I	Tr.	E.
09/01/2013	19:48,4	II	Ec.	R.
09/01/2013	23:21,4	I	Occ.	D.
10/01/2013	02:25,8	I	Ec.	R.
10/01/2013	20:03,7	III	Tr.	I.
10/01/2013	20:28,9	I	Tr.	I.
10/01/2013	21:23,5	I	Sh.	I.
10/01/2013	22:07,0	III	Tr.	E.
10/01/2013	22:39,7	I	Tr.	E.
10/01/2013	23:35,0	I	Sh.	E.
10/01/2013	23:40,6	III	Sh.	I.
11/01/2013	01:52,6	III	Sh.	E.
11/01/2013	17:48,3	I	Occ.	D.
11/01/2013	20:54,6	I	Ec.	R.
12/01/2013	17:06,6	I	Tr.	E.
12/01/2013	18:03,8	I	Sh.	E.
14/01/2013	23:49,5	II	Tr.	I.
15/01/2013	01:46,2	II	Sh.	I.
15/01/2013	02:13,1	II	Tr.	E.
15/01/2013	04:11,0	II	Sh.	E.
16/01/2013	03:50,0	I	Tr.	I.
16/01/2013	17:57,5	II	Occ.	D.
16/01/2013	22:26,5	II	Ec.	R.
17/01/2013	01:09,3	I	Occ.	D.
17/01/2013	22:17,2	I	Tr.	I.
17/01/2013	23:19,0	I	Sh.	I.
17/01/2013	23:34,4	III	Tr.	I.
18/01/2013	00:28,1	I	Tr.	E.
18/01/2013	01:30,6	I	Sh.	E.
18/01/2013	01:40,4	III	Tr.	E.
18/01/2013	03:41,1	III	Sh.	I.
18/01/2013	17:29,0	II	Sh.	E.
18/01/2013	19:36,5	I	Occ.	D.
18/01/2013	22:49,7	I	Ec.	R.
19/01/2013	17:47,8	I	Sh.	I.
19/01/2013	18:55,4	I	Tr.	E.
19/01/2013	19:59,5	I	Sh.	E.
20/01/2013	17:18,5	I	Ec.	R.
21/01/2013	17:34,2	III	Ec.	D.

21/01/2013	19:49,1	III	Ec.	R.
22/01/2013	02:12,6	II	Tr.	I.
23/01/2013	20:22,6	II	Occ.	D.
24/01/2013	01:04,8	II	Ec.	R.
24/01/2013	02:58,4	I	Occ.	D.
25/01/2013	00:06,7	I	Tr.	I.
25/01/2013	01:14,6	I	Sh.	I.
25/01/2013	02:17,9	I	Tr.	E.
25/01/2013	03:10,0	III	Tr.	I.
25/01/2013	03:26,3	I	Sh.	E.
25/01/2013	17:40,1	II	Sh.	I.
25/01/2013	17:49,5	II	Tr.	E.
25/01/2013	20:05,1	II	Sh.	E.
25/01/2013	21:25,9	I	Occ.	D.
26/01/2013	00:44,9	I	Ec.	R.
26/01/2013	18:34,3	I	Tr.	I.
26/01/2013	19:43,4	I	Sh.	I.
26/01/2013	20:45,4	I	Tr.	E.
26/01/2013	21:55,2	I	Sh.	E.
27/01/2013	19:13,7	I	Ec.	R.
28/01/2013	19:02,9	III	Occ.	R.
28/01/2013	21:34,9	III	Ec.	D.
28/01/2013	23:50,9	III	Ec.	R.
30/01/2013	22:50,4	II	Occ.	D.
01/02/2013	01:57,6	I	Tr.	I.
01/02/2013	17:51,9	II	Tr.	I.
01/02/2013	20:16,0	II	Sh.	I.
01/02/2013	20:16,8	II	Tr.	E.
01/02/2013	22:41,2	II	Sh.	E.
01/02/2013	23:16,5	I	Occ.	D.
02/02/2013	02:40,1	I	Ec.	R.
02/02/2013	20:25,4	I	Tr.	I.
02/02/2013	21:39,1	I	Sh.	I.
02/02/2013	22:36,8	I	Tr.	E.
02/02/2013	23:50,9	I	Sh.	E.
03/02/2013	17:44,4	I	Occ.	D.
03/02/2013	21:08,9	I	Ec.	R.
04/02/2013	18:20,0	I	Sh.	E.
04/02/2013	20:36,2	III	Occ.	D.
04/02/2013	22:49,2	III	Occ.	R.
05/02/2013	01:36,0	III	Ec.	D.
07/02/2013	01:20,9	II	Occ.	D.
08/02/2013	17:59,4	III	Sh.	E.
08/02/2013	20:21,0	II	Tr.	I.
08/02/2013	22:46,3	II	Tr.	E.
08/02/2013	22:51,7	II	Sh.	I.
09/02/2013	01:08,4	I	Occ.	D.
09/02/2013	01:17,1	II	Sh.	E.
09/02/2013	22:17,9	I	Tr.	I.
09/02/2013	23:34,8	I	Sh.	I.
10/02/2013	00:29,4	I	Tr.	E.
10/02/2013	01:46,8	I	Sh.	E.
10/02/2013	19:36,5	I	Occ.	D.
10/02/2013	19:41,6	II	Ec.	R.
10/02/2013	23:04,1	I	Ec.	R.
11/02/2013	18:03,8	I	Sh.	I.
11/02/2013	18:57,8	I	Tr.	E.
11/02/2013	20:15,8	I	Sh.	E.
12/02/2013	00:24,4	III	Occ.	D.
15/02/2013	19:44,1	III	Sh.	I.
15/02/2013	22:02,1	III	Sh.	E.
15/02/2013	22:52,4	II	Tr.	I.
16/02/2013	01:18,2	II	Tr.	E.

16/02/2013	01:27,5	II	Sh.	I.
17/02/2013	00:11,5	I	Tr.	I.
17/02/2013	01:30,6	I	Sh.	I.
17/02/2013	19:39,4	II	Occ.	R.
17/02/2013	19:52,9	II	Ec.	D.
17/02/2013	21:29,9	I	Occ.	D.
17/02/2013	22:20,4	II	Ec.	R.
18/02/2013	00:59,4	I	Ec.	R.
18/02/2013	18:40,2	I	Tr.	I.
18/02/2013	19:59,6	I	Sh.	I.
18/02/2013	20:52,0	I	Tr.	E.
18/02/2013	22:11,7	I	Sh.	E.
19/02/2013	19:28,2	I	Ec.	R.
22/02/2013	18:24,5	III	Tr.	I.
22/02/2013	20:41,6	III	Tr.	E.
22/02/2013	23:45,1	III	Sh.	I.
23/02/2013	01:26,1	II	Tr.	I.
24/02/2013	19:48,6	II	Occ.	D.
24/02/2013	22:16,7	II	Occ.	R.
24/02/2013	22:31,5	II	Ec.	D.
24/02/2013	23:24,3	I	Occ.	D.
25/02/2013	00:59,3	II	Ec.	R.
25/02/2013	20:35,3	I	Tr.	I.
25/02/2013	21:55,4	I	Sh.	I.
25/02/2013	22:47,3	I	Tr.	E.
26/02/2013	00:07,6	I	Sh.	E.
26/02/2013	19:46,9	II	Sh.	E.
26/02/2013	21:23,4	I	Ec.	R.
27/02/2013	18:36,6	I	Sh.	E.
01/03/2013	22:25,6	III	Tr.	I.
02/03/2013	00:44,5	III	Tr.	E.
03/03/2013	22:27,5	II	Occ.	D.
04/03/2013	00:56,0	II	Occ.	R.
04/03/2013	01:10,1	II	Ec.	D.
04/03/2013	22:31,5	I	Tr.	I.
04/03/2013	23:51,3	I	Sh.	I.
05/03/2013	00:43,6	I	Tr.	E.
05/03/2013	19:46,9	II	Tr.	E.
05/03/2013	19:48,8	I	Occ.	D.
05/03/2013	19:56,6	II	Sh.	I.
05/03/2013	19:59,2	III	Ec.	R.
05/03/2013	22:22,7	II	Sh.	E.
05/03/2013	23:18,7	I	Ec.	R.
06/03/2013	19:12,8	I	Tr.	E.
06/03/2013	20:32,5	I	Sh.	E.
12/03/2013	00:28,6	I	Tr.	I.
12/03/2013	18:46,1	III	Occ.	R.
12/03/2013	19:58,7	II	Tr.	I.
12/03/2013	21:38,4	III	Ec.	D.
12/03/2013	21:45,4	I	Occ.	D.
12/03/2013	22:25,6	II	Tr.	E.
12/03/2013	22:32,1	II	Sh.	I.
13/03/2013	00:01,6	III	Ec.	R.
13/03/2013	18:58,0	I	Tr.	I.
13/03/2013	20:16,0	I	Sh.	I.
13/03/2013	21:10,3	I	Tr.	E.
13/03/2013	22:28,4	I	Sh.	E.
14/03/2013	19:36,1	II	Ec.	R.
14/03/2013	19:42,7	I	Ec.	R.
19/03/2013	20:33,7	III	Occ.	D.
19/03/2013	22:38,8	II	Tr.	I.
19/03/2013	22:57,5	III	Occ.	R.
19/03/2013	23:42,8	I	Occ.	D.

20/03/2013	20:56,2	I	Tr.	I.
20/03/2013	22:11,8	I	Sh.	I.
20/03/2013	23:08,6	I	Tr.	E.
21/03/2013	19:42,4	II	Occ.	R.
21/03/2013	19:46,2	II	Ec.	D.
21/03/2013	21:37,9	I	Ec.	R.
21/03/2013	22:15,0	II	Ec.	R.
27/03/2013	22:55,2	I	Tr.	I.
28/03/2013	19:58,4	II	Occ.	D.
28/03/2013	20:10,6	I	Occ.	D.
28/03/2013	23:33,0	I	Ec.	R.
29/03/2013	19:37,6	I	Tr.	E.
29/03/2013	20:49,1	I	Sh.	E.
30/03/2013	19:27,8	II	Sh.	E.
30/03/2013	19:48,7	III	Sh.	I.
30/03/2013	22:14,1	III	Sh.	E.
04/04/2013	22:09,5	I	Occ.	D.
04/04/2013	22:45,0	II	Occ.	D.
05/04/2013	19:24,9	I	Tr.	I.
05/04/2013	20:32,2	I	Sh.	I.
05/04/2013	21:37,5	I	Tr.	E.
05/04/2013	22:44,9	I	Sh.	E.
06/04/2013	19:22,2	III	Tr.	I.
06/04/2013	19:36,1	II	Sh.	I.
06/04/2013	19:53,2	II	Tr.	E.
06/04/2013	19:56,9	I	Ec.	R.
06/04/2013	21:48,8	III	Tr.	E.
06/04/2013	22:03,5	II	Sh.	E.
12/04/2013	21:25,2	I	Tr.	I.
12/04/2013	22:27,8	I	Sh.	I.
13/04/2013	20:09,9	II	Tr.	I.
13/04/2013	21:52,0	I	Ec.	R.
13/04/2013	22:11,4	II	Sh.	I.
13/04/2013	22:38,1	II	Tr.	E.
17/04/2013	20:09,1	III	Ec.	R.
20/04/2013	20:39,1	I	Occ.	D.
21/04/2013	20:09,0	I	Tr.	E.
21/04/2013	21:05,0	I	Sh.	E.
22/04/2013	22:09,1	II	Ec.	R.
24/04/2013	20:34,8	III	Occ.	R.
24/04/2013	21:39,9	III	Ec.	D.
28/04/2013	20:47,6	I	Sh.	I.
28/04/2013	22:10,3	I	Tr.	E.
29/04/2013	20:10,7	I	Ec.	R.
29/04/2013	20:36,8	II	Occ.	D.
08/05/2013	20:22,7	II	Tr.	E.
08/05/2013	21:44,0	II	Sh.	E.
13/05/2013	21:11,7	I	Occ.	D.
14/05/2013	20:44,3	I	Tr.	E.
14/05/2013	21:20,1	I	Sh.	E.
15/05/2013	20:41,5	II	Tr.	I.
21/05/2013	21:02,2	I	Sh.	I.
20/07/2013	03:55,2	I	Ec.	D.
21/07/2013	03:29,6	I	Sh.	E.
21/07/2013	04:01,0	I	Tr.	E.
26/07/2013	03:32,7	II	Tr.	E.
28/07/2013	03:10,2	I	Sh.	I.
28/07/2013	03:47,7	I	Tr.	I.
29/07/2013	03:10,9	I	Occ.	R.
02/08/2013	03:46,3	II	Tr.	I.
06/08/2013	04:30,1	IV	Sh.	I.
11/08/2013	04:16,0	II	Occ.	R.
12/08/2013	04:06,1	I	Ec.	D.

61

13/08/2013	03:39,9	I	Sh.	E.
13/08/2013	04:31,5	I	Tr.	E.
14/08/2013	02:32,4	III	Sh.	E.
14/08/2013	03:11,8	III	Tr.	I.
18/08/2013	02:36,3	II	Ec.	D.
20/08/2013	03:20,0	I	Sh.	I.
20/08/2013	04:16,5	I	Tr.	I.
21/08/2013	03:41,5	I	Occ.	R.
21/08/2013	03:42,5	III	Sh.	I.
27/08/2013	02:03,2	II	Sh.	E.
27/08/2013	04:10,9	II	Tr.	E.
28/08/2013	02:22,6	I	Ec.	D.
29/08/2013	01:55,6	I	Sh.	E.
29/08/2013	02:58,9	I	Tr.	E.
01/09/2013	01:52,2	III	Occ.	D.
01/09/2013	04:53,1	III	Occ.	R.
03/09/2013	02:04,0	II	Sh.	I.
03/09/2013	04:18,3	II	Tr.	I.
03/09/2013	04:39,7	II	Sh.	E.
04/09/2013	04:16,6	I	Ec.	D.
05/09/2013	01:35,4	I	Sh.	I.
05/09/2013	01:51,0	II	Occ.	R.
05/09/2013	02:42,3	I	Tr.	I.
05/09/2013	03:49,1	I	Sh.	E.
05/09/2013	04:56,7	I	Tr.	E.
06/09/2013	02:08,8	I	Occ.	R.
08/09/2013	01:29,6	III	Ec.	D.
08/09/2013	04:22,8	III	Ec.	R.
09/09/2013	02:51,4	IV	Tr.	I.
10/09/2013	04:40,2	II	Sh.	I.
12/09/2013	03:28,8	I	Sh.	I.
12/09/2013	04:32,5	II	Occ.	R.
12/09/2013	04:39,4	I	Tr.	I.
13/09/2013	04:06,6	I	Occ.	R.
14/09/2013	01:23,1	I	Tr.	E.
15/09/2013	05:28,1	III	Ec.	D.
17/09/2013	01:28,0	IV	Ec.	R.
19/09/2013	00:32,7	III	Tr.	I.
19/09/2013	02:08,7	II	Ec.	D.
19/09/2013	03:36,2	III	Tr.	E.
19/09/2013	05:22,2	I	Sh.	I.
20/09/2013	02:32,8	I	Ec.	D.
21/09/2013	01:04,7	I	Tr.	I.
21/09/2013	01:46,1	II	Tr.	E.
21/09/2013	02:04,3	I	Sh.	E.
21/09/2013	03:19,3	I	Tr.	E.
22/09/2013	00:32,9	I	Occ.	R.
26/09/2013	00:53,3	IV	Tr.	E.
26/09/2013	02:30,3	III	Sh.	E.
26/09/2013	04:40,1	III	Tr.	I.
26/09/2013	04:42,1	II	Ec.	D.
27/09/2013	04:26,7	I	Ec.	D.
28/09/2013	01:43,7	I	Sh.	I.
28/09/2013	01:46,6	II	Tr.	I.
28/09/2013	01:47,4	II	Sh.	E.
28/09/2013	03:00,0	I	Tr.	I.
28/09/2013	03:57,6	I	Sh.	E.
28/09/2013	04:27,2	II	Tr.	E.
28/09/2013	05:14,7	I	Tr.	E.
29/09/2013	02:28,9	I	Occ.	R.
03/10/2013	03:32,9	III	Sh.	I.
04/10/2013	05:20,6	IV	Occ.	D.
05/10/2013	01:46,5	II	Sh.	I.

05/10/2013	03:36,9	I	Sh.	I.
05/10/2013	04:24,0	II	Sh.	E.
05/10/2013	04:25,6	II	Tr.	I.
05/10/2013	04:54,5	I	Tr.	I.
05/10/2013	05:50,9	I	Sh.	E.
06/10/2013	00:49,1	I	Ec.	D.
06/10/2013	04:24,0	I	Occ.	R.
07/10/2013	00:19,2	I	Sh.	E.
07/10/2013	01:37,7	I	Tr.	E.
07/10/2013	01:44,9	II	Occ.	R.
07/10/2013	01:48,2	III	Occ.	R.
12/10/2013	04:10,1	IV	Sh.	I.
12/10/2013	04:22,8	II	Sh.	I.
12/10/2013	05:30,1	I	Sh.	I.
13/10/2013	02:42,9	I	Ec.	D.
13/10/2013	06:18,2	I	Occ.	R.
13/10/2013	23:05,4	II	Ec.	D.
13/10/2013	23:58,4	I	Sh.	I.
14/10/2013	00:22,8	III	Ec.	R.
14/10/2013	01:16,2	I	Tr.	I.
14/10/2013	02:12,5	I	Sh.	E.
14/10/2013	02:39,7	III	Occ.	D.
14/10/2013	03:31,1	I	Tr.	E.
14/10/2013	04:18,7	II	Occ.	R.
14/10/2013	05:48,3	III	Occ.	R.
15/10/2013	00:46,5	I	Occ.	R.
15/10/2013	23:02,1	II	Tr.	E.
20/10/2013	04:36,8	I	Ec.	D.
20/10/2013	23:15,6	IV	Occ.	D.
21/10/2013	01:22,2	III	Ec.	D.
21/10/2013	01:38,7	II	Ec.	D.
21/10/2013	01:51,6	I	Sh.	I.
21/10/2013	02:33,7	IV	Occ.	R.
21/10/2013	03:08,5	I	Tr.	I.
21/10/2013	04:05,7	I	Sh.	E.
21/10/2013	04:22,2	III	Ec.	R.
21/10/2013	05:23,4	I	Tr.	E.
21/10/2013	06:34,2	III	Occ.	D.
21/10/2013	23:05,2	I	Ec.	D.
22/10/2013	02:39,3	I	Occ.	R.
22/10/2013	22:34,1	I	Sh.	E.
22/10/2013	22:54,6	II	Tr.	I.
22/10/2013	22:56,1	II	Sh.	E.
22/10/2013	23:51,3	I	Tr.	E.
23/10/2013	01:36,3	II	Tr.	E.
24/10/2013	23:42,3	III	Tr.	E.
27/10/2013	06:30,6	I	Ec.	D.
28/10/2013	03:44,8	I	Sh.	I.
28/10/2013	04:11,9	II	Ec.	D.
28/10/2013	04:59,7	I	Tr.	I.
28/10/2013	05:20,4	III	Ec.	D.
28/10/2013	05:59,0	I	Sh.	E.
28/10/2013	22:07,3	IV	Sh.	I.
29/10/2013	00:46,4	IV	Sh.	E.
29/10/2013	00:59,0	I	Ec.	D.
29/10/2013	04:31,1	I	Occ.	R.
29/10/2013	22:13,1	I	Sh.	I.
29/10/2013	22:54,0	II	Sh.	I.
29/10/2013	23:27,3	I	Tr.	I.
30/10/2013	00:27,4	I	Sh.	E.
30/10/2013	01:26,2	II	Tr.	I.
30/10/2013	01:32,8	II	Sh.	E.
30/10/2013	01:42,3	I	Tr.	E.

30/10/2013	04:08,1	II	Tr.	E.
30/10/2013	22:58,9	I	Occ.	R.
31/10/2013	22:26,5	III	Sh.	E.
31/10/2013	22:34,0	II	Occ.	R.
01/11/2013	00:21,6	III	Tr.	I.
01/11/2013	03:30,7	III	Tr.	E.
04/11/2013	05:38,0	I	Sh.	I.
04/11/2013	06:45,2	II	Ec.	D.
04/11/2013	06:49,8	I	Tr.	I.
05/11/2013	02:52,9	I	Ec.	D.
05/11/2013	06:21,7	I	Occ.	R.
06/11/2013	00:06,3	I	Sh.	I.
06/11/2013	01:17,2	I	Tr.	I.
06/11/2013	01:30,4	II	Sh.	I.
06/11/2013	02:20,7	I	Sh.	E.
06/11/2013	03:32,2	I	Tr.	E.
06/11/2013	03:55,5	II	Tr.	I.
06/11/2013	04:09,4	II	Sh.	E.
06/11/2013	05:15,3	IV	Ec.	D.
06/11/2013	06:37,5	II	Tr.	E.
07/11/2013	00:49,2	I	Occ.	R.
07/11/2013	21:59,5	I	Tr.	E.
07/11/2013	23:24,6	III	Sh.	I.
08/11/2013	01:00,2	II	Occ.	R.
08/11/2013	02:26,1	III	Sh.	E.
08/11/2013	04:04,9	III	Tr.	I.
12/11/2013	04:46,8	I	Ec.	D.
13/11/2013	01:59,6	I	Sh.	I.
13/11/2013	03:05,9	I	Tr.	I.
13/11/2013	04:06,7	II	Sh.	I.
13/11/2013	04:14,0	I	Sh.	E.
13/11/2013	05:21,0	I	Tr.	E.
13/11/2013	06:22,3	II	Tr.	I.
13/11/2013	06:46,1	II	Sh.	E.
13/11/2013	23:15,4	I	Ec.	D.
14/11/2013	02:38,3	I	Occ.	R.
14/11/2013	21:32,9	I	Tr.	I.
14/11/2013	22:35,2	II	Ec.	D.
14/11/2013	22:42,3	I	Sh.	E.
14/11/2013	23:48,0	I	Tr.	E.
15/11/2013	02:08,1	IV	Tr.	I.
15/11/2013	03:22,5	III	Sh.	I.
15/11/2013	03:24,1	II	Occ.	R.
15/11/2013	05:32,3	IV	Tr.	E.
15/11/2013	06:24,9	III	Sh.	E.
15/11/2013	21:05,4	I	Occ.	R.
16/11/2013	22:16,6	II	Tr.	E.
18/11/2013	21:27,9	III	Occ.	D.
19/11/2013	00:39,3	III	Occ.	R.
19/11/2013	06:40,8	I	Ec.	D.
20/11/2013	03:52,9	I	Sh.	I.
20/11/2013	04:53,6	I	Tr.	I.
20/11/2013	06:07,4	I	Sh.	E.
20/11/2013	06:43,0	II	Sh.	I.
20/11/2013	07:08,7	I	Tr.	E.
21/11/2013	01:09,3	I	Ec.	D.
21/11/2013	04:26,3	I	Occ.	R.
21/11/2013	22:21,2	I	Sh.	I.
21/11/2013	23:20,3	I	Tr.	I.
22/11/2013	00:35,8	I	Sh.	E.
22/11/2013	01:08,7	II	Ec.	D.
22/11/2013	01:35,4	I	Tr.	E.
22/11/2013	05:45,9	II	Occ.	R.

22/11/2013	07:20,3	III	Sh.	I.
22/11/2013	22:53,1	I	Occ.	R.
22/11/2013	23:13,6	IV	Ec.	D.
23/11/2013	02:12,8	IV	Ec.	R.
23/11/2013	21:57,8	II	Tr.	I.
23/11/2013	22:40,7	II	Sh.	E.
24/11/2013	00:39,9	II	Tr.	E.
25/11/2013	21:15,9	III	Ec.	D.
26/11/2013	00:21,2	III	Ec.	R.
26/11/2013	00:59,5	III	Occ.	D.
26/11/2013	04:11,1	III	Occ.	R.
27/11/2013	05:46,3	I	Sh.	I.
27/11/2013	06:40,1	I	Tr.	I.
28/11/2013	03:03,4	I	Ec.	D.
28/11/2013	06:13,3	I	Occ.	R.
29/11/2013	00:14,6	I	Sh.	I.
29/11/2013	01:06,6	I	Tr.	I.
29/11/2013	02:29,3	I	Sh.	E.
29/11/2013	03:21,8	I	Tr.	E.
29/11/2013	03:42,3	II	Ec.	D.
29/11/2013	21:31,9	I	Ec.	D.
30/11/2013	00:39,8	I	Occ.	R.
30/11/2013	20:57,7	I	Sh.	E.
30/11/2013	21:48,2	I	Tr.	E.
30/11/2013	22:37,2	II	Sh.	I.
01/12/2013	00:18,9	II	Tr.	I.
01/12/2013	01:17,3	II	Sh.	E.
01/12/2013	03:00,9	II	Tr.	E.
01/12/2013	21:05,1	IV	Tr.	E.
02/12/2013	21:14,6	II	Occ.	R.
03/12/2013	01:15,0	III	Ec.	D.
03/12/2013	04:21,2	III	Ec.	R.
03/12/2013	04:26,8	III	Occ.	D.
03/12/2013	07:38,4	III	Occ.	R.
04/12/2013	07:39,8	I	Sh.	I.
05/12/2013	04:57,5	I	Ec.	D.
06/12/2013	02:08,2	I	Sh.	I.
06/12/2013	02:52,0	I	Tr.	I.
06/12/2013	04:23,0	I	Sh.	E.
06/12/2013	05:07,2	I	Tr.	E.
06/12/2013	06:16,1	II	Ec.	D.
06/12/2013	21:20,2	III	Tr.	E.
06/12/2013	23:26,0	I	Ec.	D.
07/12/2013	02:25,5	I	Occ.	R.
07/12/2013	20:36,6	I	Sh.	I.
07/12/2013	21:18,2	I	Tr.	I.
07/12/2013	22:51,4	I	Sh.	E.
07/12/2013	23:33,4	I	Tr.	E.
08/12/2013	01:13,5	II	Sh.	I.
08/12/2013	02:37,9	II	Tr.	I.
08/12/2013	03:54,0	II	Sh.	E.
08/12/2013	05:19,8	II	Tr.	E.
08/12/2013	20:51,8	I	Occ.	R.
09/12/2013	19:33,0	II	Ec.	D.
09/12/2013	20:22,8	IV	Ec.	R.
09/12/2013	23:17,7	IV	Occ.	D.
09/12/2013	23:31,3	II	Occ.	R.
10/12/2013	02:46,2	IV	Occ.	R.
10/12/2013	05:13,5	III	Ec.	D.
12/12/2013	06:51,7	I	Ec.	D.
13/12/2013	04:01,8	I	Sh.	I.
13/12/2013	04:36,6	I	Tr.	I.
13/12/2013	06:16,7	I	Sh.	E.

13/12/2013	06:51,8	I	Tr.	E.
13/12/2013	19:16,2	III	Sh.	I.
13/12/2013	21:32,1	III	Tr.	I.
13/12/2013	22:22,7	III	Sh.	E.
14/12/2013	00:42,3	III	Tr.	E.
14/12/2013	01:20,2	I	Ec.	D.
14/12/2013	04:10,3	I	Occ.	R.
14/12/2013	22:30,2	I	Sh.	I.
14/12/2013	23:02,6	I	Tr.	I.
15/12/2013	00:45,2	I	Sh.	E.
15/12/2013	01:17,8	I	Tr.	E.
15/12/2013	03:49,9	II	Sh.	I.
15/12/2013	04:55,1	II	Tr.	I.
15/12/2013	06:30,6	II	Sh.	E.
15/12/2013	07:37,0	II	Tr.	E.
15/12/2013	19:48,8	I	Ec.	D.
15/12/2013	22:36,5	I	Occ.	R.
16/12/2013	19:13,6	I	Sh.	E.
16/12/2013	19:43,8	I	Tr.	E.
16/12/2013	22:07,1	II	Ec.	D.
17/12/2013	01:46,5	II	Occ.	R.
18/12/2013	04:02,9	IV	Sh.	I.
18/12/2013	07:15,4	IV	Sh.	E.
18/12/2013	19:49,3	II	Sh.	E.
18/12/2013	20:45,3	II	Tr.	E.
20/12/2013	05:55,6	I	Sh.	I.
20/12/2013	06:20,5	I	Tr.	I.
20/12/2013	23:14,9	III	Sh.	I.
21/12/2013	00:50,5	III	Tr.	I.
21/12/2013	02:22,4	III	Sh.	E.
21/12/2013	03:14,5	I	Ec.	D.
21/12/2013	04:00,6	III	Tr.	E.
21/12/2013	05:54,5	I	Occ.	R.
22/12/2013	00:24,1	I	Sh.	I.
22/12/2013	00:46,5	I	Tr.	I.
22/12/2013	02:39,1	I	Sh.	E.
22/12/2013	03:01,7	I	Tr.	E.
22/12/2013	06:26,3	II	Sh.	I.
22/12/2013	07:11,0	II	Tr.	I.
22/12/2013	21:43,1	I	Ec.	D.
23/12/2013	00:20,5	I	Occ.	R.
23/12/2013	18:52,5	I	Sh.	I.
23/12/2013	19:12,3	I	Tr.	I.
23/12/2013	21:07,6	I	Sh.	E.
23/12/2013	21:27,5	I	Tr.	E.
24/12/2013	00:41,4	II	Ec.	D.
24/12/2013	04:00,7	II	Occ.	R.
24/12/2013	18:46,4	I	Occ.	R.
25/12/2013	19:44,9	II	Sh.	I.
25/12/2013	20:18,8	II	Tr.	I.
25/12/2013	22:25,9	II	Sh.	E.
25/12/2013	23:00,5	II	Tr.	E.
27/12/2013	07:49,5	I	Sh.	I.
27/12/2013	08:04,1	I	Tr.	I.
28/12/2013	03:14,0	III	Sh.	I.
28/12/2013	04:07,2	III	Tr.	I.
28/12/2013	05:08,9	I	Ec.	D.
28/12/2013	06:22,4	III	Sh.	E.
28/12/2013	07:17,1	III	Tr.	E.
28/12/2013	07:38,2	I	Occ.	R.
29/12/2013	02:18,0	I	Sh.	I.
29/12/2013	02:29,9	I	Tr.	I.
29/12/2013	04:33,2	I	Sh.	E.

29/12/2013	04:45,1	I	Tr.	E.
29/12/2013	23:37,5	I	Ec.	D.
30/12/2013	02:04,2	I	Occ.	R.
30/12/2013	20:46,5	I	Sh.	I.
30/12/2013	20:55,7	I	Tr.	I.
30/12/2013	23:01,7	I	Sh.	E.
30/12/2013	23:10,9	I	Tr.	E.
31/12/2013	03:15,9	II	Ec.	D.
31/12/2013	06:14,1	II	Occ.	R.
31/12/2013	18:06,1	I	Ec.	D.
31/12/2013	20:30,0	I	Occ.	R.
31/12/2013	20:52,9	III	Occ.	R.
01/01/2014	17:30,3	I	Sh.	E.
01/01/2014	17:36,8	I	Tr.	E.
01/01/2014	22:21,2	II	Sh.	I.
01/01/2014	22:33,4	II	Tr.	I.
02/01/2014	01:02,5	II	Sh.	E.
02/01/2014	01:14,9	II	Tr.	E.
03/01/2014	19:20,6	II	Occ.	R.
03/01/2014	22:02,7	IV	Sh.	I.
03/01/2014	22:29,1	IV	Tr.	I.
04/01/2014	01:24,6	IV	Sh.	E.
04/01/2014	01:53,7	IV	Tr.	E.
04/01/2014	07:03,4	I	Ec.	D.
04/01/2014	07:12,6	III	Sh.	I.
04/01/2014	07:22,0	III	Tr.	I.
05/01/2014	04:12,1	I	Sh.	I.
05/01/2014	04:13,2	I	Tr.	I.
05/01/2014	06:27,4	I	Sh.	E.
05/01/2014	06:28,5	I	Tr.	E.
06/01/2014	01:31,8	I	Occ.	D.
06/01/2014	03:48,1	I	Ec.	R.
06/01/2014	22:39,0	I	Tr.	I.
06/01/2014	22:40,6	I	Sh.	I.
07/01/2014	00:54,3	I	Tr.	E.
07/01/2014	00:56,0	I	Sh.	E.
07/01/2014	05:46,6	II	Occ.	D.
07/01/2014	19:57,6	I	Occ.	D.
07/01/2014	20:57,6	III	Occ.	D.
07/01/2014	22:16,7	I	Ec.	R.
08/01/2014	00:21,4	III	Ec.	R.
08/01/2014	17:04,9	I	Tr.	I.
08/01/2014	17:09,2	I	Sh.	I.
08/01/2014	19:20,2	I	Tr.	E.
08/01/2014	19:24,6	I	Sh.	E.
09/01/2014	00:47,8	II	Tr.	I.
09/01/2014	00:57,6	II	Sh.	I.
09/01/2014	03:29,1	II	Tr.	E.
09/01/2014	03:39,1	II	Sh.	E.
10/01/2014	18:53,2	II	Occ.	D.
10/01/2014	21:49,3	II	Ec.	R.
12/01/2014	03:42,7	IV	Occ.	D.
12/01/2014	05:56,7	I	Tr.	I.
12/01/2014	06:06,4	I	Sh.	I.
13/01/2014	03:15,5	I	Occ.	D.
13/01/2014	05:42,7	I	Ec.	R.
14/01/2014	00:22,5	I	Tr.	I.
14/01/2014	00:34,9	I	Sh.	I.
14/01/2014	02:37,8	I	Tr.	E.
14/01/2014	02:50,4	I	Sh.	E.
14/01/2014	21:41,5	I	Occ.	D.
15/01/2014	00:11,3	I	Ec.	R.
15/01/2014	00:13,1	III	Occ.	D.

15/01/2014	04:21,8	III	Ec.	R.
15/01/2014	18:48,5	I	Tr.	I.
15/01/2014	19:03,6	I	Sh.	I.
15/01/2014	21:03,8	I	Tr.	E.
15/01/2014	21:19,1	I	Sh.	E.
16/01/2014	03:02,5	II	Tr.	I.
16/01/2014	03:34,0	II	Sh.	I.
16/01/2014	05:43,6	II	Tr.	E.
16/01/2014	06:15,7	II	Sh.	E.
16/01/2014	18:40,1	I	Ec.	R.
17/01/2014	21:07,1	II	Occ.	D.
18/01/2014	00:24,9	II	Ec.	R.
18/01/2014	18:21,5	III	Sh.	E.
19/01/2014	18:50,9	II	Tr.	E.
19/01/2014	19:33,8	II	Sh.	E.
20/01/2014	04:59,6	I	Occ.	D.
20/01/2014	19:34,5	IV	Sh.	E.
21/01/2014	02:06,5	I	Tr.	I.
21/01/2014	02:29,4	I	Sh.	I.
21/01/2014	04:21,8	I	Tr.	E.
21/01/2014	04:45,0	I	Sh.	E.
21/01/2014	23:25,7	I	Occ.	D.
22/01/2014	02:06,1	I	Ec.	R.
22/01/2014	03:30,3	III	Occ.	D.
22/01/2014	20:32,6	I	Tr.	I.
22/01/2014	20:58,1	I	Sh.	I.
22/01/2014	22:48,0	I	Tr.	E.
22/01/2014	23:13,7	I	Sh.	E.
23/01/2014	05:17,9	II	Tr.	I.
23/01/2014	06:10,3	II	Sh.	I.
23/01/2014	17:51,9	I	Occ.	D.
23/01/2014	20:34,8	I	Ec.	R.
24/01/2014	17:42,4	I	Sh.	E.
24/01/2014	23:22,0	II	Occ.	D.
25/01/2014	03:00,9	II	Ec.	R.
25/01/2014	19:09,5	III	Sh.	I.
25/01/2014	20:20,2	III	Tr.	E.
25/01/2014	22:21,7	III	Sh.	E.
26/01/2014	18:25,9	II	Tr.	I.
26/01/2014	19:28,3	II	Sh.	I.
26/01/2014	21:06,9	II	Tr.	E.
26/01/2014	22:10,3	II	Sh.	E.
28/01/2014	03:51,1	I	Tr.	I.
28/01/2014	04:24,0	I	Sh.	I.
28/01/2014	06:06,5	I	Tr.	E.
28/01/2014	17:59,2	IV	Occ.	D.
28/01/2014	21:24,8	IV	Occ.	R.
28/01/2014	23:15,9	IV	Ec.	D.
29/01/2014	01:10,6	I	Occ.	D.
29/01/2014	02:53,0	IV	Ec.	R.
29/01/2014	04:01,0	I	Ec.	R.
29/01/2014	22:17,5	I	Tr.	I.
29/01/2014	22:52,7	I	Sh.	I.
30/01/2014	00:32,8	I	Tr.	E.
30/01/2014	01:08,5	I	Sh.	E.
30/01/2014	19:37,0	I	Occ.	D.
30/01/2014	22:29,7	I	Ec.	R.
31/01/2014	18:59,2	I	Tr.	E.
31/01/2014	19:37,2	I	Sh.	E.
01/02/2014	01:38,5	II	Occ.	D.
01/02/2014	05:37,0	II	Ec.	R.
01/02/2014	20:32,6	III	Tr.	I.
01/02/2014	23:09,8	III	Sh.	I.

01/02/2014	23:41,9	III	Tr.	E.
02/02/2014	02:22,9	III	Sh.	E.
02/02/2014	20:43,4	II	Tr.	I.
02/02/2014	22:04,6	II	Sh.	I.
02/02/2014	23:24,4	II	Tr.	E.
03/02/2014	00:46,9	II	Sh.	E.
04/02/2014	05:36,6	I	Tr.	I.
04/02/2014	18:55,4	II	Ec.	R.
05/02/2014	02:56,4	I	Occ.	D.
06/02/2014	00:03,2	I	Tr.	I.
06/02/2014	00:47,5	I	Sh.	I.
06/02/2014	02:18,7	I	Tr.	E.
06/02/2014	03:03,5	I	Sh.	E.
06/02/2014	03:10,5	IV	Tr.	I.
06/02/2014	21:23,0	I	Occ.	D.
07/02/2014	00:24,6	I	Ec.	R.
07/02/2014	18:29,8	I	Tr.	I.
07/02/2014	19:16,2	I	Sh.	I.
07/02/2014	20:45,2	I	Tr.	E.
07/02/2014	21:32,2	I	Sh.	E.
08/02/2014	03:56,9	II	Occ.	D.
08/02/2014	18:53,3	I	Ec.	R.
08/02/2014	23:57,2	III	Tr.	I.
09/02/2014	03:06,7	III	Tr.	E.
09/02/2014	03:09,4	III	Sh.	I.
09/02/2014	23:02,7	II	Tr.	I.
10/02/2014	00:40,9	II	Sh.	I.
10/02/2014	01:43,6	II	Tr.	E.
10/02/2014	03:23,4	II	Sh.	E.
11/02/2014	21:32,0	II	Ec.	R.
12/02/2014	04:43,2	I	Occ.	D.
12/02/2014	20:23,2	III	Ec.	R.
13/02/2014	01:50,0	I	Tr.	I.
13/02/2014	02:42,5	I	Sh.	I.
13/02/2014	04:05,5	I	Tr.	E.
13/02/2014	04:58,5	I	Sh.	E.
13/02/2014	23:10,0	I	Occ.	D.
14/02/2014	02:19,6	I	Ec.	R.
14/02/2014	20:16,9	I	Tr.	I.
14/02/2014	21:03,7	IV	Ec.	R.
14/02/2014	21:11,2	I	Sh.	I.
14/02/2014	22:32,4	I	Tr.	E.
14/02/2014	23:27,3	I	Sh.	E.
15/02/2014	20:48,3	I	Ec.	R.
16/02/2014	03:26,4	III	Tr.	I.
17/02/2014	01:24,1	II	Tr.	I.
17/02/2014	03:17,1	II	Sh.	I.
17/02/2014	04:05,0	II	Tr.	E.
18/02/2014	19:28,6	II	Occ.	D.
19/02/2014	00:08,9	II	Ec.	R.
19/02/2014	20:19,8	III	Occ.	R.
19/02/2014	21:07,2	III	Ec.	D.
20/02/2014	00:23,8	III	Ec.	R.
20/02/2014	03:38,0	I	Tr.	I.
20/02/2014	19:18,0	II	Sh.	E.
21/02/2014	00:58,2	I	Occ.	D.
21/02/2014	04:14,7	I	Ec.	R.
21/02/2014	22:05,2	I	Tr.	I.
21/02/2014	23:06,3	I	Sh.	I.
22/02/2014	00:20,8	I	Tr.	E.
22/02/2014	01:22,5	I	Sh.	E.
22/02/2014	18:32,1	IV	Tr.	I.
22/02/2014	19:25,4	I	Occ.	D.

69

22/02/2014	21:57,0	IV	Tr.	E.
22/02/2014	22:43,4	I	Ec.	R.
23/02/2014	04:07,3	IV	Sh.	I.
23/02/2014	18:48,1	I	Tr.	E.
23/02/2014	19:51,3	I	Sh.	E.
24/02/2014	03:47,7	II	Tr.	I.
25/02/2014	21:52,8	II	Occ.	D.
26/02/2014	02:46,0	II	Ec.	R.
26/02/2014	20:45,3	III	Occ.	D.
26/02/2014	23:56,5	III	Occ.	R.
27/02/2014	01:07,9	III	Ec.	D.
27/02/2014	19:11,4	II	Sh.	I.
27/02/2014	19:41,2	II	Tr.	E.
27/02/2014	21:54,3	II	Sh.	E.
28/02/2014	02:47,6	I	Occ.	D.
28/02/2014	23:54,7	I	Tr.	I.
01/03/2014	01:01,4	I	Sh.	I.
01/03/2014	02:10,4	I	Tr.	E.
01/03/2014	03:17,8	I	Sh.	E.
01/03/2014	21:15,1	I	Occ.	D.
02/03/2014	00:38,5	I	Ec.	R.
02/03/2014	18:22,3	I	Tr.	I.
02/03/2014	18:24,7	III	Sh.	E.
02/03/2014	19:30,3	I	Sh.	I.
02/03/2014	20:38,0	I	Tr.	E.
02/03/2014	21:46,7	I	Sh.	E.
03/03/2014	00:44,3	IV	Occ.	D.
03/03/2014	19:07,3	I	Ec.	R.
05/03/2014	00:19,5	II	Occ.	D.
06/03/2014	00:25,8	III	Occ.	D.
06/03/2014	19:27,4	II	Tr.	I.
06/03/2014	21:47,4	II	Sh.	I.
06/03/2014	22:08,2	II	Tr.	E.
07/03/2014	00:30,5	II	Sh.	E.
08/03/2014	01:45,5	I	Tr.	I.
08/03/2014	02:56,7	I	Sh.	I.
08/03/2014	18:41,7	II	Ec.	R.
08/03/2014	23:05,9	I	Occ.	D.
09/03/2014	02:33,6	I	Ec.	R.
09/03/2014	19:07,9	III	Sh.	I.
09/03/2014	20:13,4	I	Tr.	I.
09/03/2014	21:25,6	I	Sh.	I.
09/03/2014	22:25,4	III	Sh.	E.
09/03/2014	22:29,2	I	Tr.	E.
09/03/2014	23:42,1	I	Sh.	E.
10/03/2014	21:02,4	I	Ec.	R.
11/03/2014	22:10,0	IV	Sh.	I.
12/03/2014	02:03,4	IV	Sh.	E.
12/03/2014	02:48,7	II	Occ.	D.
13/03/2014	21:56,7	II	Tr.	I.
14/03/2014	00:23,3	II	Sh.	I.
14/03/2014	00:37,5	II	Tr.	E.
15/03/2014	21:19,3	II	Ec.	R.
16/03/2014	00:58,0	I	Occ.	D.
16/03/2014	21:18,5	III	Tr.	E.
16/03/2014	22:05,7	I	Tr.	I.
16/03/2014	23:07,9	III	Sh.	I.
16/03/2014	23:20,9	I	Sh.	I.
17/03/2014	00:21,6	I	Tr.	E.
17/03/2014	01:37,5	I	Sh.	E.
17/03/2014	02:26,2	III	Sh.	E.
17/03/2014	19:26,2	I	Occ.	D.
17/03/2014	22:57,5	I	Ec.	R.

18/03/2014	18:49,8	I	Tr.	E.
18/03/2014	20:06,4	I	Sh.	E.
19/03/2014	21:07,0	IV	Occ.	R.
21/03/2014	00:28,1	II	Tr.	I.
22/03/2014	23:57,0	II	Ec.	R.
23/03/2014	22:00,5	III	Tr.	I.
23/03/2014	23:59,2	I	Tr.	I.
24/03/2014	01:12,2	III	Tr.	E.
24/03/2014	01:16,3	I	Sh.	I.
24/03/2014	02:15,2	I	Tr.	E.
24/03/2014	19:00,5	II	Sh.	E.
24/03/2014	21:19,6	I	Occ.	D.
25/03/2014	00:52,6	I	Ec.	R.
25/03/2014	19:45,1	I	Sh.	I.
25/03/2014	20:43,7	I	Tr.	E.
25/03/2014	22:01,9	I	Sh.	E.
26/03/2014	19:21,4	I	Ec.	R.
27/03/2014	20:27,5	III	Ec.	R.
28/03/2014	20:12,7	IV	Sh.	E.
29/03/2014	21:12,2	II	Occ.	D.
31/03/2014	01:53,8	I	Tr.	I.
31/03/2014	01:57,3	III	Tr.	I.
31/03/2014	21:36,3	II	Sh.	E.
31/03/2014	23:14,1	I	Occ.	D.
01/04/2014	20:22,5	I	Tr.	I.
01/04/2014	21:40,6	I	Sh.	I.
01/04/2014	22:38,6	I	Tr.	E.
01/04/2014	23:57,5	I	Sh.	E.
02/04/2014	21:16,4	I	Ec.	R.
03/04/2014	21:06,7	III	Ec.	D.
04/04/2014	00:28,1	III	Ec.	R.
05/04/2014	23:29,0	IV	Ec.	D.
05/04/2014	23:49,6	II	Occ.	D.
07/04/2014	21:28,1	II	Sh.	I.
07/04/2014	21:36,6	II	Tr.	E.
08/04/2014	00:12,1	II	Sh.	E.
08/04/2014	01:09,5	I	Occ.	D.
08/04/2014	22:18,4	I	Tr.	I.
08/04/2014	23:36,1	I	Sh.	I.
09/04/2014	00:34,6	I	Tr.	E.
09/04/2014	19:38,4	I	Occ.	D.
09/04/2014	23:11,5	I	Ec.	R.
10/04/2014	19:56,3	III	Occ.	D.
10/04/2014	20:22,0	I	Sh.	E.
10/04/2014	23:10,8	III	Occ.	R.
11/04/2014	01:06,5	III	Ec.	D.
13/04/2014	22:25,1	IV	Tr.	I.
14/04/2014	21:33,3	II	Tr.	I.
15/04/2014	00:03,5	II	Sh.	I.
15/04/2014	00:14,8	II	Tr.	E.
16/04/2014	00:15,2	I	Tr.	I.
16/04/2014	21:10,5	II	Ec.	R.
16/04/2014	21:34,9	I	Occ.	D.
17/04/2014	20:00,5	I	Sh.	I.
17/04/2014	21:01,0	I	Tr.	E.
17/04/2014	22:17,6	I	Sh.	E.
18/04/2014	00:03,5	III	Occ.	D.
21/04/2014	22:30,3	III	Sh.	E.
22/04/2014	00:12,9	II	Tr.	I.
22/04/2014	21:43,7	IV	Ec.	R.
23/04/2014	23:32,1	I	Occ.	D.
23/04/2014	23:48,7	II	Ec.	R.
24/04/2014	20:42,4	I	Tr.	I.

71

24/04/2014	21:56,0	I	Sh.	I.
24/04/2014	22:58,9	I	Tr.	E.
25/04/2014	00:13,2	I	Sh.	E.
25/04/2014	21:30,2	I	Ec.	R.
28/04/2014	21:37,4	III	Tr.	E.
28/04/2014	23:08,1	III	Sh.	I.
30/04/2014	21:10,0	IV	Tr.	E.
30/04/2014	21:16,1	II	Occ.	D.
01/05/2014	22:41,0	I	Tr.	I.
01/05/2014	23:51,4	I	Sh.	I.
02/05/2014	21:16,1	II	Sh.	E.
02/05/2014	23:25,1	I	Ec.	R.
03/05/2014	20:37,6	I	Sh.	E.
05/05/2014	22:35,8	III	Tr.	I.
09/05/2014	20:31,0	III	Ec.	R.
09/05/2014	21:06,4	II	Sh.	I.
09/05/2014	21:39,8	II	Tr.	E.
09/05/2014	21:58,3	I	Occ.	D.
10/05/2014	21:26,8	I	Tr.	E.
10/05/2014	22:33,1	I	Sh.	E.
16/05/2014	21:05,2	III	Ec.	D.
16/05/2014	21:41,2	II	Tr.	I.
17/05/2014	21:09,9	I	Tr.	I.
17/05/2014	22:11,1	I	Sh.	I.
17/05/2014	22:20,6	IV	Sh.	I.
18/05/2014	21:02,0	II	Ec.	R.
18/05/2014	21:43,4	I	Ec.	R.
23/05/2014	21:17,7	III	Occ.	D.
25/05/2014	21:04,4	IV	Occ.	D.
26/05/2014	20:52,8	I	Sh.	E.
01/06/2014	21:48,6	II	Occ.	D.
01/06/2014	22:27,1	I	Occ.	D.
02/06/2014	21:58,5	I	Tr.	E.
03/06/2014	20:53,9	II	Sh.	E.
09/06/2014	21:42,5	I	Tr.	I.
10/06/2014	21:55,9	I	Ec.	R.
11/06/2014	21:27,6	IV	Occ.	R.
18/06/2014	21:07,1	I	Sh.	E.
16/08/2014	04:35,2	I	Sh.	I.
17/08/2014	04:23,8	I	Occ.	R.
19/08/2014	04:15,5	II	Ec.	D.
25/08/2014	04:51,1	III	Ec.	D.
28/08/2014	03:51,6	II	Sh.	E.
28/08/2014	04:58,7	II	Tr.	E.
01/09/2014	05:09,4	I	Sh.	E.
04/09/2014	03:36,6	II	Sh.	I.
04/09/2014	04:54,0	IV	Occ.	R.
04/09/2014	04:55,6	II	Tr.	I.
05/09/2014	05:12,8	III	Tr.	E.
08/09/2014	04:45,6	I	Sh.	I.
08/09/2014	05:28,7	I	Tr.	I.
09/09/2014	04:54,9	I	Occ.	R.
12/09/2014	04:25,1	IV	Sh.	I.
16/09/2014	03:46,9	I	Ec.	D.
17/09/2014	03:25,4	I	Sh.	E.
17/09/2014	04:15,9	I	Tr.	E.
20/09/2014	03:54,5	II	Ec.	D.
22/09/2014	02:44,1	II	Tr.	E.
23/09/2014	04:05,7	III	Occ.	R.
23/09/2014	05:40,5	I	Ec.	D.
24/09/2014	03:01,4	I	Sh.	I.
24/09/2014	03:57,1	I	Tr.	I.
24/09/2014	05:19,0	I	Sh.	E.

72

25/09/2014	03:23,4	I	Occ.	R.
29/09/2014	02:36,9	II	Tr.	I.
29/09/2014	03:07,5	IV	Sh.	E.
29/09/2014	03:29,3	II	Sh.	E.
29/09/2014	05:29,7	II	Tr.	E.
30/09/2014	04:19,3	III	Ec.	R.
30/09/2014	04:46,1	III	Occ.	D.
01/10/2014	04:54,9	I	Sh.	I.
01/10/2014	05:55,4	I	Tr.	I.
02/10/2014	05:22,0	I	Occ.	R.
03/10/2014	02:42,6	I	Tr.	E.
06/10/2014	03:13,0	II	Sh.	I.
06/10/2014	05:21,1	II	Tr.	I.
06/10/2014	06:04,6	II	Sh.	E.
07/10/2014	04:41,2	III	Ec.	D.
07/10/2014	05:50,4	IV	Ec.	D.
08/10/2014	03:21,5	II	Occ.	R.
09/10/2014	03:56,0	I	Ec.	D.
10/10/2014	02:22,4	I	Tr.	I.
10/10/2014	03:34,2	I	Sh.	E.
10/10/2014	04:40,1	I	Tr.	E.
11/10/2014	01:49,4	I	Occ.	R.
11/10/2014	02:50,5	III	Tr.	E.
13/10/2014	05:48,1	II	Sh.	I.
15/10/2014	06:02,9	II	Occ.	R.
16/10/2014	03:08,2	IV	Tr.	I.
16/10/2014	05:49,5	I	Ec.	D.
17/10/2014	03:10,0	I	Sh.	I.
17/10/2014	04:19,2	I	Tr.	I.
17/10/2014	05:27,5	I	Sh.	E.
18/10/2014	02:18,9	III	Sh.	E.
18/10/2014	03:24,7	III	Tr.	I.
18/10/2014	03:46,5	I	Occ.	R.
22/10/2014	03:28,4	II	Ec.	D.
24/10/2014	03:01,1	II	Tr.	E.
24/10/2014	04:39,7	IV	Ec.	R.
24/10/2014	05:03,2	I	Sh.	I.
24/10/2014	06:15,3	I	Tr.	I.
25/10/2014	02:11,5	I	Ec.	D.
25/10/2014	02:41,4	III	Sh.	I.
25/10/2014	05:43,0	I	Occ.	R.
25/10/2014	06:17,0	III	Sh.	E.
26/10/2014	01:49,0	I	Sh.	E.
26/10/2014	03:01,7	I	Tr.	E.
29/10/2014	01:14,4	III	Occ.	R.
29/10/2014	06:02,1	II	Ec.	D.
31/10/2014	02:46,9	II	Tr.	I.
31/10/2014	03:08,9	II	Sh.	E.
31/10/2014	05:41,1	II	Tr.	E.
01/11/2014	04:05,0	I	Ec.	D.
01/11/2014	06:38,7	III	Sh.	I.
02/11/2014	00:39,0	II	Occ.	R.
02/11/2014	01:24,7	I	Sh.	I.
02/11/2014	02:39,2	I	Tr.	I.
02/11/2014	02:50,3	IV	Tr.	E.
02/11/2014	03:42,1	I	Sh.	E.
02/11/2014	04:56,7	I	Tr.	E.
03/11/2014	02:07,3	I	Occ.	R.
05/11/2014	01:39,7	III	Occ.	D.
05/11/2014	05:19,7	III	Occ.	R.
07/11/2014	02:51,7	II	Sh.	I.
07/11/2014	05:25,0	II	Tr.	I.
07/11/2014	05:44,5	II	Sh.	E.

08/11/2014	05:58,5	I	Ec.	D.
09/11/2014	03:14,3	II	Occ.	R.
09/11/2014	03:17,8	I	Sh.	I.
09/11/2014	04:33,2	I	Tr.	I.
09/11/2014	05:35,2	I	Sh.	E.
09/11/2014	06:50,7	I	Tr.	E.
10/11/2014	00:26,9	I	Ec.	D.
10/11/2014	04:01,8	I	Occ.	R.
10/11/2014	05:54,4	IV	Occ.	D.
11/11/2014	00:03,5	I	Sh.	E.
11/11/2014	01:19,0	I	Tr.	E.
12/11/2014	00:32,0	III	Ec.	D.
12/11/2014	04:09,9	III	Ec.	R.
12/11/2014	05:40,3	III	Occ.	D.
14/11/2014	05:27,1	II	Sh.	I.
16/11/2014	00:25,6	II	Ec.	D.
16/11/2014	05:10,9	I	Sh.	I.
16/11/2014	05:47,5	II	Occ.	R.
16/11/2014	06:26,3	I	Tr.	I.
17/11/2014	02:20,4	I	Ec.	D.
17/11/2014	05:55,3	I	Occ.	R.
17/11/2014	23:39,1	I	Sh.	I.
18/11/2014	00:12,9	II	Tr.	E.
18/11/2014	00:54,4	I	Tr.	I.
18/11/2014	01:56,5	I	Sh.	E.
18/11/2014	03:11,8	I	Tr.	E.
18/11/2014	04:18,2	IV	Sh.	I.
19/11/2014	00:23,6	I	Occ.	R.
19/11/2014	04:30,0	III	Ec.	D.
22/11/2014	23:33,0	III	Tr.	I.
23/11/2014	02:58,8	II	Ec.	D.
23/11/2014	03:11,3	III	Tr.	E.
23/11/2014	07:04,0	I	Sh.	I.
24/11/2014	04:14,0	I	Ec.	D.
24/11/2014	23:51,6	II	Tr.	I.
25/11/2014	00:13,6	II	Sh.	E.
25/11/2014	01:32,2	I	Sh.	I.
25/11/2014	02:46,2	I	Tr.	I.
25/11/2014	02:46,3	II	Tr.	E.
25/11/2014	03:49,5	I	Sh.	E.
25/11/2014	05:03,5	I	Tr.	E.
26/11/2014	02:15,8	I	Occ.	R.
26/11/2014	23:31,3	I	Tr.	E.
26/11/2014	23:36,8	IV	Occ.	D.
27/11/2014	04:28,2	IV	Occ.	R.
30/11/2014	02:06,7	III	Sh.	E.
30/11/2014	03:23,3	III	Tr.	I.
30/11/2014	05:31,9	II	Ec.	D.
30/11/2014	07:01,4	III	Tr.	E.
01/12/2014	06:07,6	I	Ec.	D.
01/12/2014	23:55,8	II	Sh.	I.
02/12/2014	02:22,7	II	Tr.	I.
02/12/2014	02:49,5	II	Sh.	E.
02/12/2014	03:25,2	I	Sh.	I.
02/12/2014	04:36,9	I	Tr.	I.
02/12/2014	05:17,4	II	Tr.	E.
02/12/2014	05:42,6	I	Sh.	E.
02/12/2014	06:54,2	I	Tr.	E.
03/12/2014	00:36,0	I	Ec.	D.
03/12/2014	04:06,9	I	Occ.	R.
03/12/2014	23:04,4	I	Tr.	I.
04/12/2014	00:01,2	II	Occ.	R.
04/12/2014	00:10,9	I	Sh.	E.

04/12/2014	01:21,7	I	Tr.	E.
04/12/2014	22:34,5	I	Occ.	R.
05/12/2014	03:04,5	IV	Sh.	E.
07/12/2014	02:27,4	III	Sh.	I.
07/12/2014	06:04,5	III	Sh.	E.
07/12/2014	07:08,1	III	Tr.	I.
09/12/2014	02:31,6	II	Sh.	I.
09/12/2014	04:51,5	II	Tr.	I.
09/12/2014	05:18,3	I	Sh.	I.
09/12/2014	05:25,4	II	Sh.	E.
09/12/2014	06:26,5	I	Tr.	I.
09/12/2014	07:35,6	I	Sh.	E.
09/12/2014	07:46,3	II	Tr.	E.
10/12/2014	02:29,7	I	Ec.	D.
10/12/2014	05:57,0	I	Occ.	R.
10/12/2014	23:46,6	I	Sh.	I.
11/12/2014	00:38,5	III	Occ.	R.
11/12/2014	00:53,7	I	Tr.	I.
11/12/2014	02:03,9	I	Sh.	E.
11/12/2014	02:26,8	II	Occ.	R.
11/12/2014	03:11,0	I	Tr.	E.
12/12/2014	00:24,2	I	Occ.	R.
13/12/2014	05:48,1	IV	Ec.	D.
14/12/2014	06:25,1	III	Sh.	I.
16/12/2014	05:07,5	II	Sh.	I.
16/12/2014	07:11,4	I	Sh.	I.
16/12/2014	07:18,0	II	Tr.	I.
17/12/2014	04:23,4	I	Ec.	D.
17/12/2014	07:45,9	I	Occ.	R.
17/12/2014	23:54,6	II	Ec.	D.
18/12/2014	00:00,9	III	Ec.	R.
18/12/2014	00:37,0	III	Occ.	D.
18/12/2014	01:39,7	I	Sh.	I.
18/12/2014	02:41,9	I	Tr.	I.
18/12/2014	03:57,0	I	Sh.	E.
18/12/2014	04:16,6	III	Occ.	R.
18/12/2014	04:50,0	II	Occ.	R.
18/12/2014	04:59,1	I	Tr.	E.
18/12/2014	22:51,8	I	Ec.	D.
19/12/2014	02:12,9	I	Occ.	R.
19/12/2014	22:25,3	I	Sh.	E.
19/12/2014	23:25,7	II	Tr.	E.
19/12/2014	23:26,0	I	Tr.	E.
22/12/2014	01:33,2	IV	Tr.	I.
22/12/2014	06:17,1	IV	Tr.	E.
23/12/2014	07:43,5	II	Sh.	I.
24/12/2014	06:17,2	I	Ec.	D.
25/12/2014	00:20,9	III	Ec.	D.
25/12/2014	02:27,7	II	Ec.	D.
25/12/2014	03:32,8	I	Sh.	I.
25/12/2014	04:00,2	III	Ec.	R.
25/12/2014	04:11,2	III	Occ.	D.
25/12/2014	04:29,1	I	Tr.	I.
25/12/2014	05:50,2	I	Sh.	E.
25/12/2014	06:46,2	I	Tr.	E.
25/12/2014	07:11,1	II	Occ.	R.
25/12/2014	07:50,7	III	Occ.	R.
26/12/2014	00:45,6	I	Ec.	D.
26/12/2014	04:00,4	I	Occ.	R.
26/12/2014	22:01,1	I	Sh.	I.
26/12/2014	22:54,0	II	Tr.	I.
26/12/2014	22:55,7	I	Tr.	I.
26/12/2014	23:56,2	II	Sh.	E.

27/12/2014	00:18,5	I	Sh.	E.
27/12/2014	01:12,9	I	Tr.	E.
27/12/2014	01:48,7	II	Tr.	E.
27/12/2014	22:27,2	I	Occ.	R.
28/12/2014	21:31,4	III	Tr.	E.
29/12/2014	23:47,6	IV	Ec.	D.
30/12/2014	04:41,0	IV	Ec.	R.
30/12/2014	08:02,6	IV	Occ.	D.
01/01/2015	04:19,2	III	Ec.	D.
01/01/2015	05:00,8	II	Ec.	D.
01/01/2015	05:26,1	I	Sh.	I.
01/01/2015	06:15,2	I	Tr.	I.
01/01/2015	07:43,4	I	Sh.	E.
02/01/2015	02:39,5	I	Ec.	D.
02/01/2015	05:47,0	I	Occ.	R.
02/01/2015	23:38,2	II	Sh.	I.
02/01/2015	23:54,4	I	Sh.	I.
03/01/2015	00:41,6	I	Tr.	I.
03/01/2015	01:15,0	II	Tr.	I.
03/01/2015	02:11,7	I	Sh.	E.
03/01/2015	02:32,5	II	Sh.	E.
03/01/2015	02:58,7	I	Tr.	E.
03/01/2015	04:09,7	II	Tr.	E.
03/01/2015	21:08,1	I	Ec.	D.
04/01/2015	00:13,5	I	Occ.	R.
04/01/2015	20:40,0	I	Sh.	E.
04/01/2015	21:20,6	III	Tr.	I.
04/01/2015	21:25,1	I	Tr.	E.
04/01/2015	21:55,5	III	Sh.	E.
04/01/2015	22:38,7	II	Occ.	R.
05/01/2015	00:58,2	III	Tr.	E.
07/01/2015	21:31,8	IV	Tr.	E.
08/01/2015	07:19,4	I	Sh.	I.
08/01/2015	07:34,0	II	Ec.	D.
08/01/2015	08:00,4	I	Tr.	I.
09/01/2015	04:33,5	I	Ec.	D.
09/01/2015	07:32,6	I	Occ.	R.
10/01/2015	01:47,7	I	Sh.	I.
10/01/2015	02:14,5	II	Sh.	I.
10/01/2015	02:26,6	I	Tr.	I.
10/01/2015	03:34,1	II	Tr.	I.
10/01/2015	04:05,1	I	Sh.	E.
10/01/2015	04:43,7	I	Tr.	E.
10/01/2015	05:08,9	II	Sh.	E.
10/01/2015	06:28,7	II	Tr.	E.
10/01/2015	23:02,1	I	Ec.	D.
11/01/2015	01:58,9	I	Occ.	R.
11/01/2015	20:16,1	I	Sh.	I.
11/01/2015	20:50,6	II	Ec.	D.
11/01/2015	20:52,7	I	Tr.	I.
11/01/2015	22:15,8	III	Sh.	I.
11/01/2015	22:33,4	I	Sh.	E.
11/01/2015	23:09,9	I	Tr.	E.
12/01/2015	00:43,6	III	Tr.	I.
12/01/2015	00:55,0	II	Occ.	R.
12/01/2015	01:53,7	III	Sh.	E.
12/01/2015	04:21,1	III	Tr.	E.
12/01/2015	20:25,1	I	Occ.	R.
15/01/2015	22:41,7	IV	Ec.	R.
15/01/2015	22:52,1	IV	Occ.	D.
16/01/2015	03:39,1	IV	Occ.	R.
16/01/2015	06:27,6	I	Ec.	D.
17/01/2015	03:41,2	I	Sh.	I.

17/01/2015	04:10,9	I	Tr.	I.
17/01/2015	04:50,8	II	Sh.	I.
17/01/2015	05:51,5	II	Tr.	I.
17/01/2015	05:58,5	I	Sh.	E.
17/01/2015	06:28,0	I	Tr.	E.
17/01/2015	07:45,3	II	Sh.	E.
18/01/2015	00:56,2	I	Ec.	D.
18/01/2015	03:43,6	I	Occ.	R.
18/01/2015	22:09,5	I	Sh.	I.
18/01/2015	22:36,8	I	Tr.	I.
18/01/2015	23:23,9	II	Ec.	D.
19/01/2015	00:26,9	I	Sh.	E.
19/01/2015	00:54,0	I	Tr.	E.
19/01/2015	02:14,7	III	Sh.	I.
19/01/2015	03:09,7	II	Occ.	R.
19/01/2015	04:04,1	III	Tr.	I.
19/01/2015	05:52,7	III	Sh.	E.
19/01/2015	07:41,5	III	Tr.	E.
19/01/2015	19:24,7	I	Ec.	D.
19/01/2015	22:09,7	I	Occ.	R.
20/01/2015	19:19,9	I	Tr.	E.
20/01/2015	21:03,1	II	Sh.	E.
20/01/2015	21:53,8	II	Tr.	E.
22/01/2015	21:23,1	III	Occ.	R.
24/01/2015	04:11,4	IV	Sh.	I.
24/01/2015	05:34,7	I	Sh.	I.
24/01/2015	05:54,6	I	Tr.	I.
24/01/2015	07:19,8	IV	Tr.	I.
24/01/2015	07:27,3	II	Sh.	I.
24/01/2015	07:52,1	I	Sh.	E.
25/01/2015	02:50,5	I	Ec.	D.
25/01/2015	05:27,8	I	Occ.	R.
26/01/2015	00:03,1	I	Sh.	I.
26/01/2015	00:20,5	I	Tr.	I.
26/01/2015	01:57,5	II	Ec.	D.
26/01/2015	02:20,5	I	Sh.	E.
26/01/2015	02:37,6	I	Tr.	E.
26/01/2015	05:23,4	II	Occ.	R.
26/01/2015	06:12,9	III	Sh.	I.
26/01/2015	07:21,4	III	Tr.	I.
26/01/2015	21:19,0	I	Ec.	D.
26/01/2015	23:53,7	I	Occ.	R.
27/01/2015	18:46,3	I	Tr.	I.
27/01/2015	20:45,1	II	Sh.	I.
27/01/2015	20:48,9	I	Sh.	E.
27/01/2015	21:03,5	I	Tr.	E.
27/01/2015	21:14,9	II	Tr.	I.
27/01/2015	23:39,6	II	Sh.	E.
28/01/2015	00:09,4	II	Tr.	E.
29/01/2015	20:12,9	III	Ec.	D.
30/01/2015	00:40,0	III	Occ.	R.
31/01/2015	07:28,4	I	Sh.	I.
31/01/2015	07:38,0	I	Tr.	I.
01/02/2015	04:44,8	I	Ec.	D.
01/02/2015	07:11,6	I	Occ.	R.
02/02/2015	01:56,9	I	Sh.	I.
02/02/2015	02:03,8	I	Tr.	I.
02/02/2015	04:14,2	I	Sh.	E.
02/02/2015	04:21,0	I	Tr.	E.
02/02/2015	04:31,1	II	Ec.	D.
02/02/2015	07:36,5	II	Occ.	R.
02/02/2015	23:13,4	I	Ec.	D.
03/02/2015	01:37,6	I	Occ.	R.

77

03/02/2015	20:25,3	I	Sh.	I.
03/02/2015	20:29,7	I	Tr.	I.
03/02/2015	22:42,7	I	Sh.	E.
03/02/2015	22:46,9	I	Tr.	E.
03/02/2015	23:21,7	II	Sh.	I.
03/02/2015	23:30,1	II	Tr.	I.
04/02/2015	02:16,2	II	Sh.	E.
04/02/2015	02:24,5	II	Tr.	E.
04/02/2015	20:03,6	I	Occ.	R.
05/02/2015	20:43,0	II	Occ.	R.
06/02/2015	00:11,8	III	Ec.	D.
06/02/2015	03:55,6	III	Occ.	R.
08/02/2015	06:37,0	I	Occ.	D.
09/02/2015	03:47,2	I	Tr.	I.
09/02/2015	03:50,7	I	Sh.	I.
09/02/2015	06:04,4	I	Tr.	E.
09/02/2015	06:08,1	I	Sh.	E.
09/02/2015	06:57,4	II	Occ.	D.
09/02/2015	17:47,5	III	Sh.	E.
09/02/2015	21:28,4	IV	Tr.	I.
09/02/2015	22:11,2	IV	Sh.	I.
10/02/2015	01:03,0	I	Occ.	D.
10/02/2015	02:11,7	IV	Tr.	E.
10/02/2015	02:59,5	IV	Sh.	E.
10/02/2015	03:26,5	I	Ec.	R.
10/02/2015	22:13,1	I	Tr.	I.
10/02/2015	22:19,2	I	Sh.	I.
11/02/2015	00:30,3	I	Tr.	E.
11/02/2015	00:36,6	I	Sh.	E.
11/02/2015	01:45,1	II	Tr.	I.
11/02/2015	01:58,4	II	Sh.	I.
11/02/2015	04:39,4	II	Tr.	E.
11/02/2015	04:52,9	II	Sh.	E.
11/02/2015	19:29,0	I	Occ.	D.
11/02/2015	21:55,2	I	Ec.	R.
12/02/2015	18:56,2	I	Tr.	E.
12/02/2015	19:05,1	I	Sh.	E.
12/02/2015	20:04,0	II	Occ.	D.
12/02/2015	23:14,3	II	Ec.	R.
13/02/2015	03:32,8	III	Occ.	D.
14/02/2015	18:11,6	II	Sh.	E.
16/02/2015	05:30,8	I	Tr.	I.
16/02/2015	05:44,7	I	Sh.	I.
16/02/2015	18:07,4	III	Sh.	I.
16/02/2015	20:45,2	III	Tr.	E.
16/02/2015	21:45,7	III	Sh.	E.
17/02/2015	02:47,0	I	Occ.	D.
17/02/2015	05:21,1	I	Ec.	R.
17/02/2015	23:56,7	I	Tr.	I.
18/02/2015	00:13,3	I	Sh.	I.
18/02/2015	02:14,0	I	Tr.	E.
18/02/2015	02:30,7	I	Sh.	E.
18/02/2015	03:10,1	IV	Occ.	D.
18/02/2015	04:00,5	II	Tr.	I.
18/02/2015	04:35,1	II	Sh.	I.
18/02/2015	21:13,2	I	Occ.	D.
18/02/2015	23:49,8	I	Ec.	R.
19/02/2015	18:22,7	I	Tr.	I.
19/02/2015	18:41,8	I	Sh.	I.
19/02/2015	20:40,0	I	Tr.	E.
19/02/2015	20:59,2	I	Sh.	E.
19/02/2015	22:17,6	II	Occ.	D.
20/02/2015	01:48,6	II	Ec.	R.

20/02/2015	18:18,4	I	Ec.	R.
21/02/2015	20:03,1	II	Tr.	E.
21/02/2015	20:48,3	II	Sh.	E.
23/02/2015	20:25,4	III	Tr.	I.
23/02/2015	22:06,3	III	Sh.	I.
24/02/2015	00:02,9	III	Tr.	E.
24/02/2015	01:44,8	III	Sh.	E.
24/02/2015	04:31,6	I	Occ.	D.
25/02/2015	01:40,9	I	Tr.	I.
25/02/2015	02:07,5	I	Sh.	I.
25/02/2015	03:58,2	I	Tr.	E.
25/02/2015	04:24,9	I	Sh.	E.
25/02/2015	22:57,9	I	Occ.	D.
26/02/2015	01:44,5	I	Ec.	R.
26/02/2015	20:07,0	I	Tr.	I.
26/02/2015	20:36,0	I	Sh.	I.
26/02/2015	20:59,0	IV	Sh.	E.
26/02/2015	22:24,4	I	Tr.	E.
26/02/2015	22:53,5	I	Sh.	E.
27/02/2015	00:32,3	II	Occ.	D.
27/02/2015	04:23,2	II	Ec.	R.
27/02/2015	20:13,1	I	Ec.	R.
28/02/2015	19:25,8	II	Tr.	I.
28/02/2015	20:30,6	II	Sh.	I.
28/02/2015	22:19,9	II	Tr.	E.
28/02/2015	23:24,9	II	Sh.	E.
02/03/2015	23:45,4	III	Tr.	I.
03/03/2015	02:05,3	III	Sh.	I.
03/03/2015	03:23,0	III	Tr.	E.
04/03/2015	03:25,8	I	Tr.	I.
04/03/2015	04:01,8	I	Sh.	I.
05/03/2015	00:43,3	I	Occ.	D.
05/03/2015	03:39,3	I	Ec.	R.
05/03/2015	21:52,2	I	Tr.	I.
05/03/2015	22:30,4	I	Sh.	I.
06/03/2015	00:09,5	I	Tr.	E.
06/03/2015	00:47,9	I	Sh.	E.
06/03/2015	02:48,5	II	Occ.	D.
06/03/2015	19:09,7	I	Occ.	D.
06/03/2015	19:48,8	III	Ec.	R.
06/03/2015	22:08,0	I	Ec.	R.
06/03/2015	22:25,2	IV	Occ.	R.
06/03/2015	23:53,3	IV	Ec.	D.
07/03/2015	04:44,9	IV	Ec.	R.
07/03/2015	18:36,0	I	Tr.	E.
07/03/2015	19:16,6	I	Sh.	E.
07/03/2015	21:44,2	II	Tr.	I.
07/03/2015	23:07,3	II	Sh.	I.
08/03/2015	00:38,2	II	Tr.	E.
08/03/2015	02:01,6	II	Sh.	E.
09/03/2015	20:15,4	II	Ec.	R.
10/03/2015	03:09,3	III	Tr.	I.
12/03/2015	02:29,6	I	Occ.	D.
12/03/2015	23:38,2	I	Tr.	I.
13/03/2015	00:24,9	I	Sh.	I.
13/03/2015	01:55,6	I	Tr.	E.
13/03/2015	02:42,4	I	Sh.	E.
13/03/2015	20:56,3	I	Occ.	D.
13/03/2015	23:47,8	III	Ec.	R.
14/03/2015	00:02,8	I	Ec.	R.
14/03/2015	18:53,5	I	Sh.	I.
14/03/2015	20:22,4	I	Tr.	E.
14/03/2015	21:11,1	I	Sh.	E.

15/03/2015	00:04,4	II	Tr.	I.
15/03/2015	01:44,1	II	Sh.	I.
15/03/2015	02:30,0	IV	Tr.	I.
15/03/2015	02:58,3	II	Tr.	E.
15/03/2015	04:38,2	II	Sh.	E.
16/03/2015	22:50,5	II	Ec.	R.
19/03/2015	04:17,0	I	Occ.	D.
20/03/2015	01:25,3	I	Tr.	I.
20/03/2015	02:19,5	I	Sh.	I.
20/03/2015	03:42,8	I	Tr.	E.
20/03/2015	20:23,1	III	Occ.	D.
20/03/2015	22:43,9	I	Occ.	D.
21/03/2015	00:02,5	III	Occ.	R.
21/03/2015	00:07,5	III	Ec.	D.
21/03/2015	01:57,8	I	Ec.	R.
21/03/2015	03:47,6	III	Ec.	R.
21/03/2015	19:52,3	I	Tr.	I.
21/03/2015	20:48,2	I	Sh.	I.
21/03/2015	22:09,8	I	Tr.	E.
21/03/2015	23:05,8	I	Sh.	E.
22/03/2015	02:26,6	II	Tr.	I.
22/03/2015	04:20,7	II	Sh.	I.
22/03/2015	20:26,6	I	Ec.	R.
23/03/2015	20:37,4	II	Occ.	D.
23/03/2015	22:46,6	IV	Ec.	R.
24/03/2015	01:25,8	II	Ec.	R.
25/03/2015	20:32,9	II	Sh.	E.
27/03/2015	03:13,6	I	Tr.	I.
27/03/2015	23:56,7	III	Occ.	D.
28/03/2015	00:32,7	I	Occ.	D.
28/03/2015	03:36,1	III	Occ.	R.
28/03/2015	03:52,8	I	Ec.	R.
28/03/2015	21:40,9	I	Tr.	I.
28/03/2015	22:42,9	I	Sh.	I.
28/03/2015	23:58,4	I	Tr.	E.
29/03/2015	01:00,6	I	Sh.	E.
29/03/2015	22:21,6	I	Ec.	R.
30/03/2015	19:29,3	I	Sh.	E.
30/03/2015	23:00,9	II	Occ.	D.
31/03/2015	21:40,6	III	Sh.	E.
31/03/2015	22:54,9	IV	Tr.	E.
01/04/2015	20:15,5	II	Sh.	I.
01/04/2015	20:57,4	II	Tr.	E.
01/04/2015	23:09,4	II	Sh.	E.
04/04/2015	02:22,6	I	Occ.	D.
04/04/2015	23:30,6	I	Tr.	I.
05/04/2015	00:37,8	I	Sh.	I.
05/04/2015	01:48,2	I	Tr.	E.
05/04/2015	02:55,5	I	Sh.	E.
05/04/2015	20:50,3	I	Occ.	D.
06/04/2015	00:16,6	I	Ec.	R.
06/04/2015	20:15,8	I	Tr.	E.
06/04/2015	21:24,2	I	Sh.	E.
07/04/2015	01:26,8	II	Occ.	D.
07/04/2015	21:00,8	III	Tr.	E.
07/04/2015	22:01,2	III	Sh.	I.
08/04/2015	01:39,6	III	Sh.	E.
08/04/2015	20:31,5	II	Tr.	I.
08/04/2015	22:52,0	II	Sh.	I.
08/04/2015	23:25,0	II	Tr.	E.
09/04/2015	00:50,3	IV	Occ.	D.
09/04/2015	01:45,8	II	Sh.	E.
10/04/2015	19:55,2	II	Ec.	R.

12/04/2015	01:21,5	I	Tr.	I.
12/04/2015	02:32,7	I	Sh.	I.
12/04/2015	22:41,6	I	Occ.	D.
13/04/2015	02:11,7	I	Ec.	R.
13/04/2015	19:49,4	I	Tr.	I.
13/04/2015	21:01,4	I	Sh.	I.
13/04/2015	22:07,1	I	Tr.	E.
13/04/2015	23:19,2	I	Sh.	E.
14/04/2015	20:40,4	I	Ec.	R.
14/04/2015	21:07,9	III	Tr.	I.
15/04/2015	00:46,0	III	Tr.	E.
15/04/2015	02:00,9	III	Sh.	I.
15/04/2015	23:01,4	II	Tr.	I.
16/04/2015	01:28,5	II	Sh.	I.
16/04/2015	01:54,9	II	Tr.	E.
17/04/2015	22:15,5	IV	Sh.	I.
17/04/2015	22:31,2	II	Ec.	R.
18/04/2015	19:46,3	III	Ec.	R.
20/04/2015	00:34,0	I	Occ.	D.
20/04/2015	21:41,8	I	Tr.	I.
20/04/2015	22:56,4	I	Sh.	I.
20/04/2015	23:59,5	I	Tr.	E.
21/04/2015	01:14,2	I	Sh.	E.
21/04/2015	22:35,4	I	Ec.	R.
22/04/2015	00:57,6	III	Tr.	I.
23/04/2015	01:33,5	II	Tr.	I.
25/04/2015	01:07,5	II	Ec.	R.
25/04/2015	20:05,8	III	Ec.	D.
25/04/2015	22:47,3	IV	Occ.	R.
25/04/2015	23:45,3	III	Ec.	R.
26/04/2015	20:16,4	II	Sh.	E.
27/04/2015	23:35,3	I	Tr.	I.
28/04/2015	00:51,5	I	Sh.	I.
28/04/2015	01:53,1	I	Tr.	E.
28/04/2015	20:56,1	I	Occ.	D.
29/04/2015	00:30,5	I	Ec.	R.
29/04/2015	20:21,7	I	Tr.	E.
29/04/2015	21:38,1	I	Sh.	E.
01/05/2015	22:16,0	II	Occ.	D.
02/05/2015	22:33,1	III	Occ.	R.
03/05/2015	00:05,1	III	Ec.	D.
03/05/2015	20:18,6	II	Tr.	E.
03/05/2015	22:52,4	II	Sh.	E.
04/05/2015	20:58,5	IV	Sh.	E.
05/05/2015	22:50,8	I	Occ.	D.
06/05/2015	21:15,4	I	Sh.	I.
06/05/2015	22:16,5	I	Tr.	E.
06/05/2015	23:33,3	I	Sh.	E.
07/05/2015	20:54,3	I	Ec.	R.
09/05/2015	00:52,2	II	Occ.	D.
09/05/2015	22:53,7	III	Occ.	D.
10/05/2015	22:35,1	II	Sh.	I.
10/05/2015	22:55,3	II	Tr.	E.
13/05/2015	00:07,3	IV	Ec.	D.
13/05/2015	00:46,5	I	Occ.	D.
13/05/2015	21:37,6	III	Sh.	E.
13/05/2015	21:54,3	I	Tr.	I.
13/05/2015	23:10,5	I	Sh.	I.
14/05/2015	00:12,3	I	Tr.	E.
14/05/2015	22:49,2	I	Ec.	R.
17/05/2015	22:40,7	II	Tr.	I.
19/05/2015	22:15,3	II	Ec.	R.
20/05/2015	20:36,2	III	Tr.	E.

20/05/2015	21:58,8	III	Sh.	I.
20/05/2015	22:36,8	IV	Tr.	I.
20/05/2015	23:51,0	I	Tr.	I.
21/05/2015	21:12,2	I	Occ.	D.
22/05/2015	20:38,3	I	Tr.	E.
22/05/2015	21:52,4	I	Sh.	E.
27/05/2015	21:06,0	III	Tr.	I.
28/05/2015	23:09,6	I	Occ.	D.
29/05/2015	21:29,6	I	Sh.	I.
29/05/2015	22:36,0	I	Tr.	E.
29/05/2015	22:53,0	IV	Ec.	R.
29/05/2015	23:47,6	I	Sh.	E.
30/05/2015	21:07,6	I	Ec.	R.
02/06/2015	22:13,5	II	Occ.	D.
04/06/2015	22:32,1	II	Sh.	E.
05/06/2015	22:16,2	I	Tr.	I.
05/06/2015	23:24,8	I	Sh.	I.
06/06/2015	22:29,0	IV	Tr.	E.
06/06/2015	23:02,4	I	Ec.	R.
11/06/2015	22:15,0	II	Sh.	I.
11/06/2015	22:58,4	II	Tr.	E.
13/06/2015	21:35,9	I	Occ.	D.
14/06/2015	21:03,3	I	Tr.	E.
14/06/2015	22:06,8	I	Sh.	E.
20/06/2015	22:02,3	II	Ec.	R.
21/06/2015	21:43,8	I	Sh.	I.
22/06/2015	21:20,3	I	Ec.	R.
23/06/2015	22:22,3	IV	Sh.	I.
25/06/2015	21:33,6	III	Sh.	E.
01/07/2015	21:58,7	IV	Occ.	D.
02/07/2015	21:56,0	III	Sh.	I.
07/07/2015	21:33,8	I	Tr.	E.
21/09/2015	05:08,6	II	Ec.	D.
24/09/2015	04:52,8	IV	Occ.	D.
28/09/2015	05:58,4	I	Occ.	R.
30/09/2015	04:55,4	II	Sh.	E.
30/09/2015	06:00,8	II	Tr.	E.
04/10/2015	05:12,6	III	Sh.	E.
05/10/2015	05:03,9	I	Ec.	D.
06/10/2015	04:39,9	I	Sh.	E.
06/10/2015	05:18,4	I	Tr.	E.
07/10/2015	04:38,6	II	Sh.	I.
07/10/2015	05:56,8	II	Tr.	I.
11/10/2015	05:26,2	IV	Occ.	R.
11/10/2015	05:38,7	III	Sh.	I.
13/10/2015	04:16,3	I	Sh.	I.
13/10/2015	05:01,0	I	Tr.	I.
14/10/2015	04:27,2	I	Occ.	R.
19/10/2015	04:21,6	IV	Sh.	I.
20/10/2015	06:10,0	I	Sh.	I.
21/10/2015	06:26,1	I	Occ.	R.
22/10/2015	03:47,1	I	Tr.	E.
22/10/2015	06:36,6	III	Occ.	R.
23/10/2015	04:50,0	II	Ec.	D.
25/10/2015	03:39,7	II	Tr.	E.
28/10/2015	05:12,1	I	Ec.	D.
29/10/2015	03:29,0	I	Tr.	I.
29/10/2015	03:34,6	III	Ec.	D.
29/10/2015	04:49,1	I	Sh.	E.
29/10/2015	05:45,7	I	Tr.	E.
01/11/2015	03:34,5	II	Tr.	I.
01/11/2015	04:27,2	II	Sh.	E.
01/11/2015	06:23,5	II	Tr.	E.

05/11/2015	04:25,6	I	Sh.	I.
05/11/2015	05:27,2	I	Tr.	I.
05/11/2015	06:42,5	I	Sh.	E.
06/11/2015	04:51,8	I	Occ.	R.
08/11/2015	04:10,8	II	Sh.	I.
08/11/2015	06:17,6	II	Tr.	I.
08/11/2015	07:01,1	II	Sh.	E.
09/11/2015	05:12,9	III	Tr.	E.
10/11/2015	04:17,7	II	Occ.	R.
12/11/2015	06:19,0	I	Sh.	I.
13/11/2015	03:26,8	I	Ec.	D.
13/11/2015	06:31,6	IV	Ec.	D.
13/11/2015	06:49,0	I	Occ.	R.
14/11/2015	03:04,2	I	Sh.	E.
14/11/2015	04:10,1	I	Tr.	E.
15/11/2015	06:44,9	II	Sh.	I.
16/11/2015	04:57,1	III	Sh.	E.
16/11/2015	06:03,0	III	Tr.	I.
17/11/2015	06:59,0	II	Occ.	R.
20/11/2015	05:20,0	I	Ec.	D.
21/11/2015	02:40,7	I	Sh.	I.
21/11/2015	03:50,5	I	Tr.	I.
21/11/2015	04:57,5	I	Sh.	E.
21/11/2015	06:06,4	I	Tr.	E.
22/11/2015	03:14,4	I	Occ.	R.
22/11/2015	03:26,9	IV	Tr.	I.
22/11/2015	06:41,9	IV	Tr.	E.
23/11/2015	05:25,8	III	Sh.	I.
24/11/2015	04:27,8	II	Ec.	D.
26/11/2015	03:47,5	II	Tr.	E.
27/11/2015	03:40,0	III	Occ.	R.
27/11/2015	07:13,2	I	Ec.	D.
28/11/2015	04:34,0	I	Sh.	I.
28/11/2015	05:46,2	I	Tr.	I.
28/11/2015	06:50,6	I	Sh.	E.
29/11/2015	01:41,4	I	Ec.	D.
29/11/2015	05:09,9	I	Occ.	R.
30/11/2015	02:30,6	I	Tr.	E.
30/11/2015	04:22,7	IV	Ec.	R.
01/12/2015	07:02,3	II	Ec.	D.
03/12/2015	03:38,7	II	Tr.	I.
03/12/2015	04:00,3	II	Sh.	E.
03/12/2015	06:25,6	II	Tr.	E.
04/12/2015	02:51,2	III	Ec.	R.
04/12/2015	04:24,9	III	Occ.	D.
04/12/2015	07:43,8	III	Occ.	R.
05/12/2015	01:34,5	II	Occ.	R.
05/12/2015	06:27,2	I	Sh.	I.
05/12/2015	07:41,0	I	Tr.	I.
06/12/2015	03:34,6	I	Ec.	D.
06/12/2015	07:04,6	I	Occ.	R.
07/12/2015	02:09,5	I	Tr.	I.
07/12/2015	03:11,9	I	Sh.	E.
07/12/2015	04:25,0	I	Tr.	E.
08/12/2015	01:33,2	I	Occ.	R.
09/12/2015	01:04,1	IV	Tr.	E.
10/12/2015	03:44,6	II	Sh.	I.
10/12/2015	06:15,5	II	Tr.	I.
10/12/2015	06:34,6	II	Sh.	E.
11/12/2015	03:21,0	III	Ec.	D.
11/12/2015	06:48,9	III	Ec.	R.
12/12/2015	04:09,4	II	Occ.	R.
13/12/2015	05:27,8	I	Ec.	D.

83

14/12/2015	02:48,6	I	Sh.	I.
14/12/2015	04:03,1	I	Tr.	I.
14/12/2015	05:04,9	I	Sh.	E.
14/12/2015	06:18,3	I	Tr.	E.
15/12/2015	01:37,2	III	Tr.	E.
15/12/2015	03:26,7	I	Occ.	R.
16/12/2015	00:46,5	I	Tr.	E.
17/12/2015	06:19,2	II	Sh.	I.
17/12/2015	06:54,3	IV	Occ.	D.
18/12/2015	07:18,5	III	Ec.	D.
19/12/2015	01:27,5	II	Ec.	D.
19/12/2015	06:42,2	II	Occ.	R.
20/12/2015	07:21,0	I	Ec.	D.
21/12/2015	00:53,4	II	Tr.	E.
21/12/2015	04:41,7	I	Sh.	I.
21/12/2015	05:55,7	I	Tr.	I.
21/12/2015	06:57,9	I	Sh.	E.
22/12/2015	00:41,2	III	Sh.	E.
22/12/2015	01:49,4	I	Ec.	D.
22/12/2015	02:18,0	III	Tr.	I.
22/12/2015	05:19,3	I	Occ.	R.
22/12/2015	05:31,5	III	Tr.	E.
23/12/2015	00:23,7	I	Tr.	I.
23/12/2015	01:26,2	I	Sh.	E.
23/12/2015	02:38,6	I	Tr.	E.
25/12/2015	04:13,6	IV	Sh.	I.
25/12/2015	07:51,5	IV	Sh.	E.
26/12/2015	04:01,4	II	Ec.	D.
28/12/2015	00:39,7	II	Tr.	I.
28/12/2015	01:01,3	II	Sh.	E.
28/12/2015	03:25,1	II	Tr.	E.
28/12/2015	06:34,8	I	Sh.	I.
28/12/2015	07:47,2	I	Tr.	I.
29/12/2015	01:12,9	III	Sh.	I.
29/12/2015	03:42,6	I	Ec.	D.
29/12/2015	04:38,1	III	Sh.	E.
29/12/2015	06:09,1	III	Tr.	I.
29/12/2015	07:10,9	I	Occ.	R.
30/12/2015	01:03,1	I	Sh.	I.
30/12/2015	02:14,9	I	Tr.	I.
30/12/2015	03:19,2	I	Sh.	E.
30/12/2015	04:29,7	I	Tr.	E.
31/12/2015	01:38,5	I	Occ.	R.
02/01/2016	06:35,2	II	Ec.	D.
03/01/2016	00:25,2	IV	Occ.	D.
03/01/2016	02:40,0	IV	Occ.	R.
04/01/2016	00:46,5	II	Sh.	I.
04/01/2016	03:09,7	II	Tr.	I.
04/01/2016	03:36,2	II	Sh.	E.
04/01/2016	05:54,7	II	Tr.	E.
05/01/2016	05:11,1	III	Sh.	I.
05/01/2016	05:36,0	I	Ec.	D.
06/01/2016	00:54,4	II	Occ.	R.
06/01/2016	02:56,1	I	Sh.	I.
06/01/2016	04:05,0	I	Tr.	I.
06/01/2016	05:12,1	I	Sh.	E.
06/01/2016	06:19,6	I	Tr.	E.
07/01/2016	00:04,3	I	Ec.	D.
07/01/2016	03:28,8	I	Occ.	R.
07/01/2016	23:40,3	I	Sh.	E.
08/01/2016	00:46,9	I	Tr.	E.
08/01/2016	23:50,3	III	Occ.	D.
09/01/2016	03:01,3	III	Occ.	R.

11/01/2016	01:42,2	IV	Sh.	E.
11/01/2016	03:21,6	II	Sh.	I.
11/01/2016	05:37,4	II	Tr.	I.
11/01/2016	06:11,2	II	Sh.	E.
12/01/2016	07:29,4	I	Ec.	D.
13/01/2016	03:19,3	II	Occ.	R.
13/01/2016	04:49,2	I	Sh.	I.
13/01/2016	05:54,0	I	Tr.	I.
13/01/2016	07:05,1	I	Sh.	E.
14/01/2016	01:57,7	I	Ec.	D.
14/01/2016	05:18,0	I	Occ.	R.
14/01/2016	23:17,5	I	Sh.	I.
15/01/2016	00:21,1	I	Tr.	I.
15/01/2016	01:33,3	I	Sh.	E.
15/01/2016	02:35,5	I	Tr.	E.
15/01/2016	23:09,0	III	Ec.	D.
15/01/2016	23:45,1	I	Occ.	R.
16/01/2016	02:34,0	III	Ec.	R.
16/01/2016	03:30,2	III	Occ.	D.
16/01/2016	06:40,1	III	Occ.	R.
18/01/2016	05:56,9	II	Sh.	I.
19/01/2016	06:33,0	IV	Ec.	D.
20/01/2016	00:59,1	II	Ec.	D.
20/01/2016	05:42,0	II	Occ.	R.
20/01/2016	06:42,3	I	Sh.	I.
20/01/2016	07:41,9	I	Tr.	I.
21/01/2016	03:51,2	I	Ec.	D.
21/01/2016	07:06,1	I	Occ.	R.
21/01/2016	23:58,8	II	Tr.	E.
22/01/2016	01:10,6	I	Sh.	I.
22/01/2016	02:08,7	I	Tr.	I.
22/01/2016	03:26,4	I	Sh.	E.
22/01/2016	04:23,0	I	Tr.	E.
22/01/2016	22:19,6	I	Ec.	D.
23/01/2016	01:33,0	I	Occ.	R.
23/01/2016	03:07,0	III	Ec.	D.
23/01/2016	06:31,3	III	Ec.	R.
23/01/2016	07:05,0	III	Occ.	D.
23/01/2016	22:49,7	I	Tr.	E.
26/01/2016	23:53,1	III	Tr.	E.
27/01/2016	03:32,5	II	Ec.	D.
28/01/2016	01:05,4	IV	Tr.	I.
28/01/2016	02:53,5	IV	Tr.	E.
28/01/2016	05:44,8	I	Ec.	D.
28/01/2016	21:49,8	II	Sh.	I.
28/01/2016	23:36,8	II	Tr.	I.
29/01/2016	00:39,1	II	Sh.	E.
29/01/2016	02:20,9	II	Tr.	E.
29/01/2016	03:03,8	I	Sh.	I.
29/01/2016	03:55,3	I	Tr.	I.
29/01/2016	05:19,4	I	Sh.	E.
29/01/2016	06:09,5	I	Tr.	E.
30/01/2016	00:13,3	I	Ec.	D.
30/01/2016	03:19,8	I	Occ.	R.
30/01/2016	07:05,8	III	Ec.	D.
30/01/2016	22:21,8	I	Tr.	I.
30/01/2016	23:47,7	I	Sh.	E.
31/01/2016	00:36,0	I	Tr.	E.
31/01/2016	21:46,4	I	Occ.	R.
03/02/2016	00:13,2	III	Tr.	I.
03/02/2016	00:22,2	III	Sh.	E.
03/02/2016	03:20,2	III	Tr.	E.
03/02/2016	06:05,9	II	Ec.	D.

04/02/2016	07:38,6	I	Ec.	D.
05/02/2016	00:25,6	II	Sh.	I.
05/02/2016	00:34,1	IV	Ec.	D.
05/02/2016	01:57,0	II	Tr.	I.
05/02/2016	03:14,6	II	Sh.	E.
05/02/2016	03:54,7	IV	Ec.	R.
05/02/2016	04:41,1	II	Tr.	E.
05/02/2016	04:57,0	I	Sh.	I.
05/02/2016	05:40,9	I	Tr.	I.
05/02/2016	07:12,6	I	Sh.	E.
06/02/2016	02:07,1	I	Ec.	D.
06/02/2016	05:05,8	I	Occ.	R.
06/02/2016	23:25,4	I	Sh.	I.
06/02/2016	23:29,5	II	Occ.	R.
07/02/2016	00:07,2	I	Tr.	I.
07/02/2016	01:40,9	I	Sh.	E.
07/02/2016	02:21,4	I	Tr.	E.
07/02/2016	23:32,1	I	Occ.	R.
10/02/2016	00:58,6	III	Sh.	I.
10/02/2016	03:37,6	III	Tr.	I.
10/02/2016	04:19,8	III	Sh.	E.
10/02/2016	06:44,5	III	Tr.	E.
12/02/2016	03:01,5	II	Sh.	I.
12/02/2016	04:15,5	II	Tr.	I.
12/02/2016	05:50,4	II	Sh.	E.
12/02/2016	06:50,3	I	Sh.	I.
12/02/2016	06:59,7	II	Tr.	E.
13/02/2016	04:00,9	I	Ec.	D.
13/02/2016	06:51,0	I	Occ.	R.
13/02/2016	21:56,1	II	Ec.	D.
14/02/2016	01:18,7	I	Sh.	I.
14/02/2016	01:45,5	II	Occ.	R.
14/02/2016	01:51,9	I	Tr.	I.
14/02/2016	03:34,2	I	Sh.	E.
14/02/2016	04:06,0	I	Tr.	E.
14/02/2016	22:29,4	I	Ec.	D.
15/02/2016	01:17,1	I	Occ.	R.
15/02/2016	22:02,5	I	Sh.	E.
15/02/2016	22:32,0	I	Tr.	E.
17/02/2016	04:56,7	III	Sh.	I.
17/02/2016	06:58,2	III	Tr.	I.
19/02/2016	05:37,6	II	Sh.	I.
19/02/2016	06:32,5	II	Tr.	I.
20/02/2016	05:55,0	I	Ec.	D.
20/02/2016	23:50,9	III	Occ.	R.
21/02/2016	00:29,6	II	Ec.	D.
21/02/2016	03:12,1	I	Sh.	I.
21/02/2016	03:35,9	I	Tr.	I.
21/02/2016	04:00,1	II	Occ.	R.
21/02/2016	05:27,5	I	Sh.	E.
21/02/2016	05:50,0	I	Tr.	E.
21/02/2016	21:48,2	IV	Ec.	R.
21/02/2016	22:54,9	IV	Occ.	D.
22/02/2016	00:23,4	I	Ec.	D.
22/02/2016	00:36,2	IV	Occ.	R.
22/02/2016	03:01,6	I	Occ.	R.
22/02/2016	21:40,5	I	Sh.	I.
22/02/2016	21:44,8	II	Sh.	E.
22/02/2016	22:01,8	I	Tr.	I.
22/02/2016	22:25,5	II	Tr.	E.
22/02/2016	23:55,9	I	Sh.	E.
23/02/2016	00:16,0	I	Tr.	E.
23/02/2016	21:27,7	I	Occ.	R.

27/02/2016	22:58,0	III	Ec.	D.
28/02/2016	03:03,1	II	Ec.	D.
28/02/2016	03:08,4	III	Occ.	R.
28/02/2016	05:05,7	I	Sh.	I.
28/02/2016	05:19,5	I	Tr.	I.
28/02/2016	06:13,8	II	Occ.	R.
29/02/2016	02:17,6	I	Ec.	D.
29/02/2016	04:45,7	I	Occ.	R.
29/02/2016	21:32,6	II	Sh.	I.
29/02/2016	21:56,6	II	Tr.	I.
29/02/2016	23:34,1	I	Sh.	I.
29/02/2016	23:45,3	I	Tr.	I.
01/03/2016	00:21,0	II	Sh.	E.
01/03/2016	00:41,4	II	Tr.	E.
01/03/2016	01:49,4	I	Sh.	E.
01/03/2016	01:59,5	I	Tr.	E.
01/03/2016	04:09,5	IV	Sh.	I.
01/03/2016	06:23,6	IV	Tr.	I.
01/03/2016	20:46,2	I	Ec.	D.
01/03/2016	23:11,8	I	Occ.	R.
02/03/2016	19:20,5	II	Occ.	R.
02/03/2016	20:17,8	I	Sh.	E.
02/03/2016	20:25,4	I	Tr.	E.
06/03/2016	02:57,2	III	Ec.	D.
06/03/2016	05:36,7	II	Ec.	D.
06/03/2016	06:25,7	III	Occ.	R.
07/03/2016	04:11,9	I	Ec.	D.
07/03/2016	06:29,7	I	Occ.	R.
08/03/2016	00:09,2	II	Sh.	I.
08/03/2016	00:11,8	II	Tr.	I.
08/03/2016	01:27,8	I	Sh.	I.
08/03/2016	01:28,7	I	Tr.	I.
08/03/2016	02:56,9	II	Tr.	E.
08/03/2016	02:57,3	II	Sh.	E.
08/03/2016	03:43,0	I	Sh.	E.
08/03/2016	03:43,0	I	Tr.	E.
08/03/2016	22:40,2	I	Occ.	D.
09/03/2016	00:57,0	I	Ec.	R.
09/03/2016	18:50,7	II	Occ.	D.
09/03/2016	19:54,6	I	Tr.	I.
09/03/2016	19:56,2	I	Sh.	I.
09/03/2016	19:57,2	III	Tr.	E.
09/03/2016	20:09,5	III	Sh.	E.
09/03/2016	21:39,2	II	Ec.	R.
09/03/2016	22:08,9	I	Tr.	E.
09/03/2016	22:11,4	I	Sh.	E.
10/03/2016	19:25,6	I	Ec.	R.
14/03/2016	05:58,2	I	Occ.	D.
15/03/2016	02:27,0	II	Tr.	I.
15/03/2016	02:45,9	II	Sh.	I.
15/03/2016	03:12,2	I	Tr.	I.
15/03/2016	03:21,6	I	Sh.	I.
15/03/2016	05:12,5	II	Tr.	E.
15/03/2016	05:26,6	I	Tr.	E.
15/03/2016	05:33,8	II	Sh.	E.
15/03/2016	05:36,7	I	Sh.	E.
16/03/2016	00:24,3	I	Occ.	D.
16/03/2016	02:51,5	I	Ec.	R.
16/03/2016	20:03,1	III	Tr.	I.
16/03/2016	20:49,3	III	Sh.	I.
16/03/2016	21:03,8	II	Occ.	D.
16/03/2016	21:38,1	I	Tr.	I.
16/03/2016	21:50,1	I	Sh.	I.

87

16/03/2016	23:13,6	III	Tr.	E.
16/03/2016	23:52,5	I	Tr.	E.
17/03/2016	00:05,2	I	Sh.	E.
17/03/2016	00:06,7	III	Sh.	E.
17/03/2016	00:12,6	II	Ec.	R.
17/03/2016	18:50,3	I	Occ.	D.
17/03/2016	20:25,8	IV	Tr.	I.
17/03/2016	21:20,1	I	Ec.	R.
17/03/2016	22:10,9	IV	Sh.	I.
17/03/2016	22:35,4	IV	Tr.	E.
18/03/2016	01:06,7	IV	Sh.	E.
18/03/2016	18:51,6	II	Sh.	E.
22/03/2016	04:42,8	II	Tr.	I.
22/03/2016	04:56,1	I	Tr.	I.
22/03/2016	05:15,5	I	Sh.	I.
22/03/2016	05:22,8	II	Sh.	I.
23/03/2016	02:08,7	I	Occ.	D.
23/03/2016	04:46,0	I	Ec.	R.
23/03/2016	23:17,6	II	Occ.	D.
23/03/2016	23:19,6	III	Tr.	I.
23/03/2016	23:22,1	I	Tr.	I.
23/03/2016	23:44,0	I	Sh.	I.
24/03/2016	00:47,5	III	Sh.	I.
24/03/2016	01:36,6	I	Tr.	E.
24/03/2016	01:59,1	I	Sh.	E.
24/03/2016	02:31,4	III	Tr.	E.
24/03/2016	02:46,2	II	Ec.	R.
24/03/2016	04:04,2	III	Sh.	E.
24/03/2016	20:34,8	I	Occ.	D.
24/03/2016	23:14,7	I	Ec.	R.
25/03/2016	20:02,7	I	Tr.	E.
25/03/2016	20:27,6	I	Sh.	E.
25/03/2016	20:36,8	II	Tr.	E.
25/03/2016	21:28,2	II	Sh.	E.
26/03/2016	02:56,7	IV	Occ.	D.
30/03/2016	03:53,6	I	Occ.	D.
31/03/2016	01:06,7	I	Tr.	I.
31/03/2016	01:32,4	II	Occ.	D.
31/03/2016	01:38,1	I	Sh.	I.
31/03/2016	02:39,0	III	Tr.	I.
31/03/2016	03:21,3	I	Tr.	E.
31/03/2016	03:53,1	I	Sh.	E.
31/03/2016	04:46,6	III	Sh.	I.
31/03/2016	22:20,0	I	Occ.	D.
01/04/2016	01:09,3	I	Ec.	R.
01/04/2016	19:32,9	I	Tr.	I.
01/04/2016	20:06,6	I	Sh.	I.
01/04/2016	20:08,1	II	Tr.	I.
01/04/2016	21:17,9	II	Sh.	I.
01/04/2016	21:47,6	I	Tr.	E.
01/04/2016	22:21,6	I	Sh.	E.
01/04/2016	22:54,8	II	Tr.	E.
02/04/2016	00:05,0	II	Sh.	E.
02/04/2016	19:38,1	I	Ec.	R.
03/04/2016	22:10,5	III	Ec.	R.
07/04/2016	02:52,0	I	Tr.	I.
07/04/2016	03:32,3	I	Sh.	I.
07/04/2016	03:48,7	II	Occ.	D.
08/04/2016	00:05,9	I	Occ.	D.
08/04/2016	03:04,2	I	Ec.	R.
08/04/2016	21:18,5	I	Tr.	I.
08/04/2016	22:00,9	I	Sh.	I.
08/04/2016	22:27,2	II	Tr.	I.

08/04/2016	23:33,3	I	Tr.	E.
08/04/2016	23:55,0	II	Sh.	I.
09/04/2016	00:15,8	I	Sh.	E.
09/04/2016	01:14,3	II	Tr.	E.
09/04/2016	02:41,8	II	Sh.	E.
09/04/2016	21:32,9	I	Ec.	R.
10/04/2016	19:49,0	III	Occ.	D.
10/04/2016	21:10,7	II	Ec.	R.
11/04/2016	02:08,6	III	Ec.	R.
11/04/2016	20:06,6	IV	Occ.	R.
12/04/2016	00:48,8	IV	Ec.	D.
12/04/2016	03:29,0	IV	Ec.	R.
15/04/2016	01:52,9	I	Occ.	D.
15/04/2016	23:05,0	I	Tr.	I.
15/04/2016	23:55,2	I	Sh.	I.
16/04/2016	00:48,2	II	Tr.	I.
16/04/2016	01:19,9	I	Tr.	E.
16/04/2016	02:10,1	I	Sh.	E.
16/04/2016	02:32,2	II	Sh.	I.
16/04/2016	03:35,6	II	Tr.	E.
16/04/2016	20:19,8	I	Occ.	D.
16/04/2016	23:27,8	I	Ec.	R.
17/04/2016	19:46,7	I	Tr.	E.
17/04/2016	20:38,7	I	Sh.	E.
17/04/2016	23:16,3	III	Occ.	D.
17/04/2016	23:44,8	II	Ec.	R.
18/04/2016	02:34,1	III	Occ.	R.
18/04/2016	02:51,6	III	Ec.	D.
20/04/2016	01:38,2	IV	Tr.	I.
21/04/2016	19:57,5	III	Sh.	E.
23/04/2016	00:52,6	I	Tr.	I.
23/04/2016	01:49,7	I	Sh.	I.
23/04/2016	03:07,6	I	Tr.	E.
23/04/2016	03:11,2	II	Tr.	I.
23/04/2016	22:08,1	I	Occ.	D.
24/04/2016	01:22,8	I	Ec.	R.
24/04/2016	20:18,3	I	Sh.	I.
24/04/2016	21:34,7	I	Tr.	E.
24/04/2016	21:37,6	II	Occ.	D.
24/04/2016	22:33,1	I	Sh.	E.
25/04/2016	02:19,1	II	Ec.	R.
25/04/2016	02:48,6	III	Occ.	D.
26/04/2016	21:14,3	II	Sh.	E.
28/04/2016	20:42,6	III	Sh.	I.
28/04/2016	21:22,5	IV	Ec.	R.
28/04/2016	23:55,4	III	Sh.	E.
30/04/2016	02:41,3	I	Tr.	I.
30/04/2016	23:57,5	I	Occ.	D.
01/05/2016	21:08,6	I	Tr.	I.
01/05/2016	22:12,8	I	Sh.	I.
01/05/2016	23:23,8	I	Tr.	E.
02/05/2016	00:00,9	II	Occ.	D.
02/05/2016	00:27,6	I	Sh.	E.
02/05/2016	21:46,6	I	Ec.	R.
03/05/2016	21:05,6	II	Sh.	I.
03/05/2016	21:38,4	II	Tr.	E.
03/05/2016	23:51,1	II	Sh.	E.
05/05/2016	23:26,4	III	Tr.	E.
06/05/2016	00:41,4	III	Sh.	I.
06/05/2016	20:30,5	IV	Tr.	E.
08/05/2016	01:48,0	I	Occ.	D.
08/05/2016	22:58,7	I	Tr.	I.
09/05/2016	00:07,4	I	Sh.	I.

89

09/05/2016	01:14,0	I	Tr.	E.
09/05/2016	23:41,6	I	Ec.	R.
10/05/2016	20:50,9	I	Sh.	E.
10/05/2016	21:18,8	II	Tr.	I.
10/05/2016	23:42,8	II	Sh.	I.
11/05/2016	00:07,2	II	Tr.	E.
12/05/2016	20:45,3	II	Ec.	R.
12/05/2016	23:50,1	III	Tr.	I.
15/05/2016	01:05,5	IV	Occ.	D.
16/05/2016	00:50,0	I	Tr.	I.
16/05/2016	22:02,9	III	Ec.	R.
16/05/2016	22:07,7	I	Occ.	D.
17/05/2016	01:36,7	I	Ec.	R.
17/05/2016	20:30,8	I	Sh.	I.
17/05/2016	21:33,5	I	Tr.	E.
17/05/2016	22:45,6	I	Sh.	E.
17/05/2016	23:49,7	II	Tr.	I.
19/05/2016	23:20,0	II	Ec.	R.
23/05/2016	21:03,3	III	Occ.	R.
23/05/2016	22:23,9	IV	Sh.	I.
23/05/2016	22:50,3	III	Ec.	D.
24/05/2016	00:00,7	I	Occ.	D.
24/05/2016	00:33,2	IV	Sh.	E.
24/05/2016	21:10,6	I	Tr.	I.
24/05/2016	22:25,6	I	Sh.	I.
24/05/2016	23:26,2	I	Tr.	E.
25/05/2016	00:40,3	I	Sh.	E.
25/05/2016	22:00,6	I	Ec.	R.
28/05/2016	20:59,1	II	Sh.	E.
30/05/2016	21:35,4	III	Occ.	D.
31/05/2016	21:37,4	IV	Occ.	R.
31/05/2016	23:04,3	I	Tr.	I.
01/06/2016	00:20,4	I	Sh.	I.
01/06/2016	23:55,7	I	Ec.	R.
02/06/2016	21:03,7	I	Sh.	E.
02/06/2016	23:13,8	II	Occ.	D.
04/06/2016	21:03,8	II	Tr.	E.
04/06/2016	23:35,5	II	Sh.	E.
08/06/2016	22:18,7	I	Occ.	D.
09/06/2016	21:43,5	I	Tr.	E.
09/06/2016	22:58,5	I	Sh.	E.
10/06/2016	23:46,5	III	Sh.	E.
11/06/2016	23:28,7	II	Sh.	I.
11/06/2016	23:41,4	II	Tr.	E.
16/06/2016	21:23,6	I	Tr.	I.
16/06/2016	22:38,7	I	Sh.	I.
16/06/2016	23:39,4	I	Tr.	E.
17/06/2016	22:14,5	I	Ec.	R.
17/06/2016	22:50,9	III	Tr.	E.
18/06/2016	23:32,5	II	Tr.	I.
20/06/2016	22:58,1	II	Ec.	R.
25/06/2016	21:16,9	I	Sh.	E.
25/06/2016	22:34,6	IV	Tr.	I.
28/06/2016	21:55,4	III	Ec.	R.
01/07/2016	22:38,8	I	Occ.	D.
02/07/2016	22:03,0	I	Tr.	E.
05/07/2016	21:24,9	III	Occ.	R.
06/07/2016	21:04,6	II	Tr.	E.
09/07/2016	21:45,4	I	Tr.	I.
13/07/2016	21:01,3	II	Tr.	I.
17/07/2016	21:05,9	I	Occ.	D.
18/07/2016	21:30,1	I	Sh.	E.
25/07/2016	21:10,4	I	Sh.	I.

26/07/2016	20:45,7	I	Ec.	R.
29/07/2016	20:43,6	II	Occ.	D.
30/07/2016	20:54,9	III	Tr.	I.
23/10/2016	05:51,7	II	Ec.	D.
23/10/2016	06:16,5	I	Ec.	D.
24/10/2016	05:44,0	I	Sh.	E.
24/10/2016	06:11,6	I	Tr.	E.
31/10/2016	05:24,0	I	Sh.	I.
31/10/2016	05:58,1	I	Tr.	I.
01/11/2016	05:25,5	I	Occ.	R.
01/11/2016	05:39,4	II	Sh.	E.
01/11/2016	06:39,1	III	Tr.	I.
01/11/2016	06:47,7	II	Tr.	E.
08/11/2016	05:38,2	II	Sh.	I.
08/11/2016	06:59,4	II	Tr.	I.
15/11/2016	06:24,5	I	Ec.	D.
16/11/2016	05:53,8	I	Sh.	E.
16/11/2016	06:41,6	I	Tr.	E.
17/11/2016	07:13,0	II	Occ.	R.
19/11/2016	05:07,8	III	Ec.	R.
19/11/2016	05:46,3	III	Occ.	D.
23/11/2016	05:33,9	I	Sh.	I.
23/11/2016	06:27,4	I	Tr.	I.
24/11/2016	05:35,3	II	Ec.	D.
24/11/2016	05:51,7	I	Occ.	R.
26/11/2016	04:21,6	II	Tr.	E.
26/11/2016	06:19,6	III	Ec.	D.
30/11/2016	07:27,5	I	Sh.	I.
01/12/2016	04:38,9	I	Ec.	D.
02/12/2016	04:09,4	I	Sh.	E.
02/12/2016	05:08,5	I	Tr.	E.
03/12/2016	04:34,1	II	Tr.	I.
03/12/2016	05:07,2	II	Sh.	E.
03/12/2016	07:03,7	II	Tr.	E.
07/12/2016	04:25,7	III	Tr.	I.
07/12/2016	06:57,2	III	Tr.	E.
08/12/2016	06:31,9	I	Ec.	D.
09/12/2016	03:49,5	I	Sh.	I.
09/12/2016	04:53,6	I	Tr.	I.
09/12/2016	06:02,8	I	Sh.	E.
09/12/2016	07:06,1	I	Tr.	E.
10/12/2016	04:15,8	I	Occ.	R.
10/12/2016	05:07,5	II	Sh.	I.
10/12/2016	07:16,1	II	Tr.	I.
10/12/2016	07:40,1	II	Sh.	E.
12/12/2016	04:48,8	II	Occ.	R.
14/12/2016	04:06,4	III	Sh.	I.
14/12/2016	06:48,2	III	Sh.	E.
16/12/2016	05:43,0	I	Sh.	I.
16/12/2016	06:50,8	I	Tr.	I.
16/12/2016	07:56,2	I	Sh.	E.
17/12/2016	06:12,2	I	Occ.	R.
17/12/2016	07:40,7	II	Sh.	I.
18/12/2016	03:32,1	I	Tr.	E.
19/12/2016	07:30,2	II	Occ.	R.
23/12/2016	07:36,4	I	Sh.	I.
24/12/2016	04:45,9	I	Ec.	D.
25/12/2016	03:03,4	III	Occ.	D.
25/12/2016	03:16,1	I	Tr.	I.
25/12/2016	04:17,8	I	Sh.	E.
25/12/2016	05:26,4	III	Occ.	R.
25/12/2016	05:28,0	I	Tr.	E.
26/12/2016	02:36,6	I	Occ.	R.

91

26/12/2016	05:15,6	II	Ec.	D.
28/12/2016	04:21,3	II	Tr.	E.
31/12/2016	06:38,8	I	Ec.	D.
01/01/2017	03:58,1	I	Sh.	I.
01/01/2017	04:46,9	III	Ec.	R.
01/01/2017	05:11,4	I	Tr.	I.
01/01/2017	06:11,0	I	Sh.	E.
01/01/2017	07:10,8	III	Occ.	D.
01/01/2017	07:23,0	I	Tr.	E.
02/01/2017	04:31,2	I	Occ.	R.
02/01/2017	07:50,9	II	Ec.	D.
04/01/2017	02:04,1	II	Sh.	I.
04/01/2017	04:32,5	II	Tr.	I.
04/01/2017	04:35,6	II	Sh.	E.
04/01/2017	06:57,4	II	Tr.	E.
06/01/2017	02:06,1	II	Occ.	R.
08/01/2017	05:51,4	I	Sh.	I.
08/01/2017	06:04,5	III	Ec.	D.
08/01/2017	07:05,8	I	Tr.	I.
08/01/2017	08:04,2	I	Sh.	E.
09/01/2017	02:59,9	I	Ec.	D.
09/01/2017	06:25,0	I	Occ.	R.
10/01/2017	02:32,6	I	Sh.	E.
10/01/2017	03:45,5	I	Tr.	E.
11/01/2017	04:37,6	II	Sh.	I.
11/01/2017	07:07,8	II	Tr.	I.
11/01/2017	07:08,8	II	Sh.	E.
12/01/2017	03:19,0	III	Tr.	E.
13/01/2017	02:16,2	II	Ec.	R.
13/01/2017	02:16,5	II	Occ.	D.
13/01/2017	04:41,0	II	Occ.	R.
15/01/2017	07:44,6	I	Sh.	I.
16/01/2017	04:52,9	I	Ec.	D.
17/01/2017	02:13,0	I	Sh.	I.
17/01/2017	03:27,4	I	Tr.	I.
17/01/2017	04:25,7	I	Sh.	E.
17/01/2017	05:38,3	I	Tr.	E.
18/01/2017	02:45,8	I	Occ.	R.
18/01/2017	07:11,3	II	Sh.	I.
19/01/2017	02:30,4	III	Sh.	E.
19/01/2017	05:03,0	III	Tr.	I.
19/01/2017	07:12,2	III	Tr.	E.
20/01/2017	02:18,8	II	Ec.	D.
20/01/2017	07:13,6	II	Occ.	R.
22/01/2017	01:19,9	II	Tr.	E.
23/01/2017	06:45,8	I	Ec.	D.
24/01/2017	04:06,2	I	Sh.	I.
24/01/2017	05:19,4	I	Tr.	I.
24/01/2017	06:18,8	I	Sh.	E.
24/01/2017	07:30,1	I	Tr.	E.
25/01/2017	01:14,1	I	Ec.	D.
25/01/2017	04:37,4	I	Occ.	R.
26/01/2017	00:47,1	I	Sh.	E.
26/01/2017	01:57,8	I	Tr.	E.
26/01/2017	03:52,4	III	Sh.	I.
26/01/2017	06:27,6	III	Sh.	E.
27/01/2017	04:53,6	II	Ec.	D.
29/01/2017	01:27,8	II	Tr.	I.
29/01/2017	01:32,5	II	Sh.	E.
29/01/2017	03:49,6	II	Tr.	E.
30/01/2017	01:02,3	III	Occ.	R.
31/01/2017	05:59,5	I	Sh.	I.
31/01/2017	07:10,3	I	Tr.	I.

01/02/2017	03:07,1	I	Ec.	D.
01/02/2017	06:28,0	I	Occ.	R.
02/02/2017	00:27,7	I	Sh.	I.
02/02/2017	01:37,8	I	Tr.	I.
02/02/2017	02:40,2	I	Sh.	E.
02/02/2017	03:48,3	I	Tr.	E.
03/02/2017	00:55,5	I	Occ.	R.
03/02/2017	07:28,3	II	Ec.	D.
05/02/2017	01:36,1	II	Sh.	I.
05/02/2017	03:56,2	II	Tr.	I.
05/02/2017	04:06,2	II	Sh.	E.
05/02/2017	06:17,3	II	Tr.	E.
06/02/2017	00:28,7	III	Ec.	R.
06/02/2017	02:42,5	III	Occ.	D.
06/02/2017	04:44,6	III	Occ.	R.
07/02/2017	01:25,3	II	Occ.	R.
08/02/2017	05:00,2	I	Ec.	D.
09/02/2017	02:21,0	I	Sh.	I.
09/02/2017	03:27,4	I	Tr.	I.
09/02/2017	04:33,3	I	Sh.	E.
09/02/2017	05:37,6	I	Tr.	E.
10/02/2017	02:44,8	I	Occ.	R.
11/02/2017	00:04,8	I	Tr.	E.
12/02/2017	04:10,4	II	Sh.	I.
12/02/2017	06:22,4	II	Tr.	I.
12/02/2017	06:40,3	II	Sh.	E.
13/02/2017	01:51,8	III	Ec.	D.
13/02/2017	04:25,2	III	Ec.	R.
13/02/2017	06:23,1	III	Occ.	D.
14/02/2017	03:50,0	II	Occ.	R.
15/02/2017	06:53,4	I	Ec.	D.
16/02/2017	04:14,2	I	Sh.	I.
16/02/2017	05:15,8	I	Tr.	I.
16/02/2017	06:26,4	I	Sh.	E.
17/02/2017	01:21,7	I	Ec.	D.
17/02/2017	04:33,1	I	Occ.	R.
17/02/2017	23:42,8	I	Tr.	I.
18/02/2017	00:54,7	I	Sh.	E.
18/02/2017	01:52,7	I	Tr.	E.
19/02/2017	06:44,8	II	Sh.	I.
20/02/2017	05:50,3	III	Ec.	D.
21/02/2017	01:54,4	II	Ec.	D.
21/02/2017	06:12,6	II	Occ.	R.
23/02/2017	00:17,8	II	Tr.	E.
23/02/2017	06:07,5	I	Sh.	I.
23/02/2017	07:03,2	I	Tr.	I.
23/02/2017	23:38,5	III	Tr.	I.
24/02/2017	01:34,3	III	Tr.	E.
24/02/2017	03:15,1	I	Ec.	D.
24/02/2017	06:20,4	I	Occ.	R.
25/02/2017	00:35,8	I	Sh.	I.
25/02/2017	01:29,9	I	Tr.	I.
25/02/2017	02:47,9	I	Sh.	E.
25/02/2017	03:39,7	I	Tr.	E.
26/02/2017	00:47,0	I	Occ.	R.
28/02/2017	04:28,8	II	Ec.	D.
01/03/2017	22:37,2	II	Sh.	I.
02/03/2017	00:19,0	II	Tr.	I.
02/03/2017	01:06,4	II	Sh.	E.
02/03/2017	02:38,6	II	Tr.	E.
02/03/2017	23:40,4	III	Sh.	I.
03/03/2017	02:10,1	III	Sh.	E.
03/03/2017	03:07,4	III	Tr.	I.

93

03/03/2017	05:02,1	III	Tr.	E.
03/03/2017	05:08,5	I	Ec.	D.
04/03/2017	02:29,2	I	Sh.	I.
04/03/2017	03:16,0	I	Tr.	I.
04/03/2017	04:41,1	I	Sh.	E.
04/03/2017	05:25,7	I	Tr.	E.
04/03/2017	23:36,8	I	Ec.	D.
05/03/2017	02:33,2	I	Occ.	R.
05/03/2017	23:09,4	I	Sh.	E.
05/03/2017	23:52,1	I	Tr.	E.
09/03/2017	01:12,3	II	Sh.	I.
09/03/2017	02:38,2	II	Tr.	I.
09/03/2017	03:41,2	II	Sh.	E.
09/03/2017	04:57,7	II	Tr.	E.
10/03/2017	03:38,1	III	Sh.	I.
10/03/2017	06:06,7	III	Sh.	E.
11/03/2017	00:00,1	II	Occ.	R.
11/03/2017	04:22,6	I	Sh.	I.
11/03/2017	05:01,3	I	Tr.	I.
12/03/2017	01:30,4	I	Ec.	D.
12/03/2017	04:18,5	I	Occ.	R.
12/03/2017	22:50,9	I	Sh.	I.
12/03/2017	23:27,4	I	Tr.	I.
13/03/2017	01:02,7	I	Sh.	E.
13/03/2017	01:37,1	I	Tr.	E.
13/03/2017	22:16,4	III	Occ.	R.
13/03/2017	22:44,8	I	Occ.	R.
16/03/2017	03:47,6	II	Sh.	I.
16/03/2017	04:55,8	II	Tr.	I.
16/03/2017	06:16,2	II	Sh.	E.
17/03/2017	22:54,4	II	Ec.	D.
18/03/2017	02:16,3	II	Occ.	R.
19/03/2017	03:24,2	I	Ec.	D.
19/03/2017	06:03,3	I	Occ.	R.
20/03/2017	00:44,5	I	Sh.	I.
20/03/2017	01:11,8	I	Tr.	I.
20/03/2017	02:56,1	I	Sh.	E.
20/03/2017	03:21,5	I	Tr.	E.
20/03/2017	21:42,3	III	Ec.	D.
20/03/2017	21:52,7	I	Ec.	D.
21/03/2017	00:29,4	I	Occ.	R.
21/03/2017	01:36,5	III	Occ.	R.
21/03/2017	21:24,5	I	Sh.	E.
21/03/2017	21:47,5	I	Tr.	E.
25/03/2017	01:28,6	II	Ec.	D.
25/03/2017	04:31,3	II	Occ.	R.
26/03/2017	05:18,1	I	Ec.	D.
26/03/2017	22:08,9	II	Sh.	E.
26/03/2017	22:39,7	II	Tr.	E.
27/03/2017	02:38,1	I	Sh.	I.
27/03/2017	02:55,7	I	Tr.	I.
27/03/2017	04:49,6	I	Sh.	E.
27/03/2017	05:05,4	I	Tr.	E.
27/03/2017	23:46,6	I	Ec.	D.
28/03/2017	01:40,4	III	Ec.	D.
28/03/2017	02:13,6	I	Occ.	R.
28/03/2017	04:55,0	III	Occ.	R.
28/03/2017	21:06,5	I	Sh.	I.
28/03/2017	21:21,6	I	Tr.	I.
28/03/2017	23:18,1	I	Sh.	E.
28/03/2017	23:31,4	I	Tr.	E.
29/03/2017	20:39,5	I	Occ.	R.
01/04/2017	04:02,8	II	Ec.	D.

02/04/2017	22:16,8	II	Sh.	I.
02/04/2017	22:34,6	II	Tr.	I.
03/04/2017	00:44,6	II	Sh.	E.
03/04/2017	00:55,4	II	Tr.	E.
03/04/2017	04:31,8	I	Sh.	I.
03/04/2017	04:39,3	I	Tr.	I.
04/04/2017	01:40,7	I	Ec.	D.
04/04/2017	03:57,6	I	Occ.	R.
04/04/2017	19:52,5	II	Occ.	R.
04/04/2017	23:00,2	I	Sh.	I.
04/04/2017	23:05,2	I	Tr.	I.
05/04/2017	01:11,7	I	Sh.	E.
05/04/2017	01:15,0	I	Tr.	E.
05/04/2017	20:09,2	I	Ec.	D.
05/04/2017	22:23,5	I	Occ.	R.
06/04/2017	19:40,1	I	Sh.	E.
06/04/2017	19:40,9	I	Tr.	E.
07/04/2017	19:43,6	III	Tr.	I.
07/04/2017	21:44,1	III	Tr.	E.
07/04/2017	21:55,8	III	Sh.	E.
10/04/2017	00:49,5	II	Tr.	I.
10/04/2017	00:53,0	II	Sh.	I.
10/04/2017	03:11,0	II	Tr.	E.
10/04/2017	03:20,4	II	Sh.	E.
11/04/2017	03:30,9	I	Occ.	D.
11/04/2017	19:45,4	II	Occ.	D.
11/04/2017	22:20,7	II	Ec.	R.
12/04/2017	00:48,8	I	Tr.	I.
12/04/2017	00:54,1	I	Sh.	I.
12/04/2017	02:58,7	I	Tr.	E.
12/04/2017	03:05,4	I	Sh.	E.
12/04/2017	21:56,8	I	Occ.	D.
13/04/2017	00:15,7	I	Ec.	R.
13/04/2017	21:24,6	I	Tr.	E.
13/04/2017	21:33,8	I	Sh.	E.
14/04/2017	22:58,1	III	Tr.	I.
14/04/2017	23:29,6	III	Sh.	I.
15/04/2017	01:01,6	III	Tr.	E.
15/04/2017	01:52,7	III	Sh.	E.
17/04/2017	03:04,6	II	Tr.	I.
17/04/2017	03:29,4	II	Sh.	I.
18/04/2017	21:59,0	II	Occ.	D.
19/04/2017	00:54,5	II	Ec.	R.
19/04/2017	02:32,6	I	Tr.	I.
19/04/2017	02:48,0	I	Sh.	I.
19/04/2017	23:41,0	I	Occ.	D.
20/04/2017	02:10,1	I	Ec.	R.
20/04/2017	20:58,5	I	Tr.	I.
20/04/2017	21:16,5	I	Sh.	I.
20/04/2017	23:08,7	I	Tr.	E.
20/04/2017	23:27,7	I	Sh.	E.
21/04/2017	20:38,8	I	Ec.	R.
22/04/2017	02:13,6	III	Tr.	I.
22/04/2017	03:27,9	III	Sh.	I.
22/04/2017	04:20,4	III	Tr.	E.
25/04/2017	19:59,1	III	Ec.	R.
26/04/2017	00:13,3	II	Occ.	D.
26/04/2017	03:28,3	II	Ec.	R.
27/04/2017	01:25,7	I	Occ.	D.
27/04/2017	20:52,9	II	Tr.	E.
27/04/2017	21:51,5	II	Sh.	E.
27/04/2017	22:42,9	I	Tr.	I.
27/04/2017	23:10,5	I	Sh.	I.

95

28/04/2017	00:53,2	I	Tr.	E.
28/04/2017	01:21,7	I	Sh.	E.
28/04/2017	22:33,4	I	Ec.	R.
02/05/2017	21:32,5	III	Occ.	R.
02/05/2017	21:35,5	III	Ec.	D.
02/05/2017	23:56,8	III	Ec.	R.
03/05/2017	02:28,6	II	Occ.	D.
04/05/2017	03:11,1	I	Occ.	D.
04/05/2017	20:46,9	II	Tr.	I.
04/05/2017	22:01,9	II	Sh.	I.
04/05/2017	23:11,7	II	Tr.	E.
05/05/2017	00:28,0	I	Tr.	I.
05/05/2017	00:28,2	II	Sh.	E.
05/05/2017	01:04,7	I	Sh.	I.
05/05/2017	02:38,5	I	Tr.	E.
05/05/2017	03:15,7	I	Sh.	E.
05/05/2017	21:37,6	I	Occ.	D.
06/05/2017	00:28,1	I	Ec.	R.
06/05/2017	21:04,9	I	Tr.	E.
06/05/2017	21:44,3	I	Sh.	E.
09/05/2017	22:41,1	III	Occ.	D.
10/05/2017	00:57,6	III	Occ.	R.
10/05/2017	01:34,3	III	Ec.	D.
11/05/2017	23:06,3	II	Tr.	I.
12/05/2017	00:39,0	II	Sh.	I.
12/05/2017	01:32,1	II	Tr.	E.
12/05/2017	02:13,9	I	Tr.	I.
12/05/2017	23:24,1	I	Occ.	D.
13/05/2017	02:22,9	I	Ec.	R.
13/05/2017	20:40,5	I	Tr.	I.
13/05/2017	21:27,5	I	Sh.	I.
13/05/2017	21:53,0	II	Ec.	R.
13/05/2017	22:51,2	I	Tr.	E.
13/05/2017	23:38,4	I	Sh.	E.
14/05/2017	20:51,6	I	Ec.	R.
17/05/2017	02:06,5	III	Occ.	D.
19/05/2017	01:27,7	II	Tr.	I.
20/05/2017	01:11,5	I	Occ.	D.
20/05/2017	21:42,0	III	Sh.	E.
20/05/2017	22:27,6	I	Tr.	I.
20/05/2017	23:21,8	I	Sh.	I.
21/05/2017	00:27,0	II	Ec.	R.
21/05/2017	00:38,5	I	Tr.	E.
21/05/2017	01:32,7	I	Sh.	E.
21/05/2017	22:46,5	I	Ec.	R.
27/05/2017	21:38,2	III	Tr.	E.
27/05/2017	22:35,7	II	Occ.	D.
27/05/2017	23:22,9	III	Sh.	I.
28/05/2017	00:15,7	I	Tr.	I.
28/05/2017	01:16,2	I	Sh.	I.
28/05/2017	01:39,6	III	Sh.	I.
28/05/2017	21:27,4	I	Occ.	D.
29/05/2017	00:41,6	I	Ec.	R.
29/05/2017	20:54,1	I	Tr.	E.
29/05/2017	21:37,1	II	Sh.	E.
29/05/2017	21:55,7	I	Sh.	E.
03/06/2017	22:50,5	III	Tr.	I.
04/06/2017	00:59,5	II	Occ.	D.
04/06/2017	01:16,6	III	Tr.	E.
04/06/2017	23:17,4	I	Occ.	D.
05/06/2017	21:39,3	I	Sh.	I.
05/06/2017	21:49,4	II	Sh.	I.
05/06/2017	21:59,0	II	Tr.	E.

```
05/06/2017    22:43,9    I      Tr.    E.
05/06/2017    23:50,1    I      Sh.    E.
06/06/2017    00:14,3    II     Sh.    E.
06/06/2017    21:05,5    I      Ec.    R.
12/06/2017    21:59,5    II     Tr.    I.
12/06/2017    22:23,2    I      Tr.    I.
12/06/2017    23:33,9    I      Sh.    I.
13/06/2017    00:27,0    II     Sh.    I.
13/06/2017    00:28,8    II     Tr.    E.
13/06/2017    00:34,7    I      Tr.    E.
13/06/2017    23:00,7    I      Ec.    R.
14/06/2017    21:26,4    II     Ec.    R.
14/06/2017    21:32,9    III    Ec.    D.
14/06/2017    23:47,7    III    Ec.    R.
20/06/2017    00:14,9    I      Tr.    I.
20/06/2017    21:29,0    I      Occ.   D.
21/06/2017    21:37,0    II     Occ.   R.
21/06/2017    21:37,5    II     Ec.    D.
21/06/2017    22:07,8    I      Sh.    E.
21/06/2017    22:53,8    III    Occ.   R.
22/06/2017    00:00,6    II     Ec.    R.
27/06/2017    23:22,6    I      Occ.   D.
28/06/2017    21:39,8    II     Occ.   D.
28/06/2017    21:51,7    I      Sh.    I.
28/06/2017    22:47,9    I      Tr.    E.
29/06/2017    21:19,8    I      Ec.    R.
30/06/2017    21:24,9    II     Sh.    E.
02/07/2017    21:30,6    III    Sh.    E.
05/07/2017    22:30,2    I      Tr.    I.
06/07/2017    23:15,0    I      Ec.    R.
07/07/2017    21:30,1    II     Tr.    E.
07/07/2017    21:38,7    II     Sh.    I.
13/07/2017    21:41,8    I      Occ.   D.
14/07/2017    21:06,1    I      Tr.    E.
14/07/2017    21:38,3    II     Tr.    I.
14/07/2017    22:20,3    I      Sh.    E.
16/07/2017    21:01,0    II     Ec.    R.
16/07/2017    22:02,3    III    Tr.    I.
21/07/2017    20:50,2    I      Tr.    I.
21/07/2017    22:04,4    I      Sh.    I.
22/07/2017    21:34,2    I      Ec.    R.
27/07/2017    21:31,0    III    Ec.    D.
30/07/2017    20:38,2    I      Sh.    E.
30/07/2017    21:24,3    II     Occ.   D.
01/08/2017    21:10,7    II     Sh.    E.
03/08/2017    20:36,5    III    Occ.   D.
06/08/2017    20:22,4    I      Sh.    I.
17/08/2017    20:37,1    II     Ec.    R.
22/08/2017    19:53,5    I      Tr.    E.
29/08/2017    19:41,0    I      Tr.    I.
01/09/2017    19:31,0    III    Ec.    R.
18/11/2017    07:04,1    II     Occ.   R.
19/11/2017    06:52,6    I      Tr.    I.
23/11/2017    06:46,2    III    Tr.    E.
25/11/2017    06:34,8    II     Ec.    D.
30/11/2017    06:57,3    III    Sh.    I.
04/12/2017    06:21,0    II     Sh.    E.
04/12/2017    07:35,2    I      Ec.    D.
04/12/2017    07:35,5    II     Tr.    E.
05/12/2017    06:56,1    I      Sh.    E.
05/12/2017    07:34,9    I      Tr.    E.
11/12/2017    05:56,3    III    Occ.   R.
11/12/2017    06:37,6    II     Sh.    I.
```

97

```
12/12/2017    06:39,4    I      Sh.    I.
12/12/2017    07:24,1    I      Tr.    I.
13/12/2017    06:51,4    I      Occ.   R.
18/12/2017    06:56,9    III    Ec.    R.
20/12/2017    05:49,8    I      Ec.    D.
20/12/2017    07:42,0    II     Occ.   R.
21/12/2017    06:04,2    I      Tr.    E.
27/12/2017    06:16,3    II     Ec.    D.
27/12/2017    07:42,9    I      Ec.    D.
28/12/2017    05:52,6    I      Tr.    I.
28/12/2017    07:05,7    I      Sh.    E.
28/12/2017    08:03,0    I      Tr.    E.
29/12/2017    05:09,0    II     Tr.    E.
29/12/2017    05:17,7    I      Occ.   R.
04/01/2018    06:48,9    I      Sh.    I.
04/01/2018    07:51,0    I      Tr.    I.
05/01/2018    04:35,2    III    Sh.    E.
05/01/2018    05:36,2    II     Tr.    I.
05/01/2018    05:49,0    II     Sh.    E.
05/01/2018    07:02,5    III    Tr.    I.
05/01/2018    07:15,1    I      Occ.   R.
05/01/2018    07:50,5    II     Tr.    E.
06/01/2018    04:30,6    I      Tr.    E.
12/01/2018    05:57,0    I      Ec.    D.
12/01/2018    06:06,0    II     Sh.    I.
12/01/2018    06:45,5    III    Sh.    I.
13/01/2018    04:18,0    I      Tr.    I.
13/01/2018    05:21,2    I      Sh.    E.
13/01/2018    06:28,0    I      Tr.    E.
14/01/2018    05:19,3    II     Occ.   R.
19/01/2018    07:49,8    I      Ec.    D.
20/01/2018    05:04,3    I      Sh.    I.
20/01/2018    06:14,8    I      Tr.    I.
20/01/2018    07:14,7    I      Sh.    E.
21/01/2018    05:36,8    I      Occ.   R.
21/01/2018    05:39,2    II     Ec.    R.
21/01/2018    05:47,3    II     Occ.   D.
23/01/2018    05:46,4    III    Occ.   D.
23/01/2018    07:18,9    III    Occ.   R.
27/01/2018    06:57,8    I      Sh.    I.
28/01/2018    04:10,8    I      Ec.    D.
28/01/2018    05:58,2    II     Ec.    D.
28/01/2018    07:31,8    I      Occ.   R.
29/01/2018    03:36,5    I      Sh.    E.
29/01/2018    04:49,3    I      Tr.    E.
30/01/2018    04:49,7    III    Ec.    D.
30/01/2018    05:05,2    II     Tr.    E.
30/01/2018    06:37,3    III    Ec.    R.
04/02/2018    06:03,6    I      Ec.    D.
05/02/2018    03:19,7    I      Sh.    I.
05/02/2018    04:34,5    I      Tr.    I.
05/02/2018    05:30,0    I      Sh.    E.
05/02/2018    06:43,9    I      Tr.    E.
06/02/2018    03:00,8    II     Sh.    I.
06/02/2018    03:54,4    I      Occ.   R.
06/02/2018    05:16,0    II     Sh.    E.
06/02/2018    05:29,0    II     Tr.    I.
10/02/2018    03:48,9    III    Tr.    I.
10/02/2018    05:09,9    III    Tr.    E.
12/02/2018    05:13,1    I      Sh.    I.
12/02/2018    06:28,4    I      Tr.    I.
12/02/2018    07:23,3    I      Sh.    E.
13/02/2018    05:33,6    II     Sh.    I.
```

13/02/2018	05:47,5	I	Occ.	R.
14/02/2018	03:05,9	I	Tr.	E.
15/02/2018	02:43,4	II	Ec.	R.
15/02/2018	03:01,0	II	Occ.	D.
15/02/2018	05:12,2	II	Occ.	R.
17/02/2018	02:33,5	III	Sh.	I.
17/02/2018	04:18,4	III	Sh.	E.
19/02/2018	07:06,5	I	Sh.	I.
20/02/2018	04:17,4	I	Ec.	D.
21/02/2018	02:49,3	I	Tr.	I.
21/02/2018	03:45,0	I	Sh.	E.
21/02/2018	04:58,3	I	Tr.	E.
22/02/2018	02:07,4	I	Occ.	R.
22/02/2018	03:02,7	II	Ec.	D.
22/02/2018	05:18,9	II	Ec.	R.
22/02/2018	05:34,7	II	Occ.	D.
24/02/2018	01:59,6	II	Tr.	E.
24/02/2018	06:31,1	III	Sh.	I.
27/02/2018	06:10,3	I	Ec.	D.
28/02/2018	01:45,0	III	Occ.	D.
28/02/2018	02:58,6	III	Occ.	R.
28/02/2018	03:28,3	I	Sh.	I.
28/02/2018	04:40,9	I	Tr.	I.
28/02/2018	05:38,4	I	Sh.	E.
28/02/2018	06:49,7	I	Tr.	E.
01/03/2018	03:58,3	I	Occ.	R.
01/03/2018	05:38,2	II	Ec.	D.
03/03/2018	02:11,2	II	Sh.	E.
03/03/2018	02:18,8	II	Tr.	I.
03/03/2018	04:27,9	II	Tr.	E.
07/03/2018	02:21,7	III	Ec.	R.
07/03/2018	05:21,7	I	Sh.	I.
07/03/2018	05:31,4	III	Occ.	D.
07/03/2018	06:31,3	I	Tr.	I.
08/03/2018	02:31,4	I	Ec.	D.
08/03/2018	05:48,1	I	Occ.	R.
09/03/2018	00:58,8	I	Tr.	I.
09/03/2018	02:00,2	I	Sh.	E.
09/03/2018	03:07,4	I	Tr.	E.
10/03/2018	02:29,4	II	Sh.	I.
10/03/2018	04:44,4	II	Sh.	E.
10/03/2018	04:45,6	II	Tr.	I.
12/03/2018	01:58,1	II	Occ.	R.
14/03/2018	04:33,8	III	Ec.	D.
14/03/2018	06:18,7	III	Ec.	R.
15/03/2018	04:24,4	I	Ec.	D.
16/03/2018	01:43,6	I	Sh.	I.
16/03/2018	02:47,9	I	Tr.	I.
16/03/2018	03:53,6	I	Sh.	E.
16/03/2018	04:56,3	I	Tr.	E.
17/03/2018	02:03,9	I	Occ.	R.
17/03/2018	05:02,8	II	Sh.	I.
19/03/2018	04:23,1	II	Occ.	R.
23/03/2018	03:37,1	I	Sh.	I.
23/03/2018	04:35,9	I	Tr.	I.
23/03/2018	05:47,0	I	Sh.	E.
24/03/2018	00:45,7	I	Ec.	D.
24/03/2018	03:51,4	I	Occ.	R.
25/03/2018	00:05,2	III	Sh.	E.
25/03/2018	00:15,4	I	Sh.	E.
25/03/2018	01:10,9	I	Tr.	E.
25/03/2018	02:31,0	III	Tr.	I.
25/03/2018	03:30,8	III	Tr.	E.

26/03/2018	02:42,4	II	Ec.	D.
28/03/2018	00:51,1	II	Tr.	E.
30/03/2018	05:30,6	I	Sh.	I.
31/03/2018	02:38,9	I	Ec.	D.
31/03/2018	05:38,0	I	Occ.	R.
31/03/2018	23:59,0	I	Sh.	I.
01/04/2018	00:49,4	I	Tr.	I.
01/04/2018	02:08,9	I	Sh.	E.
01/04/2018	02:19,6	III	Sh.	I.
01/04/2018	02:57,6	I	Tr.	E.
01/04/2018	04:02,3	III	Sh.	E.
02/04/2018	00:04,5	I	Occ.	R.
02/04/2018	05:17,6	II	Ec.	D.
03/04/2018	23:27,2	II	Sh.	I.
04/04/2018	01:03,3	II	Tr.	I.
04/04/2018	01:42,1	II	Sh.	E.
04/04/2018	03:10,6	II	Tr.	E.
07/04/2018	04:32,3	I	Ec.	D.
08/04/2018	01:52,6	I	Sh.	I.
08/04/2018	02:35,2	I	Tr.	I.
08/04/2018	04:02,4	I	Sh.	E.
08/04/2018	04:43,3	I	Tr.	E.
08/04/2018	23:00,6	I	Ec.	D.
09/04/2018	01:50,1	I	Occ.	R.
09/04/2018	23:09,6	I	Tr.	E.
11/04/2018	02:01,4	II	Sh.	I.
11/04/2018	03:21,3	II	Tr.	I.
11/04/2018	04:16,2	II	Sh.	E.
11/04/2018	23:17,1	III	Occ.	D.
12/04/2018	00:17,1	III	Occ.	R.
13/04/2018	00:34,1	II	Occ.	R.
15/04/2018	03:46,3	I	Sh.	I.
15/04/2018	04:20,3	I	Tr.	I.
16/04/2018	00:54,1	I	Ec.	D.
16/04/2018	03:34,9	I	Occ.	R.
16/04/2018	22:14,8	I	Sh.	I.
16/04/2018	22:46,5	I	Tr.	I.
17/04/2018	00:24,5	I	Sh.	E.
17/04/2018	00:54,5	I	Tr.	E.
18/04/2018	04:35,8	II	Sh.	I.
19/04/2018	00:22,6	III	Ec.	D.
19/04/2018	02:06,2	III	Ec.	R.
19/04/2018	02:37,2	III	Occ.	D.
19/04/2018	03:38,0	III	Occ.	R.
19/04/2018	23:45,3	II	Ec.	D.
20/04/2018	02:50,7	II	Occ.	R.
23/04/2018	02:47,8	I	Ec.	D.
24/04/2018	00:08,6	I	Sh.	I.
24/04/2018	00:30,7	I	Tr.	I.
24/04/2018	02:18,3	I	Sh.	E.
24/04/2018	02:38,7	I	Tr.	E.
24/04/2018	23:45,3	I	Occ.	R.
26/04/2018	04:20,1	III	Ec.	D.
27/04/2018	02:20,4	II	Ec.	D.
28/04/2018	22:43,0	II	Sh.	E.
28/04/2018	23:08,6	II	Tr.	E.
01/05/2018	02:02,5	I	Sh.	I.
01/05/2018	02:14,7	I	Tr.	I.
01/05/2018	04:12,1	I	Sh.	E.
01/05/2018	04:22,7	I	Tr.	E.
01/05/2018	23:10,0	I	Ec.	D.
02/05/2018	01:29,2	I	Occ.	R.
02/05/2018	22:40,6	I	Sh.	E.

100

02/05/2018	22:48,6	I	Tr.	E.
05/05/2018	23:03,2	II	Sh.	I.
05/05/2018	23:15,4	II	Tr.	I.
06/05/2018	01:18,1	II	Sh.	E.
06/05/2018	01:23,6	II	Tr.	E.
06/05/2018	22:10,5	III	Sh.	I.
06/05/2018	22:40,8	III	Tr.	I.
06/05/2018	23:46,3	III	Tr.	E.
06/05/2018	23:52,2	III	Sh.	E.
08/05/2018	03:56,4	I	Sh.	I.
08/05/2018	03:58,4	I	Tr.	I.
09/05/2018	01:04,0	I	Ec.	D.
09/05/2018	03:13,9	I	Ec.	R.
09/05/2018	22:24,3	I	Tr.	I.
09/05/2018	22:24,9	I	Sh.	I.
10/05/2018	00:32,4	I	Tr.	E.
10/05/2018	00:34,5	I	Sh.	E.
10/05/2018	21:42,5	I	Ec.	R.
13/05/2018	01:29,8	II	Tr.	I.
13/05/2018	01:38,6	II	Sh.	I.
13/05/2018	03:38,7	II	Tr.	E.
13/05/2018	03:53,6	II	Sh.	E.
14/05/2018	01:54,5	III	Tr.	I.
14/05/2018	02:08,3	III	Sh.	I.
14/05/2018	03:04,5	III	Tr.	E.
14/05/2018	03:50,0	III	Sh.	E.
14/05/2018	20:34,1	II	Occ.	D.
14/05/2018	23:03,4	II	Ec.	R.
16/05/2018	02:48,5	I	Occ.	D.
17/05/2018	00:08,1	I	Tr.	I.
17/05/2018	00:19,0	I	Sh.	I.
17/05/2018	02:16,4	I	Tr.	E.
17/05/2018	02:28,6	I	Sh.	E.
17/05/2018	21:14,6	I	Occ.	D.
17/05/2018	23:36,7	I	Ec.	R.
18/05/2018	20:42,5	I	Tr.	E.
18/05/2018	20:57,1	I	Sh.	E.
21/05/2018	22:48,6	II	Occ.	D.
22/05/2018	01:38,3	II	Ec.	R.
24/05/2018	01:52,3	I	Tr.	I.
24/05/2018	02:13,2	I	Sh.	I.
24/05/2018	21:57,4	III	Ec.	R.
24/05/2018	22:58,9	I	Occ.	D.
25/05/2018	01:31,1	I	Ec.	R.
25/05/2018	20:41,8	I	Sh.	I.
25/05/2018	22:26,9	I	Tr.	E.
25/05/2018	22:51,3	I	Sh.	E.
29/05/2018	01:03,9	II	Occ.	D.
30/05/2018	21:19,3	II	Tr.	E.
30/05/2018	22:23,2	II	Sh.	E.
31/05/2018	22:12,9	III	Occ.	D.
31/05/2018	23:37,2	III	Occ.	R.
01/06/2018	00:13,3	III	Ec.	D.
01/06/2018	00:43,8	I	Occ.	D.
01/06/2018	01:56,2	III	Ec.	R.
01/06/2018	22:03,3	I	Tr.	I.
01/06/2018	22:36,1	I	Sh.	I.
02/06/2018	00:11,9	I	Tr.	E.
02/06/2018	00:45,6	I	Sh.	E.
02/06/2018	21:54,3	I	Ec.	R.
06/06/2018	21:26,1	II	Tr.	I.
06/06/2018	22:44,5	II	Sh.	I.
06/06/2018	23:37,9	II	Tr.	E.

07/06/2018	00:59,6	II	Sh.	E.
08/06/2018	01:32,8	III	Occ.	D.
08/06/2018	23:48,9	I	Tr.	I.
09/06/2018	00:30,5	I	Sh.	I.
09/06/2018	01:57,7	I	Tr.	E.
09/06/2018	23:49,0	I	Ec.	R.
10/06/2018	21:08,5	I	Sh.	E.
13/06/2018	23:45,5	II	Tr.	I.
14/06/2018	01:21,0	II	Sh.	I.
15/06/2018	22:40,5	II	Ec.	R.
16/06/2018	22:42,9	I	Occ.	D.
17/06/2018	22:11,2	I	Tr.	E.
17/06/2018	23:02,9	I	Sh.	E.
18/06/2018	22:01,7	III	Sh.	I.
18/06/2018	23:43,4	III	Sh.	E.
22/06/2018	21:08,4	II	Occ.	D.
24/06/2018	00:30,8	I	Occ.	D.
24/06/2018	21:50,0	I	Tr.	I.
24/06/2018	22:48,0	I	Sh.	I.
24/06/2018	23:59,2	I	Tr.	E.
25/06/2018	22:01,6	III	Tr.	I.
25/06/2018	22:07,7	I	Ec.	R.
25/06/2018	23:41,4	III	Tr.	E.
29/06/2018	23:31,1	II	Occ.	D.
01/07/2018	22:09,2	II	Sh.	E.
01/07/2018	23:38,8	I	Tr.	I.
03/07/2018	00:02,8	I	Ec.	R.
03/07/2018	21:20,6	I	Sh.	E.
06/07/2018	21:51,7	III	Ec.	R.
08/07/2018	22:26,7	II	Tr.	E.
08/07/2018	22:31,0	II	Sh.	I.
09/07/2018	22:37,8	I	Occ.	D.
10/07/2018	21:05,9	I	Sh.	I.
10/07/2018	22:05,9	I	Tr.	E.
10/07/2018	23:15,2	I	Sh.	E.
13/07/2018	21:05,4	III	Occ.	R.
15/07/2018	22:40,2	II	Tr.	I.
17/07/2018	21:47,7	I	Tr.	I.
17/07/2018	22:17,3	II	Ec.	R.
17/07/2018	23:00,5	I	Sh.	I.
18/07/2018	22:22,0	I	Ec.	R.
20/07/2018	23:01,5	III	Occ.	D.
24/07/2018	22:24,2	II	Occ.	R.
24/07/2018	22:36,8	II	Ec.	D.
25/07/2018	20:50,5	I	Occ.	D.
26/07/2018	21:33,2	I	Sh.	E.
31/07/2018	21:55,2	III	Sh.	I.
02/08/2018	21:18,5	I	Sh.	I.
02/08/2018	21:57,8	II	Sh.	E.
02/08/2018	22:12,0	I	Tr.	E.
03/08/2018	20:41,5	I	Ec.	R.
07/08/2018	20:35,7	III	Tr.	I.
09/08/2018	21:56,7	I	Tr.	I.
17/08/2018	21:05,0	I	Occ.	D.
18/08/2018	20:03,9	III	Ec.	D.
18/08/2018	20:31,4	I	Tr.	E.
25/08/2018	19:45,7	II	Occ.	D.
25/08/2018	20:17,8	I	Tr.	I.
02/09/2018	19:29,6	I	Occ.	D.
03/09/2018	19:26,5	II	Tr.	E.
03/09/2018	19:31,6	II	Sh.	I.
03/09/2018	20:03,9	I	Sh.	E.
05/09/2018	19:34,0	III	Sh.	E.

10/09/2018	19:49,0	I	Sh.	I.
10/09/2018	19:51,1	II	Tr.	I.
11/09/2018	19:15,8	I	Ec.	R.
12/09/2018	19:17,7	III	Tr.	E.
30/09/2018	18:19,7	III	Occ.	R.
18/10/2018	17:41,5	III	Sh.	I.
21/12/2018	07:56,6	II	Occ.	R.
24/12/2018	08:04,3	I	Sh.	E.
31/12/2018	07:47,5	I	Sh.	I.
01/01/2019	07:54,7	I	Occ.	R.
06/01/2019	07:19,8	II	Sh.	E.
08/01/2019	07:01,8	I	Ec.	D.
09/01/2019	07:04,1	I	Tr.	E.
13/01/2019	07:34,2	II	Sh.	I.
16/01/2019	06:52,5	I	Tr.	I.
16/01/2019	07:33,4	III	Ec.	D.
17/01/2019	06:23,8	I	Occ.	R.
27/01/2019	07:11,4	III	Tr.	E.
29/01/2019	06:58,6	II	Ec.	D.
31/01/2019	06:19,1	II	Tr.	E.
31/01/2019	07:10,1	I	Ec.	D.
01/02/2019	06:30,2	I	Sh.	E.
01/02/2019	07:31,9	I	Tr.	E.
03/02/2019	07:13,0	III	Sh.	E.
07/02/2019	06:38,2	II	Tr.	I.
07/02/2019	06:51,8	II	Sh.	E.
08/02/2019	06:12,8	I	Sh.	I.
08/02/2019	07:18,4	I	Tr.	I.
09/02/2019	06:47,6	I	Occ.	R.
14/02/2019	06:05,7	III	Occ.	R.
14/02/2019	07:04,3	II	Sh.	I.
16/02/2019	05:24,5	I	Ec.	D.
16/02/2019	06:12,6	II	Occ.	R.
17/02/2019	05:56,7	I	Tr.	E.
21/02/2019	05:23,5	III	Ec.	R.
23/02/2019	06:25,2	II	Ec.	R.
23/02/2019	06:29,3	II	Occ.	D.
24/02/2019	04:28,3	I	Sh.	I.
24/02/2019	05:41,5	I	Tr.	I.
24/02/2019	06:39,6	I	Sh.	E.
25/02/2019	05:09,0	I	Occ.	R.
02/03/2019	06:38,1	II	Ec.	D.
03/03/2019	06:21,9	I	Sh.	I.
04/03/2019	04:14,7	III	Tr.	E.
04/03/2019	06:17,3	II	Tr.	E.
05/03/2019	04:17,6	I	Tr.	E.
11/03/2019	03:59,4	II	Sh.	I.
11/03/2019	05:31,6	I	Ec.	D.
11/03/2019	06:07,7	III	Tr.	I.
11/03/2019	06:21,1	II	Sh.	E.
11/03/2019	06:28,3	II	Tr.	I.
12/03/2019	04:00,3	I	Tr.	I.
12/03/2019	04:55,2	I	Sh.	E.
12/03/2019	06:12,1	I	Tr.	E.
13/03/2019	03:32,7	II	Occ.	R.
18/03/2019	04:58,1	III	Sh.	I.
19/03/2019	04:37,3	I	Sh.	I.
19/03/2019	05:53,9	I	Tr.	I.
20/03/2019	03:31,8	II	Ec.	R.
20/03/2019	03:42,3	II	Occ.	D.
20/03/2019	05:18,9	I	Occ.	R.
20/03/2019	06:08,3	II	Occ.	R.
27/03/2019	03:43,7	II	Ec.	D.

27/03/2019	03:45,6	I	Ec.	D.
28/03/2019	03:10,9	I	Sh.	E.
28/03/2019	04:26,2	I	Tr.	E.
29/03/2019	03:11,2	II	Tr.	E.
29/03/2019	04:05,1	III	Occ.	D.
04/04/2019	02:52,9	I	Sh.	I.
04/04/2019	04:05,6	I	Tr.	I.
04/04/2019	05:04,6	I	Sh.	E.
05/04/2019	03:02,9	III	Ec.	D.
05/04/2019	03:14,9	II	Tr.	I.
05/04/2019	03:16,9	II	Sh.	E.
05/04/2019	03:28,8	I	Occ.	R.
05/04/2019	05:13,0	III	Ec.	R.
11/04/2019	04:46,6	I	Sh.	I.
12/04/2019	01:59,7	I	Ec.	D.
12/04/2019	03:26,9	II	Sh.	I.
13/04/2019	02:34,7	I	Tr.	E.
14/04/2019	02:55,3	II	Occ.	R.
16/04/2019	03:25,8	III	Tr.	E.
19/04/2019	03:52,7	I	Ec.	D.
20/04/2019	01:08,6	I	Sh.	I.
20/04/2019	02:11,9	I	Tr.	I.
20/04/2019	03:20,4	I	Sh.	E.
20/04/2019	04:23,5	I	Tr.	E.
21/04/2019	01:33,5	I	Occ.	R.
23/04/2019	02:58,7	III	Sh.	E.
23/04/2019	04:52,8	III	Tr.	I.
27/04/2019	03:02,4	I	Sh.	I.
27/04/2019	03:59,6	I	Tr.	I.
28/04/2019	03:20,6	I	Occ.	R.
28/04/2019	03:24,7	II	Ec.	D.
29/04/2019	00:38,0	I	Tr.	E.
30/04/2019	02:00,5	II	Tr.	E.
04/05/2019	00:27,2	III	Occ.	R.
05/05/2019	02:07,3	I	Ec.	D.
06/05/2019	00:13,0	I	Tr.	I.
06/05/2019	01:36,6	I	Sh.	E.
06/05/2019	02:24,5	I	Tr.	E.
07/05/2019	00:22,7	II	Sh.	I.
07/05/2019	01:55,1	II	Tr.	I.
07/05/2019	02:47,4	II	Sh.	E.
07/05/2019	04:19,3	II	Tr.	E.
11/05/2019	01:06,0	III	Ec.	R.
11/05/2019	01:42,6	III	Occ.	D.
11/05/2019	03:52,7	III	Occ.	R.
12/05/2019	04:00,7	I	Ec.	D.
13/05/2019	01:18,7	I	Sh.	I.
13/05/2019	01:58,7	I	Tr.	I.
13/05/2019	03:30,6	I	Sh.	E.
13/05/2019	04:10,2	I	Tr.	E.
14/05/2019	01:18,4	I	Occ.	R.
14/05/2019	02:56,3	II	Sh.	I.
14/05/2019	04:12,4	II	Tr.	I.
16/05/2019	01:34,4	II	Occ.	R.
18/05/2019	02:47,8	III	Ec.	D.
20/05/2019	03:12,7	I	Sh.	I.
20/05/2019	03:43,7	I	Tr.	I.
21/05/2019	00:22,5	I	Ec.	D.
21/05/2019	03:02,9	I	Occ.	R.
21/05/2019	23:53,1	I	Sh.	E.
22/05/2019	00:21,2	I	Tr.	E.
23/05/2019	00:31,1	II	Ec.	D.
23/05/2019	03:51,5	II	Occ.	R.

28/05/2019	02:16,1	I	Ec.	D.
28/05/2019	22:54,6	III	Sh.	E.
28/05/2019	23:35,3	I	Sh.	I.
28/05/2019	23:54,0	I	Tr.	I.
29/05/2019	00:05,5	III	Tr.	E.
29/05/2019	01:47,3	I	Sh.	E.
29/05/2019	02:05,4	I	Tr.	E.
29/05/2019	23:13,0	I	Occ.	R.
30/05/2019	03:07,1	II	Ec.	D.
31/05/2019	23:47,1	II	Sh.	E.
01/06/2019	00:14,4	II	Tr.	E.
05/06/2019	00:35,6	III	Sh.	I.
05/06/2019	01:13,4	III	Tr.	I.
05/06/2019	01:29,5	I	Sh.	I.
05/06/2019	01:38,0	I	Tr.	I.
05/06/2019	02:53,9	III	Sh.	E.
05/06/2019	03:22,7	III	Tr.	E.
05/06/2019	03:41,6	I	Sh.	E.
05/06/2019	22:38,4	I	Ec.	D.
06/06/2019	00:56,7	I	Occ.	R.
06/06/2019	22:10,2	I	Sh.	E.
06/06/2019	22:15,5	I	Tr.	E.
07/06/2019	23:55,3	II	Sh.	I.
08/06/2019	00:04,1	II	Tr.	I.
08/06/2019	02:21,8	II	Sh.	E.
08/06/2019	02:28,4	II	Tr.	E.
09/06/2019	21:30,1	II	Occ.	R.
13/06/2019	00:29,2	I	Occ.	D.
13/06/2019	02:44,2	I	Ec.	R.
13/06/2019	21:48,0	I	Tr.	I.
13/06/2019	21:52,5	I	Sh.	I.
13/06/2019	23:59,4	I	Tr.	E.
14/06/2019	00:04,5	I	Sh.	E.
14/06/2019	21:12,7	I	Ec.	R.
15/06/2019	02:18,1	II	Tr.	I.
15/06/2019	02:29,9	II	Sh.	I.
16/06/2019	21:19,7	II	Occ.	D.
17/06/2019	00:05,2	II	Ec.	R.
20/06/2019	02:13,1	I	Occ.	D.
20/06/2019	23:32,1	I	Tr.	I.
20/06/2019	23:46,9	I	Sh.	I.
21/06/2019	01:43,5	I	Tr.	E.
21/06/2019	01:59,0	I	Sh.	E.
21/06/2019	23:07,0	I	Ec.	R.
22/06/2019	21:31,4	III	Occ.	D.
23/06/2019	01:01,3	III	Ec.	R.
23/06/2019	23:35,3	II	Occ.	D.
28/06/2019	01:16,6	I	Tr.	I.
28/06/2019	01:41,5	I	Sh.	I.
28/06/2019	22:23,5	I	Occ.	D.
29/06/2019	01:01,5	I	Ec.	R.
29/06/2019	21:54,3	I	Tr.	E.
29/06/2019	22:22,2	I	Sh.	E.
30/06/2019	00:49,5	III	Occ.	D.
01/07/2019	01:51,6	II	Occ.	D.
02/07/2019	22:21,0	II	Tr.	E.
02/07/2019	23:25,9	II	Sh.	E.
06/07/2019	00:08,5	I	Occ.	D.
06/07/2019	21:28,1	I	Tr.	I.
06/07/2019	22:04,7	I	Sh.	I.
06/07/2019	23:39,6	I	Tr.	E.
07/07/2019	00:16,9	I	Sh.	E.
07/07/2019	21:24,8	I	Ec.	R.

105

09/07/2019	22:13,3	II	Tr.	I.
09/07/2019	23:33,2	II	Sh.	I.
10/07/2019	00:38,7	II	Tr.	E.
10/07/2019	22:52,5	III	Sh.	E.
11/07/2019	21:12,5	II	Ec.	R.
13/07/2019	23:14,3	I	Tr.	I.
13/07/2019	23:59,4	I	Sh.	I.
14/07/2019	23:19,5	I	Ec.	R.
17/07/2019	00:32,5	II	Tr.	I.
17/07/2019	21:10,1	III	Tr.	I.
17/07/2019	23:26,6	III	Tr.	E.
18/07/2019	00:28,0	III	Sh.	I.
18/07/2019	23:48,7	II	Ec.	R.
21/07/2019	22:08,2	I	Occ.	D.
22/07/2019	21:40,0	I	Tr.	E.
22/07/2019	22:35,2	I	Sh.	E.
25/07/2019	22:00,4	II	Occ.	D.
28/07/2019	21:00,5	III	Ec.	R.
28/07/2019	23:56,4	I	Occ.	D.
29/07/2019	21:16,7	I	Tr.	I.
29/07/2019	22:17,8	I	Sh.	I.
29/07/2019	23:28,4	I	Tr.	E.
30/07/2019	21:38,2	I	Ec.	R.
03/08/2019	20:39,5	II	Sh.	I.
03/08/2019	20:56,5	II	Tr.	E.
03/08/2019	23:10,0	II	Sh.	E.
04/08/2019	20:29,8	III	Occ.	R.
04/08/2019	22:31,5	III	Ec.	D.
05/08/2019	23:06,2	I	Tr.	I.
07/08/2019	20:53,7	I	Sh.	E.
10/08/2019	20:56,2	II	Tr.	I.
11/08/2019	21:49,2	III	Occ.	D.
12/08/2019	20:55,0	II	Ec.	R.
13/08/2019	22:04,0	I	Occ.	D.
14/08/2019	20:36,3	I	Sh.	I.
14/08/2019	21:36,4	I	Tr.	E.
14/08/2019	22:48,7	I	Sh.	E.
21/08/2019	21:16,5	I	Tr.	I.
22/08/2019	20:23,1	III	Sh.	I.
22/08/2019	21:52,9	I	Ec.	R.
26/08/2019	21:04,3	II	Occ.	D.
28/08/2019	20:21,2	II	Sh.	E.
29/08/2019	20:17,7	I	Occ.	D.
29/08/2019	21:38,4	III	Tr.	E.
30/08/2019	19:50,1	I	Tr.	E.
30/08/2019	21:07,4	I	Sh.	E.
04/09/2019	20:18,9	II	Tr.	E.
04/09/2019	20:26,3	II	Sh.	I.
06/09/2019	19:32,4	I	Tr.	I.
06/09/2019	20:49,9	I	Sh.	I.
07/09/2019	20:12,6	I	Ec.	R.
09/09/2019	21:03,5	III	Ec.	R.
11/09/2019	20:26,5	II	Tr.	I.
13/09/2019	20:35,9	II	Ec.	R.
15/09/2019	19:26,0	I	Sh.	E.
16/09/2019	19:48,9	III	Occ.	R.
22/09/2019	19:08,4	I	Sh.	I.
22/09/2019	20:05,2	I	Tr.	E.
27/09/2019	18:56,9	III	Sh.	E.
29/09/2019	19:50,1	I	Tr.	I.
07/10/2019	18:59,1	I	Occ.	D.
08/10/2019	18:30,0	I	Tr.	E.
15/10/2019	18:16,3	I	Tr.	I.

106

```
16/10/2019    18:47,8    I      Ec.    R.
22/10/2019    18:16,1    II     Occ.   D.
22/10/2019    18:26,1    III    Ec.    D.
24/10/2019    17:57,7    I      Sh.    E.
31/10/2019    17:27,7    II     Sh.    I.
31/10/2019    17:39,4    I      Sh.    I.
31/10/2019    18:11,0    II     Tr.    E.
09/11/2019    17:17,5    II     Ec.    R.
05/02/2020    07:35,9    I      Occ.   R.
08/02/2020    07:25,7    II     Tr.    I.
17/02/2020    07:09,4    II     Occ.   R.
25/02/2020    06:56,5    III    Sh.    E.
07/03/2020    06:06,7    I      Sh.    E.
11/03/2020    05:37,1    II     Sh.    I.
14/03/2020    05:45,2    I      Sh.    I.
21/03/2020    06:01,1    III    Ec.    D.
22/03/2020    04:59,3    I      Ec.    D.
23/03/2020    05:36,8    I      Tr.    E.
27/03/2020    04:57,9    II     Ec.    D.
29/03/2020    05:17,0    II     Tr.    E.
30/03/2020    05:16,8    I      Tr.    I.
31/03/2020    04:52,3    I      Occ.   R.
01/04/2020    04:54,5    III    Tr.    I.
05/04/2020    05:08,3    II     Tr.    I.
05/04/2020    05:19,1    II     Sh.    E.
08/04/2020    03:57,7    I      Tr.    E.
12/04/2020    05:09,7    II     Sh.    I.
14/04/2020    04:54,3    II     Occ.   R.
14/04/2020    05:07,4    I      Ec.    D.
15/04/2020    03:35,6    I      Tr.    I.
15/04/2020    04:32,4    I      Sh.    E.
22/04/2020    04:10,2    I      Sh.    I.
25/04/2020    03:45,7    IV     Ec.    R.
28/04/2020    04:37,9    II     Ec.    D.
30/04/2020    03:22,1    I      Ec.    D.
01/05/2020    02:48,4    I      Sh.    E.
01/05/2020    04:06,3    I      Tr.    E.
07/05/2020    02:06,7    II     Sh.    I.
07/05/2020    03:59,8    III    Tr.    E.
08/05/2020    02:26,1    I      Sh.    I.
08/05/2020    03:40,6    I      Tr.    I.
09/05/2020    03:12,5    I      Occ.   R.
14/05/2020    02:51,3    III    Sh.    E.
16/05/2020    01:36,8    I      Ec.    D.
17/05/2020    02:15,1    I      Tr.    E.
20/05/2020    01:29,3    IV     Sh.    I.
21/05/2020    03:37,4    III    Sh.    I.
23/05/2020    01:44,7    II     Ec.    D.
23/05/2020    03:30,1    I      Ec.    D.
24/05/2020    01:46,9    I      Tr.    I.
24/05/2020    02:58,8    I      Sh.    E.
25/05/2020    01:17,2    I      Occ.   R.
25/05/2020    01:18,5    III    Occ.   R.
25/05/2020    01:21,4    II     Tr.    E.
29/05/2020    01:39,0    IV     Occ.   R.
31/05/2020    02:36,4    I      Sh.    I.
31/05/2020    03:34,6    I      Tr.    I.
01/06/2020    00:55,0    II     Tr.    I.
01/06/2020    00:58,0    III    Ec.    R.
01/06/2020    01:30,0    III    Occ.   D.
01/06/2020    01:48,6    II     Sh.    E.
01/06/2020    03:04,3    I      Occ.   R.
01/06/2020    03:42,4    II     Tr.    E.
```

02/06/2020	00:18,4	I	Tr.	E.
06/06/2020	03:32,5	IV	Tr.	I.
08/06/2020	01:37,0	II	Sh.	I.
08/06/2020	01:42,1	III	Ec.	D.
08/06/2020	01:45,2	I	Ec.	D.
08/06/2020	03:13,9	II	Tr.	I.
09/06/2020	01:15,6	I	Sh.	E.
09/06/2020	02:04,9	I	Tr.	E.
10/06/2020	00:42,5	II	Occ.	R.
15/06/2020	03:38,7	I	Ec.	D.
16/06/2020	00:53,3	I	Sh.	I.
16/06/2020	01:33,6	I	Tr.	I.
16/06/2020	03:09,9	I	Sh.	E.
17/06/2020	01:01,8	I	Occ.	R.
17/06/2020	03:01,6	II	Occ.	R.
19/06/2020	01:21,0	III	Tr.	E.
23/06/2020	02:47,6	I	Sh.	I.
23/06/2020	03:18,6	I	Tr.	I.
24/06/2020	00:00,8	I	Ec.	D.
24/06/2020	01:29,0	II	Ec.	D.
24/06/2020	02:46,2	I	Occ.	R.
24/06/2020	23:33,0	I	Sh.	E.
25/06/2020	00:01,8	I	Tr.	E.
25/06/2020	22:47,4	II	Sh.	E.
25/06/2020	23:32,4	III	Sh.	I.
25/06/2020	23:41,4	II	Tr.	E.
26/06/2020	01:19,9	III	Tr.	I.
26/06/2020	02:50,3	III	Sh.	E.
01/07/2020	00:19,8	IV	Ec.	D.
01/07/2020	01:54,6	I	Ec.	D.
01/07/2020	23:10,7	I	Sh.	I.
01/07/2020	23:29,2	I	Tr.	I.
02/07/2020	01:27,5	I	Sh.	E.
02/07/2020	01:46,1	I	Tr.	E.
02/07/2020	22:35,2	II	Sh.	I.
02/07/2020	22:56,0	I	Occ.	R.
02/07/2020	23:08,2	II	Tr.	I.
03/07/2020	01:21,7	II	Sh.	E.
03/07/2020	01:55,5	II	Tr.	E.
03/07/2020	03:32,3	III	Sh.	I.
08/07/2020	03:48,5	I	Ec.	D.
09/07/2020	01:05,3	I	Sh.	I.
09/07/2020	01:13,2	I	Tr.	I.
09/07/2020	03:22,1	I	Sh.	E.
09/07/2020	03:30,1	I	Tr.	E.
09/07/2020	22:17,0	I	Ec.	D.
10/07/2020	00:39,6	I	Occ.	R.
10/07/2020	01:09,3	II	Sh.	I.
10/07/2020	01:21,7	II	Tr.	I.
10/07/2020	03:56,1	II	Sh.	E.
10/07/2020	21:50,7	I	Sh.	E.
10/07/2020	21:56,1	I	Tr.	E.
11/07/2020	22:59,3	II	Occ.	R.
13/07/2020	21:35,7	III	Ec.	D.
14/07/2020	00:58,7	III	Occ.	R.
16/07/2020	02:57,2	I	Tr.	I.
16/07/2020	02:60,0	I	Sh.	I.
17/07/2020	00:07,1	I	Occ.	D.
17/07/2020	02:27,2	I	Ec.	R.
17/07/2020	21:23,2	I	Tr.	I.
17/07/2020	21:28,6	I	Sh.	I.
17/07/2020	22:27,2	IV	Ec.	R.
17/07/2020	23:40,0	I	Tr.	E.

17/07/2020	23:45,5	I	Sh.	E.
18/07/2020	22:24,6	II	Occ.	D.
19/07/2020	01:28,8	II	Ec.	R.
21/07/2020	00:54,1	III	Occ.	D.
24/07/2020	01:50,8	I	Occ.	D.
24/07/2020	23:07,4	I	Tr.	I.
24/07/2020	23:23,5	I	Sh.	I.
25/07/2020	01:24,2	I	Tr.	E.
25/07/2020	01:40,4	I	Sh.	E.
25/07/2020	22:50,2	I	Ec.	R.
25/07/2020	22:53,4	IV	Tr.	I.
26/07/2020	00:40,4	II	Occ.	D.
26/07/2020	01:38,8	IV	Sh.	I.
27/07/2020	21:43,1	II	Tr.	E.
27/07/2020	22:23,3	II	Sh.	E.
31/07/2020	21:06,2	III	Tr.	E.
31/07/2020	22:52,1	III	Sh.	E.
01/08/2020	00:52,1	I	Tr.	I.
01/08/2020	01:18,4	I	Sh.	I.
01/08/2020	22:01,2	I	Occ.	D.
02/08/2020	00:44,7	I	Ec.	R.
02/08/2020	21:35,2	I	Tr.	E.
02/08/2020	22:04,1	I	Sh.	E.
03/08/2020	21:11,1	II	Tr.	I.
03/08/2020	22:10,5	II	Sh.	I.
03/08/2020	23:58,2	II	Tr.	E.
04/08/2020	00:58,6	II	Sh.	E.
07/08/2020	21:07,1	III	Tr.	I.
07/08/2020	23:30,8	III	Sh.	I.
08/08/2020	00:27,4	III	Tr.	E.
08/08/2020	23:46,2	I	Occ.	D.
09/08/2020	21:03,9	I	Tr.	I.
09/08/2020	21:42,2	I	Sh.	I.
09/08/2020	23:20,6	I	Tr.	E.
09/08/2020	23:59,2	I	Sh.	E.
10/08/2020	21:08,0	I	Ec.	R.
10/08/2020	23:27,6	II	Tr.	I.
11/08/2020	00:45,7	II	Sh.	I.
11/08/2020	23:55,7	IV	Sh.	E.
12/08/2020	22:39,2	II	Ec.	R.
15/08/2020	00:30,9	III	Tr.	I.
16/08/2020	22:50,3	I	Tr.	I.
16/08/2020	23:37,4	I	Sh.	I.
17/08/2020	19:58,7	I	Occ.	D.
17/08/2020	23:02,9	I	Ec.	R.
18/08/2020	20:23,1	I	Sh.	E.
18/08/2020	20:57,4	III	Ec.	R.
19/08/2020	20:44,5	II	Occ.	D.
19/08/2020	22:40,7	IV	Occ.	D.
24/08/2020	21:45,8	I	Occ.	D.
25/08/2020	20:01,4	I	Sh.	I.
25/08/2020	21:07,3	III	Occ.	R.
25/08/2020	21:21,3	I	Tr.	E.
25/08/2020	21:33,3	III	Ec.	D.
25/08/2020	22:18,4	I	Sh.	E.
26/08/2020	23:06,8	II	Occ.	D.
28/08/2020	20:04,4	II	Tr.	E.
28/08/2020	22:04,1	II	Sh.	E.
31/08/2020	23:34,1	I	Occ.	D.
01/09/2020	20:53,4	I	Tr.	I.
01/09/2020	21:21,2	III	Occ.	D.
01/09/2020	21:56,6	I	Sh.	I.
01/09/2020	23:10,0	I	Tr.	E.

02/09/2020	21:21,7	I	Ec.	R.
04/09/2020	19:40,7	II	Tr.	I.
04/09/2020	21:50,7	II	Sh.	I.
04/09/2020	22:28,2	II	Tr.	E.
06/09/2020	19:50,0	II	Ec.	R.
08/09/2020	22:43,3	I	Tr.	I.
09/09/2020	19:51,1	I	Occ.	D.
09/09/2020	23:17,0	I	Ec.	R.
10/09/2020	19:27,6	I	Tr.	E.
10/09/2020	20:37,9	I	Sh.	E.
11/09/2020	22:06,8	II	Tr.	I.
12/09/2020	19:32,1	III	Sh.	I.
12/09/2020	22:58,6	III	Sh.	E.
13/09/2020	20:42,7	IV	Tr.	I.
13/09/2020	22:27,1	II	Ec.	R.
16/09/2020	21:42,1	I	Occ.	D.
17/09/2020	19:02,3	I	Tr.	I.
17/09/2020	20:16,2	I	Sh.	I.
17/09/2020	21:18,9	I	Tr.	E.
17/09/2020	22:33,3	I	Sh.	E.
18/09/2020	19:41,1	I	Ec.	R.
19/09/2020	21:51,9	III	Tr.	E.
20/09/2020	19:42,5	II	Occ.	D.
22/09/2020	18:43,5	IV	Ec.	D.
22/09/2020	19:12,3	II	Sh.	E.
24/09/2020	20:54,8	I	Tr.	I.
24/09/2020	22:11,6	I	Sh.	I.
25/09/2020	21:36,5	I	Ec.	R.
26/09/2020	18:57,4	I	Sh.	E.
27/09/2020	22:14,8	II	Occ.	D.
29/09/2020	18:58,4	II	Sh.	I.
29/09/2020	19:11,0	II	Tr.	E.
29/09/2020	21:49,5	II	Sh.	E.
30/09/2020	21:03,7	III	Ec.	R.
02/10/2020	19:56,0	I	Occ.	D.
03/10/2020	18:35,8	I	Sh.	I.
03/10/2020	19:33,5	I	Tr.	E.
03/10/2020	20:52,8	I	Sh.	E.
06/10/2020	18:57,1	II	Tr.	I.
06/10/2020	21:35,3	II	Sh.	I.
07/10/2020	19:40,7	III	Occ.	R.
07/10/2020	21:35,9	III	Ec.	D.
08/10/2020	19:36,1	II	Ec.	R.
10/10/2020	19:11,9	I	Tr.	I.
10/10/2020	20:31,1	I	Sh.	I.
10/10/2020	21:28,5	I	Tr.	E.
11/10/2020	19:56,4	I	Ec.	R.
14/10/2020	20:19,5	III	Occ.	D.
17/10/2020	20:12,9	IV	Sh.	I.
18/10/2020	18:15,7	I	Occ.	D.
18/10/2020	19:05,7	III	Sh.	E.
19/10/2020	17:53,5	I	Tr.	E.
19/10/2020	19:12,3	I	Sh.	E.
22/10/2020	19:23,2	II	Occ.	D.
24/10/2020	19:01,1	II	Sh.	E.
25/10/2020	17:49,0	III	Tr.	E.
25/10/2020	18:59,4	IV	Occ.	D.
25/10/2020	19:36,3	III	Sh.	I.
25/10/2020	20:12,7	I	Occ.	D.
26/10/2020	17:33,9	I	Tr.	I.
26/10/2020	18:50,5	I	Sh.	I.
26/10/2020	19:50,5	I	Tr.	E.
27/10/2020	18:16,4	I	Ec.	R.

31/10/2020	18:46,4	II	Sh.	I.
31/10/2020	19:05,2	II	Tr.	E.
01/11/2020	18:35,7	III	Tr.	I.
02/11/2020	19:31,7	I	Tr.	I.
03/11/2020	18:57,3	IV	Sh.	E.
04/11/2020	17:31,6	I	Sh.	E.
05/11/2020	17:10,9	III	Ec.	R.
07/11/2020	18:58,7	II	Tr.	I.
09/11/2020	19:19,7	II	Ec.	R.
10/11/2020	18:39,0	I	Occ.	D.
11/11/2020	17:09,7	I	Sh.	I.
11/11/2020	18:16,6	I	Tr.	E.
11/11/2020	18:33,0	IV	Occ.	R.
11/11/2020	19:26,7	I	Sh.	E.
12/11/2020	17:40,1	III	Ec.	D.
16/11/2020	16:51,7	II	Occ.	D.
18/11/2020	17:59,2	I	Tr.	I.
18/11/2020	19:04,7	I	Sh.	I.
19/11/2020	17:19,2	III	Occ.	D.
19/11/2020	18:32,2	I	Ec.	R.
25/11/2020	16:46,2	II	Tr.	E.
25/11/2020	18:52,1	II	Sh.	E.
26/11/2020	17:08,9	I	Occ.	D.
27/11/2020	16:45,8	I	Tr.	E.
27/11/2020	17:45,6	I	Sh.	E.
02/12/2020	16:43,1	II	Tr.	I.
02/12/2020	18:36,5	II	Sh.	I.
04/12/2020	17:23,4	I	Sh.	I.
05/12/2020	16:52,0	I	Ec.	R.
06/12/2020	18:24,2	IV	Tr.	I.
15/12/2020	18:05,1	IV	Ec.	R.
18/12/2020	17:17,8	III	Ec.	R.
18/12/2020	17:21,4	II	Occ.	D.
19/12/2020	17:43,2	I	Occ.	D.
20/12/2020	17:18,6	I	Tr.	E.
27/12/2020	17:03,1	I	Tr.	I.
27/12/2020	17:35,5	II	Tr.	E.
28/12/2020	17:07,1	I	Ec.	R.

FENOMENI MULTIPLI DEI SATELLITI
MULTIPLA PHENOMENA OF THE MOONS
2013-2020

DOPPI TRANSITI DI SATELLITI
DOUBLE TRANSITS OF THE SATELLITES

YYYY	MM	DD	hh	mm	ss	YYYY	MM	DD	hh	mm	ss	IEGC
2013	1	10	19	29	56	2013	1	10	21	7	27	1010
2013	1	17	22	35	57	2013	1	17	23	29	1	1010
2013	3	23	11	0	31	2013	3	23	12	13	56	0110
2013	3	30	14	5	29	2013	3	30	16	9	59	0110
2013	4	6	18	23	40	2013	4	6	18	53	47	0110
2013	5	27	3	5	60	2013	5	27	3	52	38	1010
2013	6	3	5	45	2	2013	6	3	7	20	34	1010
2013	9	17	11	8	10	2013	9	17	11	26	3	1100
2013	9	21	0	6	7	2013	9	21	0	46	55	1100
2013	9	24	13	3	49	2013	9	24	14	7	55	1100
2013	9	28	2	1	10	2013	9	28	3	27	59	1100
2013	10	1	14	58	33	2013	10	1	16	48	15	1100
2013	10	3	9	27	14	2013	10	3	10	50	23	1010
2013	10	5	3	55	50	2013	10	5	6	7	8	1100
2013	10	8	16	52	49	2013	10	8	19	6	48	1100
2013	10	10	11	45	24	2013	10	10	13	35	12	1010
2013	10	12	6	3	51	2013	10	12	8	3	34	1100
2013	10	15	19	22	7	2013	10	15	21	0	16	1100
2013	10	19	8	38	51	2013	10	19	9	56	8	1100
2013	10	22	21	55	56	2013	10	22	22	51	58	1100
2013	10	26	11	11	33	2013	10	26	11	47	44	1100
2013	10	30	0	27	27	2013	10	30	0	43	11	1100
2014	3	23	23	0	14	2014	3	24	0	13	1	1010
2014	3	28	3	13	34	2014	3	28	4	43	27	0101
2014	3	31	0	58	30	2014	3	31	3	10	32	1010
2014	4	7	4	59	40	2014	4	7	5	6	13	1010
2014	5	27	12	49	45	2014	5	27	13	54	11	0110
2014	6	3	15	35	31	2014	6	3	18	17	38	0110
2014	6	10	19	20	25	2014	6	10	21	5	27	0110
2014	6	17	23	45	12	2014	6	17	23	52	50	0110
2014	7	23	22	1	17	2014	7	24	1	30	34	0011
2014	7	31	5	25	44	2014	7	31	5	58	45	1010
2014	8	7	7	27	5	2014	8	7	9	44	35	1010
2014	8	14	11	22	45	2014	8	14	11	45	45	1010
2014	8	26	18	59	32	2014	8	26	19	8	20	1001
2014	9	29	10	27	7	2014	9	29	11	28	59	1001
2014	11	2	1	40	31	2014	11	2	1	51	12	1001
2014	11	28	14	42	54	2014	11	28	15	3	24	1100
2014	12	2	3	38	18	2014	12	2	4	18	15	1100
2014	12	5	16	33	8	2014	12	5	17	33	24	1100
2014	12	9	5	27	42	2014	12	9	6	47	9	1100
2014	12	12	18	22	18	2014	12	12	20	1	13	1100
2014	12	14	12	49	19	2014	12	14	13	26	55	1010
2014	12	16	7	16	6	2014	12	16	9	13	46	1100
2014	12	19	20	10	11	2014	12	19	22	26	28	1100
2014	12	21	14	37	3	2014	12	21	16	53	27	1010
2014	12	23	9	3	41	2014	12	23	11	20	13	1100
2014	12	26	21	56	58	2014	12	27	0	13	47	1100
2014	12	28	16	54	58	2014	12	28	18	40	6	1010
2014	12	30	11	5	37	2014	12	30	13	6	32	1100

113

YYYY	MM	DD	hh	mm	ss	YYYY	MM	DD	hh	mm	ss	IEGC
2015	1	3	0	16	7	2015	1	3	1	59	45	1100
2015	1	4	20	21	53	2015	1	4	20	25	46	1010
2015	1	6	13	25	35	2015	1	6	14	51	57	1100
2015	1	10	2	35	22	2015	1	10	3	44	45	1100
2015	1	13	15	43	37	2015	1	13	16	36	35	1100
2015	1	17	4	52	50	2015	1	17	5	28	57	1100
2015	1	20	18	0	19	2015	1	20	18	20	36	1100
2015	1	24	6	20	60	2015	1	24	10	2	59	1001
2015	3	15	1	31	5	2015	3	15	1	59	17	0101
2015	4	17	9	44	17	2015	4	17	10	3	53	1001
2015	5	20	22	52	23	2015	5	21	1	9	43	1001
2015	6	4	2	47	50	2015	6	4	3	57	44	1010
2015	6	11	4	46	33	2015	6	11	7	4	20	1010
2015	6	18	8	51	28	2015	6	18	9	3	48	1010
2015	6	23	14	15	42	2015	6	23	16	33	41	1001
2015	7	10	8	20	17	2015	7	10	8	59	7	0101
2015	7	27	5	49	57	2015	7	27	8	7	37	1001
2015	7	31	14	27	44	2015	7	31	14	46	29	0110
2015	8	7	17	15	6	2015	8	7	19	13	37	0110
2015	8	14	20	2	58	2015	8	14	22	54	10	0110
2015	8	22	0	30	13	2015	8	22	1	41	52	0110
2015	8	29	21	49	2	2015	8	29	23	45	7	1001
2015	9	15	20	37	35	2015	9	15	22	45	12	0101
2015	10	2	14	54	36	2015	10	2	15	19	8	1001
2015	10	11	9	32	17	2015	10	11	11	3	24	1010
2015	10	18	11	55	27	2015	10	18	13	48	23	1010
2015	12	8	21	12	42	2015	12	8	21	54	2	1001
2016	2	19	8	11	13	2016	2	19	8	17	40	1100
2016	2	22	21	3	5	2016	2	22	21	26	17	1100
2016	2	26	9	54	58	2016	2	26	10	33	50	1100
2016	2	29	22	46	30	2016	2	29	23	42	11	1100
2016	3	4	11	38	26	2016	3	4	12	49	26	1100
2016	3	8	0	29	46	2016	3	8	1	57	43	1100
2016	3	9	18	55	55	2016	3	9	18	58	6	1010
2016	3	11	13	21	51	2016	3	11	15	4	57	1100
2016	3	15	2	13	24	2016	3	15	4	13	27	1100
2016	3	16	20	39	32	2016	3	16	22	14	35	1010
2016	3	18	15	5	28	2016	3	18	17	19	11	1100
2016	3	22	3	57	20	2016	3	22	6	11	16	1100
2016	3	23	22	23	31	2016	3	24	0	37	13	1010
2016	3	25	16	52	0	2016	3	25	19	3	26	1100
2016	3	29	6	0	46	2016	3	29	7	55	46	1100
2016	3	31	1	40	14	2016	3	31	2	21	55	1010
2016	4	1	19	9	28	2016	4	1	20	48	19	1100
2016	4	5	8	19	12	2016	4	5	9	41	2	1100
2016	4	8	21	28	20	2016	4	8	22	33	58	1100
2016	4	12	10	39	13	2016	4	12	11	27	16	1100
2016	4	15	23	49	27	2016	4	16	0	20	34	1100
2016	4	19	13	0	56	2016	4	19	13	14	38	1100
2016	8	14	6	45	37	2016	8	14	7	54	46	1010
2016	8	21	9	5	29	2016	8	21	11	1	56	1010
2016	10	10	18	53	45	2016	10	10	19	15	50	0110
2016	10	17	21	41	8	2016	10	17	23	41	9	0110
2016	10	25	1	13	39	2016	10	25	3	2	53	0110

YYYY	MM	DD	hh	mm	ss	YYYY	MM	DD	hh	mm	ss	IEGC
2016	11	1	5	40	21	2016	11	1	5	48	24	0110
2016	12	21	13	19	30	2016	12	21	14	17	31	1010
2016	12	28	16	1	59	2016	12	28	17	26	19	1010
2017	5	22	15	55	51	2017	5	22	16	6	31	1100
2017	5	26	4	49	59	2017	5	26	5	19	27	1100
2017	5	29	17	44	3	2017	5	29	18	32	8	1100
2017	6	2	6	39	1	2017	6	2	7	46	12	1100
2017	6	5	19	33	50	2017	6	5	20	59	60	1100
2017	6	9	8	28	51	2017	6	9	10	15	5	1100
2017	6	11	2	56	42	2017	6	11	4	0	26	1010
2017	6	12	21	24	33	2017	6	12	23	29	49	1100
2017	6	16	10	20	19	2017	6	16	12	31	23	1100
2017	6	18	5	17	36	2017	6	18	6	59	28	1010
2017	6	19	23	32	13	2017	6	20	1	27	20	1100
2017	6	23	12	49	24	2017	6	23	14	23	32	1100
2017	6	27	2	6	6	2017	6	27	3	20	9	1100
2017	6	30	15	24	11	2017	6	30	16	17	11	1100
2017	7	4	4	41	47	2017	7	4	5	14	24	1100
2017	7	7	18	0	42	2017	7	7	18	11	30	1100
2017	10	25	10	49	39	2017	10	25	12	4	54	1010
2017	11	1	14	20	57	2017	11	1	15	1	56	1010
2017	12	29	1	55	23	2017	12	29	3	29	2	0110
2018	1	5	6	4	3	2018	1	5	6	51	5	0110
2018	3	10	18	27	23	2018	3	10	19	21	45	1010
2018	3	17	21	57	52	2018	3	17	22	23	55	1010
2018	8	9	20	57	53	2018	8	9	21	0	45	1100
2018	8	13	9	55	42	2018	8	13	10	20	32	1100
2018	8	16	22	53	37	2018	8	16	23	40	12	1100
2018	8	20	11	51	43	2018	8	20	13	1	21	1100
2018	8	24	0	49	56	2018	8	24	2	21	34	1100
2018	8	27	13	48	21	2018	8	27	15	43	34	1100
2018	8	29	8	17	35	2018	8	29	9	51	15	1010
2018	8	31	2	46	52	2018	8	31	4	56	38	1100
2018	9	3	16	7	43	2018	9	3	17	55	26	1100
2018	9	5	12	1	18	2018	9	5	12	24	53	1010
2018	9	7	5	29	12	2018	9	7	6	54	24	1100
2018	9	10	18	52	35	2018	9	10	19	53	34	1100
2018	9	14	8	14	41	2018	9	14	8	52	51	1100
2018	9	17	21	38	44	2018	9	17	21	52	20	1100
2019	1	5	15	1	39	2019	1	5	17	4	39	1010
2019	3	4	2	54	50	2019	3	4	3	15	30	0110
2019	3	11	5	29	22	2019	3	11	7	17	20	0110
2019	3	18	9	7	14	2019	3	18	10	25	57	0110
2019	5	28	22	55	25	2019	5	28	23	5	56	1010
2019	6	5	0	39	28	2019	6	5	2	23	9	1010
2019	6	12	3	30	30	2019	6	12	4	34	2	1010
2019	10	21	0	46	48	2019	10	21	0	58	14	1100
2019	10	24	13	46	32	2019	10	24	14	22	36	1100
2019	10	28	2	46	21	2019	10	28	3	46	46	1100
2019	10	31	15	46	20	2019	10	31	17	11	47	1100
2019	11	2	10	16	21	2019	11	2	10	22	1	1010
2019	11	4	4	46	23	2019	11	4	6	36	7	1100
2019	11	7	17	46	35	2019	11	7	19	59	12	1100
2019	11	9	12	16	42	2019	11	9	14	29	21	1010

YYYY	MM	DD	hh	mm	ss	YYYY	MM	DD	hh	mm	ss	IEGC
2019	11	11	6	51	43	2019	11	11	8	59	31	1100
2019	11	14	20	17	8	2019	11	14	21	59	58	1100
2019	11	16	16	29	18	2019	11	16	16	30	9	1010
2019	11	18	9	42	3	2019	11	18	11	0	22	1100
2019	11	21	23	8	5	2019	11	22	0	0	51	1100
2019	11	25	12	33	7	2019	11	25	13	1	22	1100
2019	11	29	1	59	7	2019	11	29	2	1	59	1100
2019	12	4	9	14	28	2019	12	4	9	32	55	1001
2020	3	10	16	56	29	2020	3	10	18	32	53	1010
2020	3	17	19	35	51	2020	3	17	21	9	37	1010
2020	5	14	5	59	55	2020	5	14	6	45	45	0110
2020	5	20	11	54	3	2020	5	20	14	10	19	1001
2020	5	21	8	24	15	2020	5	21	10	25	15	0110
2020	5	28	10	45	56	2020	5	28	13	32	55	0110
2020	6	4	14	9	60	2020	6	4	15	52	42	0110
2020	6	11	17	36	46	2020	6	11	18	10	47	0110
2020	8	11	14	31	34	2020	8	11	16	27	53	1001
2020	8	22	5	11	58	2020	8	22	6	19	34	1010
2020	8	29	6	59	54	2020	8	29	9	16	23	1010
2020	9	5	10	7	3	2020	9	5	11	5	27	1010
2020	10	17	9	54	31	2020	10	17	11	3	7	0101
2020	12	24	3	3	40	2020	12	24	3	9	31	1100
2020	12	27	16	4	27	2020	12	27	16	36	10	1100
2020	12	31	5	5	13	2020	12	31	6	2	12	1100

TRIPLI TRANSITI DI SATELLITI
TRIPLE TRANSITS OF THE SATELLITES

YYYY	MM	DD	hh	mm	ss	YYYY	MM	DD	hh	mm	ss	IEGC
2015	1	24	7	8	58	2015	1	24	7	12	35	1101

YYYY	MM	DD	hh	mm	ss	YYYY	MM	DD	hh	mm	ss	IEGC
2013	1	3	18	40	49	2013	1	3	20	40	10	1010
2013	3	9	8	15	25	2013	3	9	9	9	29	0110
2013	3	16	10	51	15	2013	3	16	13	11	11	0110
2013	3	23	14	49	30	2013	3	23	15	52	42	0110
2013	5	27	3	29	33	2013	5	27	5	28	10	1010
2013	6	3	6	53	34	2013	6	3	7	37	10	1010
2013	9	8	15	18	60	2013	9	8	15	46	44	1001
2013	9	28	0	44	46	2013	9	28	0	48	9	1100
2013	10	1	13	41	40	2013	10	1	14	6	46	1100
2013	10	5	2	38	22	2013	10	5	3	24	42	1100
2013	10	8	15	34	56	2013	10	8	16	43	41	1100
2013	10	12	3	24	11	2013	10	12	6	1	32	0101
2013	10	15	17	27	57	2013	10	15	19	20	8	1100
2013	10	17	11	56	21	2013	10	17	13	28	4	1010
2013	10	19	6	24	42	2013	10	19	8	37	58	1100
2013	10	22	19	21	20	2013	10	22	21	34	45	1100
2013	10	24	14	29	1	2013	10	24	16	3	8	1010
2013	10	26	8	36	48	2013	10	26	10	31	33	1100
2013	10	29	21	55	22	2013	10	29	23	28	12	1100
2013	11	2	11	12	56	2013	11	2	12	24	37	1100
2013	11	6	0	31	31	2013	11	6	1	21	17	1100
2013	11	9	13	49	25	2013	11	9	14	18	4	1100
2013	11	13	3	8	5	2013	11	13	3	15	2	1100
2014	2	6	10	24	17	2014	2	6	12	44	49	0101
2014	3	9	20	26	51	2014	3	9	21	26	9	1010
2014	3	16	22	22	21	2014	3	17	0	38	10	1010
2014	3	24	2	9	58	2014	3	24	2	33	47	1010
2014	5	13	9	25	12	2014	5	13	9	33	53	0110
2014	5	17	21	21	59	2014	5	17	23	29	28	1001
2014	5	20	11	59	45	2014	5	20	13	34	25	0110
2014	5	27	14	34	47	2014	5	27	17	19	43	0110
2014	6	3	17	9	27	2014	6	3	19	54	37	0101
2014	6	10	22	8	18	2014	6	10	22	29	46	0110
2014	6	20	12	19	39	2014	6	20	13	50	52	1001
2014	7	23	22	4	27	2014	7	24	1	34	17	0011
2014	7	31	5	19	18	2014	7	31	5	33	15	1010
2014	8	7	7	13	29	2014	8	7	9	30	59	1010
2014	8	14	10	0	10	2014	8	14	11	24	58	1010
2014	9	12	3	26	21	2014	9	12	5	27	34	0011
2014	9	28	23	39	27	2014	9	29	2	8	20	0101
2014	12	9	4	19	40	2014	12	9	4	26	13	1100
2014	12	12	17	15	59	2014	12	12	17	44	55	1100
2014	12	16	6	12	38	2014	12	16	7	2	23	1100
2014	12	19	19	9	22	2014	12	19	20	20	45	1100
2014	12	21	15	15	11	2014	12	21	15	54	13	1001
2014	12	23	8	5	56	2014	12	23	9	38	23	1100
2014	12	26	21	2	23	2014	12	26	22	57	2	1100
2014	12	28	15	30	31	2014	12	28	16	58	13	1010
2014	12	30	9	58	52	2014	12	30	12	14	55	1100
2015	1	2	22	55	44	2015	1	3	1	12	31	1100

117

YYYY	MM	DD	hh	mm	ss	YYYY	MM	DD	hh	mm	ss	IEGC
2015	1	4	17	24	7	2015	1	4	19	40	44	1010
2015	1	6	11	57	5	2015	1	6	14	8	60	1100
2015	1	10	1	15	32	2015	1	10	3	5	43	1100
2015	1	11	21	16	57	2015	1	11	21	34	6	1010
2015	1	13	14	33	25	2015	1	13	16	2	33	1100
2015	1	17	3	52	11	2015	1	17	4	59	29	1100
2015	1	20	17	9	55	2015	1	20	17	55	59	1100
2015	1	24	4	36	9	2015	1	24	8	1	8	1001
2015	1	27	19	46	13	2015	1	27	19	49	36	1100
2015	2	26	19	37	26	2015	2	26	20	0	2	1001
2015	5	21	0	7	7	2015	5	21	0	37	18	1010
2015	5	21	13	29	48	2015	5	21	13	59	16	0101
2015	5	28	2	2	5	2015	5	28	4	19	33	1010
2015	6	4	4	58	48	2015	6	4	6	15	3	1010
2015	7	31	15	18	34	2015	7	31	16	28	49	0110
2015	8	7	17	52	47	2015	8	7	20	28	12	0110
2015	8	14	20	52	14	2015	8	14	23	17	12	0110
2015	8	22	0	50	53	2015	8	22	1	50	51	0110
2015	8	29	21	25	45	2015	8	29	23	41	39	1001
2015	10	2	12	26	48	2015	10	2	13	32	20	1001
2015	10	18	10	42	47	2015	10	18	12	7	52	1010
2015	10	25	12	36	39	2015	10	25	14	53	0	1010
2015	11	1	16	33	15	2015	11	1	16	46	42	1010
2016	2	22	20	41	48	2016	2	22	20	45	46	1100
2016	2	26	9	38	41	2016	2	26	10	3	15	1100
2016	2	29	22	35	29	2016	2	29	23	21	41	1100
2016	3	4	11	32	7	2016	3	4	12	39	24	1100
2016	3	8	0	28	55	2016	3	8	1	58	11	1100
2016	3	9	18	57	28	2016	3	9	19	10	16	1010
2016	3	11	13	25	59	2016	3	11	15	16	2	1100
2016	3	15	2	23	1	2016	3	15	4	34	32	1100
2016	3	16	20	51	29	2016	3	16	23	5	49	1010
2016	3	18	15	19	55	2016	3	18	17	34	19	1100
2016	3	22	4	24	7	2016	3	22	6	31	29	1100
2016	3	23	23	48	41	2016	3	24	1	0	5	1010
2016	3	25	17	42	3	2016	3	25	19	28	26	1100
2016	3	29	7	0	54	2016	3	29	8	25	16	1100
2016	4	1	20	19	9	2016	4	1	21	22	15	1100
2016	4	3	15	13	35	2016	4	3	15	50	48	1001
2016	4	5	9	38	13	2016	4	5	10	19	25	1100
2016	4	8	22	56	15	2016	4	8	23	16	40	1100
2016	5	7	4	40	9	2016	5	7	5	43	1	1001
2016	8	7	5	32	34	2016	8	7	6	34	6	1010
2016	8	14	7	32	56	2016	8	14	9	41	11	1010
2016	8	21	11	31	42	2016	8	21	11	35	46	1010
2016	10	17	20	59	20	2016	10	17	22	12	35	0110
2016	10	24	23	32	54	2016	10	25	2	7	3	0110
2016	11	1	3	19	55	2016	11	1	4	40	4	0110
2017	1	4	15	56	3	2017	1	4	17	38	28	1010
2017	1	11	18	57	47	2017	1	11	20	1	39	1010
2017	5	12	1	59	56	2017	5	12	2	5	39	1100
2017	5	15	14	57	18	2017	5	15	15	23	38	1100
2017	5	19	3	54	38	2017	5	19	4	42	46	1100
2017	5	22	16	51	50	2017	5	22	18	0	56	1100

YYYY	MM	DD	hh	mm	ss	YYYY	MM	DD	hh	mm	ss	IEGC
2017	5	26	5	48	59	2017	5	26	7	19	40	1100
2017	5	28	0	17	29	2017	5	28	0	40	15	1010
2017	5	29	18	45	57	2017	5	29	20	37	43	1100
2017	6	2	7	43	17	2017	6	2	9	53	30	1100
2017	6	4	2	23	2	2017	6	4	4	22	5	1010
2017	6	5	20	50	48	2017	6	5	22	50	43	1100
2017	6	9	10	9	59	2017	6	9	11	48	6	1100
2017	6	12	23	28	8	2017	6	13	0	45	33	1100
2017	6	16	12	47	24	2017	6	16	13	42	40	1100
2017	6	20	2	5	53	2017	6	20	2	39	46	1100
2017	6	23	15	25	6	2017	6	23	15	37	2	1100
2017	10	25	10	51	29	2017	10	25	12	1	38	1010
2017	11	1	14	4	27	2017	11	1	14	55	22	1010
2018	1	5	2	34	30	2018	1	5	3	35	40	0110
2018	1	12	5	46	47	2018	1	12	7	22	15	0110
2018	1	19	9	44	29	2018	1	19	9	54	56	0110
2018	3	24	21	23	52	2018	3	24	23	5	39	1010
2018	7	30	7	22	38	2018	7	30	7	39	56	1100
2018	8	2	20	19	54	2018	8	2	20	58	35	1100
2018	8	6	9	17	6	2018	8	6	10	17	47	1100
2018	8	9	22	14	17	2018	8	9	23	36	4	1100
2018	8	13	11	11	50	2018	8	13	12	55	27	1100
2018	8	15	5	40	34	2018	8	15	6	37	4	1010
2018	8	17	0	9	16	2018	8	17	2	14	11	1100
2018	8	20	13	17	44	2018	8	20	15	15	31	1100
2018	8	22	8	53	10	2018	8	22	9	44	9	1010
2018	8	24	2	36	15	2018	8	24	4	12	40	1100
2018	8	27	15	55	26	2018	8	27	17	9	52	1100
2018	8	31	5	13	35	2018	8	31	6	7	8	1100
2018	9	3	18	32	56	2018	9	3	19	4	32	1100
2018	9	7	7	51	22	2018	9	7	8	1	59	1100
2019	1	5	14	14	2	2019	1	5	14	19	34	1010
2019	1	12	16	22	2	2019	1	12	18	18	9	1010
2019	3	18	5	33	24	2019	3	18	6	4	38	0110
2019	3	25	8	6	15	2019	3	25	10	3	39	0110
2019	4	1	11	55	11	2019	4	1	13	1	11	0110
2019	6	5	0	30	37	2019	6	5	1	54	26	1010
2019	6	12	3	35	21	2019	6	12	4	36	31	1010
2019	10	10	10	56	43	2019	10	10	11	10	16	1100
2019	10	13	23	54	10	2019	10	14	0	29	9	1100
2019	10	17	12	51	33	2019	10	17	13	48	31	1100
2019	10	21	1	48	47	2019	10	21	3	7	3	1100
2019	10	24	14	45	55	2019	10	24	16	26	43	1100
2019	10	26	9	14	30	2019	10	26	10	0	24	1010
2019	10	28	3	43	16	2019	10	28	5	45	32	1100
2019	10	31	16	40	44	2019	10	31	18	52	57	1100
2019	11	2	11	17	41	2019	11	2	13	21	37	1010
2019	11	4	5	47	17	2019	11	4	7	50	17	1100
2019	11	7	19	6	43	2019	11	7	20	47	44	1100
2019	11	9	15	16	23	2019	11	9	15	16	28	1010
2019	11	11	8	25	3	2019	11	11	9	45	13	1100
2019	11	14	21	44	2	2019	11	14	22	42	18	1100
2019	11	18	11	2	27	2019	11	18	11	39	24	1100
2019	11	22	0	21	45	2019	11	22	0	36	38	1100

YYYY	MM	DD	hh	mm	ss	YYYY	MM	DD	hh	mm	ss	IEGC
2020	1	7	0	47	30	2020	1	7	0	59	43	1001
2020	2	9	13	46	33	2020	2	9	15	17	23	1001
2020	3	17	17	43	14	2020	3	17	17	55	55	1010
2020	3	24	19	37	5	2020	3	24	21	51	43	1010
2020	3	31	22	49	3	2020	3	31	23	45	47	1010
2020	5	28	8	48	4	2020	5	28	9	50	46	0110
2020	6	4	11	21	36	2020	6	4	13	50	16	0110
2020	6	11	14	34	32	2020	6	11	16	39	60	0110
2020	6	18	18	34	21	2020	6	18	19	14	13	0110
2020	8	15	4	9	56	2020	8	15	5	55	23	1010
2020	8	22	6	33	3	2020	8	22	8	21	23	1010
2020	9	14	6	58	24	2020	9	14	8	36	11	1001
2020	10	17	21	27	39	2020	10	17	23	44	26	1001
2020	12	17	1	45	22	2020	12	17	1	47	42	1100
2020	12	20	14	42	52	2020	12	20	15	7	8	1100
2020	12	24	3	40	20	2020	12	24	4	25	52	1100
2020	12	27	16	37	43	2020	12	27	17	45	37	1100
2020	12	31	5	34	56	2020	12	31	7	4	4	1100

TRIPLI TRANSITI DI OMBRE
TRIPLE TRANSITS OF SHADOWS

YYYY	MM	DD	hh	mm	ss	YYYY	MM	DD	hh	mm	ss	IEGC
2013	10	12	4	31	17	2013	10	12	5	36	6	1101
2014	6	3	18	9	9	2014	6	3	19	44	56	0111
2015	1	24	6	28	26	2015	1	24	6	52	43	1101

120

DOPPI TRANSITI DI OMBRE E SATELLITI
DOUBLE TRANSITS OF SHADOWS AND SATELLITES

YYYY	MM	DD	hh	mm	ss	YYYY	MM	DD	hh	mm	ss	IEGC	IECG
2013	5	27	3	29	33	2013	5	27	3	52	38	1010	1010
2013	6	3	6	53	34	2013	6	3	7	20	34	1010	1010
2014	6	3	17	9	27	2014	6	3	18	17	38	0101	0110
2014	7	23	22	4	27	2014	7	24	1	30	34	0011	0011
2014	7	31	5	25	44	2014	7	31	5	33	15	1010	1010
2014	8	7	7	27	5	2014	8	7	9	30	59	1010	1010
2014	8	14	11	22	45	2014	8	14	11	24	58	1010	1010
2014	12	19	20	10	11	2014	12	19	20	20	45	1100	1100
2014	12	21	15	15	11	2014	12	21	15	54	13	1001	1010
2014	12	23	9	3	41	2014	12	23	9	38	23	1100	1100
2014	12	26	21	56	58	2014	12	26	22	57	2	1100	1100
2014	12	28	16	54	58	2014	12	28	16	58	13	1010	1010
2014	12	30	11	5	37	2014	12	30	12	14	55	1100	1100
2015	1	3	0	16	7	2015	1	3	1	12	31	1100	1100
2015	1	6	13	25	35	2015	1	6	14	8	60	1100	1100
2015	1	10	2	35	22	2015	1	10	3	5	43	1100	1100
2015	1	13	15	43	37	2015	1	13	16	2	33	1100	1100
2015	1	17	4	52	50	2015	1	17	4	59	29	1100	1100
2015	1	24	6	20	60	2015	1	24	8	1	8	1001	1001
2015	5	21	0	7	7	2015	5	21	0	37	18	1010	1001
2015	8	7	17	52	47	2015	8	7	19	13	37	0110	0110
2015	8	14	20	52	14	2015	8	14	22	54	10	0110	0110
2015	8	22	0	50	53	2015	8	22	1	41	52	0110	0110
2015	8	29	21	49	2	2015	8	29	23	41	39	1001	1001
2015	10	18	11	55	27	2015	10	18	12	7	52	1010	1010
2016	2	26	9	54	58	2016	2	26	10	3	15	1100	1100
2016	2	29	22	46	30	2016	2	29	23	21	41	1100	1100
2016	3	4	11	38	26	2016	3	4	12	39	24	1100	1100
2016	3	8	0	29	46	2016	3	8	1	57	43	1100	1100
2016	3	9	18	57	28	2016	3	9	18	58	6	1010	1010
2016	3	11	13	25	59	2016	3	11	15	4	57	1100	1100
2016	3	15	2	23	1	2016	3	15	4	13	27	1100	1100
2016	3	16	20	51	29	2016	3	16	22	14	35	1010	1010
2016	3	18	15	19	55	2016	3	18	17	19	11	1100	1100
2016	3	22	4	24	7	2016	3	22	6	11	16	1100	1100
2016	3	23	23	48	41	2016	3	24	0	37	13	1010	1010
2016	3	25	17	42	3	2016	3	25	19	3	26	1100	1100
2016	3	29	7	0	54	2016	3	29	7	55	46	1100	1100
2016	4	1	20	19	9	2016	4	1	20	48	19	1100	1100
2016	4	5	9	38	13	2016	4	5	9	41	2	1100	1100
2016	8	14	7	32	56	2016	8	14	7	54	46	1010	1010
2016	10	17	21	41	8	2016	10	17	22	12	35	0110	0110
2016	10	25	1	13	39	2016	10	25	2	7	3	0110	0110
2017	6	2	7	43	17	2017	6	2	7	46	12	1100	1100
2017	6	5	20	50	48	2017	6	5	20	59	60	1100	1100
2017	6	9	10	9	59	2017	6	9	10	15	5	1100	1100
2017	6	12	23	28	8	2017	6	12	23	29	49	1100	1100
2017	10	25	10	51	29	2017	10	25	12	1	38	1010	1010
2017	11	1	14	20	57	2017	11	1	14	55	22	1010	1010

YYYY	MM	DD	hh	mm	ss	YYYY	MM	DD	hh	mm	ss	IEGC	IECG
2019	6	5	0	39	28	2019	6	5	1	54	26	1010	1010
2019	6	12	3	35	21	2019	6	12	4	34	2	1010	1010
2019	10	28	3	43	16	2019	10	28	3	46	46	1100	1100
2019	10	31	16	40	44	2019	10	31	17	11	47	1100	1100
2019	11	4	5	47	17	2019	11	4	6	36	7	1100	1100
2019	11	7	19	6	43	2019	11	7	19	59	12	1100	1100
2019	11	11	8	25	3	2019	11	11	8	59	31	1100	1100
2019	11	14	21	44	2	2019	11	14	21	59	58	1100	1100
2020	12	31	5	34	56	2020	12	31	6	2	12	1100	1100

TRIPLI TRANSITI DI OMBRE E SATELLITI
TRIPLE TRANSITS OF SHADOWS AND SATELLITES

YYYY	MM	DD	hh	mm	ss	YYYY	MM	DD	hh	mm	ss	IEGC	IECG
2014	6	3	18	9	9	2014	6	3	18	17	38	0111	0110
2015	1	24	6	28	26	2015	1	24	6	52	43	1101	1001
2015	1	24	7	8	58	2015	1	24	7	12	35	0101	1101
2021	8	15	15	32	6	2021	8	15	15	48	7	0110	0111

DOPPIE ECLISSI
DOUBLE ECLIPSES

YYYY	MM	DD	hh	mm	ss	YYYY	MM	DD	hh	mm	ss	IEGC
2013	2	24	23	44	20	2013	2	25	0	0	16	1100
2013	2	28	12	42	5	2013	2	28	13	18	60	1100
2013	3	4	1	39	48	2013	3	4	2	38	49	1100
2013	3	7	14	37	24	2013	3	7	15	58	0	1100
2013	3	11	3	34	57	2013	3	11	5	17	53	1100
2013	3	12	22	3	40	2013	3	12	23	2	19	1010
2013	3	14	16	32	21	2013	3	14	18	36	43	1100
2013	3	18	5	29	44	2013	3	18	7	40	59	1100
2013	3	20	0	40	26	2013	3	20	2	9	43	1010
2013	3	21	18	47	23	2013	3	21	20	38	28	1100
2013	3	25	8	7	18	2013	3	25	9	36	5	1100
2013	3	28	21	26	2	2013	3	28	22	33	43	1100
2013	4	1	10	45	27	2013	4	1	11	31	28	1100
2013	4	5	0	4	30	2013	4	5	0	29	3	1100
2013	4	8	13	24	9	2013	4	8	13	26	24	1100
2013	8	3	6	44	36	2013	8	3	7	22	36	1010
2013	8	10	8	39	2	2013	8	10	10	52	25	1010
2013	8	17	12	34	48	2013	8	17	12	46	50	1010
2013	10	13	22	6	49	2013	10	13	23	23	26	0110
2013	10	21	0	40	0	2013	10	21	3	15	60	0110
2013	10	28	4	21	48	2013	10	28	5	49	22	0110
2013	11	4	8	20	15	2013	11	4	8	22	57	0110
2013	12	9	18	34	20	2013	12	9	19	23	16	0101
2013	12	24	15	12	53	2013	12	24	15	20	57	1010
2013	12	26	10	14	30	2013	12	26	11	57	2	1001

YYYY	MM	DD	hh	mm	ss	YYYY	MM	DD	hh	mm	ss	IEGC
2013	12	31	17	7	32	2013	12	31	19	21	3	1010
2014	1	7	20	11	29	2014	1	7	21	17	29	1010
2014	1	29	0	45	58	2014	1	29	1	53	37	1001
2014	4	6	1	27	46	2014	4	6	2	35	1	0101
2014	5	4	14	38	48	2014	5	4	14	46	29	1100
2014	5	8	3	36	13	2014	5	8	4	5	50	1100
2014	5	11	16	33	29	2014	5	11	17	24	30	1100
2014	5	15	5	30	39	2014	5	15	6	44	17	1100
2014	5	18	18	28	6	2014	5	18	20	2	48	1100
2014	5	22	7	25	36	2014	5	22	9	22	13	1100
2014	5	24	1	54	18	2014	5	24	3	31	51	1010
2014	5	25	20	22	58	2014	5	25	22	38	43	1100
2014	5	29	9	20	15	2014	5	29	11	36	4	1100
2014	5	31	4	5	19	2014	5	31	6	4	45	1010
2014	6	1	22	30	13	2014	6	2	0	33	28	1100
2014	6	5	11	49	50	2014	6	5	13	30	58	1100
2014	6	9	1	8	15	2014	6	9	2	28	8	1100
2014	6	12	14	27	23	2014	6	12	15	25	15	1100
2014	6	16	3	45	34	2014	6	16	4	22	25	1100
2014	6	19	17	5	1	2014	6	19	17	19	43	1100
2014	6	28	20	2	38	2014	6	28	21	16	1	0011
2014	8	1	8	46	45	2014	8	1	9	26	49	0101
2014	8	17	23	54	19	2014	8	18	3	27	3	0011
2014	9	3	17	29	1	2014	9	3	19	46	24	1001
2014	10	7	4	51	40	2014	10	7	7	18	11	0011
2014	10	7	8	28	46	2014	10	7	9	39	13	1001
2014	10	14	10	22	35	2014	10	14	11	16	20	1010
2014	10	21	12	15	48	2014	10	21	14	33	37	1010
2014	10	28	15	36	24	2014	10	28	16	27	16	1010
2014	11	26	10	49	50	2014	11	26	11	6	42	0011
2014	11	26	15	16	35	2014	11	26	15	41	44	0101
2014	12	17	22	55	53	2014	12	17	23	1	48	0110
2014	12	25	1	28	48	2014	12	25	3	1	7	0110
2015	1	1	4	1	57	2015	1	1	6	53	2	0110
2015	1	8	7	18	49	2015	1	8	9	26	24	0110
2015	1	15	11	16	48	2015	1	15	12	0	2	0110
2015	3	13	20	45	33	2015	3	13	22	48	40	1010
2015	3	20	23	8	49	2015	3	21	0	58	42	1010
2015	3	23	21	33	56	2015	3	23	21	47	34	0101
2015	4	9	11	0	36	2015	4	9	12	15	10	1001
2015	5	13	1	4	1	2015	5	13	3	21	5	1001
2015	7	19	7	13	18	2015	7	19	7	32	3	1100
2015	7	22	20	10	34	2015	7	22	20	50	3	1100
2015	7	26	9	7	46	2015	7	26	10	9	4	1100
2015	7	29	22	4	46	2015	7	29	23	27	20	1100
2015	8	2	11	1	40	2015	8	2	12	46	24	1100
2015	8	4	5	30	1	2015	8	4	6	32	38	1010
2015	8	5	23	58	39	2015	8	6	2	4	19	1100
2015	8	9	12	55	52	2015	8	9	15	12	16	1100
2015	8	11	7	24	24	2015	8	11	9	40	39	1010
2015	8	13	1	52	55	2015	8	13	4	9	4	1100
2015	8	16	15	6	21	2015	8	16	17	6	2	1100
2015	8	18	10	54	3	2015	8	18	11	34	32	1010
2015	8	20	4	24	22	2015	8	20	6	3	4	1100

YYYY	MM	DD	hh	mm	ss	YYYY	MM	DD	hh	mm	ss	IEGC
2015	8	23	17	43	8	2015	8	23	19	0	13	1100
2015	8	27	7	1	4	2015	8	27	7	56	51	1100
2015	8	30	20	20	10	2015	8	30	20	53	37	1100
2015	9	3	9	38	8	2015	9	3	9	50	28	1100
2015	12	16	17	32	41	2015	12	16	19	41	55	1001
2016	1	1	15	40	38	2016	1	1	17	40	6	1010
2016	1	8	18	11	51	2016	1	8	19	50	4	1010
2016	1	19	8	24	15	2016	1	19	9	2	59	1001
2016	3	6	4	38	1	2016	3	6	5	18	10	0110
2016	3	13	7	11	35	2016	3	13	9	16	25	0110
2016	3	20	9	56	55	2016	3	20	12	30	25	0110
2016	3	27	13	55	54	2016	3	27	15	3	49	0110
2016	5	24	0	17	36	2016	5	24	1	2	9	1010
2016	5	31	2	12	47	2016	5	31	4	27	44	1010
2016	6	7	5	50	12	2016	6	7	6	22	36	1010
2016	10	1	23	37	24	2016	10	1	23	41	14	1100
2016	10	5	12	34	9	2016	10	5	13	0	4	1100
2016	10	9	1	30	40	2016	10	9	2	17	34	1100
2016	10	12	14	27	36	2016	10	12	15	35	58	1100
2016	10	16	3	24	29	2016	10	16	4	53	35	1100
2016	10	19	16	21	15	2016	10	19	18	12	14	1100
2016	10	21	10	49	32	2016	10	21	12	20	56	1010
2016	10	23	5	17	46	2016	10	23	7	30	4	1100
2016	10	26	18	14	17	2016	10	26	20	26	57	1100
2016	10	28	13	28	25	2016	10	28	14	55	10	1010
2016	10	30	7	29	10	2016	10	30	9	23	25	1100
2016	11	2	20	47	57	2016	11	2	22	20	4	1100
2016	11	6	10	5	47	2016	11	6	11	16	49	1100
2016	11	9	23	24	23	2016	11	10	0	13	25	1100
2016	11	13	12	41	56	2016	11	13	13	9	43	1100
2016	11	17	2	0	15	2016	11	17	2	6	15	1100
2017	3	13	18	59	55	2017	3	13	19	14	27	1010
2017	3	20	20	54	5	2017	3	20	23	5	38	1010
2017	3	28	0	41	40	2017	3	28	0	59	55	1010
2017	5	24	10	21	1	2017	5	24	10	51	29	0110
2017	5	31	12	55	24	2017	5	31	14	50	45	0110
2017	6	7	16	34	14	2017	6	7	17	52	48	0110
2017	8	11	5	40	45	2017	8	11	6	36	59	1010
2017	8	18	8	29	59	2017	8	18	9	46	21	1010
2017	12	20	4	51	15	2017	12	20	4	58	44	1100
2017	12	23	17	47	39	2017	12	23	18	17	1	1100
2017	12	27	6	43	59	2017	12	27	7	34	19	1100
2017	12	30	19	40	44	2017	12	30	20	52	35	1100
2018	1	3	8	37	16	2018	1	3	10	10	6	1100
2018	1	6	21	33	39	2018	1	6	23	28	39	1100
2018	1	8	16	1	44	2018	1	8	17	48	3	1010
2018	1	10	10	29	47	2018	1	10	12	38	56	1100
2018	1	13	23	47	51	2018	1	14	1	35	24	1100
2018	1	15	19	56	29	2018	1	15	20	3	40	1010
2018	1	17	13	5	29	2018	1	17	14	31	59	1100
2018	1	21	2	23	52	2018	1	21	3	28	27	1100
2018	1	24	15	41	14	2018	1	24	16	24	36	1100
2018	1	28	4	59	19	2018	1	28	5	20	60	1100
2018	1	31	18	16	52	2018	1	31	18	17	32	1100

YYYY	MM	DD	hh	mm	ss	YYYY	MM	DD	hh	mm	ss	IEGC
2018	6	1	0	16	49	2018	6	1	0	56	41	1010
2018	6	8	3	12	58	2018	6	8	4	20	59	1010
2018	8	11	16	4	45	2018	8	11	16	49	19	0110
2018	8	18	19	5	30	2018	8	18	20	49	7	0110
2018	8	25	23	5	42	2018	8	25	23	29	4	0110
2018	10	29	11	2	29	2018	10	29	12	46	11	1010
2018	11	5	14	55	4	2018	11	5	15	6	53	1010
2019	3	5	21	8	19	2019	3	5	21	20	13	1100
2019	3	9	10	4	42	2019	3	9	10	37	45	1100
2019	3	12	23	0	54	2019	3	12	23	56	23	1100
2019	3	16	11	57	27	2019	3	16	13	14	11	1100
2019	3	20	0	54	5	2019	3	20	2	32	33	1100
2019	3	21	19	22	19	2019	3	21	20	17	51	1010
2019	3	23	13	50	30	2019	3	23	15	50	2	1100
2019	3	27	2	46	46	2019	3	27	4	57	6	1100
2019	3	28	22	7	46	2019	3	28	23	25	13	1010
2019	3	30	16	2	24	2019	3	30	17	53	25	1100
2019	4	3	5	20	55	2019	4	3	6	49	58	1100
2019	4	6	18	38	25	2019	4	6	19	46	40	1100
2019	4	10	7	56	40	2019	4	10	8	43	12	1100
2019	4	13	21	14	1	2019	4	13	21	39	30	1100
2019	4	17	10	32	33	2019	4	17	10	36	4	1100
2019	8	12	3	48	17	2019	8	12	4	2	48	1010
2019	8	19	5	43	21	2019	8	19	7	55	52	1010
2019	8	26	9	31	10	2019	8	26	9	51	11	1010
2019	10	22	19	17	15	2019	10	22	20	8	56	0110
2019	10	29	21	52	4	2019	10	30	0	9	22	0110
2019	11	6	1	26	39	2019	11	6	3	0	57	0110
2019	11	13	5	26	12	2019	11	13	5	35	36	0110
2020	1	9	14	34	11	2020	1	9	16	13	53	1010
2020	1	16	17	18	7	2020	1	16	18	42	41	1010
2020	3	5	20	13	33	2020	3	5	20	22	34	0101
2020	5	16	0	38	15	2020	5	16	0	56	36	1100
2020	5	19	13	34	49	2020	5	19	14	14	41	1100
2020	5	23	2	31	16	2020	5	23	3	33	17	1100
2020	5	26	15	27	58	2020	5	26	16	51	5	1100
2020	5	28	11	18	44	2020	5	28	12	11	21	1001
2020	5	30	4	24	50	2020	5	30	6	9	57	1100
2020	5	31	22	53	13	2020	5	31	23	58	55	1010
2020	6	2	17	21	33	2020	6	2	19	28	2	1100
2020	6	6	6	18	10	2020	6	6	8	33	14	1100
2020	6	8	0	46	23	2020	6	8	3	1	43	1010
2020	6	9	19	16	39	2020	6	9	21	30	14	1100
2020	6	13	8	35	35	2020	6	13	10	26	49	1100
2020	6	15	4	41	42	2020	6	15	4	55	8	1010
2020	6	16	21	53	30	2020	6	16	23	23	30	1100
2020	6	20	11	12	12	2020	6	20	12	20	24	1100
2020	6	24	0	29	60	2020	6	24	1	17	26	1100
2020	6	27	13	49	8	2020	6	27	14	14	33	1100
2020	7	1	0	55	56	2020	7	1	3	18	43	1001
2020	10	22	7	33	27	2020	10	22	8	8	32	1010
2020	10	26	10	17	24	2020	10	26	10	32	53	0101
2020	10	29	9	28	47	2020	10	29	11	46	16	1010
2020	11	5	12	41	1	2020	11	5	13	41	44	1010

TRIPLE ECLISSI
TRIPLE ECLIPSES

YYYY	MM	DD	hh	mm	ss	YYYY	MM	DD	hh	mm	ss	IEGC
2020	7	1	3	7	12	2020	7	1	3	11	13	1101

DOPPIE OCCULTAZIONI
DOUBLE OCCULTATIONS

YYYY	MM	DD	hh	mm	ss	YYYY	MM	DD	hh	mm	ss	IEGC
2013	3	11	2	17	23	2013	3	11	2	38	4	1100
2013	3	14	15	15	44	2013	3	14	15	59	18	1100
2013	3	18	4	14	27	2013	3	18	5	21	17	1100
2013	3	21	17	13	26	2013	3	21	18	43	16	1100
2013	3	25	6	12	36	2013	3	25	8	6	10	1100
2013	3	27	0	42	13	2013	3	27	2	13	22	1010
2013	3	28	19	11	52	2013	3	28	21	22	50	1100
2013	4	1	8	23	23	2013	4	1	10	22	19	1100
2013	4	3	4	4	26	2013	4	3	4	52	5	1010
2013	4	4	21	46	9	2013	4	4	23	21	54	1100
2013	4	8	11	10	35	2013	4	8	12	21	40	1100
2013	4	12	0	34	12	2013	4	12	1	21	31	1100
2013	4	15	13	58	45	2013	4	15	14	21	32	1100
2013	7	27	5	27	30	2013	7	27	5	55	42	1010
2013	7	28	23	57	36	2013	7	29	0	9	0	1001
2013	8	3	7	28	46	2013	8	3	9	42	14	1010
2013	8	31	15	26	2	2013	8	31	16	56	25	1001
2013	9	29	19	31	50	2013	9	29	20	44	58	0110
2013	10	4	6	40	37	2013	10	4	7	29	54	1001
2013	10	6	22	7	20	2013	10	7	0	45	50	0110
2013	10	14	1	41	3	2013	10	14	3	19	23	0110
2013	10	21	5	35	34	2013	10	21	5	51	2	0110
2013	12	9	22	19	7	2013	12	9	22	32	8	0101
2013	12	24	15	31	33	2013	12	24	16	38	11	1010
2013	12	31	17	15	5	2013	12	31	19	30	57	1010
2014	1	7	19	58	44	2014	1	7	21	14	33	1010
2014	4	22	4	59	54	2014	4	22	6	19	15	1001
2014	5	15	4	28	47	2014	5	15	4	34	18	1100
2014	5	18	17	28	29	2014	5	18	17	57	58	1100
2014	5	22	6	28	19	2014	5	22	7	22	28	1100
2014	5	25	19	28	13	2014	5	25	21	44	2	1100
2014	5	29	8	28	13	2014	5	29	10	11	42	1100
2014	5	31	2	58	14	2014	5	31	4	1	36	1010
2014	6	1	21	28	16	2014	6	1	23	36	2	1100
2014	6	5	10	28	26	2014	6	5	12	44	27	1100
2014	6	7	5	4	22	2014	6	7	7	14	35	1010
2014	6	8	23	39	42	2014	6	9	1	44	43	1100
2014	6	12	13	5	17	2014	6	12	14	45	5	1100
2014	6	16	2	29	46	2014	6	16	3	45	25	1100
2014	6	19	15	55	49	2014	6	19	16	45	50	1100
2014	6	23	5	20	53	2014	6	23	5	46	14	1100

YYYY	MM	DD	hh	mm	ss	YYYY	MM	DD	hh	mm	ss	IEGC
2014	6	26	18	46	38	2014	6	26	18	46	44	1100
2014	6	28	12	44	29	2014	6	28	13	16	58	1001
2014	8	1	9	2	13	2014	8	1	10	37	54	0101
2014	8	18	2	38	41	2014	8	18	5	4	47	0011
2014	10	7	9	33	32	2014	10	7	11	41	50	1010
2014	10	14	12	16	36	2014	10	14	13	48	47	1010
2014	12	10	22	36	2	2014	12	10	23	39	17	0110
2014	12	13	15	34	22	2014	12	13	17	52	11	1001
2014	12	18	0	59	4	2014	12	18	3	17	28	0110
2014	12	25	3	20	23	2014	12	25	6	11	52	0110
2015	1	1	6	41	19	2015	1	1	8	30	56	0110
2015	1	8	10	6	9	2015	1	8	10	47	52	0110
2015	3	6	18	11	3	2015	3	6	20	29	1	1001
2015	3	20	21	44	57	2015	3	20	23	3	21	1010
2015	3	27	23	33	60	2015	3	28	1	51	36	1010
2015	4	4	2	36	59	2015	4	4	3	41	35	1010
2015	4	25	16	55	57	2015	4	25	17	37	54	0011
2015	5	12	13	12	10	2015	5	12	15	47	46	0101
2015	7	22	19	36	59	2015	7	22	19	41	22	1100
2015	7	26	8	37	19	2015	7	26	9	6	58	1100
2015	7	29	21	37	39	2015	7	29	22	32	3	1100
2015	8	2	10	38	3	2015	8	2	11	57	54	1100
2015	8	5	23	38	25	2015	8	6	1	22	47	1100
2015	8	9	12	38	51	2015	8	9	14	48	51	1100
2015	8	11	7	9	2	2015	8	11	9	25	39	1010
2015	8	13	1	39	14	2015	8	13	3	55	50	1100
2015	8	16	14	44	59	2015	8	16	16	56	16	1100
2015	8	18	10	19	0	2015	8	18	11	26	28	1010
2015	8	20	4	10	29	2015	8	20	5	56	40	1100
2015	8	23	17	36	41	2015	8	23	18	57	5	1100
2015	8	27	7	1	44	2015	8	27	7	57	27	1100
2015	8	30	20	27	53	2015	8	30	20	57	50	1100
2015	9	3	9	53	13	2015	9	3	9	58	9	1100
2015	11	13	16	21	5	2015	11	13	16	39	6	0101
2015	12	18	13	8	49	2015	12	18	14	41	1	1010
2015	12	25	15	19	3	2015	12	25	17	16	7	1010
2016	3	6	4	45	22	2016	3	6	5	26	30	0110
2016	3	13	6	58	23	2016	3	13	8	43	15	0110
2016	3	20	9	11	51	2016	3	20	11	54	54	0110
2016	3	27	12	6	56	2016	3	27	14	9	31	0110
2016	4	3	15	26	57	2016	4	3	16	25	29	0110
2016	4	28	9	50	16	2016	4	28	10	44	8	0101
2016	5	15	2	40	59	2016	5	15	3	14	12	1001
2016	6	7	2	51	11	2016	6	7	3	56	36	1010
2016	6	14	4	46	52	2016	6	14	7	2	52	1010
2016	6	21	8	43	17	2016	6	21	8	59	45	1010
2016	8	23	18	45	45	2016	8	23	20	18	48	0101
2016	10	1	23	42	34	2016	10	1	23	54	4	1100
2016	10	5	12	42	54	2016	10	5	13	19	46	1100
2016	10	9	1	43	9	2016	10	9	2	44	47	1100
2016	10	12	14	43	23	2016	10	12	16	10	1	1100
2016	10	14	9	13	29	2016	10	14	9	39	31	1010
2016	10	16	3	43	33	2016	10	16	5	34	36	1100
2016	10	19	16	43	41	2016	10	19	18	56	46	1100

YYYY	MM	DD	hh	mm	ss	YYYY	MM	DD	hh	mm	ss	IEGC
2016	10	21	11	13	43	2016	10	21	13	26	44	1010
2016	10	23	5	46	42	2016	10	23	7	56	42	1100
2016	10	26	19	12	25	2016	10	26	20	56	36	1100
2016	10	30	8	37	12	2016	10	30	9	56	23	1100
2016	11	2	22	2	24	2016	11	2	22	56	7	1100
2016	11	6	11	26	45	2016	11	6	11	55	43	1100
2016	11	10	0	51	52	2016	11	10	0	55	16	1100
2017	3	6	17	50	44	2017	3	6	17	54	15	1010
2017	3	13	19	35	54	2017	3	13	21	17	12	1010
2017	3	20	22	41	39	2017	3	20	23	30	22	1010
2017	6	7	13	13	22	2017	6	7	14	18	57	0110
2017	6	14	15	40	36	2017	6	14	18	4	58	0110
2017	6	21	19	23	17	2017	6	21	20	37	38	0110
2017	8	18	6	33	17	2017	8	18	6	40	13	1010
2017	8	25	8	33	2	2017	8	25	10	45	26	1010
2017	12	13	3	42	45	2017	12	13	3	55	15	1100
2017	12	16	16	42	17	2017	12	16	17	19	30	1100
2017	12	20	5	41	40	2017	12	20	6	42	43	1100
2017	12	23	18	40	57	2017	12	23	20	6	17	1100
2017	12	25	13	10	31	2017	12	25	13	34	49	1010
2017	12	27	7	40	3	2017	12	27	9	29	10	1100
2017	12	30	20	39	2	2017	12	30	22	47	51	1100
2018	1	1	16	7	50	2018	1	1	17	17	15	1010
2018	1	3	9	58	59	2018	1	3	11	46	38	1100
2018	1	6	23	22	15	2018	1	7	0	45	19	1100
2018	1	10	12	43	42	2018	1	10	13	43	34	1100
2018	1	14	2	6	14	2018	1	14	2	41	38	1100
2018	1	17	15	27	6	2018	1	17	15	39	32	1100
2018	6	8	1	30	37	2018	6	8	2	2	39	1010
2018	6	15	3	57	27	2018	6	15	5	26	25	1010
2018	8	25	18	46	53	2018	8	25	20	0	12	0110
2018	9	1	22	8	42	2018	9	1	23	45	42	0110
2018	9	9	2	22	4	2018	9	9	2	26	58	0110
2018	10	29	10	34	4	2018	10	29	11	0	14	1010
2018	11	5	13	23	4	2018	11	5	14	46	27	1010
2019	2	19	18	32	41	2019	2	19	18	34	52	1100
2019	2	23	7	30	17	2019	2	23	7	55	16	1100
2019	2	26	20	28	5	2019	2	26	21	16	21	1100
2019	3	2	9	25	38	2019	3	2	10	35	39	1100
2019	3	5	22	22	56	2019	3	5	23	55	41	1100
2019	3	7	16	51	26	2019	3	7	17	28	41	1010
2019	3	9	11	19	49	2019	3	9	13	14	33	1100
2019	3	13	0	16	21	2019	3	13	2	26	51	1100
2019	3	14	19	19	45	2019	3	14	20	55	1	1010
2019	3	16	13	25	44	2019	3	16	15	23	11	1100
2019	3	20	2	43	31	2019	3	20	4	19	31	1100
2019	3	23	15	59	55	2019	3	23	17	15	45	1100
2019	3	27	5	16	60	2019	3	27	6	11	18	1100
2019	3	30	18	32	32	2019	3	30	19	6	40	1100
2019	4	3	7	48	22	2019	4	3	8	2	7	1100
2019	8	26	6	22	17	2019	8	26	6	50	48	1010
2019	9	2	8	18	37	2019	9	2	10	28	23	1010
2019	9	9	12	16	23	2019	9	9	12	23	18	1010
2019	10	29	20	2	4	2019	10	29	20	20	9	0110

YYYY	MM	DD	hh	mm	ss	YYYY	MM	DD	hh	mm	ss	IEGC
2019	11	5	22	47	47	2019	11	6	0	44	49	0110
2019	11	13	2	27	50	2019	11	13	4	7	25	0110
2019	11	20	6	54	17	2019	11	20	6	55	13	0110
2020	1	9	14	47	31	2020	1	9	17	2	4	1010
2020	1	16	18	40	46	2020	1	16	19	3	37	1010
2020	5	1	22	7	31	2020	5	1	22	21	41	1100
2020	5	5	11	2	41	2020	5	5	11	36	56	1100
2020	5	8	23	57	45	2020	5	9	0	52	29	1100
2020	5	12	12	52	46	2020	5	12	14	6	36	1100
2020	5	16	1	47	9	2020	5	16	3	21	2	1100
2020	5	17	20	14	12	2020	5	17	20	41	16	1010
2020	5	19	14	41	30	2020	5	19	16	34	4	1100
2020	5	23	3	35	39	2020	5	23	5	47	29	1100
2020	5	24	22	2	24	2020	5	25	0	17	58	1010
2020	5	26	16	29	6	2020	5	26	18	45	3	1100
2020	5	30	5	22	58	2020	5	30	7	38	13	1100
2020	6	1	0	31	10	2020	6	1	2	4	56	1010
2020	6	2	18	32	6	2020	6	2	20	31	43	1100
2020	6	6	7	43	16	2020	6	6	9	24	36	1100
2020	6	9	20	53	16	2020	6	9	22	17	33	1100
2020	6	13	10	3	25	2020	6	13	11	10	5	1100
2020	6	16	23	12	19	2020	6	17	0	2	37	1100
2020	6	20	12	21	53	2020	6	20	12	54	47	1100
2020	6	24	1	29	50	2020	6	24	1	47	3	1100
2020	7	1	2	21	8	2020	7	1	3	31	2	1001
2020	7	1	3	46	26	2020	7	1	6	27	56	0101
2020	8	19	21	42	3	2020	8	19	22	34	29	0101
2020	9	22	5	57	20	2020	9	22	6	23	11	1001
2020	10	25	19	13	50	2020	10	25	21	30	39	1001
2020	11	5	10	11	8	2020	11	5	11	12	8	1010
2020	11	12	12	10	13	2020	11	12	14	26	57	1010
2020	11	19	16	20	32	2020	11	19	16	26	49	1010
2020	11	28	10	40	24	2020	11	28	12	57	28	1001
2020	12	15	5	22	33	2020	12	15	5	48	38	0101

TRIPLE OCCULTAZIONI
TRIPLE OCCULTATIONS

YYYY	MM	DD	hh	mm	ss	YYYY	MM	DD	hh	mm	ss	IEGC
2014	5	25	20	5	48	2014	5	25	20	46	40	1101

GIOVE CON UN SOLO SATELLITE
JUPITER WITH ONLY 1 SATELLITE

YYYY	MM	DD	hh	mm	ss	YYYY	MM	DD	hh	mm	ss	IEGC
2013	3	12	20	46	33	2013	3	12	21	26	20	1110
2013	3	23	11	42	60	2013	3	23	12	13	56	1110
2013	3	27	0	42	13	2013	3	27	2	13	22	1110
2013	3	30	14	5	29	2013	3	30	16	9	59	1110
2013	4	3	4	4	26	2013	4	3	5	31	56	1110
2013	4	6	18	23	40	2013	4	6	18	53	47	1110
2013	9	17	11	8	10	2013	9	17	11	26	3	1101
2013	9	29	20	29	48	2013	9	29	20	44	58	1110
2013	10	3	9	27	14	2013	10	3	10	50	23	1110
2013	10	6	22	24	22	2013	10	7	0	38	22	1110
2013	10	10	11	45	24	2013	10	10	13	35	12	1110
2013	10	14	1	41	3	2013	10	14	2	31	55	1110
2013	10	21	0	40	0	2013	10	21	1	34	15	0111
2013	10	21	2	9	53	2013	10	21	3	22	48	1110
2013	10	28	4	21	48	2013	10	28	6	15	38	1110
2014	5	16	22	58	38	2014	5	16	23	24	36	1110
2014	5	24	0	58	16	2014	5	24	2	9	36	1110
2014	5	25	20	5	48	2014	5	25	22	38	43	1101
2014	5	31	2	58	14	2014	5	31	4	1	36	1110
2014	5	31	4	5	19	2014	5	31	4	55	29	1110
2014	6	3	15	58	21	2014	6	3	18	17	38	1110
2014	6	7	5	4	22	2014	6	7	7	42	4	1110
2014	6	10	19	20	25	2014	6	10	20	56	40	1110
2014	6	14	9	28	39	2014	6	14	9	53	49	1110
2014	6	28	13	19	56	2014	6	28	13	42	50	1101
2014	8	17	23	54	19	2014	8	18	0	46	13	1011
2014	10	7	8	28	46	2014	10	7	9	39	13	1011
2014	11	26	15	16	35	2014	11	26	15	41	44	0111
2014	12	14	12	49	19	2014	12	14	13	26	55	1110
2014	12	18	1	43	8	2014	12	18	3	17	28	1110
2014	12	21	14	37	3	2014	12	21	16	53	27	1110
2014	12	25	3	30	6	2014	12	25	5	47	5	1110
2014	12	28	16	54	58	2014	12	28	18	40	6	1110
2014	12	30	11	5	37	2014	12	30	11	51	18	1101
2015	1	1	5	16	20	2015	1	1	7	33	7	1110
2015	1	4	20	21	53	2015	1	4	20	25	46	1110
2015	1	8	7	18	49	2015	1	8	9	18	18	1110
2015	1	24	7	8	58	2015	1	24	7	12	35	1101
2015	3	6	18	11	3	2015	3	6	18	49	35	1011
2015	8	4	5	8	14	2015	8	4	6	32	38	1110
2015	8	7	18	8	38	2015	8	7	19	13	37	1110
2015	8	11	7	9	2	2015	8	11	9	30	39	1110
2015	8	13	1	39	14	2015	8	13	4	9	4	1101
2015	8	14	20	9	27	2015	8	14	22	37	32	1110
2015	8	18	10	19	0	2015	8	18	11	34	32	1110
2015	8	22	0	30	13	2015	8	22	0	31	38	1110
2015	12	25	15	19	3	2015	12	25	17	16	7	1011
2016	3	9	18	55	55	2016	3	9	18	58	6	1110
2016	3	13	7	47	35	2016	3	13	9	16	25	1110
2016	3	16	20	39	32	2016	3	16	22	14	35	1110

YYYY	MM	DD	hh	mm	ss	YYYY	MM	DD	hh	mm	ss	IEGC
2016	3	20	9	31	12	2016	3	20	11	45	28	1110
2016	3	23	22	23	31	2016	3	24	0	37	13	1110
2016	3	27	12	6	56	2016	3	27	13	29	52	1110
2016	3	31	1	40	14	2016	3	31	2	21	55	1110
2016	10	14	8	56	4	2016	10	14	9	39	31	1110
2016	10	17	21	52	54	2016	10	17	23	41	9	1110
2016	10	21	11	4	43	2016	10	21	13	26	44	1110
2016	10	25	1	13	39	2016	10	25	2	26	39	1110
2016	10	28	13	51	33	2016	10	28	15	26	30	1110
2017	5	24	10	22	58	2017	5	24	10	51	29	1110
2017	5	31	12	34	33	2017	5	31	14	22	4	1110
2017	6	7	14	1	13	2017	6	7	14	18	57	1110
2017	6	11	2	56	42	2017	6	11	4	0	26	1110
2017	6	14	15	52	27	2017	6	14	18	3	17	1110
2017	6	18	5	17	36	2017	6	18	6	59	28	1110
2017	6	21	19	23	17	2017	6	21	19	55	22	1110
2017	12	25	12	33	48	2017	12	25	13	34	49	1110
2017	12	29	1	55	23	2017	12	29	3	29	2	1110
2018	1	1	16	7	50	2018	1	1	17	17	15	1110
2018	1	5	6	4	3	2018	1	5	6	15	59	1110
2018	1	15	20	38	39	2018	1	15	21	10	36	1110
2018	8	11	15	26	47	2018	8	11	15	49	43	1110
2018	8	11	16	4	45	2018	8	11	16	49	19	1110
2018	8	18	19	5	30	2018	8	18	19	32	9	1110
2018	8	25	19	19	8	2018	8	25	20	0	12	1110
2018	8	29	8	17	35	2018	8	29	9	51	15	1110
2018	9	1	22	8	42	2018	9	1	23	26	0	1110
2018	9	5	12	1	18	2018	9	5	12	24	53	1110
2019	3	4	2	54	50	2019	3	4	3	15	30	1110
2019	3	7	16	12	20	2019	3	7	17	28	41	1110
2019	3	11	5	29	22	2019	3	11	7	17	20	1110
2019	3	14	19	19	45	2019	3	14	20	55	1	1110
2019	3	18	9	7	14	2019	3	18	9	51	21	1110
2019	3	28	23	48	15	2019	3	29	0	15	60	1110
2019	4	5	2	16	1	2019	4	5	2	29	48	1110
2019	10	22	19	16	40	2019	10	22	20	8	56	1110
2019	10	29	21	26	42	2019	10	29	23	28	47	1110
2019	11	2	10	16	21	2019	11	2	10	22	1	1110
2019	11	5	23	16	29	2019	11	6	0	44	49	1110
2019	11	6	1	26	39	2019	11	6	1	29	3	1110
2019	11	9	12	10	57	2019	11	9	14	29	21	0111
2019	11	13	2	27	50	2019	11	13	3	29	44	1110
2019	11	16	16	29	18	2019	11	16	16	30	9	1110
2020	5	14	6	9	54	2020	5	14	6	45	45	1110
2020	5	17	19	12	22	2020	5	17	20	41	16	1110
2020	5	21	8	24	15	2020	5	21	10	25	15	1110
2020	5	24	21	35	27	2020	5	25	0	17	58	1110
2020	5	28	10	45	56	2020	5	28	13	32	55	1110
2020	5	31	23	56	18	2020	5	31	23	58	55	1110
2020	6	1	0	31	10	2020	6	1	2	4	56	1110
2020	6	4	14	9	60	2020	6	4	14	58	17	1110
2020	6	6	6	18	10	2020	6	6	6	39	32	1101
2020	6	8	2	14	59	2020	6	8	3	51	1	1110
2020	6	15	4	41	42	2020	6	15	5	36	16	1110

YYYY	MM	DD	hh	mm	ss	YYYY	MM	DD	hh	mm	ss	IEGC
2020	7	1	3	7	12	2020	7	1	3	31	2	1101
2020	8	11	14	31	34	2020	8	11	15	57	53	1011
2020	12	15	6	32	1	2020	12	15	7	18	40	1101

GIOVE SENZA SATELLITI
JUPITER WITHOUT SATELLITES

YYYY	MM	DD	hh	mm	ss	YYYY	MM	DD	hh	mm	ss
2019	11	9	12	16	42	2019	11	9	12	54	4
2020	5	28	11	18	44	2020	5	28	13	11	36

ALMENO 1 OMBRA
1 OR MORE SHADOWS

YYYY	MM	DD	hh	mm	ss	YYYY	MM	DD	hh	mm	ss	IEGC
2013	1	3	18	29	16	2013	1	3	20	50	47	1000
2013	1	4	8	53	34	2013	1	4	11	17	30	0100
2013	1	5	12	58	9	2013	1	5	15	8	56	1000
2013	1	7	7	27	7	2013	1	7	9	37	50	1000
2013	1	7	22	11	30	2013	1	8	0	35	27	0100
2013	1	9	1	55	59	2013	1	9	4	6	41	1000
2013	1	10	20	24	55	2013	1	10	22	35	37	1000
2013	1	10	22	41	57	2013	1	11	0	53	9	0010
2013	1	11	11	29	18	2013	1	11	13	53	32	0100
2013	1	12	14	53	45	2013	1	12	17	4	30	1000
2013	1	14	9	22	41	2013	1	14	11	33	30	1000
2013	1	15	0	47	26	2013	1	15	3	11	42	0100
2013	1	16	3	51	31	2013	1	16	6	2	26	1000
2013	1	17	22	20	25	2013	1	18	0	31	28	1000
2013	1	18	2	42	24	2013	1	18	4	54	51	0010
2013	1	18	14	5	34	2013	1	18	16	30	1	0100
2013	1	19	16	49	11	2013	1	19	19	0	25	1000
2013	1	21	11	18	4	2013	1	21	13	29	22	1000
2013	1	22	3	23	31	2013	1	22	5	47	49	0100
2013	1	23	5	46	51	2013	1	23	7	58	9	1000
2013	1	25	0	15	41	2013	1	25	2	27	2	1000
2013	1	25	6	42	42	2013	1	25	8	56	28	0010
2013	1	25	16	41	25	2013	1	25	19	5	44	0100
2013	1	26	18	44	30	2013	1	26	20	55	50	1000
2013	1	28	13	13	34	2013	1	28	15	24	47	1000
2013	1	29	5	59	9	2013	1	29	8	23	45	0100
2013	1	30	7	42	32	2013	1	30	9	53	40	1000
2013	2	1	2	11	33	2013	2	1	4	22	39	1000
2013	2	1	10	43	9	2013	2	1	12	58	16	0010
2013	2	1	19	17	11	2013	2	1	21	41	53	0100
2013	2	2	20	40	28	2013	2	2	22	51	33	1000
2013	2	4	15	9	30	2013	2	4	17	20	35	1000

YYYY	MM	DD	hh	mm	ss	YYYY	MM	DD	hh	mm	ss	IEGC
2013	2	5	8	35	13	2013	2	5	11	0	7	0100
2013	2	6	9	38	25	2013	2	6	11	49	33	1000
2013	2	8	4	7	24	2013	2	8	6	18	36	1000
2013	2	8	14	43	47	2013	2	8	17	0	18	0010
2013	2	8	21	53	9	2013	2	9	0	17	53	0100
2013	2	9	22	36	16	2013	2	10	0	47	34	1000
2013	2	11	17	5	14	2013	2	11	19	16	40	1000
2013	2	12	11	10	58	2013	2	12	13	35	44	0100
2013	2	13	11	34	6	2013	2	13	13	45	41	1000
2013	2	15	6	3	1	2013	2	15	8	14	45	1000
2013	2	15	18	45	13	2013	2	15	21	2	49	0010
2013	2	16	0	28	40	2013	2	16	2	53	42	0100
2013	2	17	0	31	49	2013	2	17	2	43	33	1000
2013	2	18	19	0	43	2013	2	18	21	12	29	1000
2013	2	19	13	46	30	2013	2	19	16	11	45	0100
2013	2	20	13	29	36	2013	2	20	15	41	21	1000
2013	2	22	7	58	42	2013	2	22	10	10	20	1000
2013	2	22	22	46	20	2013	2	23	1	4	56	0010
2013	2	23	3	4	31	2013	2	23	5	29	57	0100
2013	2	24	2	27	40	2013	2	24	4	39	12	1000
2013	2	25	20	56	44	2013	2	25	23	8	13	1000
2013	2	26	16	22	23	2013	2	26	18	47	38	0100
2013	2	27	15	25	43	2013	2	27	17	37	10	1000
2013	3	1	9	54	45	2013	3	1	12	6	12	1000
2013	3	2	2	47	55	2013	3	2	5	7	35	0010
2013	3	2	5	40	10	2013	3	2	8	5	28	0100
2013	3	3	4	23	40	2013	3	3	6	35	9	1000
2013	3	4	22	52	42	2013	3	5	1	4	13	1000
2013	3	5	18	57	47	2013	3	5	21	23	19	0100
2013	3	6	17	21	36	2013	3	6	19	33	13	1000
2013	3	8	11	50	35	2013	3	8	14	2	18	1000
2013	3	9	6	48	35	2013	3	9	10	41	19	0010
2013	3	10	6	19	26	2013	3	10	8	31	18	1000
2013	3	12	0	48	23	2013	3	12	3	0	25	1000
2013	3	12	21	33	23	2013	3	12	23	59	25	0100
2013	3	13	19	17	13	2013	3	13	21	29	19	1000
2013	3	15	13	46	7	2013	3	15	15	58	15	1000
2013	3	16	10	49	0	2013	3	16	13	17	10	0010
2013	3	17	8	14	54	2013	3	17	10	27	3	1000
2013	3	19	2	43	59	2013	3	19	4	56	1	1000
2013	3	20	0	8	59	2013	3	20	2	34	55	0100
2013	3	20	21	12	59	2013	3	20	23	24	54	1000
2013	3	22	15	42	3	2013	3	22	17	53	53	1000
2013	3	23	13	26	36	2013	3	23	17	13	0	0100
2013	3	24	10	10	59	2013	3	24	12	22	46	1000
2013	3	26	4	40	1	2013	3	26	6	51	46	1000
2013	3	27	2	44	8	2013	3	27	5	10	38	0100
2013	3	27	23	8	56	2013	3	28	1	20	43	1000
2013	3	29	17	37	56	2013	3	29	19	49	45	1000
2013	3	30	16	1	54	2013	3	30	18	28	38	0100
2013	3	30	18	50	7	2013	3	30	21	15	0	0010
2013	3	31	12	6	48	2013	3	31	14	18	41	1000
2013	4	2	6	35	45	2013	4	2	8	47	44	1000
2013	4	3	5	19	47	2013	4	3	7	46	30	0100

133

YYYY	MM	DD	hh	mm	ss	YYYY	MM	DD	hh	mm	ss	IEGC
2013	4	4	1	4	36	2013	4	4	3	16	43	1000
2013	4	5	19	33	31	2013	4	5	21	45	47	1000
2013	4	6	18	37	30	2013	4	6	21	4	9	0100
2013	4	6	22	51	28	2013	4	7	1	17	22	0010
2013	4	7	14	2	16	2013	4	7	16	14	42	1000
2013	4	9	8	31	8	2013	4	9	10	43	33	1000
2013	4	10	7	55	8	2013	4	10	10	21	56	0100
2013	4	11	2	59	54	2013	4	11	5	12	21	1000
2013	4	12	21	28	57	2013	4	12	23	41	15	1000
2013	4	13	21	12	40	2013	4	13	23	39	46	0100
2013	4	14	2	52	10	2013	4	14	5	19	11	0010
2013	4	14	15	57	52	2013	4	14	18	10	3	1000
2013	4	16	10	26	53	2013	4	16	12	38	58	1000
2013	4	17	10	30	9	2013	4	17	12	57	46	0100
2013	4	18	4	55	47	2013	4	18	7	7	49	1000
2013	4	19	23	24	46	2013	4	20	1	36	47	1000
2013	4	20	23	48	4	2013	4	21	2	15	43	0100
2013	4	21	6	53	11	2013	4	21	9	21	22	0010
2013	4	21	17	53	37	2013	4	21	20	5	38	1000
2013	4	23	12	22	32	2013	4	23	14	34	36	1000
2013	4	24	13	5	50	2013	4	24	15	33	22	0100
2013	4	25	6	51	21	2013	4	25	9	3	30	1000
2013	4	27	1	20	15	2013	4	27	3	32	30	1000
2013	4	28	2	23	30	2013	4	28	4	51	5	0100
2013	4	28	10	53	18	2013	4	28	13	22	43	0010
2013	4	28	19	48	59	2013	4	28	22	1	23	1000
2013	4	30	14	17	48	2013	4	30	16	30	23	1000
2013	5	1	15	41	5	2013	5	1	18	8	55	0100
2013	5	2	8	46	31	2013	5	2	10	59	10	1000
2013	5	4	3	15	17	2013	5	4	5	27	58	1000
2013	5	5	4	58	34	2013	5	5	7	26	52	0100
2013	5	5	14	53	8	2013	5	5	17	23	47	0010
2013	5	5	21	44	7	2013	5	5	23	56	40	1000
2013	5	7	16	13	4	2013	5	7	18	25	29	1000
2013	5	8	18	16	15	2013	5	8	20	44	59	0100
2013	5	9	10	41	56	2013	5	9	12	54	14	1000
2013	5	11	5	10	52	2013	5	11	7	23	6	1000
2013	5	12	7	34	5	2013	5	12	10	2	36	0100
2013	5	12	18	53	2	2013	5	12	21	24	57	0010
2013	5	12	23	39	40	2013	5	13	1	51	52	1000
2013	5	14	18	8	32	2013	5	14	20	20	44	1000
2013	5	15	20	51	50	2013	5	15	23	20	20	0100
2013	5	16	12	37	18	2013	5	16	14	49	33	1000
2013	5	18	7	6	8	2013	5	18	9	18	27	1000
2013	5	19	10	9	28	2013	5	19	12	38	9	0100
2013	5	19	22	52	59	2013	5	20	1	26	11	0010
2013	5	20	1	34	49	2013	5	20	3	47	16	1000
2013	5	21	20	3	34	2013	5	21	22	16	11	1000
2013	5	22	23	27	3	2013	5	23	1	56	7	0100
2013	5	23	14	32	12	2013	5	23	16	45	2	1000
2013	5	25	9	0	54	2013	5	25	11	13	45	1000
2013	5	26	12	44	34	2013	5	26	15	14	15	0100
2013	5	27	2	53	37	2013	5	27	5	42	21	0010
2013	5	28	21	58	26	2013	5	29	0	11	3	1000

134

YYYY	MM	DD	hh	mm	ss	YYYY	MM	DD	hh	mm	ss	IEGC
2013	5	30	2	2	23	2013	5	30	4	31	60	0100
2013	5	30	16	27	14	2013	5	30	18	39	43	1000
2013	6	1	10	56	6	2013	6	1	13	8	29	1000
2013	6	2	15	20	15	2013	6	2	17	49	47	0100
2013	6	3	5	24	49	2013	6	3	9	29	26	1000
2013	6	4	23	53	36	2013	6	5	2	5	56	1000
2013	6	6	4	37	58	2013	6	6	7	7	36	0100
2013	6	6	18	22	17	2013	6	6	20	34	40	1000
2013	6	8	12	51	2	2013	6	8	15	3	30	1000
2013	6	9	17	55	41	2013	6	9	20	25	40	0100
2013	6	10	7	19	37	2013	6	10	9	32	14	1000
2013	6	10	10	53	46	2013	6	10	13	30	50	0010
2013	6	12	1	48	16	2013	6	12	4	1	3	1000
2013	6	13	7	13	13	2013	6	13	9	43	44	0100
2013	6	13	20	16	49	2013	6	13	22	29	48	1000
2013	6	15	14	45	25	2013	6	15	16	58	24	1000
2013	6	16	20	30	57	2013	6	16	23	1	43	0100
2013	6	17	9	14	5	2013	6	17	11	26	55	1000
2013	6	17	14	53	5	2013	6	17	17	31	19	0010
2013	6	19	3	42	52	2013	6	19	5	55	32	1000
2013	6	20	9	48	50	2013	6	20	12	19	26	0100
2013	6	20	22	11	34	2013	6	21	0	24	7	1000
2013	6	22	16	40	20	2013	6	22	18	52	48	1000
2013	6	23	23	6	46	2013	6	24	1	37	27	0100
2013	6	24	11	8	58	2013	6	24	13	21	25	1000
2013	6	24	18	52	5	2013	6	24	21	31	31	0010
2013	6	26	5	37	38	2013	6	26	7	50	7	1000
2013	6	27	12	24	28	2013	6	27	14	55	25	0100
2013	6	28	0	6	13	2013	6	28	2	18	46	1000
2013	6	29	18	34	50	2013	6	29	20	47	31	1000
2013	7	1	1	42	14	2013	7	1	4	13	45	0100
2013	7	1	13	3	19	2013	7	1	15	16	12	1000
2013	7	1	22	51	11	2013	7	2	1	31	49	0010
2013	7	3	7	31	50	2013	7	3	9	44	57	1000
2013	7	4	14	59	44	2013	7	4	17	31	36	0100
2013	7	5	2	0	15	2013	7	5	4	13	22	1000
2013	7	6	20	28	58	2013	7	6	22	41	53	1000
2013	7	8	4	17	53	2013	7	8	6	49	37	0100
2013	7	8	14	57	36	2013	7	8	17	10	21	1000
2013	7	9	2	50	20	2013	7	9	5	32	10	0010
2013	7	10	9	26	17	2013	7	10	11	38	54	1000
2013	7	11	17	35	43	2013	7	11	20	7	27	0100
2013	7	12	3	54	52	2013	7	12	6	7	26	1000
2013	7	13	22	23	30	2013	7	14	0	36	4	1000
2013	7	15	6	53	46	2013	7	15	9	25	48	0100
2013	7	15	16	52	1	2013	7	15	19	4	38	1000
2013	7	16	6	50	11	2013	7	16	9	33	10	0010
2013	7	17	11	20	33	2013	7	17	13	33	16	1000
2013	7	18	20	11	21	2013	7	18	22	43	52	0100
2013	7	19	5	48	60	2013	7	19	8	1	52	1000
2013	7	21	0	17	28	2013	7	21	2	30	34	1000
2013	7	22	9	29	15	2013	7	22	12	2	7	0100
2013	7	22	18	45	48	2013	7	22	20	59	1	1000
2013	7	23	10	49	17	2013	7	23	13	33	28	0010

YYYY	MM	DD	hh	mm	ss	YYYY	MM	DD	hh	mm	ss	IEGC
2013	7	24	13	14	19	2013	7	24	15	27	25	1000
2013	7	25	22	47	1	2013	7	26	1	19	51	0100
2013	7	26	7	42	55	2013	7	26	9	55	49	1000
2013	7	28	2	11	33	2013	7	28	4	24	18	1000
2013	7	29	12	5	22	2013	7	29	14	38	12	0100
2013	7	29	20	40	5	2013	7	29	22	52	45	1000
2013	7	30	14	48	38	2013	7	30	17	33	59	0010
2013	7	31	15	8	37	2013	7	31	17	21	16	1000
2013	8	2	1	23	5	2013	8	2	3	56	11	0100
2013	8	2	9	37	4	2013	8	2	11	49	46	1000
2013	8	4	4	5	33	2013	8	4	6	18	21	1000
2013	8	5	14	41	11	2013	8	5	17	14	53	0100
2013	8	5	22	33	55	2013	8	6	0	46	54	1000
2013	8	6	3	32	28	2013	8	6	4	34	12	0001
2013	8	6	18	47	3	2013	8	6	21	33	40	0010
2013	8	7	17	2	16	2013	8	7	19	15	30	1000
2013	8	9	3	58	43	2013	8	9	6	32	34	0100
2013	8	9	11	30	33	2013	8	9	13	43	52	1000
2013	8	11	5	59	4	2013	8	11	8	12	14	1000
2013	8	12	17	17	2	2013	8	12	19	50	55	0100
2013	8	13	0	27	36	2013	8	13	2	40	33	1000
2013	8	13	22	45	9	2013	8	14	1	33	5	0010
2013	8	14	18	56	7	2013	8	14	21	8	57	1000
2013	8	16	6	34	54	2013	8	16	9	8	50	0100
2013	8	16	13	24	35	2013	8	16	15	37	21	1000
2013	8	18	7	53	4	2013	8	18	10	5	50	1000
2013	8	19	19	53	14	2013	8	19	22	27	31	0100
2013	8	20	2	21	27	2013	8	20	4	34	17	1000
2013	8	21	2	43	38	2013	8	21	5	32	40	0010
2013	8	21	20	49	49	2013	8	21	23	2	47	1000
2013	8	22	21	24	43	2013	8	22	22	54	50	0001
2013	8	23	9	10	52	2013	8	23	11	45	33	0100
2013	8	23	15	18	6	2013	8	23	17	31	18	1000
2013	8	25	9	46	24	2013	8	25	11	59	51	1000
2013	8	26	22	29	1	2013	8	27	1	3	55	0100
2013	8	27	4	14	40	2013	8	27	6	28	4	1000
2013	8	28	6	42	12	2013	8	28	9	32	18	0010
2013	8	28	22	43	11	2013	8	29	0	56	20	1000
2013	8	30	11	46	47	2013	8	30	14	21	43	0100
2013	8	30	17	11	39	2013	8	30	19	24	38	1000
2013	9	1	11	40	7	2013	9	1	13	53	1	1000
2013	9	3	1	5	24	2013	9	3	3	40	26	0100
2013	9	3	6	8	31	2013	9	3	8	21	23	1000
2013	9	4	10	41	26	2013	9	4	13	32	37	0010
2013	9	5	0	36	53	2013	9	5	2	49	48	1000
2013	9	6	14	23	6	2013	9	6	16	58	29	0100
2013	9	6	19	5	11	2013	9	6	21	18	14	1000
2013	9	8	13	33	29	2013	9	8	17	10	34	1000
2013	9	10	3	41	28	2013	9	10	6	17	7	0100
2013	9	10	8	1	41	2013	9	10	10	15	14	1000
2013	9	11	14	39	57	2013	9	11	17	32	14	0010
2013	9	12	2	29	53	2013	9	12	4	43	27	1000
2013	9	13	16	58	58	2013	9	13	19	34	50	0100
2013	9	13	20	58	21	2013	9	13	23	11	39	1000

YYYY	MM	DD	hh	mm	ss	YYYY	MM	DD	hh	mm	ss	IEGC
2013	9	15	15	26	49	2013	9	15	17	39	57	1000
2013	9	17	6	17	36	2013	9	17	8	53	32	0100
2013	9	17	9	55	13	2013	9	17	12	8	15	1000
2013	9	18	18	38	41	2013	9	18	21	32	2	0010
2013	9	19	4	23	35	2013	9	19	6	36	35	1000
2013	9	20	19	35	26	2013	9	20	22	11	31	0100
2013	9	20	22	51	54	2013	9	21	1	4	57	1000
2013	9	22	17	20	12	2013	9	22	19	33	23	1000
2013	9	24	8	53	58	2013	9	24	11	30	27	0100
2013	9	24	11	48	26	2013	9	24	14	1	50	1000
2013	9	25	9	14	26	2013	9	25	11	23	44	0001
2013	9	25	22	36	37	2013	9	26	1	31	7	0010
2013	9	26	6	16	37	2013	9	26	8	30	18	1000
2013	9	27	22	11	34	2013	9	28	2	58	29	0100
2013	9	29	19	13	15	2013	9	29	21	26	42	1000
2013	10	1	11	29	52	2013	10	1	15	54	56	0100
2013	10	3	2	34	16	2013	10	3	5	29	59	0010
2013	10	3	8	10	2	2013	10	3	10	23	13	1000
2013	10	5	0	47	48	2013	10	5	4	51	31	0100
2013	10	6	21	6	41	2013	10	6	23	19	54	1000
2013	10	8	14	6	30	2013	10	8	17	48	18	0100
2013	10	10	6	32	7	2013	10	10	9	28	58	0010
2013	10	10	10	3	8	2013	10	10	12	16	43	1000
2013	10	12	3	11	46	2013	10	12	6	45	10	0001
2013	10	13	22	59	31	2013	10	14	1	13	21	1000
2013	10	15	16	42	37	2013	10	15	19	41	33	0100
2013	10	17	10	30	3	2013	10	17	14	9	46	0010
2013	10	19	6	0	9	2013	10	19	8	38	2	0100
2013	10	21	0	53	2	2013	10	21	3	6	22	1000
2013	10	22	19	19	2	2013	10	22	21	56	54	0100
2013	10	24	13	49	34	2013	10	24	17	28	2	1000
2013	10	26	8	17	45	2013	10	26	11	14	60	1000
2013	10	28	2	45	54	2013	10	28	5	0	2	1000
2013	10	28	21	8	57	2013	10	28	23	46	58	0001
2013	10	29	21	14	12	2013	10	30	0	33	31	1000
2013	10	31	15	42	37	2013	10	31	17	56	23	1000
2013	10	31	18	27	22	2013	10	31	21	27	17	0010
2013	11	2	10	11	1	2013	11	2	13	51	18	1000
2013	11	4	4	39	23	2013	11	4	6	52	55	1000
2013	11	5	23	7	44	2013	11	6	3	10	7	1000
2013	11	7	17	36	1	2013	11	7	19	49	39	1000
2013	11	7	22	25	58	2013	11	8	1	26	49	0010
2013	11	9	12	4	16	2013	11	9	16	28	12	1000
2013	11	11	6	32	29	2013	11	11	8	46	31	1000
2013	11	13	1	0	40	2013	11	13	5	46	56	1000
2013	11	14	15	6	38	2013	11	14	17	56	41	0001
2013	11	14	19	29	0	2013	11	14	21	43	11	1000
2013	11	15	2	23	53	2013	11	15	5	25	39	0010
2013	11	16	13	57	27	2013	11	16	16	11	25	1000
2013	11	16	16	25	45	2013	11	16	19	4	42	0100
2013	11	18	8	25	53	2013	11	18	10	39	42	1000
2013	11	20	2	54	18	2013	11	20	5	8	3	1000
2013	11	20	5	44	8	2013	11	20	8	23	23	0100
2013	11	21	21	22	39	2013	11	21	23	36	25	1000

YYYY	MM	DD	hh	mm	ss	YYYY	MM	DD	hh	mm	ss	IEGC
2013	11	22	6	21	39	2013	11	22	9	24	25	0010
2013	11	23	15	50	58	2013	11	23	18	4	50	1000
2013	11	23	19	2	0	2013	11	23	21	41	24	0100
2013	11	25	10	19	16	2013	11	25	12	33	16	1000
2013	11	27	4	47	33	2013	11	27	7	1	48	1000
2013	11	27	8	20	46	2013	11	27	11	0	22	0100
2013	11	28	23	15	44	2013	11	29	1	30	18	1000
2013	11	29	10	19	47	2013	11	29	13	23	37	0010
2013	11	30	17	44	7	2013	11	30	19	58	36	1000
2013	11	30	21	38	32	2013	12	1	0	18	5	0100
2013	12	1	9	5	19	2013	12	1	12	6	30	0001
2013	12	2	12	12	37	2013	12	2	14	26	52	1000
2013	12	4	6	41	8	2013	12	4	8	55	13	1000
2013	12	4	10	57	0	2013	12	4	13	36	41	0100
2013	12	6	1	9	34	2013	12	6	3	23	35	1000
2013	12	6	14	18	7	2013	12	6	17	23	1	0010
2013	12	7	19	37	59	2013	12	7	21	52	0	1000
2013	12	8	0	14	36	2013	12	8	2	54	38	0100
2013	12	9	14	6	23	2013	12	9	16	20	27	1000
2013	12	11	8	34	47	2013	12	11	10	48	60	1000
2013	12	11	13	33	25	2013	12	11	16	13	33	0100
2013	12	13	3	3	6	2013	12	13	5	17	31	1000
2013	12	13	18	17	24	2013	12	13	21	23	20	0010
2013	12	14	21	31	24	2013	12	14	23	46	6	1000
2013	12	15	2	51	19	2013	12	15	5	31	31	0100
2013	12	16	15	59	43	2013	12	16	18	14	37	1000
2013	12	18	3	4	26	2013	12	18	6	16	7	0001
2013	12	18	10	28	20	2013	12	18	12	42	59	1000
2013	12	18	16	9	50	2013	12	18	18	49	59	0100
2013	12	20	4	56	52	2013	12	20	7	11	20	1000
2013	12	20	22	16	4	2013	12	21	1	23	4	0010
2013	12	21	23	25	25	2013	12	22	1	39	46	1000
2013	12	22	5	27	33	2013	12	22	8	7	56	0100
2013	12	23	17	53	55	2013	12	23	20	8	13	1000
2013	12	25	12	22	28	2013	12	25	14	36	47	1000
2013	12	25	18	45	59	2013	12	25	21	26	40	0100
2013	12	27	6	50	55	2013	12	27	9	5	18	1000
2013	12	28	2	15	6	2013	12	28	5	23	7	0010
2013	12	29	1	19	22	2013	12	29	3	33	55	1000
2013	12	29	8	4	4	2013	12	29	10	44	56	0100
2013	12	30	19	47	46	2013	12	30	22	2	31	1000
2014	1	1	14	16	12	2014	1	1	16	31	13	1000
2014	1	1	21	22	37	2014	1	2	0	3	17	0100
2014	1	3	8	44	38	2014	1	3	10	59	51	1000
2014	1	3	21	4	8	2014	1	4	0	25	7	0001
2014	1	4	6	13	45	2014	1	4	9	22	38	0010
2014	1	5	3	13	18	2014	1	5	5	28	18	1000
2014	1	5	10	40	28	2014	1	5	13	21	14	0100
2014	1	6	21	41	56	2014	1	6	23	56	44	1000
2014	1	8	16	10	36	2014	1	8	18	25	18	1000
2014	1	8	23	58	44	2014	1	9	2	39	48	0100
2014	1	10	10	39	12	2014	1	10	12	53	50	1000
2014	1	11	10	12	24	2014	1	11	13	22	9	0010
2014	1	12	5	7	49	2014	1	12	7	22	27	1000

YYYY	MM	DD	hh	mm	ss	YYYY	MM	DD	hh	mm	ss	IEGC
2014	1	12	13	16	43	2014	1	12	15	58	2	0100
2014	1	13	23	36	22	2014	1	14	1	51	4	1000
2014	1	15	18	4	59	2014	1	15	20	19	47	1000
2014	1	16	2	35	21	2014	1	16	5	16	36	0100
2014	1	17	12	33	30	2014	1	17	14	48	27	1000
2014	1	18	14	11	30	2014	1	18	17	22	10	0010
2014	1	19	7	2	2	2014	1	19	9	17	13	1000
2014	1	19	15	53	18	2014	1	19	18	34	30	0100
2014	1	20	15	5	17	2014	1	20	18	35	3	0001
2014	1	21	1	30	29	2014	1	21	3	45	57	1000
2014	1	22	19	59	12	2014	1	22	22	14	44	1000
2014	1	23	5	11	36	2014	1	23	7	52	56	0100
2014	1	24	14	27	56	2014	1	24	16	43	15	1000
2014	1	25	18	10	50	2014	1	25	21	22	25	0010
2014	1	26	8	56	41	2014	1	26	11	11	51	1000
2014	1	26	18	29	22	2014	1	26	21	11	5	0100
2014	1	28	3	25	23	2014	1	28	5	40	27	1000
2014	1	29	21	54	9	2014	1	30	0	9	10	1000
2014	1	30	7	47	54	2014	1	30	10	29	47	0100
2014	1	31	16	22	50	2014	1	31	18	37	50	1000
2014	2	1	22	11	4	2014	2	2	1	23	35	0010
2014	2	2	10	51	32	2014	2	2	13	6	35	1000
2014	2	2	21	5	59	2014	2	2	23	47	42	0100
2014	2	4	5	20	10	2014	2	4	7	35	19	1000
2014	2	5	23	48	53	2014	2	6	2	4	9	1000
2014	2	6	9	6	41	2014	2	6	13	5	57	0001
2014	2	7	18	17	29	2014	2	7	20	32	57	1000
2014	2	9	2	10	43	2014	2	9	5	24	8	0010
2014	2	9	12	46	7	2014	2	9	15	1	49	1000
2014	2	9	23	42	8	2014	2	10	2	24	2	0100
2014	2	11	7	14	44	2014	2	11	9	30	38	1000
2014	2	13	1	43	38	2014	2	13	3	59	29	1000
2014	2	13	13	0	11	2014	2	13	15	42	29	0100
2014	2	14	20	12	27	2014	2	14	22	28	6	1000
2014	2	16	6	10	41	2014	2	16	9	24	57	0010
2014	2	16	14	41	18	2014	2	16	16	56	50	1000
2014	2	17	2	18	25	2014	2	17	5	0	44	0100
2014	2	18	9	10	4	2014	2	18	11	25	31	1000
2014	2	20	3	38	56	2014	2	20	5	54	20	1000
2014	2	20	15	36	41	2014	2	20	18	18	47	0100
2014	2	21	22	7	41	2014	2	22	0	23	6	1000
2014	2	23	3	8	46	2014	2	23	6	54	17	0001
2014	2	23	10	10	5	2014	2	23	13	25	13	0010
2014	2	23	16	36	30	2014	2	23	18	51	56	1000
2014	2	24	4	54	37	2014	2	24	7	36	47	0100
2014	2	25	11	5	13	2014	2	25	13	20	44	1000
2014	2	27	5	34	1	2014	2	27	7	49	39	1000
2014	2	27	18	12	36	2014	2	27	20	54	60	0100
2014	3	1	0	2	42	2014	3	1	2	18	31	1000
2014	3	2	14	9	27	2014	3	2	17	25	26	0010
2014	3	2	18	31	27	2014	3	2	20	47	27	1000
2014	3	3	7	30	24	2014	3	3	10	13	13	0100
2014	3	4	13	0	5	2014	3	4	15	16	20	1000
2014	3	6	7	29	2	2014	3	6	9	45	20	1000

YYYY	MM	DD	hh	mm	ss	YYYY	MM	DD	hh	mm	ss	IEGC
2014	3	6	20	48	41	2014	3	6	23	31	24	0100
2014	3	8	1	57	56	2014	3	8	4	14	6	1000
2014	3	9	18	9	16	2014	3	9	22	42	53	0010
2014	3	10	10	6	40	2014	3	10	12	49	15	0100
2014	3	11	14	55	42	2014	3	11	17	11	37	1000
2014	3	11	21	11	24	2014	3	12	1	4	5	0001
2014	3	13	9	24	38	2014	3	13	11	40	29	1000
2014	3	13	23	24	38	2014	3	14	2	7	15	0100
2014	3	15	3	53	28	2014	3	15	6	9	16	1000
2014	3	16	22	9	12	2014	3	17	1	26	58	0010
2014	3	17	12	42	23	2014	3	17	15	25	16	0100
2014	3	18	16	51	8	2014	3	18	19	6	59	1000
2014	3	20	11	20	0	2014	3	20	13	35	56	1000
2014	3	21	2	0	8	2014	3	21	4	43	26	0100
2014	3	22	5	48	47	2014	3	22	8	4	49	1000
2014	3	24	0	17	36	2014	3	24	5	28	40	1000
2014	3	24	15	18	11	2014	3	24	18	1	24	0100
2014	3	25	18	46	18	2014	3	25	21	2	41	1000
2014	3	27	13	15	6	2014	3	27	15	31	42	1000
2014	3	28	4	36	7	2014	3	28	7	19	10	0100
2014	3	28	15	13	59	2014	3	28	19	13	27	0001
2014	3	29	7	44	1	2014	3	29	10	0	39	1000
2014	3	31	2	12	60	2014	3	31	4	29	37	1000
2014	3	31	6	10	3	2014	3	31	9	29	36	0010
2014	3	31	17	53	54	2014	3	31	20	36	60	0100
2014	4	1	20	41	53	2014	4	1	22	58	20	1000
2014	4	3	15	10	52	2014	4	3	17	27	12	1000
2014	4	4	7	11	34	2014	4	4	9	54	52	0100
2014	4	5	9	39	45	2014	4	5	11	55	59	1000
2014	4	7	4	8	41	2014	4	7	6	24	53	1000
2014	4	7	10	10	18	2014	4	7	13	30	36	0010
2014	4	7	20	29	11	2014	4	7	23	12	54	0100
2014	4	8	22	37	30	2014	4	9	0	53	41	1000
2014	4	10	17	6	25	2014	4	10	19	22	38	1000
2014	4	11	9	46	57	2014	4	11	12	30	47	0100
2014	4	12	11	35	14	2014	4	12	13	51	30	1000
2014	4	14	6	4	6	2014	4	14	8	20	27	1000
2014	4	14	9	16	44	2014	4	14	13	22	1	0001
2014	4	14	14	9	56	2014	4	14	17	30	58	0010
2014	4	14	23	4	47	2014	4	15	1	48	24	0100
2014	4	16	0	32	50	2014	4	16	2	49	20	1000
2014	4	17	19	1	41	2014	4	17	21	18	20	1000
2014	4	18	12	22	27	2014	4	18	15	6	2	0100
2014	4	19	13	30	24	2014	4	19	15	47	16	1000
2014	4	21	7	59	20	2014	4	21	10	16	17	1000
2014	4	21	18	9	27	2014	4	21	21	31	13	0010
2014	4	22	1	40	3	2014	4	22	4	23	47	0100
2014	4	23	2	28	14	2014	4	23	4	45	13	1000
2014	4	24	20	57	14	2014	4	24	23	14	5	1000
2014	4	25	14	57	32	2014	4	25	17	41	35	0100
2014	4	26	15	26	8	2014	4	26	17	42	50	1000
2014	4	28	9	55	5	2014	4	28	12	11	42	1000
2014	4	28	22	9	23	2014	4	29	1	31	53	0010
2014	4	29	4	14	55	2014	4	29	6	59	26	0100

YYYY	MM	DD	hh	mm	ss	YYYY	MM	DD	hh	mm	ss	IEGC
2014	4	30	4	23	55	2014	4	30	6	40	27	1000
2014	5	1	3	19	41	2014	5	1	7	30	44	0001
2014	5	1	22	52	51	2014	5	2	1	9	21	1000
2014	5	2	17	32	37	2014	5	2	20	16	58	0100
2014	5	3	17	21	41	2014	5	3	19	38	11	1000
2014	5	5	11	50	34	2014	5	5	14	7	6	1000
2014	5	6	2	9	19	2014	5	6	5	32	32	0010
2014	5	6	6	50	15	2014	5	6	9	34	27	0100
2014	5	7	6	19	18	2014	5	7	8	35	56	1000
2014	5	9	0	48	9	2014	5	9	3	4	53	1000
2014	5	9	20	7	46	2014	5	9	22	52	0	0100
2014	5	10	19	16	53	2014	5	10	21	33	46	1000
2014	5	12	13	45	40	2014	5	12	16	2	45	1000
2014	5	13	6	9	60	2014	5	13	12	9	37	0010
2014	5	14	8	14	26	2014	5	14	10	31	38	1000
2014	5	16	2	43	26	2014	5	16	5	0	38	1000
2014	5	16	22	42	29	2014	5	17	1	27	16	0100
2014	5	17	21	12	19	2014	5	18	1	37	56	1000
2014	5	19	15	41	16	2014	5	19	17	58	16	1000
2014	5	20	10	9	53	2014	5	20	14	44	60	0010
2014	5	21	10	10	5	2014	5	21	12	26	57	1000
2014	5	23	4	38	60	2014	5	23	6	55	47	1000
2014	5	24	1	17	15	2014	5	24	4	2	19	0100
2014	5	24	23	7	48	2014	5	25	1	24	32	1000
2014	5	26	17	36	40	2014	5	26	19	53	24	1000
2014	5	27	14	9	51	2014	5	27	17	34	60	0010
2014	5	28	12	5	24	2014	5	28	14	22	10	1000
2014	5	30	6	34	13	2014	5	30	8	51	4	1000
2014	5	31	3	52	9	2014	5	31	6	37	9	0100
2014	6	1	1	2	56	2014	6	1	3	19	53	1000
2014	6	2	19	31	42	2014	6	2	21	48	48	1000
2014	6	3	15	23	59	2014	6	3	21	34	56	0001
2014	6	4	14	0	18	2014	6	4	16	17	37	1000
2014	6	6	8	29	12	2014	6	6	10	46	33	1000
2014	6	7	6	26	40	2014	6	7	9	12	10	0100
2014	6	8	2	58	3	2014	6	8	5	15	26	1000
2014	6	9	21	26	58	2014	6	9	23	44	15	1000
2014	6	10	19	43	49	2014	6	11	1	34	42	0100
2014	6	11	15	55	45	2014	6	11	18	12	51	1000
2014	6	13	10	24	37	2014	6	13	12	41	36	1000
2014	6	14	9	1	7	2014	6	14	11	47	6	0100
2014	6	15	4	53	23	2014	6	15	7	10	17	1000
2014	6	16	23	22	12	2014	6	17	1	39	5	1000
2014	6	17	22	18	30	2014	6	18	1	4	21	0100
2014	6	18	2	7	49	2014	6	18	5	34	52	0010
2014	6	18	17	50	53	2014	6	18	20	7	46	1000
2014	6	20	9	25	48	2014	6	20	14	36	35	0001
2014	6	21	11	35	51	2014	6	21	14	21	43	0100
2014	6	22	6	48	18	2014	6	22	9	5	20	1000
2014	6	24	1	17	0	2014	6	24	3	34	11	1000
2014	6	25	0	53	4	2014	6	25	3	39	5	0100
2014	6	25	6	7	16	2014	6	25	9	34	55	0010
2014	6	25	19	45	33	2014	6	25	22	2	56	1000
2014	6	27	14	14	21	2014	6	27	16	31	48	1000

YYYY	MM	DD	hh	mm	ss	YYYY	MM	DD	hh	mm	ss	IEGC
2014	6	28	14	10	17	2014	6	28	16	56	35	0100
2014	6	29	8	43	8	2014	6	29	11	0	37	1000
2014	7	1	3	11	60	2014	7	1	5	29	23	1000
2014	7	2	3	27	25	2014	7	2	6	14	7	0100
2014	7	2	10	7	24	2014	7	2	13	35	37	0010
2014	7	2	21	40	43	2014	7	2	23	57	55	1000
2014	7	4	16	9	31	2014	7	4	18	26	35	1000
2014	7	5	16	44	29	2014	7	5	19	31	27	0100
2014	7	6	10	38	13	2014	7	6	12	55	12	1000
2014	7	7	3	26	44	2014	7	7	7	55	51	0001
2014	7	8	5	6	58	2014	7	8	7	23	55	1000
2014	7	9	6	1	47	2014	7	9	8	48	41	0100
2014	7	9	14	6	39	2014	7	9	17	35	25	0010
2014	7	9	23	35	34	2014	7	10	1	52	32	1000
2014	7	11	18	4	15	2014	7	11	20	21	16	1000
2014	7	12	19	19	7	2014	7	12	22	5	59	0100
2014	7	13	12	32	49	2014	7	13	14	49	57	1000
2014	7	15	7	1	26	2014	7	15	9	18	44	1000
2014	7	16	8	36	24	2014	7	16	11	23	21	0100
2014	7	16	18	5	54	2014	7	16	21	35	10	0010
2014	7	17	1	29	54	2014	7	17	3	47	25	1000
2014	7	18	19	58	43	2014	7	18	22	16	13	1000
2014	7	19	21	53	37	2014	7	20	0	40	48	0100
2014	7	20	14	27	26	2014	7	20	16	44	57	1000
2014	7	22	8	56	13	2014	7	22	11	13	31	1000
2014	7	23	11	10	45	2014	7	23	13	58	18	0100
2014	7	23	21	27	26	2014	7	24	2	0	12	0001
2014	7	24	3	24	51	2014	7	24	5	41	59	1000
2014	7	25	21	53	33	2014	7	26	0	10	34	1000
2014	7	27	0	27	52	2014	7	27	3	15	45	0100
2014	7	27	16	22	9	2014	7	27	18	39	7	1000
2014	7	29	10	50	48	2014	7	29	13	7	46	1000
2014	7	30	13	44	55	2014	7	30	16	32	59	0100
2014	7	31	2	2	48	2014	7	31	7	36	20	0010
2014	8	1	23	47	52	2014	8	2	2	4	60	1000
2014	8	3	3	2	20	2014	8	3	5	50	18	0100
2014	8	3	18	16	18	2014	8	3	20	33	37	1000
2014	8	5	12	44	50	2014	8	5	15	2	21	1000
2014	8	6	16	19	39	2014	8	6	19	7	40	0100
2014	8	7	6	1	33	2014	8	7	9	32	37	0010
2014	8	9	1	42	12	2014	8	9	3	59	39	1000
2014	8	9	15	27	40	2014	8	9	20	3	31	0001
2014	8	10	5	36	55	2014	8	10	8	25	5	0100
2014	8	10	20	10	48	2014	8	10	22	28	2	1000
2014	8	12	14	39	28	2014	8	12	16	56	33	1000
2014	8	13	18	54	9	2014	8	13	21	42	39	0100
2014	8	14	9	7	60	2014	8	14	13	31	51	1000
2014	8	16	3	36	34	2014	8	16	5	53	31	1000
2014	8	17	8	11	19	2014	8	17	11	0	11	0100
2014	8	17	22	5	3	2014	8	18	0	22	0	1000
2014	8	19	16	33	34	2014	8	19	18	50	37	1000
2014	8	20	21	28	31	2014	8	21	0	17	32	0100
2014	8	21	11	1	56	2014	8	21	13	19	8	1000
2014	8	21	13	59	33	2014	8	21	17	31	41	0010

YYYY	MM	DD	hh	mm	ss	YYYY	MM	DD	hh	mm	ss	IEGC
2014	8	23	5	30	20	2014	8	23	7	47	45	1000
2014	8	24	10	45	40	2014	8	24	13	34	48	0100
2014	8	24	23	58	53	2014	8	25	2	16	20	1000
2014	8	26	9	27	15	2014	8	26	14	5	50	0001
2014	8	26	18	27	33	2014	8	26	20	45	1	1000
2014	8	28	0	3	11	2014	8	28	2	52	18	0100
2014	8	28	12	56	5	2014	8	28	15	13	18	1000
2014	8	28	17	58	6	2014	8	28	21	30	38	0010
2014	8	30	7	24	40	2014	8	30	9	41	42	1000
2014	8	31	13	20	29	2014	8	31	16	9	42	0100
2014	9	1	1	53	8	2014	9	1	4	10	4	1000
2014	9	2	20	21	40	2014	9	2	22	38	33	1000
2014	9	4	2	37	55	2014	9	4	5	27	26	0100
2014	9	4	14	50	3	2014	9	4	17	6	58	1000
2014	9	4	21	56	37	2014	9	5	1	29	27	0010
2014	9	6	9	18	28	2014	9	6	11	35	28	1000
2014	9	7	15	55	7	2014	9	7	18	45	1	0100
2014	9	8	3	46	47	2014	9	8	6	3	57	1000
2014	9	9	22	15	7	2014	9	10	0	32	31	1000
2014	9	11	5	12	28	2014	9	11	8	2	28	0100
2014	9	11	16	43	38	2014	9	11	19	1	2	1000
2014	9	12	1	54	29	2014	9	12	8	7	21	0010
2014	9	13	11	12	12	2014	9	13	13	29	32	1000
2014	9	14	18	29	34	2014	9	14	21	19	46	0100
2014	9	15	5	40	41	2014	9	15	7	57	47	1000
2014	9	17	0	9	12	2014	9	17	2	26	8	1000
2014	9	18	7	47	12	2014	9	18	10	37	25	0100
2014	9	18	18	37	36	2014	9	18	20	54	26	1000
2014	9	19	5	52	11	2014	9	19	9	25	34	0010
2014	9	20	13	6	1	2014	9	20	15	22	50	1000
2014	9	21	21	4	36	2014	9	21	23	54	52	0100
2014	9	22	7	34	20	2014	9	22	9	51	13	1000
2014	9	24	2	2	41	2014	9	24	4	19	41	1000
2014	9	25	10	22	13	2014	9	25	13	12	47	0100
2014	9	25	20	30	53	2014	9	25	22	48	7	1000
2014	9	26	9	50	17	2014	9	26	13	24	5	0010
2014	9	27	14	59	16	2014	9	27	17	16	37	1000
2014	9	28	21	25	16	2014	9	29	2	30	19	0001
2014	9	29	9	27	45	2014	9	29	11	45	6	1000
2014	10	1	3	56	16	2014	10	1	6	13	22	1000
2014	10	2	12	56	60	2014	10	2	15	47	58	0100
2014	10	2	22	24	39	2014	10	3	0	41	34	1000
2014	10	3	13	48	15	2014	10	3	17	22	28	0010
2014	10	4	16	53	4	2014	10	4	19	9	51	1000
2014	10	6	2	14	8	2014	10	6	5	5	17	0100
2014	10	6	11	21	23	2014	10	6	13	38	8	1000
2014	10	8	5	49	44	2014	10	8	8	6	31	1000
2014	10	9	15	31	58	2014	10	9	18	23	12	0100
2014	10	10	0	17	57	2014	10	10	2	34	52	1000
2014	10	10	17	46	54	2014	10	10	21	21	31	0010
2014	10	11	18	46	10	2014	10	11	21	3	17	1000
2014	10	13	4	49	22	2014	10	13	7	40	39	0100
2014	10	13	13	14	25	2014	10	13	15	31	42	1000
2014	10	15	7	42	55	2014	10	15	10	0	12	1000

YYYY	MM	DD	hh	mm	ss	YYYY	MM	DD	hh	mm	ss	IEGC
2014	10	15	15	23	25	2014	10	15	20	8	13	0001
2014	10	16	18	7	13	2014	10	16	20	58	49	0100
2014	10	17	2	11	19	2014	10	17	4	28	21	1000
2014	10	17	21	44	39	2014	10	18	1	19	42	0010
2014	10	18	20	39	43	2014	10	18	22	56	33	1000
2014	10	20	7	24	29	2014	10	20	10	16	13	0100
2014	10	20	15	8	2	2014	10	20	17	24	45	1000
2014	10	22	9	36	22	2014	10	22	11	53	3	1000
2014	10	23	20	42	16	2014	10	23	23	34	7	0100
2014	10	24	4	4	36	2014	10	24	6	21	20	1000
2014	10	25	1	42	35	2014	10	25	5	17	50	0010
2014	10	25	22	32	49	2014	10	26	0	49	41	1000
2014	10	27	9	59	27	2014	10	27	12	51	31	0100
2014	10	27	17	0	56	2014	10	27	19	18	2	1000
2014	10	29	11	29	15	2014	10	29	13	46	28	1000
2014	10	30	23	17	31	2014	10	31	2	9	38	0100
2014	10	31	5	57	39	2014	10	31	8	14	51	1000
2014	11	1	5	39	57	2014	11	1	9	15	31	0010
2014	11	1	9	21	33	2014	11	1	14	7	47	0001
2014	11	2	0	26	3	2014	11	2	2	42	58	1000
2014	11	3	12	34	58	2014	11	3	15	27	11	0100
2014	11	3	18	54	22	2014	11	3	21	11	6	1000
2014	11	5	13	22	43	2014	11	5	15	39	21	1000
2014	11	7	1	53	0	2014	11	7	4	45	30	0100
2014	11	7	7	50	57	2014	11	7	10	7	35	1000
2014	11	8	9	37	12	2014	11	8	13	12	56	0010
2014	11	9	2	19	10	2014	11	9	4	35	52	1000
2014	11	10	15	10	21	2014	11	10	18	2	51	0100
2014	11	10	20	47	18	2014	11	10	23	4	10	1000
2014	11	12	15	15	27	2014	11	12	17	32	34	1000
2014	11	14	4	28	18	2014	11	14	7	20	59	0100
2014	11	14	9	43	46	2014	11	14	12	0	57	1000
2014	11	15	13	34	55	2014	11	15	17	10	54	0010
2014	11	16	4	12	10	2014	11	16	6	29	13	1000
2014	11	17	17	45	36	2014	11	17	20	38	27	0100
2014	11	17	22	40	30	2014	11	18	0	57	18	1000
2014	11	18	3	19	25	2014	11	18	8	6	42	0001
2014	11	19	17	8	51	2014	11	19	19	25	29	1000
2014	11	21	7	3	58	2014	11	21	9	56	51	0100
2014	11	21	11	37	7	2014	11	21	13	53	41	1000
2014	11	22	17	32	32	2014	11	22	21	8	48	0010
2014	11	23	6	5	21	2014	11	23	8	21	56	1000
2014	11	24	20	21	27	2014	11	24	23	14	32	0100
2014	11	25	0	33	30	2014	11	25	2	50	13	1000
2014	11	26	19	1	40	2014	11	26	21	18	34	1000
2014	11	28	9	39	41	2014	11	28	12	32	46	0100
2014	11	28	13	29	47	2014	11	28	15	46	56	1000
2014	11	29	21	30	53	2014	11	30	1	7	27	0010
2014	11	30	7	58	11	2014	11	30	10	15	19	1000
2014	12	1	22	57	3	2014	12	2	1	50	12	0100
2014	12	2	2	26	33	2014	12	2	4	43	27	1000
2014	12	3	20	54	55	2014	12	3	23	11	36	1000
2014	12	4	21	17	8	2014	12	5	2	5	18	0001
2014	12	5	12	15	10	2014	12	5	15	8	35	0100

YYYY	MM	DD	hh	mm	ss	YYYY	MM	DD	hh	mm	ss	IEGC
2014	12	5	15	23	12	2014	12	5	17	39	47	1000
2014	12	7	1	28	34	2014	12	7	5	5	18	0010
2014	12	7	9	51	28	2014	12	7	12	8	0	1000
2014	12	9	1	32	49	2014	12	9	6	36	16	0100
2014	12	10	22	47	52	2014	12	11	1	4	36	1000
2014	12	12	14	51	19	2014	12	12	19	32	57	0100
2014	12	14	5	26	21	2014	12	14	9	3	12	0010
2014	12	14	11	44	14	2014	12	14	14	1	21	1000
2014	12	16	4	8	52	2014	12	16	8	29	42	0100
2014	12	18	0	41	1	2014	12	18	2	57	50	1000
2014	12	19	17	27	10	2014	12	19	21	26	0	0100
2014	12	21	9	23	42	2014	12	21	13	0	46	0010
2014	12	21	13	37	41	2014	12	21	20	3	52	1000
2014	12	23	6	44	35	2014	12	23	10	22	28	0100
2014	12	25	2	34	11	2014	12	25	4	50	48	1000
2014	12	26	20	3	15	2014	12	26	23	19	10	0100
2014	12	28	13	21	2	2014	12	28	17	47	33	0010
2014	12	30	9	20	59	2014	12	30	12	15	59	0100
2015	1	1	4	27	19	2015	1	1	6	44	20	1000
2015	1	2	22	39	31	2015	1	3	1	33	19	0100
2015	1	4	17	18	60	2015	1	4	20	56	21	0010
2015	1	6	11	52	27	2015	1	6	14	50	56	1000
2015	1	7	9	13	39	2015	1	7	14	2	29	0001
2015	1	8	6	20	47	2015	1	8	8	37	19	1000
2015	1	10	0	49	4	2015	1	10	4	9	35	1000
2015	1	11	19	17	18	2015	1	12	0	54	29	1000
2015	1	13	13	45	30	2015	1	13	17	27	27	1000
2015	1	15	8	13	55	2015	1	15	10	31	3	1000
2015	1	17	2	42	25	2015	1	17	6	46	13	1000
2015	1	18	21	10	53	2015	1	18	23	27	42	1000
2015	1	19	1	15	47	2015	1	19	4	53	29	0010
2015	1	20	15	39	19	2015	1	20	20	3	52	1000
2015	1	22	10	7	44	2015	1	22	12	24	19	1000
2015	1	24	3	12	33	2015	1	24	9	22	29	0001
2015	1	25	23	4	30	2015	1	26	1	21	8	1000
2015	1	26	5	13	59	2015	1	26	8	51	46	0010
2015	1	27	17	32	49	2015	1	27	22	40	22	1000
2015	1	29	12	1	7	2015	1	29	14	18	7	1000
2015	1	31	6	29	31	2015	1	31	8	46	41	1000
2015	1	31	9	5	8	2015	1	31	11	59	17	0100
2015	2	2	0	58	4	2015	2	2	3	15	15	1000
2015	2	2	9	12	23	2015	2	2	12	50	9	0010
2015	2	3	19	26	37	2015	2	3	21	43	36	1000
2015	2	3	22	23	3	2015	2	4	1	17	7	0100
2015	2	5	13	55	9	2015	2	5	16	11	56	1000
2015	2	7	8	23	41	2015	2	7	10	40	21	1000
2015	2	7	11	41	41	2015	2	7	14	35	40	0100
2015	2	9	2	52	9	2015	2	9	5	8	47	1000
2015	2	9	13	10	29	2015	2	9	16	48	19	0010
2015	2	9	21	12	18	2015	2	10	2	0	29	0001
2015	2	10	21	20	37	2015	2	10	23	37	16	1000
2015	2	11	0	59	26	2015	2	11	3	53	35	0100
2015	2	12	15	49	3	2015	2	12	18	5	47	1000
2015	2	14	10	17	29	2015	2	14	12	34	22	1000

145

YYYY	MM	DD	hh	mm	ss	YYYY	MM	DD	hh	mm	ss	IEGC
2015	2	14	14	18	21	2015	2	14	17	12	25	0100
2015	2	16	4	45	51	2015	2	16	7	2	57	1000
2015	2	16	17	8	41	2015	2	16	20	46	39	0010
2015	2	17	23	14	21	2015	2	18	1	31	35	1000
2015	2	18	3	36	25	2015	2	18	6	30	32	0100
2015	2	19	17	42	60	2015	2	19	20	0	14	1000
2015	2	21	12	11	40	2015	2	21	14	28	44	1000
2015	2	21	16	55	9	2015	2	21	19	49	3	0100
2015	2	23	6	40	16	2015	2	23	8	57	9	1000
2015	2	23	21	7	38	2015	2	24	0	45	44	0010
2015	2	25	1	8	52	2015	2	25	3	25	38	1000
2015	2	25	6	12	60	2015	2	25	9	6	57	0100
2015	2	26	15	12	37	2015	2	26	21	54	9	0001
2015	2	28	14	6	2	2015	2	28	16	22	45	1000
2015	2	28	19	31	44	2015	2	28	22	25	42	0100
2015	3	2	8	34	33	2015	3	2	10	51	20	1000
2015	3	3	1	6	36	2015	3	3	4	44	47	0010
2015	3	4	3	3	4	2015	3	4	5	19	59	1000
2015	3	4	8	49	53	2015	3	4	11	43	52	0100
2015	3	5	21	31	33	2015	3	5	23	48	38	1000
2015	3	7	16	0	3	2015	3	7	18	17	22	1000
2015	3	7	22	8	40	2015	3	8	1	2	28	0100
2015	3	9	10	28	45	2015	3	9	12	46	5	1000
2015	3	10	5	6	24	2015	3	10	8	44	36	0010
2015	3	11	4	57	29	2015	3	11	7	14	49	1000
2015	3	11	11	26	37	2015	3	11	14	20	22	0100
2015	3	12	23	26	11	2015	3	13	1	43	18	1000
2015	3	14	17	54	55	2015	3	14	20	11	53	1000
2015	3	15	0	45	5	2015	3	15	3	38	57	0100
2015	3	15	9	13	18	2015	3	15	13	59	38	0001
2015	3	16	12	23	35	2015	3	16	14	40	27	1000
2015	3	17	9	5	29	2015	3	17	12	43	37	0010
2015	3	18	6	52	15	2015	3	18	9	9	5	1000
2015	3	18	14	3	21	2015	3	18	16	57	6	0100
2015	3	20	1	20	52	2015	3	20	3	37	43	1000
2015	3	21	19	49	33	2015	3	21	22	6	27	1000
2015	3	22	3	22	5	2015	3	22	6	15	47	0100
2015	3	23	14	18	7	2015	3	23	16	35	8	1000
2015	3	24	13	4	38	2015	3	24	16	42	41	0010
2015	3	25	8	46	43	2015	3	25	11	3	54	1000
2015	3	25	16	40	9	2015	3	25	19	33	40	0100
2015	3	27	3	15	15	2015	3	27	5	32	38	1000
2015	3	28	21	44	3	2015	3	29	0	1	29	1000
2015	3	29	5	58	33	2015	3	29	8	52	4	0100
2015	3	30	16	12	50	2015	3	30	18	30	17	1000
2015	3	31	17	3	28	2015	3	31	20	41	28	0010
2015	4	1	3	14	55	2015	4	1	7	59	56	0001
2015	4	1	10	41	38	2015	4	1	12	58	56	1000
2015	4	1	19	16	37	2015	4	1	22	10	7	0100
2015	4	3	5	10	22	2015	4	3	7	27	31	1000
2015	4	4	23	39	10	2015	4	5	1	56	13	1000
2015	4	5	8	35	17	2015	4	5	11	28	42	0100
2015	4	6	18	7	53	2015	4	6	20	24	52	1000
2015	4	7	21	2	22	2015	4	8	0	40	22	0010

YYYY	MM	DD	hh	mm	ss	YYYY	MM	DD	hh	mm	ss	IEGC
2015	4	8	12	36	38	2015	4	8	14	53	35	1000
2015	4	8	21	53	22	2015	4	9	0	46	41	0100
2015	4	10	7	5	18	2015	4	10	9	22	17	1000
2015	4	12	1	34	2	2015	4	12	3	51	6	1000
2015	4	12	11	11	43	2015	4	12	14	4	53	0100
2015	4	13	20	2	40	2015	4	13	22	19	51	1000
2015	4	15	1	2	1	2015	4	15	4	40	1	0010
2015	4	15	14	31	20	2015	4	15	16	48	41	1000
2015	4	16	0	29	33	2015	4	16	3	22	48	0100
2015	4	17	8	59	56	2015	4	17	11	17	29	1000
2015	4	17	21	16	37	2015	4	18	1	59	56	0001
2015	4	19	3	28	50	2015	4	19	5	46	23	1000
2015	4	19	13	48	4	2015	4	19	16	41	7	0100
2015	4	20	21	57	39	2015	4	21	0	15	14	1000
2015	4	22	5	1	35	2015	4	22	8	39	30	0010
2015	4	22	16	26	31	2015	4	22	18	43	57	1000
2015	4	23	3	6	9	2015	4	23	5	59	13	0100
2015	4	24	10	55	18	2015	4	24	13	12	34	1000
2015	4	26	5	24	9	2015	4	26	7	41	19	1000
2015	4	26	16	24	25	2015	4	26	19	17	17	0100
2015	4	27	23	52	54	2015	4	28	2	10	0	1000
2015	4	29	9	1	54	2015	4	29	12	39	43	0010
2015	4	29	18	21	42	2015	4	29	20	38	47	1000
2015	4	30	5	42	16	2015	4	30	8	35	4	0100
2015	5	1	12	50	24	2015	5	1	15	7	31	1000
2015	5	3	7	19	11	2015	5	3	9	36	22	1000
2015	5	3	19	0	15	2015	5	3	21	53	4	0100
2015	5	4	15	18	26	2015	5	4	19	59	36	0001
2015	5	5	1	47	52	2015	5	5	4	5	9	1000
2015	5	6	13	1	22	2015	5	6	16	39	4	0010
2015	5	6	20	16	34	2015	5	6	22	34	1	1000
2015	5	7	8	18	21	2015	5	7	11	10	58	0100
2015	5	8	14	45	11	2015	5	8	17	2	49	1000
2015	5	10	9	14	5	2015	5	10	11	31	45	1000
2015	5	10	21	36	29	2015	5	11	0	29	5	0100
2015	5	12	3	42	56	2015	5	12	6	0	37	1000
2015	5	13	17	0	47	2015	5	13	20	38	20	0010
2015	5	13	22	11	50	2015	5	14	0	29	27	1000
2015	5	14	10	54	21	2015	5	14	13	46	50	0100
2015	5	15	16	40	38	2015	5	15	18	58	4	1000
2015	5	17	11	9	31	2015	5	17	13	26	50	1000
2015	5	18	0	12	12	2015	5	18	3	4	32	0100
2015	5	19	5	38	18	2015	5	19	7	55	32	1000
2015	5	20	20	59	50	2015	5	21	2	24	19	0010
2015	5	21	9	20	29	2015	5	21	16	22	12	0001
2015	5	22	18	35	51	2015	5	22	20	53	3	1000
2015	5	24	13	4	39	2015	5	24	15	21	54	1000
2015	5	25	2	47	50	2015	5	25	5	39	59	0100
2015	5	26	7	33	21	2015	5	26	9	50	41	1000
2015	5	28	0	59	1	2015	5	28	4	36	17	0010
2015	5	28	16	5	40	2015	5	28	18	57	45	0100
2015	5	29	20	30	42	2015	5	29	22	48	21	1000
2015	5	31	14	59	31	2015	5	31	17	17	16	1000
2015	6	1	5	23	27	2015	6	1	8	15	33	0100

YYYY	MM	DD	hh	mm	ss	YYYY	MM	DD	hh	mm	ss	IEGC
2015	6	2	9	28	23	2015	6	2	11	46	8	1000
2015	6	4	3	57	17	2015	6	4	8	35	56	1000
2015	6	4	18	41	2	2015	6	4	21	32	58	0100
2015	6	5	22	26	5	2015	6	6	0	43	40	1000
2015	6	7	3	22	16	2015	6	7	7	58	24	0001
2015	6	7	16	54	59	2015	6	7	19	12	25	1000
2015	6	8	7	58	33	2015	6	8	10	50	25	0100
2015	6	9	11	23	46	2015	6	9	13	41	6	1000
2015	6	11	5	52	35	2015	6	11	8	9	52	1000
2015	6	11	8	58	24	2015	6	11	12	35	20	0010
2015	6	11	21	16	6	2015	6	12	0	7	54	0100
2015	6	13	0	21	18	2015	6	13	2	38	34	1000
2015	6	14	18	50	7	2015	6	14	21	7	24	1000
2015	6	15	10	33	50	2015	6	15	13	25	25	0100
2015	6	16	13	18	48	2015	6	16	15	36	10	1000
2015	6	18	7	47	33	2015	6	18	10	5	1	1000
2015	6	18	12	58	36	2015	6	18	16	35	20	0010
2015	6	18	23	51	26	2015	6	19	2	43	0	0100
2015	6	20	2	16	9	2015	6	20	4	33	47	1000
2015	6	21	20	44	53	2015	6	21	23	2	41	1000
2015	6	22	13	8	53	2015	6	22	16	0	28	0100
2015	6	23	15	13	43	2015	6	23	17	31	30	1000
2015	6	23	21	23	28	2015	6	24	1	56	31	0001
2015	6	25	9	42	37	2015	6	25	12	0	25	1000
2015	6	25	16	57	58	2015	6	25	20	34	27	0010
2015	6	26	2	26	16	2015	6	26	5	17	42	0100
2015	6	27	4	11	24	2015	6	27	6	29	5	1000
2015	6	28	22	40	16	2015	6	29	0	57	47	1000
2015	6	29	15	43	30	2015	6	29	18	34	53	0100
2015	6	30	17	9	2	2015	6	30	19	26	26	1000
2015	7	2	11	37	51	2015	7	2	13	55	10	1000
2015	7	2	20	57	13	2015	7	3	0	33	25	0010
2015	7	3	5	0	51	2015	7	3	7	52	10	0100
2015	7	4	6	6	32	2015	7	4	8	23	49	1000
2015	7	6	0	35	19	2015	7	6	2	52	37	1000
2015	7	6	18	18	18	2015	7	6	21	9	25	0100
2015	7	7	19	3	59	2015	7	7	21	21	20	1000
2015	7	9	13	32	42	2015	7	9	15	50	9	1000
2015	7	10	0	56	7	2015	7	10	4	32	5	0010
2015	7	10	7	35	41	2015	7	10	10	26	42	0100
2015	7	10	15	24	51	2015	7	10	19	54	36	0001
2015	7	11	8	1	16	2015	7	11	10	18	53	1000
2015	7	13	2	29	56	2015	7	13	4	47	44	1000
2015	7	13	20	52	55	2015	7	13	23	43	60	0100
2015	7	14	20	58	45	2015	7	14	23	16	32	1000
2015	7	16	15	27	37	2015	7	16	17	45	24	1000
2015	7	17	4	54	59	2015	7	17	8	30	45	0010
2015	7	17	10	10	6	2015	7	17	13	1	8	0100
2015	7	18	9	56	22	2015	7	18	12	14	0	1000
2015	7	20	4	25	12	2015	7	20	6	42	40	1000
2015	7	20	23	27	12	2015	7	21	2	18	8	0100
2015	7	21	22	53	55	2015	7	22	1	11	16	1000
2015	7	23	17	22	41	2015	7	23	19	39	58	1000
2015	7	24	8	54	27	2015	7	24	12	30	1	0010

YYYY	MM	DD	hh	mm	ss	YYYY	MM	DD	hh	mm	ss	IEGC
2015	7	24	12	44	13	2015	7	24	15	35	8	0100
2015	7	25	11	51	20	2015	7	25	14	8	34	1000
2015	7	27	6	20	3	2015	7	27	8	37	19	1000
2015	7	27	9	25	32	2015	7	27	13	51	40	0001
2015	7	28	2	1	21	2015	7	28	4	52	9	0100
2015	7	29	0	48	40	2015	7	29	3	5	59	1000
2015	7	30	19	17	19	2015	7	30	21	34	46	1000
2015	7	31	12	53	39	2015	7	31	18	9	11	0010
2015	8	1	13	45	49	2015	8	1	16	3	27	1000
2015	8	3	8	14	32	2015	8	3	10	32	15	1000
2015	8	4	4	35	42	2015	8	4	7	26	15	0100
2015	8	5	2	43	17	2015	8	5	5	0	60	1000
2015	8	6	21	12	6	2015	8	6	23	29	47	1000
2015	8	7	16	53	25	2015	8	7	20	43	22	0010
2015	8	8	15	40	47	2015	8	8	17	58	15	1000
2015	8	10	10	9	33	2015	8	10	12	26	51	1000
2015	8	11	7	9	44	2015	8	11	10	0	24	0100
2015	8	12	4	38	12	2015	8	12	6	55	24	1000
2015	8	13	3	25	40	2015	8	13	7	47	58	0001
2015	8	13	23	6	54	2015	8	14	1	24	3	1000
2015	8	14	20	26	39	2015	8	15	0	26	35	0100
2015	8	15	17	35	28	2015	8	15	19	52	37	1000
2015	8	17	12	4	7	2015	8	17	14	21	18	1000
2015	8	18	9	43	29	2015	8	18	12	34	1	0100
2015	8	19	6	32	38	2015	8	19	8	49	56	1000
2015	8	21	1	1	13	2015	8	21	3	18	40	1000
2015	8	21	23	0	22	2015	8	22	4	24	47	0100
2015	8	22	19	29	41	2015	8	22	21	47	18	1000
2015	8	24	13	58	28	2015	8	24	16	16	4	1000
2015	8	25	12	17	27	2015	8	25	15	7	45	0100
2015	8	26	8	27	9	2015	8	26	10	44	43	1000
2015	8	28	2	55	53	2015	8	28	5	13	14	1000
2015	8	29	1	34	26	2015	8	29	4	24	37	0100
2015	8	29	4	49	8	2015	8	29	8	22	40	0010
2015	8	29	21	24	29	2015	8	30	1	43	46	1000
2015	8	31	15	53	9	2015	8	31	18	10	12	1000
2015	9	1	14	51	23	2015	9	1	17	41	34	0100
2015	9	2	10	21	43	2015	9	2	12	38	43	1000
2015	9	4	4	50	20	2015	9	4	7	7	20	1000
2015	9	5	4	8	15	2015	9	5	6	58	29	0100
2015	9	5	8	47	20	2015	9	5	12	20	35	0010
2015	9	5	23	18	47	2015	9	6	1	35	51	1000
2015	9	7	17	47	19	2015	9	7	20	4	30	1000
2015	9	8	17	25	7	2015	9	8	20	15	27	0100
2015	9	9	12	15	43	2015	9	9	14	33	5	1000
2015	9	11	6	44	20	2015	9	11	9	1	47	1000
2015	9	12	6	41	54	2015	9	12	9	32	8	0100
2015	9	12	12	46	9	2015	9	12	16	19	7	0010
2015	9	13	1	12	57	2015	9	13	3	30	23	1000
2015	9	14	19	41	38	2015	9	14	21	58	54	1000
2015	9	15	15	25	6	2015	9	15	19	38	24	0001
2015	9	15	19	58	39	2015	9	15	22	48	53	0100
2015	9	16	14	10	12	2015	9	16	16	27	16	1000
2015	9	18	8	38	50	2015	9	18	10	55	45	1000

YYYY	MM	DD	hh	mm	ss	YYYY	MM	DD	hh	mm	ss	IEGC
2015	9	19	9	15	25	2015	9	19	12	5	38	0100
2015	9	19	16	44	38	2015	9	19	20	17	17	0010
2015	9	20	3	7	19	2015	9	20	5	24	9	1000
2015	9	21	21	35	53	2015	9	21	23	52	41	1000
2015	9	22	22	32	25	2015	9	23	1	22	27	0100
2015	9	23	16	4	19	2015	9	23	18	21	9	1000
2015	9	25	10	32	48	2015	9	25	12	49	45	1000
2015	9	26	11	49	22	2015	9	26	14	39	18	0100
2015	9	26	20	43	44	2015	9	27	0	15	57	0010
2015	9	27	5	1	6	2015	9	27	7	18	15	1000
2015	9	28	23	29	35	2015	9	29	1	46	52	1000
2015	9	30	1	6	16	2015	9	30	3	56	11	0100
2015	9	30	17	58	10	2015	9	30	20	15	25	1000
2015	10	2	9	23	60	2015	10	2	14	43	53	0001
2015	10	3	14	23	7	2015	10	3	17	13	6	0100
2015	10	4	0	41	56	2015	10	4	4	13	32	0010
2015	10	4	6	55	18	2015	10	4	9	12	9	1000
2015	10	6	1	23	52	2015	10	6	3	40	33	1000
2015	10	7	3	39	56	2015	10	7	6	30	4	0100
2015	10	7	19	52	19	2015	10	7	22	8	55	1000
2015	10	9	14	20	49	2015	10	9	16	37	24	1000
2015	10	10	16	56	44	2015	10	10	19	46	47	0100
2015	10	11	4	39	55	2015	10	11	8	10	49	0010
2015	10	11	8	49	9	2015	10	11	11	5	48	1000
2015	10	13	3	17	33	2015	10	13	5	34	18	1000
2015	10	14	6	13	31	2015	10	14	9	3	33	0100
2015	10	14	21	45	49	2015	10	15	0	2	47	1000
2015	10	16	16	14	17	2015	10	16	18	31	21	1000
2015	10	17	19	30	17	2015	10	17	22	20	21	0100
2015	10	18	8	37	32	2015	10	18	12	59	49	0010
2015	10	19	3	22	45	2015	10	19	7	25	44	0001
2015	10	20	5	11	21	2015	10	20	7	28	5	1000
2015	10	21	8	47	19	2015	10	21	11	37	10	0100
2015	10	21	23	39	48	2015	10	22	1	56	20	1000
2015	10	23	18	8	18	2015	10	23	20	24	42	1000
2015	10	24	22	4	19	2015	10	25	0	54	5	0100
2015	10	25	12	35	5	2015	10	25	16	4	59	0010
2015	10	27	7	5	3	2015	10	27	9	21	25	1000
2015	10	28	11	21	18	2015	10	28	14	11	1	0100
2015	10	29	1	33	20	2015	10	29	3	49	48	1000
2015	10	30	20	1	40	2015	10	30	22	18	17	1000
2015	11	1	0	38	16	2015	11	1	3	28	6	0100
2015	11	1	14	29	51	2015	11	1	20	2	48	1000
2015	11	3	8	58	23	2015	11	3	11	15	13	1000
2015	11	4	13	55	8	2015	11	4	16	45	6	0100
2015	11	4	21	20	57	2015	11	5	1	18	14	0001
2015	11	5	3	26	50	2015	11	5	5	43	25	1000
2015	11	6	21	55	20	2015	11	7	0	11	41	1000
2015	11	8	3	12	4	2015	11	8	6	1	59	0100
2015	11	8	16	23	42	2015	11	8	18	39	53	1000
2015	11	8	20	30	60	2015	11	9	0	0	17	0010
2015	11	10	10	52	5	2015	11	10	13	8	12	1000
2015	11	11	16	28	53	2015	11	11	19	18	46	0100
2015	11	12	5	20	23	2015	11	12	7	36	30	1000

YYYY	MM	DD	hh	mm	ss	YYYY	MM	DD	hh	mm	ss	IEGC
2015	11	13	23	48	43	2015	11	14	2	4	54	1000
2015	11	15	5	45	59	2015	11	15	8	35	49	0100
2015	11	15	18	16	53	2015	11	15	20	33	15	1000
2015	11	16	0	29	22	2015	11	16	3	58	0	0010
2015	11	17	12	45	5	2015	11	17	15	1	42	1000
2015	11	18	19	3	4	2015	11	18	21	52	42	0100
2015	11	19	7	13	30	2015	11	19	9	30	7	1000
2015	11	21	1	41	60	2015	11	21	3	58	19	1000
2015	11	21	15	18	43	2015	11	21	19	9	54	0001
2015	11	22	8	20	19	2015	11	22	11	9	54	0100
2015	11	22	20	10	22	2015	11	22	22	26	27	1000
2015	11	23	4	26	59	2015	11	23	7	54	47	0010
2015	11	24	14	38	45	2015	11	24	16	54	41	1000
2015	11	25	21	37	19	2015	11	26	0	26	55	0100
2015	11	26	9	7	3	2015	11	26	11	22	54	1000
2015	11	28	3	35	23	2015	11	28	5	51	15	1000
2015	11	29	10	54	33	2015	11	29	13	44	19	0100
2015	11	29	22	3	34	2015	11	30	0	19	32	1000
2015	11	30	8	24	23	2015	11	30	11	51	29	0010
2015	12	1	16	31	46	2015	12	1	18	47	55	1000
2015	12	3	0	11	31	2015	12	3	3	1	16	0100
2015	12	3	10	59	53	2015	12	3	13	16	17	1000
2015	12	5	5	28	22	2015	12	5	7	44	41	1000
2015	12	6	13	28	42	2015	12	6	16	18	27	0100
2015	12	6	23	56	44	2015	12	7	2	12	44	1000
2015	12	7	12	21	30	2015	12	7	15	48	6	0010
2015	12	8	9	16	53	2015	12	8	13	1	46	0001
2015	12	8	18	25	7	2015	12	8	20	40	54	1000
2015	12	10	2	45	44	2015	12	10	5	35	23	0100
2015	12	10	12	53	25	2015	12	10	15	9	4	1000
2015	12	12	7	21	45	2015	12	12	9	37	21	1000
2015	12	13	16	3	18	2015	12	13	18	52	46	0100
2015	12	14	1	49	57	2015	12	14	4	5	36	1000
2015	12	14	16	18	36	2015	12	14	19	44	52	0010
2015	12	15	20	18	10	2015	12	15	22	33	56	1000
2015	12	17	5	20	30	2015	12	17	8	9	51	0100
2015	12	17	14	46	16	2015	12	17	17	2	15	1000
2015	12	19	9	14	31	2015	12	19	11	30	41	1000
2015	12	20	18	38	4	2015	12	20	21	27	30	0100
2015	12	21	3	42	54	2015	12	21	5	58	51	1000
2015	12	21	20	16	25	2015	12	21	23	42	2	0010
2015	12	22	22	11	17	2015	12	23	0	26	58	1000
2015	12	24	7	55	10	2015	12	24	10	44	43	0100
2015	12	24	16	39	36	2015	12	24	18	55	5	1000
2015	12	25	3	14	29	2015	12	25	6	52	25	0001
2015	12	26	11	7	57	2015	12	26	13	23	20	1000
2015	12	27	21	12	41	2015	12	28	0	2	12	0100
2015	12	28	5	36	11	2015	12	28	7	51	33	1000
2015	12	29	0	13	59	2015	12	29	3	38	55	0010
2015	12	30	0	4	24	2015	12	30	2	19	50	1000
2015	12	31	10	29	43	2015	12	31	13	19	12	0100
2015	12	31	18	32	33	2015	12	31	20	48	8	1000
2016	1	2	13	0	42	2016	1	2	15	16	32	1000
2016	1	3	23	47	41	2016	1	4	2	36	54	0100

YYYY	MM	DD	hh	mm	ss	YYYY	MM	DD	hh	mm	ss	IEGC
2016	1	4	7	28	58	2016	1	4	9	44	54	1000
2016	1	5	4	12	16	2016	1	5	7	36	26	0010
2016	1	6	1	57	23	2016	1	6	4	12	58	1000
2016	1	7	13	5	1	2016	1	7	15	54	5	0100
2016	1	7	20	25	43	2016	1	7	22	41	4	1000
2016	1	9	14	54	5	2016	1	9	17	9	17	1000
2016	1	10	21	12	41	2016	1	11	0	43	14	0001
2016	1	11	2	22	55	2016	1	11	5	12	1	0100
2016	1	11	9	22	21	2016	1	11	11	37	29	1000
2016	1	12	8	9	43	2016	1	12	11	33	13	0010
2016	1	13	3	50	37	2016	1	13	6	5	45	1000
2016	1	14	15	40	11	2016	1	14	18	29	24	0100
2016	1	14	22	18	48	2016	1	15	0	34	3	1000
2016	1	16	16	46	59	2016	1	16	19	2	26	1000
2016	1	18	4	58	2	2016	1	18	7	47	13	0100
2016	1	18	11	15	4	2016	1	18	13	30	48	1000
2016	1	19	12	7	3	2016	1	19	15	30	0	0010
2016	1	20	5	43	30	2016	1	20	7	59	3	1000
2016	1	21	18	15	19	2016	1	21	21	4	26	0100
2016	1	22	0	11	53	2016	1	22	2	27	8	1000
2016	1	23	18	40	17	2016	1	23	20	55	20	1000
2016	1	25	7	33	37	2016	1	25	10	22	25	0100
2016	1	25	13	8	36	2016	1	25	15	23	33	1000
2016	1	26	16	4	12	2016	1	26	19	26	21	0010
2016	1	27	7	36	55	2016	1	27	9	51	49	1000
2016	1	27	15	11	36	2016	1	27	18	34	10	0001
2016	1	28	20	51	9	2016	1	28	23	39	48	0100
2016	1	29	2	5	9	2016	1	29	4	20	6	1000
2016	1	30	20	33	25	2016	1	30	22	48	29	1000
2016	2	1	10	9	21	2016	2	1	12	58	6	0100
2016	2	1	15	1	35	2016	2	1	17	16	52	1000
2016	2	2	20	1	28	2016	2	2	23	22	60	0010
2016	2	3	9	29	46	2016	2	3	11	45	18	1000
2016	2	4	23	26	48	2016	2	5	2	15	37	0100
2016	2	5	3	58	12	2016	2	5	6	13	28	1000
2016	2	6	22	26	40	2016	2	7	0	41	39	1000
2016	2	8	12	44	56	2016	2	8	15	33	43	0100
2016	2	8	16	55	3	2016	2	8	19	9	52	1000
2016	2	9	23	59	40	2016	2	10	3	20	36	0010
2016	2	10	11	23	26	2016	2	10	13	38	8	1000
2016	2	12	2	2	42	2016	2	12	4	51	7	0100
2016	2	12	5	51	45	2016	2	12	8	6	27	1000
2016	2	13	9	10	43	2016	2	13	12	24	56	0001
2016	2	14	0	20	5	2016	2	14	2	34	50	1000
2016	2	15	15	21	17	2016	2	15	18	9	30	0100
2016	2	15	18	48	21	2016	2	15	21	3	14	1000
2016	2	17	3	57	48	2016	2	17	7	17	59	0010
2016	2	17	13	16	35	2016	2	17	15	31	41	1000
2016	2	19	4	38	56	2016	2	19	7	27	9	0100
2016	2	19	7	44	48	2016	2	19	10	0	9	1000
2016	2	21	2	13	19	2016	2	21	4	28	23	1000
2016	2	22	17	57	24	2016	2	22	22	56	37	0100
2016	2	24	7	56	32	2016	2	24	11	16	2	0010
2016	2	24	15	10	16	2016	2	24	17	24	53	1000

YYYY	MM	DD	hh	mm	ss	YYYY	MM	DD	hh	mm	ss	IEGC
2016	2	26	7	14	58	2016	2	26	11	53	12	0100
2016	2	28	4	7	7	2016	2	28	6	21	36	1000
2016	2	29	20	33	52	2016	3	1	0	50	2	0100
2016	3	1	3	10	33	2016	3	1	6	15	57	0001
2016	3	2	11	54	33	2016	3	2	15	13	12	0010
2016	3	2	17	3	50	2016	3	2	19	18	29	1000
2016	3	4	9	51	46	2016	3	4	13	46	59	0100
2016	3	6	6	0	25	2016	3	6	8	15	32	1000
2016	3	7	23	10	28	2016	3	8	2	43	54	0100
2016	3	9	15	52	32	2016	3	9	21	12	10	0010
2016	3	11	12	28	15	2016	3	11	15	40	30	0100
2016	3	13	7	54	31	2016	3	13	10	8	54	1000
2016	3	15	1	47	6	2016	3	15	4	37	21	0100
2016	3	16	19	50	31	2016	3	16	23	7	29	0010
2016	3	17	21	11	55	2016	3	18	0	7	38	0001
2016	3	18	15	5	13	2016	3	18	17	52	19	0100
2016	3	20	9	48	20	2016	3	20	12	2	53	1000
2016	3	22	4	16	44	2016	3	22	7	11	8	1000
2016	3	23	22	45	4	2016	3	24	3	5	0	1000
2016	3	25	17	13	41	2016	3	25	20	29	13	1000
2016	3	27	11	42	19	2016	3	27	13	56	49	1000
2016	3	29	6	10	56	2016	3	29	9	47	54	1000
2016	3	31	0	39	31	2016	3	31	2	53	44	1000
2016	3	31	3	47	48	2016	3	31	7	3	28	0010
2016	4	1	19	8	4	2016	4	1	23	5	42	1000
2016	4	3	13	36	37	2016	4	3	17	59	29	1000
2016	4	5	8	5	9	2016	4	5	12	24	32	1000
2016	4	7	2	33	38	2016	4	7	4	48	1	1000
2016	4	7	7	46	38	2016	4	7	11	1	40	0010
2016	4	8	21	2	6	2016	4	9	1	42	37	1000
2016	4	10	15	30	32	2016	4	10	17	45	21	1000
2016	4	12	9	59	10	2016	4	12	12	13	52	1000
2016	4	12	12	15	3	2016	4	12	15	1	32	0100
2016	4	14	4	27	51	2016	4	14	6	42	18	1000
2016	4	14	11	46	8	2016	4	14	15	0	29	0010
2016	4	15	22	56	31	2016	4	16	1	10	48	1000
2016	4	16	1	33	27	2016	4	16	4	19	23	0100
2016	4	17	17	25	11	2016	4	17	19	39	19	1000
2016	4	19	11	53	51	2016	4	19	14	7	55	1000
2016	4	19	14	52	34	2016	4	19	17	38	9	0100
2016	4	20	9	16	12	2016	4	20	11	50	45	0001
2016	4	21	6	22	28	2016	4	21	8	36	31	1000
2016	4	21	15	44	52	2016	4	21	18	58	24	0010
2016	4	23	0	51	4	2016	4	23	3	5	9	1000
2016	4	23	4	10	42	2016	4	23	6	56	15	0100
2016	4	24	19	19	39	2016	4	24	21	33	49	1000
2016	4	26	13	48	13	2016	4	26	16	2	32	1000
2016	4	26	17	29	29	2016	4	26	20	15	17	0100
2016	4	28	8	16	44	2016	4	28	10	31	15	1000
2016	4	28	19	43	43	2016	4	28	22	56	14	0010
2016	4	30	2	45	14	2016	4	30	4	59	60	1000
2016	4	30	6	47	52	2016	4	30	9	33	8	0100
2016	5	1	21	13	57	2016	5	1	23	28	28	1000
2016	5	3	15	42	43	2016	5	3	17	57	2	1000

153

YYYY	MM	DD	hh	mm	ss	YYYY	MM	DD	hh	mm	ss	IEGC
2016	5	3	20	6	59	2016	5	3	22	51	48	0100
2016	5	5	10	11	26	2016	5	5	12	25	35	1000
2016	5	5	23	42	34	2016	5	6	2	54	9	0010
2016	5	7	3	20	39	2016	5	7	6	54	11	0001
2016	5	7	9	25	9	2016	5	7	12	9	51	0100
2016	5	8	23	8	51	2016	5	9	1	22	48	1000
2016	5	10	17	37	33	2016	5	10	19	51	30	1000
2016	5	10	22	43	53	2016	5	11	1	28	46	0100
2016	5	12	12	6	12	2016	5	12	14	20	10	1000
2016	5	13	3	41	34	2016	5	13	6	52	17	0010
2016	5	14	6	34	50	2016	5	14	8	48	54	1000
2016	5	14	12	2	10	2016	5	14	14	46	44	0100
2016	5	16	1	3	26	2016	5	16	3	17	38	1000
2016	5	17	19	32	3	2016	5	17	21	46	26	1000
2016	5	18	1	21	15	2016	5	18	4	5	16	0100
2016	5	19	14	0	35	2016	5	19	16	15	12	1000
2016	5	20	7	41	24	2016	5	20	10	51	17	0010
2016	5	21	8	29	17	2016	5	21	10	43	48	1000
2016	5	21	14	39	24	2016	5	21	17	23	13	0100
2016	5	23	2	58	3	2016	5	23	5	12	20	1000
2016	5	23	21	25	5	2016	5	23	23	34	7	0001
2016	5	24	21	26	52	2016	5	24	23	40	59	1000
2016	5	25	3	58	4	2016	5	25	6	41	55	0100
2016	5	26	15	55	37	2016	5	26	18	9	35	1000
2016	5	27	11	40	52	2016	5	27	14	49	55	0010
2016	5	28	10	24	22	2016	5	28	12	38	16	1000
2016	5	28	17	16	10	2016	5	28	20	0	5	0100
2016	5	30	4	53	4	2016	5	30	7	6	56	1000
2016	5	31	23	21	48	2016	6	1	1	35	41	1000
2016	6	1	6	35	8	2016	6	1	9	18	22	0100
2016	6	2	17	50	27	2016	6	2	20	4	24	1000
2016	6	3	15	40	51	2016	6	3	18	49	2	0010
2016	6	4	12	19	7	2016	6	4	14	33	11	1000
2016	6	4	19	53	18	2016	6	4	22	36	13	0100
2016	6	6	6	47	43	2016	6	6	9	1	56	1000
2016	6	8	1	16	22	2016	6	8	3	30	47	1000
2016	6	8	9	11	50	2016	6	8	11	54	37	0100
2016	6	9	15	29	58	2016	6	9	17	24	11	0001
2016	6	9	19	44	55	2016	6	9	21	59	30	1000
2016	6	10	19	40	3	2016	6	10	22	47	24	0010
2016	6	11	14	13	45	2016	6	11	16	28	5	1000
2016	6	11	22	29	43	2016	6	12	1	12	38	0100
2016	6	13	8	42	32	2016	6	13	10	56	40	1000
2016	6	15	3	11	22	2016	6	15	5	25	21	1000
2016	6	15	11	48	28	2016	6	15	14	31	0	0100
2016	6	16	21	40	7	2016	6	16	23	53	59	1000
2016	6	17	23	39	6	2016	6	18	2	45	39	0010
2016	6	18	16	8	53	2016	6	18	18	22	42	1000
2016	6	19	1	6	37	2016	6	19	3	48	41	0100
2016	6	20	10	37	35	2016	6	20	12	51	23	1000
2016	6	22	5	6	20	2016	6	22	7	20	10	1000
2016	6	22	14	25	1	2016	6	22	17	6	47	0100
2016	6	23	23	34	59	2016	6	24	1	48	55	1000
2016	6	25	3	38	8	2016	6	25	6	43	44	0010

YYYY	MM	DD	hh	mm	ss	YYYY	MM	DD	hh	mm	ss	IEGC
2016	6	25	18	3	39	2016	6	25	20	17	43	1000
2016	6	26	3	42	51	2016	6	26	6	24	34	0100
2016	6	26	9	37	25	2016	6	26	11	14	0	0001
2016	6	27	12	32	15	2016	6	27	14	46	29	1000
2016	6	29	7	0	54	2016	6	29	9	15	21	1000
2016	6	29	17	1	6	2016	6	29	19	42	46	0100
2016	7	1	1	29	32	2016	7	1	3	43	58	1000
2016	7	2	7	37	15	2016	7	2	10	41	51	0010
2016	7	2	19	58	23	2016	7	2	22	12	35	1000
2016	7	3	6	19	12	2016	7	3	9	0	35	0100
2016	7	4	14	27	9	2016	7	4	16	41	10	1000
2016	7	6	8	55	59	2016	7	6	11	9	52	1000
2016	7	6	19	37	30	2016	7	6	22	18	22	0100
2016	7	8	3	24	43	2016	7	8	5	38	31	1000
2016	7	9	11	37	9	2016	7	9	14	40	48	0010
2016	7	9	21	53	29	2016	7	10	0	7	14	1000
2016	7	10	8	55	17	2016	7	10	11	35	55	0100
2016	7	11	16	22	10	2016	7	11	18	35	55	1000
2016	7	13	3	45	11	2016	7	13	5	1	0	0001
2016	7	13	10	50	55	2016	7	13	13	4	43	1000
2016	7	13	22	13	12	2016	7	14	0	53	43	0100
2016	7	15	5	19	33	2016	7	15	7	33	27	1000
2016	7	16	15	36	35	2016	7	16	18	39	16	0010
2016	7	16	23	48	13	2016	7	17	2	2	16	1000
2016	7	17	11	30	54	2016	7	17	14	11	21	0100
2016	7	18	18	16	46	2016	7	18	20	31	1	1000
2016	7	20	12	45	24	2016	7	20	14	59	52	1000
2016	7	21	0	49	4	2016	7	21	3	29	14	0100
2016	7	22	7	14	7	2016	7	22	9	28	24	1000
2016	7	23	19	36	26	2016	7	23	22	38	9	0010
2016	7	24	1	42	57	2016	7	24	3	57	1	1000
2016	7	24	14	6	51	2016	7	24	16	46	41	0100
2016	7	25	20	11	42	2016	7	25	22	25	35	1000
2016	7	27	14	40	30	2016	7	27	16	54	17	1000
2016	7	28	3	24	38	2016	7	28	6	4	6	0100
2016	7	29	9	9	13	2016	7	29	11	22	56	1000
2016	7	29	21	58	4	2016	7	29	22	41	56	0001
2016	7	30	23	35	25	2016	7	31	2	36	12	0010
2016	7	31	3	37	58	2016	7	31	5	51	39	1000
2016	7	31	16	42	9	2016	7	31	19	21	26	0100
2016	8	1	22	6	36	2016	8	2	0	20	19	1000
2016	8	3	16	35	20	2016	8	3	18	49	6	1000
2016	8	4	5	59	39	2016	8	4	8	38	52	0100
2016	8	5	11	3	56	2016	8	5	13	17	50	1000
2016	8	7	3	34	12	2016	8	7	7	46	38	0010
2016	8	7	19	17	23	2016	8	7	21	56	18	0100
2016	8	9	0	1	4	2016	8	9	2	15	23	1000
2016	8	10	18	29	44	2016	8	10	20	44	3	1000
2016	8	11	8	35	5	2016	8	11	11	13	48	0100
2016	8	12	12	58	29	2016	8	12	15	12	34	1000
2016	8	14	7	27	18	2016	8	14	10	32	2	1000
2016	8	14	21	52	34	2016	8	15	0	31	2	0100
2016	8	16	1	55	60	2016	8	16	4	9	44	1000
2016	8	17	20	24	46	2016	8	17	22	38	25	1000

YYYY	MM	DD	hh	mm	ss	YYYY	MM	DD	hh	mm	ss	IEGC
2016	8	18	11	9	59	2016	8	18	13	48	7	0100
2016	8	19	14	53	26	2016	8	19	17	7	3	1000
2016	8	21	9	22	9	2016	8	21	14	30	3	1000
2016	8	22	0	27	15	2016	8	22	3	5	10	0100
2016	8	23	3	50	44	2016	8	23	6	4	24	1000
2016	8	24	22	19	24	2016	8	25	0	33	10	1000
2016	8	25	13	44	27	2016	8	25	16	22	16	0100
2016	8	26	16	47	56	2016	8	26	19	1	53	1000
2016	8	28	11	16	31	2016	8	28	13	30	40	1000
2016	8	28	15	31	16	2016	8	28	18	28	35	0010
2016	8	29	3	1	51	2016	8	29	5	39	22	0100
2016	8	30	5	44	58	2016	8	30	7	59	14	1000
2016	9	1	0	13	47	2016	9	1	2	27	48	1000
2016	9	1	16	19	12	2016	9	1	18	56	26	0100
2016	9	2	18	42	30	2016	9	2	20	56	18	1000
2016	9	4	13	11	15	2016	9	4	15	24	55	1000
2016	9	4	19	30	14	2016	9	4	22	26	32	0010
2016	9	5	5	36	28	2016	9	5	8	13	33	0100
2016	9	6	7	39	53	2016	9	6	9	53	26	1000
2016	9	8	2	8	36	2016	9	8	4	22	6	1000
2016	9	8	18	53	36	2016	9	8	21	30	32	0100
2016	9	9	20	37	12	2016	9	9	22	50	43	1000
2016	9	11	15	5	51	2016	9	11	17	19	25	1000
2016	9	11	23	29	39	2016	9	12	2	24	53	0010
2016	9	12	8	10	41	2016	9	12	10	47	20	0100
2016	9	13	9	34	21	2016	9	13	11	48	2	1000
2016	9	15	4	2	57	2016	9	15	6	16	47	1000
2016	9	15	21	27	36	2016	9	16	0	4	3	0100
2016	9	16	22	31	24	2016	9	17	0	45	28	1000
2016	9	18	16	59	55	2016	9	18	19	14	3	1000
2016	9	19	3	28	18	2016	9	19	6	22	23	0010
2016	9	19	10	44	30	2016	9	19	13	20	49	0100
2016	9	20	11	28	35	2016	9	20	13	42	27	1000
2016	9	22	5	57	20	2016	9	22	8	10	60	1000
2016	9	23	0	1	32	2016	9	23	2	37	32	0100
2016	9	24	0	25	59	2016	9	24	2	39	29	1000
2016	9	25	18	54	40	2016	9	25	21	8	4	1000
2016	9	26	7	26	44	2016	9	26	10	19	45	0010
2016	9	26	13	18	38	2016	9	26	15	54	19	0100
2016	9	27	13	23	13	2016	9	27	15	36	35	1000
2016	9	29	7	51	51	2016	9	29	10	5	14	1000
2016	9	30	2	35	36	2016	9	30	5	11	5	0100
2016	10	1	2	20	22	2016	10	1	4	33	49	1000
2016	10	2	20	48	55	2016	10	2	23	2	30	1000
2016	10	3	11	25	8	2016	10	3	14	17	11	0010
2016	10	3	15	52	30	2016	10	3	18	27	51	0100
2016	10	4	15	17	19	2016	10	4	17	31	6	1000
2016	10	6	9	45	48	2016	10	6	11	59	47	1000
2016	10	7	5	9	17	2016	10	7	7	44	37	0100
2016	10	8	4	14	18	2016	10	8	6	28	8	1000
2016	10	9	22	43	1	2016	10	10	0	56	37	1000
2016	10	10	15	23	31	2016	10	10	18	14	40	0010
2016	10	10	18	26	2	2016	10	10	21	1	8	0100
2016	10	11	17	11	36	2016	10	11	19	24	60	1000

YYYY	MM	DD	hh	mm	ss	YYYY	MM	DD	hh	mm	ss	IEGC
2016	10	13	11	40	15	2016	10	13	13	53	32	1000
2016	10	14	7	42	43	2016	10	14	10	17	38	0100
2016	10	15	6	8	48	2016	10	15	8	22	1	1000
2016	10	17	0	37	24	2016	10	17	2	50	36	1000
2016	10	17	19	22	38	2016	10	17	23	34	6	0010
2016	10	18	19	5	50	2016	10	18	21	19	6	1000
2016	10	20	13	34	21	2016	10	20	15	47	44	1000
2016	10	21	10	16	4	2016	10	21	12	50	34	0100
2016	10	22	8	2	45	2016	10	22	10	16	18	1000
2016	10	24	2	31	11	2016	10	24	4	44	59	1000
2016	10	24	23	21	8	2016	10	25	2	9	56	0010
2016	10	25	20	59	33	2016	10	25	23	13	14	1000
2016	10	27	15	28	13	2016	10	27	17	41	39	1000
2016	10	28	12	49	38	2016	10	28	15	23	32	0100
2016	10	29	9	56	47	2016	10	29	12	10	1	1000
2016	10	31	4	25	24	2016	10	31	6	38	30	1000
2016	11	1	2	6	21	2016	11	1	6	7	39	0100
2016	11	1	22	53	52	2016	11	2	1	6	53	1000
2016	11	3	17	22	24	2016	11	3	19	35	25	1000
2016	11	4	15	22	59	2016	11	4	17	56	35	0100
2016	11	5	11	50	50	2016	11	5	14	3	54	1000
2016	11	7	6	19	18	2016	11	7	8	32	29	1000
2016	11	8	4	39	34	2016	11	8	7	13	6	0100
2016	11	8	7	17	47	2016	11	8	10	4	34	0010
2016	11	9	0	47	35	2016	11	9	3	0	59	1000
2016	11	10	19	15	58	2016	11	10	21	29	32	1000
2016	11	11	17	56	6	2016	11	11	20	29	40	0100
2016	11	12	13	44	21	2016	11	12	15	57	46	1000
2016	11	14	8	12	58	2016	11	14	10	26	8	1000
2016	11	15	7	12	37	2016	11	15	9	46	1	0100
2016	11	15	11	15	21	2016	11	15	14	1	24	0010
2016	11	16	2	41	27	2016	11	16	4	54	26	1000
2016	11	17	21	10	0	2016	11	17	23	22	52	1000
2016	11	18	20	29	7	2016	11	18	23	2	22	0100
2016	11	19	15	38	27	2016	11	19	17	51	15	1000
2016	11	21	10	6	56	2016	11	21	12	19	45	1000
2016	11	22	9	45	39	2016	11	22	12	18	41	0100
2016	11	22	15	13	13	2016	11	22	17	58	4	0010
2016	11	23	4	35	15	2016	11	23	6	48	10	1000
2016	11	24	23	3	39	2016	11	25	1	16	43	1000
2016	11	25	23	2	23	2016	11	26	1	35	4	0100
2016	11	26	17	31	55	2016	11	26	19	45	12	1000
2016	11	28	12	0	13	2016	11	28	14	13	31	1000
2016	11	29	12	19	1	2016	11	29	14	51	24	0100
2016	11	29	19	11	8	2016	11	29	21	54	37	0010
2016	11	30	6	28	40	2016	11	30	8	41	42	1000
2016	12	2	0	57	13	2016	12	2	3	10	2	1000
2016	12	3	1	35	41	2016	12	3	4	7	52	0100
2016	12	3	19	25	40	2016	12	3	21	38	20	1000
2016	12	5	13	54	10	2016	12	5	16	6	45	1000
2016	12	6	14	52	17	2016	12	6	17	24	18	0100
2016	12	6	23	9	44	2016	12	7	1	52	3	0010
2016	12	7	8	22	30	2016	12	7	10	35	5	1000
2016	12	9	2	50	55	2016	12	9	5	3	33	1000

YYYY	MM	DD	hh	mm	ss	YYYY	MM	DD	hh	mm	ss	IEGC
2016	12	10	4	8	52	2016	12	10	6	40	47	0100
2016	12	10	21	19	12	2016	12	10	23	31	58	1000
2016	12	12	15	47	31	2016	12	12	18	0	30	1000
2016	12	13	17	25	25	2016	12	13	19	57	18	0100
2016	12	14	3	7	42	2016	12	14	5	48	58	0010
2016	12	14	10	15	40	2016	12	14	12	28	43	1000
2016	12	16	4	44	6	2016	12	16	6	56	57	1000
2016	12	17	6	41	57	2016	12	17	9	13	53	0100
2016	12	17	23	12	33	2016	12	18	1	25	10	1000
2016	12	19	17	41	3	2016	12	19	19	53	30	1000
2016	12	20	19	58	30	2016	12	20	22	30	26	0100
2016	12	21	7	5	55	2016	12	21	9	46	16	0010
2016	12	21	12	9	25	2016	12	21	14	21	46	1000
2016	12	23	6	37	50	2016	12	23	8	50	9	1000
2016	12	24	9	15	1	2016	12	24	11	46	49	0100
2016	12	25	1	6	8	2016	12	25	3	18	31	1000
2016	12	26	19	34	28	2016	12	26	21	46	59	1000
2016	12	27	22	31	50	2016	12	28	1	3	15	0100
2016	12	28	11	3	14	2016	12	28	13	42	29	0010
2016	12	28	14	2	39	2016	12	28	16	15	23	1000
2016	12	30	8	30	52	2016	12	30	10	43	38	1000
2016	12	31	11	48	38	2016	12	31	14	19	42	0100
2017	1	1	2	59	10	2017	1	1	5	11	46	1000
2017	1	2	21	27	40	2017	1	2	23	40	2	1000
2017	1	4	1	5	26	2017	1	4	3	36	15	0100
2017	1	4	15	0	16	2017	1	4	18	8	14	0010
2017	1	6	10	24	28	2017	1	6	12	36	34	1000
2017	1	7	14	22	13	2017	1	7	16	52	51	0100
2017	1	8	4	52	47	2017	1	8	7	4	52	1000
2017	1	9	23	21	9	2017	1	10	1	33	17	1000
2017	1	11	3	38	59	2017	1	11	6	9	32	0100
2017	1	11	17	49	22	2017	1	11	21	34	47	1000
2017	1	13	12	17	36	2017	1	13	14	30	7	1000
2017	1	14	16	55	43	2017	1	14	19	26	13	0100
2017	1	15	6	45	44	2017	1	15	8	58	12	1000
2017	1	17	1	14	6	2017	1	17	3	26	25	1000
2017	1	18	6	12	30	2017	1	18	8	43	4	0100
2017	1	18	19	42	30	2017	1	18	21	54	34	1000
2017	1	18	22	55	22	2017	1	19	1	31	20	0010
2017	1	20	14	10	56	2017	1	20	16	22	50	1000
2017	1	21	19	29	13	2017	1	21	21	59	55	0100
2017	1	22	8	39	17	2017	1	22	10	51	6	1000
2017	1	24	3	7	40	2017	1	24	5	19	29	1000
2017	1	25	8	46	15	2017	1	25	11	16	39	0100
2017	1	25	21	35	54	2017	1	25	23	47	49	1000
2017	1	26	2	53	42	2017	1	26	5	28	30	0010
2017	1	27	16	4	11	2017	1	27	18	16	14	1000
2017	1	28	22	3	17	2017	1	29	0	33	16	0100
2017	1	29	10	32	20	2017	1	29	12	44	34	1000
2017	1	31	5	0	32	2017	1	31	7	12	43	1000
2017	2	1	11	20	28	2017	2	1	13	50	9	0100
2017	2	1	23	28	51	2017	2	2	1	40	50	1000
2017	2	2	6	51	26	2017	2	2	9	24	55	0010
2017	2	3	17	57	19	2017	2	3	20	9	4	1000

YYYY	MM	DD	hh	mm	ss	YYYY	MM	DD	hh	mm	ss	IEGC
2017	2	5	0	37	27	2017	2	5	3	6	55	0100
2017	2	5	12	25	41	2017	2	5	14	37	18	1000
2017	2	7	6	54	6	2017	2	7	9	5	39	1000
2017	2	8	13	54	40	2017	2	8	16	24	3	0100
2017	2	9	1	22	23	2017	2	9	3	33	58	1000
2017	2	9	10	49	26	2017	2	9	13	21	50	0010
2017	2	10	19	50	42	2017	2	10	22	2	22	1000
2017	2	12	3	11	37	2017	2	12	5	40	59	0100
2017	2	12	14	18	55	2017	2	12	16	30	45	1000
2017	2	14	8	47	10	2017	2	14	10	59	5	1000
2017	2	15	16	28	49	2017	2	15	18	58	21	0100
2017	2	16	3	15	16	2017	2	16	5	27	10	1000
2017	2	16	14	46	38	2017	2	16	17	18	12	0010
2017	2	17	21	43	42	2017	2	17	23	55	22	1000
2017	2	19	5	45	55	2017	2	19	8	15	24	0100
2017	2	19	16	12	7	2017	2	19	18	23	35	1000
2017	2	21	10	40	34	2017	2	21	12	51	55	1000
2017	2	22	19	3	36	2017	2	22	21	32	36	0100
2017	2	23	5	8	55	2017	2	23	7	20	13	1000
2017	2	23	18	43	53	2017	2	23	21	14	37	0010
2017	2	24	23	37	17	2017	2	25	1	48	36	1000
2017	2	26	8	20	55	2017	2	26	10	49	34	0100
2017	2	26	18	5	33	2017	2	26	20	16	59	1000
2017	2	28	12	33	52	2017	2	28	14	45	29	1000
2017	3	1	21	38	33	2017	3	2	0	7	0	0100
2017	3	2	7	2	3	2017	3	2	9	13	41	1000
2017	3	2	22	41	37	2017	3	3	1	10	49	0010
2017	3	4	1	30	15	2017	3	4	3	41	52	1000
2017	3	5	10	55	47	2017	3	5	13	24	9	0100
2017	3	5	19	58	40	2017	3	5	22	10	4	1000
2017	3	7	14	27	11	2017	3	7	16	38	23	1000
2017	3	9	0	13	24	2017	3	9	2	41	55	0100
2017	3	9	8	55	36	2017	3	9	11	6	41	1000
2017	3	10	2	39	28	2017	3	10	5	7	23	0010
2017	3	11	3	24	2	2017	3	11	5	35	4	1000
2017	3	12	13	30	45	2017	3	12	15	59	20	0100
2017	3	12	21	52	23	2017	3	13	0	3	28	1000
2017	3	14	16	20	47	2017	3	14	18	31	57	1000
2017	3	16	2	48	56	2017	3	16	5	17	3	0100
2017	3	16	10	49	4	2017	3	16	13	0	25	1000
2017	3	17	6	38	10	2017	3	17	9	4	60	0010
2017	3	18	5	17	21	2017	3	18	7	28	41	1000
2017	3	19	16	6	29	2017	3	19	18	34	14	0100
2017	3	19	23	45	33	2017	3	20	1	56	53	1000
2017	3	21	18	14	1	2017	3	21	20	25	12	1000
2017	3	23	5	24	34	2017	3	23	7	52	8	0100
2017	3	23	12	42	31	2017	3	23	14	53	30	1000
2017	3	24	10	36	22	2017	3	24	13	2	14	0010
2017	3	25	7	11	1	2017	3	25	9	21	53	1000
2017	3	26	18	42	2	2017	3	26	21	9	34	0100
2017	3	27	1	39	28	2017	3	27	3	50	16	1000
2017	3	28	20	7	57	2017	3	28	22	18	46	1000
2017	3	30	8	0	6	2017	3	30	10	27	53	0100
2017	3	30	14	36	20	2017	3	30	16	47	14	1000

YYYY	MM	DD	hh	mm	ss	YYYY	MM	DD	hh	mm	ss	IEGC
2017	3	31	14	34	55	2017	3	31	16	59	55	0010
2017	4	1	9	4	44	2017	4	1	11	15	46	1000
2017	4	2	21	18	1	2017	4	2	23	45	32	0100
2017	4	3	3	33	3	2017	4	3	5	44	9	1000
2017	4	4	22	1	24	2017	4	5	0	12	27	1000
2017	4	6	10	36	33	2017	4	6	13	3	34	0100
2017	4	6	16	29	43	2017	4	6	18	40	46	1000
2017	4	7	18	32	47	2017	4	7	20	56	31	0010
2017	4	8	10	58	18	2017	4	8	13	9	8	1000
2017	4	9	23	54	19	2017	4	10	2	21	6	0100
2017	4	10	5	26	51	2017	4	10	7	37	32	1000
2017	4	11	23	55	25	2017	4	12	2	6	1	1000
2017	4	13	13	12	42	2017	4	13	15	39	30	0100
2017	4	13	18	23	56	2017	4	13	20	34	30	1000
2017	4	14	22	30	36	2017	4	15	0	53	18	0010
2017	4	15	12	52	26	2017	4	15	15	3	2	1000
2017	4	17	2	30	28	2017	4	17	4	57	23	0100
2017	4	17	7	20	52	2017	4	17	9	31	35	1000
2017	4	19	1	49	20	2017	4	19	4	0	13	1000
2017	4	20	15	49	25	2017	4	20	18	16	1	0100
2017	4	20	20	17	44	2017	4	20	22	28	34	1000
2017	4	22	2	28	59	2017	4	22	4	50	35	0010
2017	4	22	14	46	6	2017	4	22	16	56	55	1000
2017	4	24	5	7	26	2017	4	24	7	33	38	0100
2017	4	24	9	14	31	2017	4	24	11	25	18	1000
2017	4	26	3	43	12	2017	4	26	5	53	46	1000
2017	4	27	18	26	9	2017	4	27	20	52	11	0100
2017	4	27	22	11	49	2017	4	28	0	22	16	1000
2017	4	29	6	27	39	2017	4	29	8	48	8	0010
2017	4	29	16	40	25	2017	4	29	18	50	47	1000
2017	5	1	7	44	0	2017	5	1	10	10	6	0100
2017	5	1	11	8	59	2017	5	1	13	19	20	1000
2017	5	3	5	37	34	2017	5	3	7	47	57	1000
2017	5	4	21	3	7	2017	5	4	23	29	9	0100
2017	5	5	0	6	5	2017	5	5	2	16	35	1000
2017	5	6	10	27	11	2017	5	6	12	46	39	0010
2017	5	6	18	34	35	2017	5	6	20	45	14	1000
2017	5	8	10	21	20	2017	5	8	12	46	59	0100
2017	5	8	13	3	3	2017	5	8	15	13	40	1000
2017	5	10	7	31	31	2017	5	10	9	42	6	1000
2017	5	11	23	40	18	2017	5	12	4	10	34	0100
2017	5	13	14	26	14	2017	5	13	16	44	41	0010
2017	5	13	20	28	38	2017	5	13	22	39	3	1000
2017	5	15	12	58	18	2017	5	15	17	7	35	0100
2017	5	17	9	25	59	2017	5	17	11	36	11	1000
2017	5	19	2	17	28	2017	5	19	6	4	48	0100
2017	5	20	18	25	35	2017	5	20	20	42	47	0010
2017	5	20	22	23	15	2017	5	21	0	33	26	1000
2017	5	22	15	35	52	2017	5	22	19	2	6	0100
2017	5	24	11	20	25	2017	5	24	13	30	49	1000
2017	5	26	4	54	59	2017	5	26	7	59	26	0100
2017	5	27	22	24	20	2017	5	28	2	27	53	0010
2017	5	29	18	13	5	2017	5	29	20	56	22	0100
2017	5	31	13	14	32	2017	5	31	15	24	55	1000

YYYY	MM	DD	hh	mm	ss	YYYY	MM	DD	hh	mm	ss	IEGC
2017	6	2	7	32	18	2017	6	2	9	56	52	0100
2017	6	4	2	11	60	2017	6	4	4	37	48	1000
2017	6	5	20	40	41	2017	6	5	23	15	15	1000
2017	6	7	15	9	23	2017	6	7	17	19	23	1000
2017	6	9	9	38	3	2017	6	9	12	34	1	1000
2017	6	11	4	6	41	2017	6	11	6	16	48	1000
2017	6	11	6	22	3	2017	6	11	8	35	46	0010
2017	6	12	22	35	17	2017	6	13	1	52	5	1000
2017	6	14	17	3	52	2017	6	14	19	14	9	1000
2017	6	16	11	32	26	2017	6	16	15	11	13	1000
2017	6	18	6	0	57	2017	6	18	8	11	12	1000
2017	6	18	10	21	10	2017	6	18	12	33	54	0010
2017	6	20	0	29	32	2017	6	20	4	29	37	1000
2017	6	21	18	58	18	2017	6	21	21	8	23	1000
2017	6	23	13	27	4	2017	6	23	17	48	27	1000
2017	6	25	7	55	47	2017	6	25	10	5	41	1000
2017	6	25	14	21	11	2017	6	25	16	32	56	0010
2017	6	27	2	24	29	2017	6	27	4	34	23	1000
2017	6	27	4	43	14	2017	6	27	7	6	29	0100
2017	6	28	20	53	11	2017	6	28	23	3	6	1000
2017	6	30	15	21	52	2017	6	30	17	31	52	1000
2017	6	30	18	2	28	2017	6	30	20	25	33	0100
2017	7	2	9	50	29	2017	7	2	12	0	37	1000
2017	7	2	18	20	35	2017	7	2	20	31	25	0010
2017	7	4	4	19	5	2017	7	4	6	29	16	1000
2017	7	4	7	20	56	2017	7	4	9	43	54	0100
2017	7	5	22	47	40	2017	7	6	0	57	47	1000
2017	7	7	17	16	14	2017	7	7	19	26	22	1000
2017	7	7	20	40	3	2017	7	7	23	2	44	0100
2017	7	9	11	44	46	2017	7	9	13	54	56	1000
2017	7	9	22	20	12	2017	7	10	0	30	10	0010
2017	7	11	6	13	33	2017	7	11	8	23	34	1000
2017	7	11	9	58	11	2017	7	11	12	20	44	0100
2017	7	13	0	42	19	2017	7	13	2	52	12	1000
2017	7	14	19	11	5	2017	7	14	21	20	55	1000
2017	7	14	23	17	17	2017	7	15	1	39	38	0100
2017	7	16	13	39	47	2017	7	16	15	49	36	1000
2017	7	17	2	19	7	2017	7	17	4	27	54	0010
2017	7	18	8	8	29	2017	7	18	10	18	20	1000
2017	7	18	12	35	42	2017	7	18	14	57	53	0100
2017	7	20	2	37	9	2017	7	20	4	47	4	1000
2017	7	21	21	5	50	2017	7	21	23	15	52	1000
2017	7	22	1	54	41	2017	7	22	4	16	43	0100
2017	7	23	15	34	26	2017	7	23	17	44	33	1000
2017	7	24	6	17	55	2017	7	24	8	25	37	0010
2017	7	25	10	3	1	2017	7	25	12	13	5	1000
2017	7	25	15	12	46	2017	7	25	17	34	37	0100
2017	7	27	4	31	34	2017	7	27	6	41	37	1000
2017	7	28	23	0	7	2017	7	29	1	10	15	1000
2017	7	29	4	31	39	2017	7	29	6	53	18	0100
2017	7	30	17	28	52	2017	7	30	19	38	50	1000
2017	7	31	10	17	2	2017	7	31	12	23	42	0010
2017	8	1	11	57	38	2017	8	1	14	7	30	1000
2017	8	1	17	49	60	2017	8	1	20	11	23	0100

YYYY	MM	DD	hh	mm	ss	YYYY	MM	DD	hh	mm	ss	IEGC
2017	8	3	6	26	22	2017	8	3	8	36	9	1000
2017	8	5	0	55	8	2017	8	5	3	4	53	1000
2017	8	5	7	8	51	2017	8	5	9	30	16	0100
2017	8	6	19	23	48	2017	8	6	21	33	35	1000
2017	8	7	14	16	10	2017	8	7	16	21	53	0010
2017	8	8	13	52	29	2017	8	8	16	2	20	1000
2017	8	8	20	26	49	2017	8	8	22	47	59	0100
2017	8	10	8	21	7	2017	8	10	10	31	4	1000
2017	8	12	2	49	46	2017	8	12	4	59	52	1000
2017	8	12	9	45	20	2017	8	12	12	6	24	0100
2017	8	13	21	18	20	2017	8	13	23	28	21	1000
2017	8	14	18	16	12	2017	8	14	20	20	55	0010
2017	8	15	15	46	53	2017	8	15	17	56	54	1000
2017	8	15	23	3	38	2017	8	16	1	24	17	0100
2017	8	17	10	15	23	2017	8	17	12	25	27	1000
2017	8	19	4	44	7	2017	8	19	6	54	6	1000
2017	8	19	12	22	19	2017	8	19	14	42	52	0100
2017	8	20	23	12	51	2017	8	21	1	22	42	1000
2017	8	21	22	15	27	2017	8	22	0	19	19	0010
2017	8	22	17	41	36	2017	8	22	19	51	22	1000
2017	8	23	1	40	14	2017	8	23	4	0	47	0100
2017	8	24	12	10	18	2017	8	24	14	20	2	1000
2017	8	26	6	39	1	2017	8	26	8	48	46	1000
2017	8	26	14	58	30	2017	8	26	17	18	50	0100
2017	8	28	1	7	40	2017	8	28	3	17	29	1000
2017	8	29	2	14	53	2017	8	29	4	17	55	0010
2017	8	29	19	36	18	2017	8	29	21	46	14	1000
2017	8	30	4	16	26	2017	8	30	6	36	32	0100
2017	8	31	14	4	53	2017	8	31	16	14	58	1000
2017	9	2	8	33	30	2017	9	2	10	43	30	1000
2017	9	2	17	34	57	2017	9	2	19	54	41	0100
2017	9	4	3	1	60	2017	9	4	5	11	60	1000
2017	9	5	6	13	46	2017	9	5	8	15	53	0010
2017	9	5	21	30	30	2017	9	5	23	40	34	1000
2017	9	6	6	52	49	2017	9	6	9	12	30	0100
2017	9	7	15	59	8	2017	9	7	18	9	7	1000
2017	9	9	10	27	55	2017	9	9	12	37	46	1000
2017	9	9	20	10	55	2017	9	9	22	30	38	0100
2017	9	11	4	56	37	2017	9	11	7	6	23	1000
2017	9	12	10	12	31	2017	9	12	12	13	31	0010
2017	9	12	23	25	19	2017	9	13	1	35	3	1000
2017	9	13	9	28	30	2017	9	13	11	48	3	0100
2017	9	14	17	53	57	2017	9	14	20	3	42	1000
2017	9	16	12	22	38	2017	9	16	14	32	27	1000
2017	9	16	22	46	34	2017	9	17	1	5	49	0100
2017	9	18	6	51	13	2017	9	18	9	1	9	1000
2017	9	19	14	11	32	2017	9	19	16	11	17	0010
2017	9	20	1	19	48	2017	9	20	3	29	54	1000
2017	9	20	12	4	24	2017	9	20	14	23	18	0100
2017	9	21	19	48	18	2017	9	21	21	58	19	1000
2017	9	23	14	16	51	2017	9	23	16	26	52	1000
2017	9	24	1	22	22	2017	9	24	3	41	7	0100
2017	9	25	8	45	17	2017	9	25	10	55	21	1000
2017	9	26	18	10	30	2017	9	26	20	9	8	0010

YYYY	MM	DD	hh	mm	ss	YYYY	MM	DD	hh	mm	ss	IEGC
2017	9	27	3	13	58	2017	9	27	5	23	56	1000
2017	9	27	14	39	53	2017	9	27	16	58	42	0100
2017	9	28	21	42	39	2017	9	28	23	52	28	1000
2017	9	30	16	11	22	2017	9	30	18	21	8	1000
2017	10	1	3	57	32	2017	10	1	6	16	19	0100
2017	10	2	10	40	0	2017	10	2	12	49	45	1000
2017	10	3	22	10	11	2017	10	4	0	7	50	0010
2017	10	4	5	8	39	2017	10	4	7	18	26	1000
2017	10	4	17	14	48	2017	10	4	19	33	29	0100
2017	10	5	23	37	12	2017	10	6	1	47	4	1000
2017	10	7	18	5	49	2017	10	7	20	15	49	1000
2017	10	8	6	32	38	2017	10	8	8	50	50	0100
2017	10	9	12	34	19	2017	10	9	14	44	23	1000
2017	10	11	2	9	7	2017	10	11	4	5	51	0010
2017	10	11	7	2	50	2017	10	11	9	12	51	1000
2017	10	11	19	50	8	2017	10	11	22	8	3	0100
2017	10	13	1	31	14	2017	10	13	3	41	16	1000
2017	10	14	19	59	45	2017	10	14	22	9	50	1000
2017	10	15	9	7	39	2017	10	15	11	25	25	0100
2017	10	16	14	28	25	2017	10	16	16	38	20	1000
2017	10	18	6	8	7	2017	10	18	8	4	3	0010
2017	10	18	8	57	7	2017	10	18	11	6	55	1000
2017	10	18	22	24	56	2017	10	19	0	42	45	0100
2017	10	20	3	25	42	2017	10	20	5	35	27	1000
2017	10	21	21	54	22	2017	10	22	0	4	7	1000
2017	10	22	11	42	9	2017	10	22	14	0	6	0100
2017	10	23	16	22	55	2017	10	23	18	32	44	1000
2017	10	25	10	6	23	2017	10	25	13	1	25	0010
2017	10	26	0	59	11	2017	10	26	3	16	60	0100
2017	10	27	5	19	56	2017	10	27	7	30	2	1000
2017	10	28	23	48	28	2017	10	29	1	58	30	1000
2017	10	29	14	16	26	2017	10	29	16	33	55	0100
2017	10	30	18	16	51	2017	10	30	20	26	53	1000
2017	11	1	12	45	16	2017	11	1	15	58	59	1000
2017	11	2	3	33	43	2017	11	2	5	50	50	0100
2017	11	3	7	13	50	2017	11	3	9	23	47	1000
2017	11	5	1	42	31	2017	11	5	3	52	22	1000
2017	11	5	16	50	54	2017	11	5	19	7	47	0100
2017	11	6	20	11	6	2017	11	6	22	20	52	1000
2017	11	8	14	39	43	2017	11	8	16	49	28	1000
2017	11	8	18	2	48	2017	11	8	19	56	20	0010
2017	11	9	6	7	56	2017	11	9	8	24	41	0100
2017	11	10	9	8	12	2017	11	10	11	18	1	1000
2017	11	12	3	36	47	2017	11	12	5	46	41	1000
2017	11	12	19	24	51	2017	11	12	21	41	36	0100
2017	11	13	22	5	13	2017	11	14	0	15	17	1000
2017	11	15	16	33	41	2017	11	15	18	43	44	1000
2017	11	15	22	1	0	2017	11	15	23	53	46	0010
2017	11	16	8	41	41	2017	11	16	10	58	32	0100
2017	11	17	11	2	1	2017	11	17	13	12	2	1000
2017	11	19	5	30	25	2017	11	19	7	40	30	1000
2017	11	19	21	58	26	2017	11	20	0	15	23	0100
2017	11	20	23	58	56	2017	11	21	2	8	54	1000
2017	11	22	18	27	34	2017	11	22	20	37	25	1000

YYYY	MM	DD	hh	mm	ss	YYYY	MM	DD	hh	mm	ss	IEGC
2017	11	23	2	0	1	2017	11	23	3	52	4	0010
2017	11	23	11	15	9	2017	11	23	13	31	58	0100
2017	11	24	12	56	6	2017	11	24	15	5	51	1000
2017	11	26	7	24	42	2017	11	26	9	34	26	1000
2017	11	27	0	32	5	2017	11	27	2	48	30	0100
2017	11	28	1	53	10	2017	11	28	4	2	58	1000
2017	11	29	20	21	41	2017	11	29	22	31	35	1000
2017	11	30	5	58	31	2017	11	30	7	49	42	0010
2017	11	30	13	48	58	2017	11	30	16	5	4	0100
2017	12	1	14	50	3	2017	12	1	17	0	8	1000
2017	12	3	9	18	30	2017	12	3	11	28	31	1000
2017	12	4	3	5	42	2017	12	4	5	21	35	0100
2017	12	5	3	46	48	2017	12	5	5	56	48	1000
2017	12	6	22	15	8	2017	12	7	0	25	13	1000
2017	12	7	9	57	3	2017	12	7	11	47	32	0010
2017	12	7	16	22	26	2017	12	7	18	38	11	0100
2017	12	8	16	43	39	2017	12	8	18	53	34	1000
2017	12	10	11	12	16	2017	12	10	13	22	3	1000
2017	12	11	5	39	0	2017	12	11	7	54	42	0100
2017	12	12	5	40	46	2017	12	12	7	50	29	1000
2017	12	14	0	9	18	2017	12	14	2	19	2	1000
2017	12	14	13	54	53	2017	12	14	15	44	46	0010
2017	12	14	18	55	34	2017	12	14	21	11	16	0100
2017	12	15	18	37	42	2017	12	15	20	47	30	1000
2017	12	17	13	6	11	2017	12	17	15	16	6	1000
2017	12	18	8	12	0	2017	12	18	10	27	48	0100
2017	12	19	7	34	32	2017	12	19	9	44	34	1000
2017	12	21	2	2	55	2017	12	21	4	12	53	1000
2017	12	21	17	52	33	2017	12	21	19	41	19	0010
2017	12	21	21	28	27	2017	12	21	23	44	23	0100
2017	12	22	20	31	7	2017	12	22	22	41	7	1000
2017	12	24	14	59	32	2017	12	24	17	9	31	1000
2017	12	25	10	44	49	2017	12	25	13	0	47	0100
2017	12	26	9	28	3	2017	12	26	11	37	52	1000
2017	12	28	3	56	37	2017	12	28	6	6	20	1000
2017	12	28	21	50	30	2017	12	28	23	38	27	0010
2017	12	29	0	1	25	2017	12	29	2	17	3	0100
2017	12	29	22	25	2	2017	12	30	0	34	43	1000
2017	12	31	16	53	32	2017	12	31	19	3	15	1000
2018	1	1	13	17	59	2018	1	1	15	33	20	0100
2018	1	2	11	21	55	2018	1	2	13	31	43	1000
2018	1	4	5	50	20	2018	1	4	8	0	18	1000
2018	1	5	1	48	16	2018	1	5	4	49	37	0010
2018	1	6	0	18	35	2018	1	6	2	28	31	1000
2018	1	7	18	46	55	2018	1	7	20	56	49	1000
2018	1	8	15	50	59	2018	1	8	18	5	56	0100
2018	1	9	13	15	6	2018	1	9	15	25	5	1000
2018	1	11	7	43	39	2018	1	11	9	53	28	1000
2018	1	12	5	7	25	2018	1	12	7	33	46	0100
2018	1	13	2	12	6	2018	1	13	4	21	47	1000
2018	1	14	20	40	37	2018	1	14	22	50	14	1000
2018	1	15	18	23	48	2018	1	15	20	38	35	0100
2018	1	16	15	9	1	2018	1	16	17	18	39	1000
2018	1	18	9	37	28	2018	1	18	11	47	11	1000

YYYY	MM	DD	hh	mm	ss	YYYY	MM	DD	hh	mm	ss	IEGC
2018	1	19	7	40	9	2018	1	19	11	31	15	0100
2018	1	20	4	5	45	2018	1	20	6	15	37	1000
2018	1	21	22	34	7	2018	1	22	0	43	60	1000
2018	1	22	20	56	28	2018	1	22	23	11	19	0100
2018	1	23	17	2	21	2018	1	23	19	12	10	1000
2018	1	25	11	30	37	2018	1	25	13	40	29	1000
2018	1	26	10	12	47	2018	1	26	12	27	45	0100
2018	1	26	13	42	35	2018	1	26	15	28	36	0010
2018	1	27	5	58	57	2018	1	27	8	8	44	1000
2018	1	29	0	27	29	2018	1	29	2	37	7	1000
2018	1	29	23	29	4	2018	1	30	1	44	14	0100
2018	1	30	18	55	55	2018	1	30	21	5	28	1000
2018	2	1	13	24	24	2018	2	1	15	33	57	1000
2018	2	2	12	45	24	2018	2	2	15	0	34	0100
2018	2	2	17	40	4	2018	2	2	19	25	2	0010
2018	2	3	7	52	43	2018	2	3	10	2	20	1000
2018	2	5	2	21	7	2018	2	5	4	30	51	1000
2018	2	6	2	1	58	2018	2	6	4	16	50	0100
2018	2	6	20	49	23	2018	2	6	22	59	11	1000
2018	2	8	15	17	42	2018	2	8	17	27	26	1000
2018	2	9	15	18	28	2018	2	9	17	33	5	0100
2018	2	9	21	37	22	2018	2	9	23	21	41	0010
2018	2	10	9	45	49	2018	2	10	11	55	36	1000
2018	2	12	4	14	13	2018	2	12	6	23	56	1000
2018	2	13	4	35	1	2018	2	13	6	49	27	0100
2018	2	13	22	42	40	2018	2	14	0	52	14	1000
2018	2	15	17	11	11	2018	2	15	19	20	39	1000
2018	2	16	17	51	29	2018	2	16	20	5	47	0100
2018	2	17	1	35	1	2018	2	17	3	18	57	0010
2018	2	17	11	39	32	2018	2	17	13	48	60	1000
2018	2	19	6	7	58	2018	2	19	8	17	29	1000
2018	2	20	7	7	59	2018	2	20	9	22	13	0100
2018	2	21	0	36	17	2018	2	21	2	45	55	1000
2018	2	22	19	4	39	2018	2	22	21	14	21	1000
2018	2	23	20	24	26	2018	2	23	22	38	40	0100
2018	2	24	5	32	28	2018	2	24	7	16	20	0010
2018	2	24	13	32	50	2018	2	24	15	42	28	1000
2018	2	26	8	1	5	2018	2	26	10	10	44	1000
2018	2	27	9	40	56	2018	2	27	11	55	15	0100
2018	2	28	2	29	21	2018	2	28	4	38	59	1000
2018	3	1	20	57	54	2018	3	1	23	7	22	1000
2018	3	2	22	57	25	2018	3	3	1	11	52	0100
2018	3	3	9	30	42	2018	3	3	11	14	25	0010
2018	3	3	15	26	18	2018	3	3	17	35	41	1000
2018	3	5	9	54	47	2018	3	5	12	4	8	1000
2018	3	6	12	13	54	2018	3	6	14	28	35	0100
2018	3	7	4	23	8	2018	3	7	6	32	32	1000
2018	3	8	22	51	33	2018	3	9	1	1	4	1000
2018	3	10	1	30	29	2018	3	10	3	45	18	0100
2018	3	10	13	28	29	2018	3	10	15	11	24	0010
2018	3	10	17	19	49	2018	3	10	19	29	25	1000
2018	3	12	11	48	8	2018	3	12	13	57	38	1000
2018	3	13	14	47	19	2018	3	13	17	1	48	0100
2018	3	14	6	16	19	2018	3	14	8	25	51	1000

165

YYYY	MM	DD	hh	mm	ss	YYYY	MM	DD	hh	mm	ss	IEGC
2018	3	16	0	44	38	2018	3	16	2	54	11	1000
2018	3	17	4	4	11	2018	3	17	6	18	25	0100
2018	3	17	17	26	27	2018	3	17	19	8	42	0010
2018	3	17	19	13	6	2018	3	17	21	22	28	1000
2018	3	19	13	41	37	2018	3	19	15	50	53	1000
2018	3	20	17	21	1	2018	3	20	19	35	6	0100
2018	3	21	8	10	2	2018	3	21	10	19	16	1000
2018	3	23	2	38	31	2018	3	23	4	47	47	1000
2018	3	24	6	37	52	2018	3	24	8	51	53	0100
2018	3	24	21	6	51	2018	3	24	23	16	14	1000
2018	3	26	15	35	14	2018	3	26	17	44	44	1000
2018	3	27	19	54	41	2018	3	27	22	8	44	0100
2018	3	28	10	3	31	2018	3	28	12	12	54	1000
2018	3	30	4	31	50	2018	3	30	6	41	13	1000
2018	3	31	9	11	34	2018	3	31	11	25	46	0100
2018	3	31	23	0	0	2018	4	1	1	9	29	1000
2018	4	1	1	21	12	2018	4	1	3	2	51	0010
2018	4	2	17	28	34	2018	4	2	19	37	52	1000
2018	4	3	22	28	25	2018	4	4	0	42	52	0100
2018	4	4	11	57	4	2018	4	4	14	6	14	1000
2018	4	6	6	25	37	2018	4	6	8	34	44	1000
2018	4	7	11	45	24	2018	4	7	14	0	9	0100
2018	4	8	0	54	2	2018	4	8	3	3	10	1000
2018	4	8	5	19	1	2018	4	8	7	0	41	0010
2018	4	9	19	22	30	2018	4	9	21	31	42	1000
2018	4	11	1	2	39	2018	4	11	3	17	1	0100
2018	4	11	13	50	52	2018	4	11	16	0	13	1000
2018	4	13	8	19	17	2018	4	13	10	28	34	1000
2018	4	14	14	20	2	2018	4	14	16	34	8	0100
2018	4	15	2	47	34	2018	4	15	4	56	49	1000
2018	4	15	9	16	43	2018	4	15	10	58	12	0010
2018	4	16	21	15	53	2018	4	16	23	25	10	1000
2018	4	18	3	37	15	2018	4	18	5	51	14	0100
2018	4	18	15	44	16	2018	4	18	17	53	31	1000
2018	4	20	10	12	54	2018	4	20	12	22	0	1000
2018	4	21	16	54	39	2018	4	21	19	8	41	0100
2018	4	22	4	41	24	2018	4	22	6	50	26	1000
2018	4	22	13	15	19	2018	4	22	14	56	38	0010
2018	4	23	23	9	58	2018	4	24	1	18	57	1000
2018	4	25	6	11	48	2018	4	25	8	26	2	0100
2018	4	25	17	38	26	2018	4	25	19	47	28	1000
2018	4	27	12	6	58	2018	4	27	14	16	6	1000
2018	4	28	19	29	11	2018	4	28	21	43	50	0100
2018	4	29	6	35	22	2018	4	29	8	44	36	1000
2018	4	29	17	13	34	2018	4	29	18	54	28	0010
2018	5	1	1	3	48	2018	5	1	3	12	55	1000
2018	5	2	8	46	39	2018	5	2	11	1	12	0100
2018	5	2	19	32	8	2018	5	2	21	41	15	1000
2018	5	4	14	0	32	2018	5	4	16	9	43	1000
2018	5	5	22	4	36	2018	5	6	0	18	48	0100
2018	5	6	8	29	1	2018	5	6	10	38	7	1000
2018	5	6	21	11	58	2018	5	6	22	52	35	0010
2018	5	8	2	57	40	2018	5	8	5	6	38	1000
2018	5	9	11	22	11	2018	5	9	13	36	14	0100

YYYY	MM	DD	hh	mm	ss	YYYY	MM	DD	hh	mm	ss	IEGC
2018	5	9	21	26	15	2018	5	9	23	35	8	1000
2018	5	11	15	54	52	2018	5	11	18	3	45	1000
2018	5	13	0	40	2	2018	5	13	2	54	10	0100
2018	5	13	10	23	23	2018	5	13	12	32	19	1000
2018	5	14	1	9	55	2018	5	14	2	50	22	0010
2018	5	15	4	51	56	2018	5	15	7	0	58	1000
2018	5	16	13	57	30	2018	5	16	16	11	55	0100
2018	5	16	23	20	25	2018	5	17	1	29	31	1000
2018	5	18	17	48	56	2018	5	18	19	57	57	1000
2018	5	20	3	15	24	2018	5	20	5	30	16	0100
2018	5	20	12	17	21	2018	5	20	14	26	20	1000
2018	5	21	5	7	56	2018	5	21	6	48	24	0010
2018	5	22	6	45	46	2018	5	22	8	54	49	1000
2018	5	23	16	33	24	2018	5	23	18	47	48	0100
2018	5	24	1	14	17	2018	5	24	3	23	18	1000
2018	5	25	19	43	0	2018	5	25	21	51	53	1000
2018	5	27	5	51	46	2018	5	27	8	5	57	0100
2018	5	27	14	11	38	2018	5	27	16	20	27	1000
2018	5	28	9	6	32	2018	5	28	10	47	3	0010
2018	5	29	8	40	18	2018	5	29	10	49	4	1000
2018	5	30	19	9	33	2018	5	30	21	23	47	0100
2018	5	31	3	8	53	2018	5	31	5	17	42	1000
2018	6	1	21	37	32	2018	6	1	23	46	25	1000
2018	6	3	8	27	47	2018	6	3	10	42	23	0100
2018	6	3	16	6	4	2018	6	3	18	15	6	1000
2018	6	4	13	5	5	2018	6	4	14	45	48	0010
2018	6	5	10	34	38	2018	6	5	12	43	33	1000
2018	6	6	21	45	34	2018	6	7	0	0	30	0100
2018	6	7	5	3	7	2018	6	7	7	11	60	1000
2018	6	8	23	31	39	2018	6	9	1	40	33	1000
2018	6	10	11	4	26	2018	6	10	13	18	53	0100
2018	6	10	18	0	4	2018	6	10	20	9	4	1000
2018	6	11	17	4	30	2018	6	11	18	45	22	0010
2018	6	12	12	28	48	2018	6	12	14	37	39	1000
2018	6	14	0	22	30	2018	6	14	2	36	49	0100
2018	6	14	6	57	30	2018	6	14	9	6	15	1000
2018	6	16	1	26	14	2018	6	16	3	34	56	1000
2018	6	17	13	41	6	2018	6	17	15	55	37	0100
2018	6	17	19	54	54	2018	6	17	22	3	36	1000
2018	6	18	21	3	9	2018	6	18	22	44	10	0010
2018	6	19	14	23	34	2018	6	19	16	32	18	1000
2018	6	21	2	58	58	2018	6	21	5	13	58	0100
2018	6	21	8	52	11	2018	6	21	11	1	1	1000
2018	6	23	3	20	49	2018	6	23	5	29	46	1000
2018	6	24	16	17	58	2018	6	24	18	32	43	0100
2018	6	24	21	49	23	2018	6	24	23	58	14	1000
2018	6	26	1	1	50	2018	6	26	2	43	1	0010
2018	6	26	16	17	57	2018	6	26	18	26	45	1000
2018	6	28	5	36	18	2018	6	28	7	50	47	0100
2018	6	28	10	46	27	2018	6	28	12	55	17	1000
2018	6	30	5	14	59	2018	6	30	7	23	55	1000
2018	7	1	18	55	10	2018	7	1	21	9	47	0100
2018	7	1	23	43	44	2018	7	2	1	52	32	1000
2018	7	3	4	59	59	2018	7	3	6	41	24	0010

167

YYYY	MM	DD	hh	mm	ss	YYYY	MM	DD	hh	mm	ss	IEGC
2018	7	3	18	12	30	2018	7	3	20	21	11	1000
2018	7	5	8	13	13	2018	7	5	10	28	15	0100
2018	7	5	12	41	13	2018	7	5	14	49	51	1000
2018	7	7	7	9	57	2018	7	7	9	18	36	1000
2018	7	8	21	32	17	2018	7	8	23	47	16	0100
2018	7	9	1	38	38	2018	7	9	3	47	20	1000
2018	7	10	8	58	38	2018	7	10	10	39	58	0010
2018	7	10	20	7	18	2018	7	10	22	16	5	1000
2018	7	12	10	50	46	2018	7	12	13	5	27	0100
2018	7	12	14	35	56	2018	7	12	16	44	50	1000
2018	7	14	9	4	34	2018	7	14	11	13	22	1000
2018	7	16	0	9	52	2018	7	16	2	24	38	0100
2018	7	16	3	33	9	2018	7	16	5	41	55	1000
2018	7	17	12	57	49	2018	7	17	14	39	12	0010
2018	7	17	22	1	42	2018	7	18	0	10	29	1000
2018	7	19	13	27	59	2018	7	19	15	43	12	0100
2018	7	19	16	30	12	2018	7	19	18	39	5	1000
2018	7	21	10	58	58	2018	7	21	13	7	46	1000
2018	7	23	2	47	11	2018	7	23	5	2	23	0100
2018	7	23	5	27	45	2018	7	23	7	36	26	1000
2018	7	24	16	56	53	2018	7	24	18	38	24	0010
2018	7	24	23	56	30	2018	7	25	2	5	8	1000
2018	7	26	16	5	42	2018	7	26	18	20	36	0100
2018	7	26	18	25	13	2018	7	26	20	33	50	1000
2018	7	28	12	53	57	2018	7	28	15	2	36	1000
2018	7	30	5	24	57	2018	7	30	9	31	23	0100
2018	7	31	20	56	39	2018	7	31	22	38	26	0010
2018	8	1	1	51	17	2018	8	1	4	0	10	1000
2018	8	2	18	43	7	2018	8	2	22	28	43	0100
2018	8	4	14	48	31	2018	8	4	16	57	17	1000
2018	8	6	8	2	25	2018	8	6	11	25	52	0100
2018	8	8	0	55	41	2018	8	8	2	37	44	0010
2018	8	8	3	45	37	2018	8	8	5	54	29	1000
2018	8	9	21	20	57	2018	8	10	0	23	7	0100
2018	8	11	16	43	4	2018	8	11	18	51	48	1000
2018	8	13	10	40	12	2018	8	13	13	20	30	0100
2018	8	15	4	54	40	2018	8	15	7	49	13	0010
2018	8	16	23	58	23	2018	8	17	2	17	57	0100
2018	8	18	18	37	58	2018	8	18	20	46	43	1000
2018	8	20	13	6	38	2018	8	20	15	33	18	1000
2018	8	22	7	35	15	2018	8	22	10	35	56	1000
2018	8	24	2	3	51	2018	8	24	4	51	36	1000
2018	8	25	20	32	25	2018	8	25	22	41	15	1000
2018	8	27	15	0	58	2018	8	27	18	10	59	1000
2018	8	29	9	29	33	2018	8	29	11	38	29	1000
2018	8	29	12	51	41	2018	8	29	14	34	53	0010
2018	8	31	3	58	19	2018	8	31	7	29	42	1000
2018	9	1	22	27	4	2018	9	2	0	35	49	1000
2018	9	3	16	55	49	2018	9	3	20	48	43	1000
2018	9	5	11	24	30	2018	9	5	13	33	15	1000
2018	9	5	16	50	45	2018	9	5	18	34	24	0010
2018	9	7	5	53	10	2018	9	7	10	6	59	1000
2018	9	9	0	21	49	2018	9	9	2	30	45	1000
2018	9	10	18	50	27	2018	9	10	20	59	28	1000

YYYY	MM	DD	hh	mm	ss	YYYY	MM	DD	hh	mm	ss	IEGC
2018	9	10	21	10	28	2018	9	10	23	26	19	0100
2018	9	12	13	19	1	2018	9	12	15	27	57	1000
2018	9	12	20	49	35	2018	9	12	22	33	47	0010
2018	9	14	7	47	34	2018	9	14	9	56	30	1000
2018	9	14	10	28	31	2018	9	14	12	44	57	0100
2018	9	16	2	16	5	2018	9	16	4	25	4	1000
2018	9	17	20	44	39	2018	9	17	22	53	42	1000
2018	9	17	23	47	45	2018	9	18	2	3	50	0100
2018	9	19	15	13	23	2018	9	19	17	22	19	1000
2018	9	20	0	49	10	2018	9	20	2	33	53	0010
2018	9	21	9	42	7	2018	9	21	11	50	58	1000
2018	9	21	13	6	6	2018	9	21	15	22	2	0100
2018	9	23	4	10	49	2018	9	23	6	19	39	1000
2018	9	24	22	39	31	2018	9	25	0	48	23	1000
2018	9	25	2	25	5	2018	9	25	4	41	12	0100
2018	9	26	17	8	9	2018	9	26	19	17	5	1000
2018	9	27	4	47	49	2018	9	27	6	33	15	0010
2018	9	28	11	36	46	2018	9	28	13	45	50	1000
2018	9	28	15	43	3	2018	9	28	17	59	44	0100
2018	9	30	6	5	21	2018	9	30	8	14	29	1000
2018	10	2	0	33	56	2018	10	2	2	43	0	1000
2018	10	2	5	1	59	2018	10	2	7	18	27	0100
2018	10	3	19	2	25	2018	10	3	21	11	30	1000
2018	10	4	8	46	20	2018	10	4	10	32	35	0010
2018	10	5	13	30	54	2018	10	5	15	40	3	1000
2018	10	5	18	20	17	2018	10	5	20	36	33	0100
2018	10	7	7	59	27	2018	10	7	10	8	37	1000
2018	10	9	2	28	12	2018	10	9	4	37	15	1000
2018	10	9	7	39	6	2018	10	9	9	55	29	0100
2018	10	10	20	56	53	2018	10	10	23	5	52	1000
2018	10	11	12	44	26	2018	10	11	14	31	28	0010
2018	10	12	15	25	33	2018	10	12	17	34	32	1000
2018	10	12	20	57	0	2018	10	12	23	13	50	0100
2018	10	14	9	54	11	2018	10	14	12	3	12	1000
2018	10	16	4	22	49	2018	10	16	6	31	56	1000
2018	10	16	10	15	29	2018	10	16	12	32	28	0100
2018	10	17	22	51	23	2018	10	18	1	0	38	1000
2018	10	18	16	42	50	2018	10	18	18	30	24	0010
2018	10	19	17	19	56	2018	10	19	19	29	14	1000
2018	10	19	23	33	42	2018	10	20	1	50	23	0100
2018	10	21	11	48	25	2018	10	21	13	57	40	1000
2018	10	23	6	16	55	2018	10	23	8	26	12	1000
2018	10	23	12	52	23	2018	10	23	15	9	2	0100
2018	10	25	0	45	19	2018	10	25	2	54	42	1000
2018	10	25	20	41	43	2018	10	25	22	29	49	0010
2018	10	26	19	13	58	2018	10	26	21	23	16	1000
2018	10	27	2	10	11	2018	10	27	4	27	7	0100
2018	10	28	13	42	37	2018	10	28	15	51	49	1000
2018	10	30	8	11	19	2018	10	30	10	20	28	1000
2018	10	30	15	28	25	2018	10	30	17	45	48	0100
2018	11	1	2	39	55	2018	11	1	4	49	5	1000
2018	11	2	0	40	20	2018	11	2	2	28	52	0010
2018	11	2	21	8	31	2018	11	2	23	17	45	1000
2018	11	3	4	46	10	2018	11	3	7	3	28	0100

YYYY	MM	DD	hh	mm	ss	YYYY	MM	DD	hh	mm	ss	IEGC
2018	11	4	15	37	3	2018	11	4	17	46	24	1000
2018	11	6	10	5	37	2018	11	6	12	15	8	1000
2018	11	6	18	4	43	2018	11	6	20	21	45	0100
2018	11	8	4	34	5	2018	11	8	6	43	33	1000
2018	11	9	4	39	33	2018	11	9	6	28	44	0010
2018	11	9	23	2	32	2018	11	10	1	12	1	1000
2018	11	10	7	22	28	2018	11	10	9	39	35	0100
2018	11	11	17	30	55	2018	11	11	19	40	27	1000
2018	11	13	11	59	27	2018	11	13	14	9	0	1000
2018	11	13	20	40	32	2018	11	13	22	57	59	0100
2018	11	15	6	28	5	2018	11	15	8	37	31	1000
2018	11	16	8	37	55	2018	11	16	10	27	40	0010
2018	11	17	0	56	43	2018	11	17	3	6	6	1000
2018	11	17	9	57	60	2018	11	17	12	15	48	0100
2018	11	18	19	25	18	2018	11	18	21	34	39	1000
2018	11	20	13	53	54	2018	11	20	16	3	19	1000
2018	11	20	23	15	54	2018	11	21	1	33	39	0100
2018	11	22	8	22	25	2018	11	22	10	31	55	1000
2018	11	23	12	36	5	2018	11	23	14	26	31	0010
2018	11	24	2	50	56	2018	11	24	5	0	36	1000
2018	11	24	12	33	39	2018	11	24	14	51	13	0100
2018	11	25	21	19	21	2018	11	25	23	29	4	1000
2018	11	27	15	47	49	2018	11	27	17	57	31	1000
2018	11	28	1	51	35	2018	11	28	4	9	9	0100
2018	11	29	10	16	10	2018	11	29	12	25	55	1000
2018	11	30	16	33	42	2018	11	30	18	24	54	0010
2018	12	1	4	44	36	2018	12	1	6	54	24	1000
2018	12	1	15	8	60	2018	12	1	17	26	47	0100
2018	12	2	23	13	12	2018	12	3	1	22	51	1000
2018	12	4	17	41	50	2018	12	4	19	51	25	1000
2018	12	5	4	26	35	2018	12	5	6	44	49	0100
2018	12	6	12	10	23	2018	12	6	14	19	57	1000
2018	12	7	20	31	13	2018	12	7	22	23	21	0010
2018	12	8	6	38	56	2018	12	8	8	48	33	1000
2018	12	8	17	43	45	2018	12	8	20	2	5	0100
2018	12	10	1	7	24	2018	12	10	3	17	7	1000
2018	12	11	19	35	55	2018	12	11	21	45	47	1000
2018	12	12	7	1	20	2018	12	12	9	19	35	0100
2018	12	13	14	4	18	2018	12	13	16	14	16	1000
2018	12	15	0	29	27	2018	12	15	2	22	26	0010
2018	12	15	8	32	43	2018	12	15	10	42	39	1000
2018	12	15	20	18	44	2018	12	15	22	36	52	0100
2018	12	17	3	0	60	2018	12	17	5	10	59	1000
2018	12	18	21	29	28	2018	12	18	23	39	28	1000
2018	12	19	9	36	13	2018	12	19	11	54	22	0100
2018	12	20	15	58	2	2018	12	20	18	7	54	1000
2018	12	22	4	27	40	2018	12	22	6	21	17	0010
2018	12	22	10	26	37	2018	12	22	12	36	25	1000
2018	12	22	22	53	21	2018	12	23	1	11	43	0100
2018	12	24	4	55	7	2018	12	24	7	4	54	1000
2018	12	25	23	23	40	2018	12	26	1	33	30	1000
2018	12	26	12	10	34	2018	12	26	14	29	17	0100
2018	12	27	17	52	6	2018	12	27	20	2	2	1000
2018	12	29	8	26	26	2018	12	29	10	20	49	0010

YYYY	MM	DD	hh	mm	ss	YYYY	MM	DD	hh	mm	ss	IEGC
2018	12	29	12	20	33	2018	12	29	14	30	40	1000
2018	12	30	1	27	31	2018	12	30	3	46	24	0100
2018	12	31	6	48	53	2018	12	31	8	59	4	1000
2019	1	2	1	17	16	2019	1	2	3	27	27	1000
2019	1	2	14	44	27	2019	1	2	17	3	27	0100
2019	1	3	19	45	31	2019	1	3	21	55	47	1000
2019	1	5	12	24	21	2019	1	5	16	24	13	0010
2019	1	6	4	1	30	2019	1	6	6	20	27	0100
2019	1	7	8	42	32	2019	1	7	10	52	36	1000
2019	1	9	3	11	7	2019	1	9	5	21	7	1000
2019	1	9	17	18	38	2019	1	9	19	37	30	0100
2019	1	10	21	39	35	2019	1	10	23	49	35	1000
2019	1	12	16	8	5	2019	1	12	18	18	13	1000
2019	1	13	6	35	37	2019	1	13	8	54	33	0100
2019	1	14	10	36	27	2019	1	14	12	46	39	1000
2019	1	16	5	4	53	2019	1	16	7	15	17	1000
2019	1	16	19	52	31	2019	1	16	22	11	37	0100
2019	1	17	23	33	11	2019	1	18	1	43	35	1000
2019	1	19	18	1	30	2019	1	19	20	11	56	1000
2019	1	19	20	19	12	2019	1	19	22	16	32	0010
2019	1	20	9	9	16	2019	1	20	11	28	40	0100
2019	1	21	12	29	44	2019	1	21	14	40	13	1000
2019	1	23	6	58	20	2019	1	23	9	8	40	1000
2019	1	23	22	25	58	2019	1	24	0	45	36	0100
2019	1	25	1	26	50	2019	1	25	3	37	4	1000
2019	1	26	19	55	22	2019	1	26	22	5	33	1000
2019	1	27	0	16	17	2019	1	27	2	14	56	0010
2019	1	27	11	42	35	2019	1	27	14	2	17	0100
2019	1	28	14	23	46	2019	1	28	16	33	59	1000
2019	1	30	8	52	14	2019	1	30	11	2	34	1000
2019	1	31	0	59	8	2019	1	31	3	18	60	0100
2019	2	1	3	20	35	2019	2	1	5	31	5	1000
2019	2	2	21	48	57	2019	2	2	23	59	37	1000
2019	2	3	4	14	10	2019	2	3	6	13	40	0010
2019	2	3	14	15	46	2019	2	3	16	35	41	0100
2019	2	4	16	17	11	2019	2	4	18	27	48	1000
2019	2	6	10	45	29	2019	2	6	12	56	10	1000
2019	2	7	3	32	29	2019	2	7	5	52	22	0100
2019	2	8	5	13	54	2019	2	8	7	24	29	1000
2019	2	9	23	42	27	2019	2	10	1	52	55	1000
2019	2	10	8	12	2	2019	2	10	10	12	8	0010
2019	2	10	16	49	9	2019	2	10	19	9	4	0100
2019	2	11	18	10	53	2019	2	11	20	21	17	1000
2019	2	13	12	39	23	2019	2	13	14	49	47	1000
2019	2	14	6	5	43	2019	2	14	8	25	47	0100
2019	2	15	7	7	46	2019	2	15	9	18	15	1000
2019	2	17	1	36	12	2019	2	17	3	46	48	1000
2019	2	17	12	10	26	2019	2	17	14	11	24	0010
2019	2	17	19	22	17	2019	2	17	21	42	33	0100
2019	2	18	20	4	28	2019	2	18	22	15	17	1000
2019	2	20	14	32	49	2019	2	20	16	43	39	1000
2019	2	21	8	38	42	2019	2	21	10	59	16	0100
2019	2	22	9	1	1	2019	2	22	11	11	53	1000
2019	2	24	3	29	24	2019	2	24	5	40	15	1000

YYYY	MM	DD	hh	mm	ss	YYYY	MM	DD	hh	mm	ss	IEGC
2019	2	24	16	8	0	2019	2	24	18	9	50	0010
2019	2	24	21	55	8	2019	2	25	0	15	51	0100
2019	2	25	21	57	52	2019	2	26	0	8	33	1000
2019	2	27	16	26	24	2019	2	27	18	37	0	1000
2019	2	28	11	11	27	2019	2	28	13	32	16	0100
2019	3	1	10	54	50	2019	3	1	13	5	24	1000
2019	3	3	5	23	18	2019	3	3	7	33	55	1000
2019	3	3	20	5	21	2019	3	3	22	8	13	0010
2019	3	4	0	27	49	2019	3	4	2	48	45	0100
2019	3	4	23	51	37	2019	3	5	2	2	21	1000
2019	3	6	18	20	1	2019	3	6	20	30	56	1000
2019	3	7	13	44	5	2019	3	7	16	5	14	0100
2019	3	8	12	48	17	2019	3	8	14	59	20	1000
2019	3	10	7	16	36	2019	3	10	9	27	38	1000
2019	3	11	0	2	14	2019	3	11	2	6	20	0010
2019	3	11	3	0	26	2019	3	11	5	21	43	0100
2019	3	12	1	44	47	2019	3	12	3	55	51	1000
2019	3	13	20	13	21	2019	3	13	22	24	15	1000
2019	3	14	16	16	55	2019	3	14	18	38	14	0100
2019	3	15	14	41	49	2019	3	15	16	52	36	1000
2019	3	17	9	10	20	2019	3	17	11	21	4	1000
2019	3	18	3	59	17	2019	3	18	7	54	47	0010
2019	3	19	3	38	43	2019	3	19	5	49	28	1000
2019	3	20	22	7	10	2019	3	21	0	18	0	1000
2019	3	21	18	49	51	2019	3	21	21	11	25	0100
2019	3	22	16	35	30	2019	3	22	18	46	29	1000
2019	3	24	11	3	52	2019	3	24	13	15	5	1000
2019	3	25	7	57	23	2019	3	25	10	28	3	0010
2019	3	26	5	32	5	2019	3	26	7	43	17	1000
2019	3	28	0	0	22	2019	3	28	2	11	37	1000
2019	3	28	21	22	38	2019	3	28	23	44	45	0100
2019	3	29	18	28	49	2019	3	29	20	39	55	1000
2019	3	31	12	57	23	2019	3	31	15	8	20	1000
2019	4	1	10	38	60	2019	4	1	14	2	27	0100
2019	4	2	7	25	49	2019	4	2	9	36	41	1000
2019	4	4	1	54	19	2019	4	4	4	5	12	1000
2019	4	4	23	55	22	2019	4	5	2	17	39	0100
2019	4	5	20	22	43	2019	4	5	22	33	39	1000
2019	4	7	14	51	10	2019	4	7	17	2	13	1000
2019	4	8	13	11	44	2019	4	8	15	34	10	0100
2019	4	8	15	53	34	2019	4	8	18	1	56	0010
2019	4	9	9	19	28	2019	4	9	11	30	43	1000
2019	4	11	3	47	50	2019	4	11	5	59	11	1000
2019	4	12	2	28	4	2019	4	12	4	50	44	0100
2019	4	12	22	16	4	2019	4	13	0	27	26	1000
2019	4	14	16	44	29	2019	4	14	18	55	49	1000
2019	4	15	15	44	24	2019	4	15	18	7	20	0100
2019	4	15	19	51	10	2019	4	15	22	0	45	0010
2019	4	16	11	12	59	2019	4	16	13	24	8	1000
2019	4	18	5	41	33	2019	4	18	7	52	36	1000
2019	4	19	5	0	55	2019	4	19	7	24	2	0100
2019	4	20	0	10	1	2019	4	20	2	21	1	1000
2019	4	21	18	38	33	2019	4	21	20	49	34	1000
2019	4	22	18	17	35	2019	4	22	20	40	48	0100

YYYY	MM	DD	hh	mm	ss	YYYY	MM	DD	hh	mm	ss	IEGC
2019	4	22	23	48	37	2019	4	23	1	59	27	0010
2019	4	23	13	6	56	2019	4	23	15	18	2	1000
2019	4	25	7	35	24	2019	4	25	9	46	38	1000
2019	4	26	7	34	15	2019	4	26	9	57	41	0100
2019	4	27	2	3	44	2019	4	27	4	15	12	1000
2019	4	28	20	32	8	2019	4	28	22	43	36	1000
2019	4	29	20	50	52	2019	4	29	23	14	36	0100
2019	4	30	3	45	43	2019	4	30	5	57	45	0010
2019	4	30	15	0	22	2019	4	30	17	11	52	1000
2019	5	2	9	28	56	2019	5	2	11	40	18	1000
2019	5	3	10	7	32	2019	5	3	12	31	21	0100
2019	5	4	3	57	29	2019	5	4	6	8	42	1000
2019	5	5	22	26	6	2019	5	6	0	37	13	1000
2019	5	6	23	24	10	2019	5	7	1	48	5	0100
2019	5	7	7	43	22	2019	5	7	9	56	20	0010
2019	5	7	16	54	34	2019	5	7	19	5	40	1000
2019	5	9	11	23	7	2019	5	9	13	34	15	1000
2019	5	10	12	40	52	2019	5	10	15	4	58	0100
2019	5	11	5	51	34	2019	5	11	8	2	48	1000
2019	5	13	0	20	5	2019	5	13	2	31	27	1000
2019	5	14	1	57	31	2019	5	14	4	21	53	0100
2019	5	14	11	41	51	2019	5	14	13	55	48	0010
2019	5	14	18	48	26	2019	5	14	21	0	2	1000
2019	5	16	13	16	52	2019	5	16	15	28	27	1000
2019	5	17	15	14	13	2019	5	17	17	38	57	0100
2019	5	18	7	45	11	2019	5	18	9	56	48	1000
2019	5	20	2	13	50	2019	5	20	4	25	18	1000
2019	5	21	4	31	8	2019	5	21	6	56	6	0100
2019	5	21	15	40	5	2019	5	21	17	55	3	0010
2019	5	21	20	42	25	2019	5	21	22	53	44	1000
2019	5	23	15	11	4	2019	5	23	17	22	17	1000
2019	5	24	17	48	14	2019	5	24	20	13	25	0100
2019	5	25	9	39	37	2019	5	25	11	50	49	1000
2019	5	27	4	8	14	2019	5	27	6	19	27	1000
2019	5	28	7	5	21	2019	5	28	9	30	44	0100
2019	5	28	19	38	60	2019	5	28	21	55	6	0010
2019	5	28	22	36	43	2019	5	29	0	48	2	1000
2019	5	30	17	5	17	2019	5	30	19	16	43	1000
2019	5	31	20	22	25	2019	5	31	22	47	50	0100
2019	6	1	11	33	44	2019	6	1	13	45	22	1000
2019	6	3	6	2	15	2019	6	3	8	13	56	1000
2019	6	4	9	39	32	2019	6	4	12	5	6	0100
2019	6	4	23	37	12	2019	6	5	2	42	19	0010
2019	6	6	18	59	14	2019	6	6	21	10	51	1000
2019	6	7	22	56	36	2019	6	8	1	22	27	0100
2019	6	8	13	27	54	2019	6	8	15	39	20	1000
2019	6	10	7	56	37	2019	6	10	10	7	58	1000
2019	6	11	12	13	45	2019	6	11	14	40	2	0100
2019	6	12	2	25	14	2019	6	12	5	53	48	1000
2019	6	13	20	53	54	2019	6	13	23	5	11	1000
2019	6	15	1	31	3	2019	6	15	3	57	43	0100
2019	6	15	15	22	29	2019	6	15	17	33	49	1000
2019	6	17	9	51	8	2019	6	17	12	2	34	1000
2019	6	18	14	48	39	2019	6	18	17	15	31	0100

173

YYYY	MM	DD	hh	mm	ss	YYYY	MM	DD	hh	mm	ss	IEGC
2019	6	19	4	19	39	2019	6	19	6	31	15	1000
2019	6	19	7	33	19	2019	6	19	9	53	1	0010
2019	6	20	22	48	14	2019	6	21	1	0	1	1000
2019	6	22	4	6	9	2019	6	22	6	32	59	0100
2019	6	22	17	16	43	2019	6	22	19	28	29	1000
2019	6	24	11	45	16	2019	6	24	13	57	4	1000
2019	6	25	17	23	44	2019	6	25	19	50	42	0100
2019	6	26	6	13	55	2019	6	26	8	25	35	1000
2019	6	26	11	31	31	2019	6	26	13	52	32	0010
2019	6	28	0	42	42	2019	6	28	2	54	12	1000
2019	6	29	6	41	13	2019	6	29	9	8	28	0100
2019	6	29	19	11	24	2019	6	29	21	22	49	1000
2019	7	1	13	40	10	2019	7	1	15	51	32	1000
2019	7	2	19	58	48	2019	7	2	22	26	36	0100
2019	7	3	8	8	49	2019	7	3	10	20	11	1000
2019	7	3	15	30	37	2019	7	3	17	52	54	0010
2019	7	5	2	37	32	2019	7	5	4	48	56	1000
2019	7	6	9	16	28	2019	7	6	11	44	42	0100
2019	7	6	21	6	9	2019	7	6	23	17	39	1000
2019	7	8	15	34	50	2019	7	8	17	46	29	1000
2019	7	9	22	34	34	2019	7	10	1	2	41	0100
2019	7	10	10	3	24	2019	7	10	12	15	14	1000
2019	7	10	19	29	31	2019	7	10	21	53	2	0010
2019	7	12	4	32	1	2019	7	12	6	43	52	1000
2019	7	13	11	52	22	2019	7	13	14	20	32	0100
2019	7	13	23	0	32	2019	7	14	1	12	25	1000
2019	7	15	17	29	17	2019	7	15	19	41	5	1000
2019	7	17	1	10	25	2019	7	17	3	38	54	0100
2019	7	17	11	58	3	2019	7	17	14	9	41	1000
2019	7	17	23	29	11	2019	7	18	1	53	53	0010
2019	7	19	6	26	51	2019	7	19	8	38	22	1000
2019	7	20	14	28	6	2019	7	20	16	57	7	0100
2019	7	21	0	55	36	2019	7	21	3	7	3	1000
2019	7	22	19	24	24	2019	7	22	21	35	50	1000
2019	7	24	3	46	18	2019	7	24	6	15	46	0100
2019	7	24	13	53	5	2019	7	24	16	4	33	1000
2019	7	25	3	28	11	2019	7	25	5	54	1	0010
2019	7	26	8	21	49	2019	7	26	10	33	21	1000
2019	7	27	17	4	26	2019	7	27	19	33	45	0100
2019	7	28	2	50	29	2019	7	28	5	2	8	1000
2019	7	29	21	19	12	2019	7	29	23	30	60	1000
2019	7	31	6	22	53	2019	7	31	8	52	19	0100
2019	7	31	15	47	48	2019	7	31	17	59	47	1000
2019	8	1	7	27	7	2019	8	1	9	54	5	0010
2019	8	2	10	16	26	2019	8	2	12	28	23	1000
2019	8	3	19	40	53	2019	8	3	22	10	41	0100
2019	8	4	4	44	59	2019	8	4	6	56	59	1000
2019	8	5	23	13	52	2019	8	6	1	25	41	1000
2019	8	7	8	59	10	2019	8	7	11	29	45	0100
2019	8	7	17	42	39	2019	8	7	19	54	21	1000
2019	8	8	11	25	53	2019	8	8	13	53	60	0010
2019	8	9	12	11	29	2019	8	9	14	23	4	1000
2019	8	10	22	17	26	2019	8	11	0	47	54	0100
2019	8	11	6	40	15	2019	8	11	8	51	47	1000

YYYY	MM	DD	hh	mm	ss	YYYY	MM	DD	hh	mm	ss	IEGC
2019	8	13	1	9	4	2019	8	13	3	20	35	1000
2019	8	14	11	36	14	2019	8	14	14	6	42	0100
2019	8	14	19	37	47	2019	8	14	21	49	21	1000
2019	8	15	15	24	51	2019	8	15	17	54	8	0010
2019	8	16	14	6	31	2019	8	16	16	18	10	1000
2019	8	18	0	54	26	2019	8	18	3	25	11	0100
2019	8	18	8	35	12	2019	8	18	10	46	58	1000
2019	8	20	3	3	55	2019	8	20	5	15	51	1000
2019	8	21	14	13	3	2019	8	21	16	44	32	0100
2019	8	21	21	32	33	2019	8	21	23	44	38	1000
2019	8	22	19	24	36	2019	8	22	21	55	7	0010
2019	8	23	16	1	11	2019	8	23	18	13	15	1000
2019	8	25	3	31	15	2019	8	25	6	2	50	0100
2019	8	25	10	29	47	2019	8	25	12	41	52	1000
2019	8	27	4	58	40	2019	8	27	7	10	35	1000
2019	8	28	16	50	23	2019	8	28	19	21	52	0100
2019	8	28	23	27	29	2019	8	29	1	39	16	1000
2019	8	29	23	23	59	2019	8	30	1	55	43	0010
2019	8	30	17	56	18	2019	8	30	20	7	60	1000
2019	9	1	6	8	42	2019	9	1	8	40	27	0100
2019	9	1	12	25	4	2019	9	1	14	36	43	1000
2019	9	3	6	53	52	2019	9	3	9	5	31	1000
2019	9	4	19	27	35	2019	9	4	22	0	3	0100
2019	9	5	1	22	36	2019	9	5	3	34	18	1000
2019	9	6	3	23	57	2019	9	6	5	56	58	0010
2019	9	6	19	51	20	2019	9	6	22	3	6	1000
2019	9	8	8	45	48	2019	9	8	11	18	23	0100
2019	9	8	14	19	60	2019	9	8	16	31	55	1000
2019	9	10	8	48	42	2019	9	10	11	0	47	1000
2019	9	11	22	5	9	2019	9	12	0	37	38	0100
2019	9	12	3	17	19	2019	9	12	5	29	33	1000
2019	9	13	7	23	8	2019	9	13	9	57	22	0010
2019	9	13	21	45	56	2019	9	13	23	58	10	1000
2019	9	15	11	23	34	2019	9	15	13	56	21	0100
2019	9	15	16	14	34	2019	9	15	18	26	46	1000
2019	9	17	10	43	26	2019	9	17	12	55	28	1000
2019	9	19	0	42	34	2019	9	19	3	15	56	0100
2019	9	19	5	12	14	2019	9	19	7	24	9	1000
2019	9	20	11	22	10	2019	9	20	13	57	36	0010
2019	9	20	23	41	2	2019	9	21	1	52	51	1000
2019	9	22	14	0	54	2019	9	22	16	34	24	0100
2019	9	22	18	9	47	2019	9	22	20	21	34	1000
2019	9	24	12	38	33	2019	9	24	14	50	21	1000
2019	9	26	3	20	22	2019	9	26	5	53	49	0100
2019	9	26	7	7	16	2019	9	26	9	19	7	1000
2019	9	27	15	20	59	2019	9	27	17	57	38	0010
2019	9	28	1	35	57	2019	9	28	3	47	55	1000
2019	9	29	16	38	49	2019	9	29	19	12	39	0100
2019	9	29	20	4	36	2019	9	29	22	16	42	1000
2019	10	1	14	33	15	2019	10	1	16	45	33	1000
2019	10	3	5	57	54	2019	10	3	8	32	9	0100
2019	10	3	9	1	51	2019	10	3	11	14	15	1000
2019	10	4	19	19	57	2019	10	4	21	57	51	0010
2019	10	5	3	30	25	2019	10	5	5	42	50	1000

YYYY	MM	DD	hh	mm	ss	YYYY	MM	DD	hh	mm	ss	IEGC
2019	10	6	19	16	18	2019	10	6	21	50	40	0100
2019	10	6	21	59	7	2019	10	7	0	11	26	1000
2019	10	8	16	27	56	2019	10	8	18	40	6	1000
2019	10	10	8	35	51	2019	10	10	13	8	46	0100
2019	10	11	23	19	42	2019	10	12	1	58	52	0010
2019	10	12	5	25	27	2019	10	12	7	37	27	1000
2019	10	13	21	54	16	2019	10	14	2	6	9	0100
2019	10	15	18	22	53	2019	10	15	20	34	53	1000
2019	10	17	11	13	23	2019	10	17	15	3	39	0100
2019	10	19	3	18	58	2019	10	19	5	59	24	0010
2019	10	19	7	20	11	2019	10	19	9	32	24	1000
2019	10	21	0	31	49	2019	10	21	4	1	11	0100
2019	10	22	20	17	22	2019	10	22	22	29	60	1000
2019	10	24	13	51	22	2019	10	24	16	58	33	0100
2019	10	26	7	18	46	2019	10	26	11	27	6	0010
2019	10	28	3	9	45	2019	10	28	5	55	40	0100
2019	10	29	22	12	1	2019	10	30	0	24	18	1000
2019	10	31	16	28	49	2019	10	31	19	4	47	0100
2019	11	1	1	26	25	2019	11	1	1	44	6	0001
2019	11	2	11	9	25	2019	11	2	14	0	33	1000
2019	11	4	5	38	4	2019	11	4	8	23	20	1000
2019	11	6	0	6	43	2019	11	6	2	18	60	1000
2019	11	7	18	35	19	2019	11	7	21	42	59	1000
2019	11	9	13	3	52	2019	11	9	18	0	30	1000
2019	11	11	7	32	23	2019	11	11	11	1	36	1000
2019	11	13	2	0	53	2019	11	13	4	13	46	1000
2019	11	14	20	29	28	2019	11	15	0	20	48	1000
2019	11	16	14	58	10	2019	11	16	17	10	50	1000
2019	11	16	19	14	52	2019	11	16	22	0	17	0010
2019	11	17	19	6	45	2019	11	17	20	12	46	0001
2019	11	18	9	26	52	2019	11	18	13	39	19	1000
2019	11	20	3	55	32	2019	11	20	6	7	60	1000
2019	11	21	22	24	12	2019	11	22	2	58	53	1000
2019	11	23	16	52	48	2019	11	23	19	5	16	1000
2019	11	23	23	13	41	2019	11	24	2	0	12	0010
2019	11	25	11	21	22	2019	11	25	13	33	56	1000
2019	11	25	13	39	58	2019	11	25	16	17	15	0100
2019	11	27	5	49	55	2019	11	27	8	2	37	1000
2019	11	29	0	18	26	2019	11	29	2	31	21	1000
2019	11	29	2	58	52	2019	11	29	5	36	23	0100
2019	11	30	18	46	53	2019	11	30	21	0	3	1000
2019	12	1	3	13	11	2019	12	1	6	0	48	0010
2019	12	2	13	15	18	2019	12	2	15	28	31	1000
2019	12	2	16	17	7	2019	12	2	18	54	47	0100
2019	12	4	7	43	56	2019	12	4	9	56	58	1000
2019	12	4	12	57	28	2019	12	4	14	30	8	0001
2019	12	6	2	12	37	2019	12	6	4	25	31	1000
2019	12	6	5	36	18	2019	12	6	8	14	12	0100
2019	12	7	20	41	15	2019	12	7	22	54	1	1000
2019	12	8	7	12	13	2019	12	8	10	0	55	0010
2019	12	9	15	9	52	2019	12	9	17	22	35	1000
2019	12	9	18	54	24	2019	12	9	21	32	23	0100
2019	12	11	9	38	26	2019	12	11	11	51	10	1000
2019	12	13	4	7	1	2019	12	13	6	19	48	1000

YYYY	MM	DD	hh	mm	ss	YYYY	MM	DD	hh	mm	ss	IEGC
2019	12	13	8	13	8	2019	12	13	10	51	19	0100
2019	12	14	22	35	30	2019	12	15	0	48	25	1000
2019	12	15	11	11	42	2019	12	15	14	1	28	0010
2019	12	16	17	3	59	2019	12	16	19	17	4	1000
2019	12	16	21	31	10	2019	12	17	0	9	35	0100
2019	12	18	11	32	24	2019	12	18	13	45	44	1000
2019	12	20	6	0	50	2019	12	20	8	14	20	1000
2019	12	20	10	50	9	2019	12	20	13	28	44	0100
2019	12	21	6	51	50	2019	12	21	8	44	3	0001
2019	12	22	0	29	18	2019	12	22	2	42	44	1000
2019	12	22	15	10	21	2019	12	22	18	1	14	0010
2019	12	23	18	57	57	2019	12	23	21	11	11	1000
2019	12	24	0	8	10	2019	12	24	2	46	51	0100
2019	12	25	13	26	33	2019	12	25	15	39	38	1000
2019	12	27	7	55	9	2019	12	27	10	8	11	1000
2019	12	27	13	26	43	2019	12	27	16	5	29	0100
2019	12	29	2	23	41	2019	12	29	4	36	42	1000
2019	12	29	19	8	48	2019	12	29	22	0	48	0010
2019	12	30	20	52	12	2019	12	30	23	5	16	1000
2019	12	31	2	44	28	2019	12	31	5	23	35	0100
2020	1	1	15	20	39	2020	1	1	17	33	50	1000
2020	1	3	9	49	8	2020	1	3	12	2	29	1000
2020	1	3	16	3	12	2020	1	3	18	42	25	0100
2020	1	5	4	17	30	2020	1	5	6	31	6	1000
2020	1	5	23	7	3	2020	1	6	2	0	14	0010
2020	1	6	22	45	51	2020	1	7	2	56	31	1000
2020	1	7	5	21	8	2020	1	7	8	0	33	0100
2020	1	8	17	14	18	2020	1	8	19	28	3	1000
2020	1	10	11	42	56	2020	1	10	13	56	30	1000
2020	1	10	18	39	31	2020	1	10	21	18	52	0100
2020	1	12	6	11	29	2020	1	12	8	24	54	1000
2020	1	13	3	5	24	2020	1	13	5	59	45	0010
2020	1	14	0	40	2	2020	1	14	2	53	23	1000
2020	1	14	7	57	9	2020	1	14	10	36	42	0100
2020	1	15	19	8	31	2020	1	15	21	21	51	1000
2020	1	17	13	37	2	2020	1	17	15	50	25	1000
2020	1	17	21	15	16	2020	1	17	23	55	10	0100
2020	1	19	8	5	27	2020	1	19	10	18	57	1000
2020	1	20	7	4	32	2020	1	20	10	0	2	0010
2020	1	21	2	33	51	2020	1	21	4	47	33	1000
2020	1	21	10	33	7	2020	1	21	13	13	8	0100
2020	1	22	21	2	11	2020	1	22	23	16	7	1000
2020	1	23	18	43	27	2020	1	23	21	7	20	0001
2020	1	24	15	30	32	2020	1	24	17	44	45	1000
2020	1	24	23	51	22	2020	1	25	2	31	25	0100
2020	1	26	9	58	59	2020	1	26	12	13	2	1000
2020	1	27	11	3	5	2020	1	27	13	59	46	0010
2020	1	28	4	27	34	2020	1	28	6	41	26	1000
2020	1	28	13	8	55	2020	1	28	15	48	59	0100
2020	1	29	22	56	4	2020	1	30	1	9	48	1000
2020	1	31	17	24	37	2020	1	31	19	38	17	1000
2020	2	1	2	26	49	2020	2	1	5	7	1	0100
2020	2	2	11	53	4	2020	2	2	14	6	44	1000
2020	2	3	15	2	7	2020	2	3	17	59	56	0010

YYYY	MM	DD	hh	mm	ss	YYYY	MM	DD	hh	mm	ss	IEGC
2020	2	4	6	21	31	2020	2	4	8	35	15	1000
2020	2	4	15	44	9	2020	2	4	18	24	43	0100
2020	2	6	0	49	52	2020	2	6	3	3	45	1000
2020	2	7	19	18	16	2020	2	7	21	32	21	1000
2020	2	8	5	2	5	2020	2	8	7	42	48	0100
2020	2	9	12	40	20	2020	2	9	16	0	54	0001
2020	2	10	19	0	14	2020	2	10	21	59	12	0010
2020	2	11	8	14	51	2020	2	11	10	29	25	1000
2020	2	11	18	19	37	2020	2	11	21	0	29	0100
2020	2	13	2	43	23	2020	2	13	4	57	41	1000
2020	2	14	21	11	57	2020	2	14	23	26	6	1000
2020	2	15	7	37	21	2020	2	15	10	18	5	0100
2020	2	16	15	40	26	2020	2	16	17	54	27	1000
2020	2	17	22	58	24	2020	2	18	1	58	17	0010
2020	2	18	10	8	55	2020	2	18	12	22	54	1000
2020	2	18	20	54	40	2020	2	18	23	35	29	0100
2020	2	20	4	37	19	2020	2	20	6	51	19	1000
2020	2	21	23	5	45	2020	2	22	1	19	52	1000
2020	2	22	10	12	8	2020	2	22	12	53	8	0100
2020	2	23	17	34	5	2020	2	23	19	48	21	1000
2020	2	25	2	56	29	2020	2	25	5	57	17	0010
2020	2	25	12	2	25	2020	2	25	14	16	55	1000
2020	2	25	23	29	13	2020	2	26	2	10	34	0100
2020	2	26	6	37	56	2020	2	26	9	27	0	0001
2020	2	27	6	30	38	2020	2	27	8	45	27	1000
2020	2	29	0	59	6	2020	2	29	3	13	53	1000
2020	2	29	12	46	43	2020	2	29	15	28	14	0100
2020	3	1	19	27	37	2020	3	1	21	42	10	1000
2020	3	3	6	54	41	2020	3	3	9	56	27	0010
2020	3	3	13	56	8	2020	3	3	16	10	32	1000
2020	3	4	2	3	60	2020	3	4	4	45	37	0100
2020	3	5	8	24	34	2020	3	5	10	38	53	1000
2020	3	7	2	53	3	2020	3	7	5	7	21	1000
2020	3	7	15	21	23	2020	3	7	18	2	53	0100
2020	3	8	21	21	25	2020	3	8	23	35	47	1000
2020	3	10	10	53	39	2020	3	10	13	56	28	0010
2020	3	10	15	49	48	2020	3	10	18	4	18	1000
2020	3	11	4	38	28	2020	3	11	7	20	0	0100
2020	3	12	10	18	4	2020	3	12	12	32	46	1000
2020	3	14	0	35	23	2020	3	14	3	35	30	0001
2020	3	14	4	46	24	2020	3	14	7	1	22	1000
2020	3	14	17	55	35	2020	3	14	20	37	15	0100
2020	3	15	23	14	40	2020	3	16	1	29	54	1000
2020	3	17	14	52	5	2020	3	17	19	58	13	0010
2020	3	18	7	12	29	2020	3	18	9	54	24	0100
2020	3	19	12	11	41	2020	3	19	14	26	28	1000
2020	3	21	6	40	13	2020	3	21	8	54	53	1000
2020	3	21	20	29	26	2020	3	21	23	11	40	0100
2020	3	23	1	8	38	2020	3	23	3	23	15	1000
2020	3	24	18	50	58	2020	3	24	21	55	49	0010
2020	3	25	9	46	28	2020	3	25	12	28	55	0100
2020	3	26	14	5	24	2020	3	26	16	20	8	1000
2020	3	28	8	33	47	2020	3	28	10	48	41	1000
2020	3	28	23	3	33	2020	3	29	1	45	59	0100

YYYY	MM	DD	hh	mm	ss	YYYY	MM	DD	hh	mm	ss	IEGC
2020	3	30	3	2	3	2020	3	30	5	17	11	1000
2020	3	30	18	33	11	2020	3	30	21	43	50	0001
2020	3	31	21	30	20	2020	4	1	1	54	56	1000
2020	4	1	12	20	30	2020	4	1	15	2	52	0100
2020	4	2	15	58	46	2020	4	2	18	14	10	1000
2020	4	4	10	27	20	2020	4	4	12	42	31	1000
2020	4	5	1	37	24	2020	4	5	4	19	45	0100
2020	4	6	4	55	48	2020	4	6	7	10	49	1000
2020	4	7	23	24	18	2020	4	8	1	39	14	1000
2020	4	8	2	46	58	2020	4	8	5	53	55	0010
2020	4	8	14	54	14	2020	4	8	17	36	42	0100
2020	4	9	17	52	41	2020	4	9	20	7	36	1000
2020	4	11	12	21	8	2020	4	11	14	36	6	1000
2020	4	12	4	10	59	2020	4	12	6	53	38	0100
2020	4	13	6	49	28	2020	4	13	9	4	34	1000
2020	4	15	1	17	50	2020	4	15	3	33	7	1000
2020	4	15	6	44	51	2020	4	15	9	52	57	0010
2020	4	15	17	27	40	2020	4	15	20	10	35	0100
2020	4	16	12	32	2	2020	4	16	15	52	2	0001
2020	4	16	19	46	3	2020	4	16	22	1	37	1000
2020	4	18	14	14	28	2020	4	18	16	30	15	1000
2020	4	19	6	44	17	2020	4	19	9	27	32	0100
2020	4	20	8	42	59	2020	4	20	10	58	33	1000
2020	4	22	3	11	32	2020	4	22	5	26	56	1000
2020	4	22	10	43	12	2020	4	22	13	52	11	0010
2020	4	22	20	1	4	2020	4	22	22	44	33	0100
2020	4	23	21	39	59	2020	4	23	23	55	14	1000
2020	4	25	16	8	30	2020	4	25	18	23	42	1000
2020	4	26	9	17	55	2020	4	26	12	1	19	0100
2020	4	27	10	36	54	2020	4	27	12	52	7	1000
2020	4	29	5	5	21	2020	4	29	7	20	39	1000
2020	4	29	14	42	22	2020	4	29	17	52	19	0010
2020	4	29	22	34	42	2020	4	30	1	18	3	0100
2020	4	30	23	33	39	2020	5	1	1	49	6	1000
2020	5	2	18	2	3	2020	5	2	20	17	42	1000
2020	5	3	6	30	48	2020	5	3	10	0	6	0001
2020	5	3	11	51	24	2020	5	3	14	34	46	0100
2020	5	4	12	30	18	2020	5	4	14	46	15	1000
2020	5	6	6	58	52	2020	5	6	9	14	53	1000
2020	5	6	18	41	4	2020	5	6	21	51	56	0010
2020	5	7	1	8	6	2020	5	7	3	51	32	0100
2020	5	8	1	27	22	2020	5	8	3	43	8	1000
2020	5	9	19	55	58	2020	5	9	22	11	34	1000
2020	5	10	14	24	43	2020	5	10	17	8	19	0100
2020	5	11	14	24	27	2020	5	11	16	39	56	1000
2020	5	13	8	52	59	2020	5	13	11	8	26	1000
2020	5	13	22	40	14	2020	5	14	1	52	1	0010
2020	5	14	3	41	22	2020	5	14	6	25	12	0100
2020	5	15	3	21	23	2020	5	15	5	36	51	1000
2020	5	16	21	49	52	2020	5	17	0	5	26	1000
2020	5	17	16	57	55	2020	5	17	19	42	4	0100
2020	5	18	16	18	14	2020	5	18	18	33	57	1000
2020	5	20	0	30	41	2020	5	20	4	7	58	0001
2020	5	20	10	46	38	2020	5	20	13	2	35	1000

YYYY	MM	DD	hh	mm	ss	YYYY	MM	DD	hh	mm	ss	IEGC
2020	5	21	2	38	45	2020	5	21	5	51	25	0010
2020	5	21	6	14	30	2020	5	21	8	59	1	0100
2020	5	22	5	14	54	2020	5	22	7	31	8	1000
2020	5	23	23	43	35	2020	5	24	1	59	48	1000
2020	5	24	19	31	13	2020	5	24	22	15	50	0100
2020	5	25	18	12	9	2020	5	25	20	28	8	1000
2020	5	27	12	40	46	2020	5	27	14	56	36	1000
2020	5	28	6	37	11	2020	5	28	11	32	34	0010
2020	5	29	7	9	16	2020	5	29	9	24	59	1000
2020	5	31	1	37	51	2020	5	31	3	53	31	1000
2020	5	31	22	4	51	2020	6	1	0	49	21	0100
2020	6	1	20	6	20	2020	6	1	22	22	1	1000
2020	6	3	14	34	52	2020	6	3	16	50	38	1000
2020	6	4	10	35	43	2020	6	4	14	6	9	0010
2020	6	5	9	3	15	2020	6	5	11	19	10	1000
2020	6	5	18	31	37	2020	6	5	22	16	46	0001
2020	6	7	3	31	44	2020	6	7	5	47	51	1000
2020	6	8	0	38	21	2020	6	8	3	23	3	0100
2020	6	8	22	0	5	2020	6	9	0	16	28	1000
2020	6	10	16	28	47	2020	6	10	18	45	13	1000
2020	6	11	13	55	5	2020	6	11	17	50	2	0100
2020	6	12	10	57	22	2020	6	12	13	13	37	1000
2020	6	14	5	26	4	2020	6	14	7	42	7	1000
2020	6	15	3	11	51	2020	6	15	5	57	5	0100
2020	6	15	23	54	39	2020	6	16	2	10	35	1000
2020	6	17	18	23	18	2020	6	17	20	39	11	1000
2020	6	18	16	28	34	2020	6	18	21	50	45	0100
2020	6	19	12	51	49	2020	6	19	15	7	41	1000
2020	6	21	7	20	26	2020	6	21	9	36	21	1000
2020	6	22	5	45	22	2020	6	22	8	31	13	0100
2020	6	22	12	33	12	2020	6	22	16	25	29	0001
2020	6	23	1	48	56	2020	6	23	4	4	57	1000
2020	6	24	20	17	30	2020	6	24	22	33	41	1000
2020	6	25	19	2	25	2020	6	25	21	48	9	0100
2020	6	25	22	33	41	2020	6	26	1	50	58	0010
2020	6	26	14	45	54	2020	6	26	17	2	19	1000
2020	6	28	9	14	31	2020	6	28	11	31	6	1000
2020	6	29	8	19	29	2020	6	29	11	5	12	0100
2020	6	30	3	43	13	2020	6	30	5	59	47	1000
2020	7	1	22	11	59	2020	7	2	0	28	21	1000
2020	7	2	21	36	32	2020	7	3	0	22	20	0100
2020	7	3	2	33	33	2020	7	3	5	51	40	0010
2020	7	3	16	40	38	2020	7	3	18	56	49	1000
2020	7	5	11	9	22	2020	7	5	13	25	27	1000
2020	7	6	10	53	35	2020	7	6	13	39	35	0100
2020	7	7	5	38	0	2020	7	7	7	54	2	1000
2020	7	9	0	6	43	2020	7	9	2	22	44	1000
2020	7	9	6	36	1	2020	7	9	10	34	58	0001
2020	7	10	0	10	37	2020	7	10	2	56	55	0100
2020	7	10	6	32	48	2020	7	10	9	51	46	0010
2020	7	10	18	35	17	2020	7	10	20	51	22	1000
2020	7	12	13	3	57	2020	7	12	15	20	7	1000
2020	7	13	13	27	40	2020	7	13	16	14	25	0100
2020	7	14	7	32	30	2020	7	14	9	48	49	1000

YYYY	MM	DD	hh	mm	ss	YYYY	MM	DD	hh	mm	ss	IEGC
2020	7	16	2	1	8	2020	7	16	4	17	38	1000
2020	7	17	2	44	42	2020	7	17	5	31	42	0100
2020	7	17	10	32	2	2020	7	17	13	51	51	0010
2020	7	17	20	29	40	2020	7	17	22	46	23	1000
2020	7	19	14	58	31	2020	7	19	17	15	14	1000
2020	7	20	16	2	8	2020	7	20	18	49	2	0100
2020	7	21	9	27	17	2020	7	21	11	43	50	1000
2020	7	23	3	56	7	2020	7	23	6	12	30	1000
2020	7	24	5	19	32	2020	7	24	8	6	26	0100
2020	7	24	14	31	29	2020	7	24	17	52	10	0010
2020	7	24	22	24	50	2020	7	25	0	41	5	1000
2020	7	26	0	40	16	2020	7	26	4	45	48	0001
2020	7	26	16	53	38	2020	7	26	19	9	48	1000
2020	7	27	18	36	58	2020	7	27	21	24	1	0100
2020	7	28	11	22	20	2020	7	28	13	38	28	1000
2020	7	30	5	51	7	2020	7	30	8	7	16	1000
2020	7	31	7	54	21	2020	7	31	10	41	41	0100
2020	7	31	18	31	15	2020	7	31	21	52	45	0010
2020	8	1	0	19	46	2020	8	1	2	35	58	1000
2020	8	2	18	48	30	2020	8	2	21	4	48	1000
2020	8	3	21	11	47	2020	8	3	23	59	35	0100
2020	8	4	13	17	8	2020	8	4	15	33	35	1000
2020	8	6	7	45	50	2020	8	6	10	2	29	1000
2020	8	7	10	29	10	2020	8	7	13	17	11	0100
2020	8	7	22	32	3	2020	8	8	1	54	20	0010
2020	8	8	2	14	30	2020	8	8	4	31	17	1000
2020	8	9	20	43	24	2020	8	9	23	0	12	1000
2020	8	10	23	46	51	2020	8	11	2	34	50	0100
2020	8	11	15	12	14	2020	8	11	17	28	52	1000
2020	8	11	18	44	50	2020	8	11	22	56	22	0001
2020	8	13	9	41	9	2020	8	13	11	57	37	1000
2020	8	14	13	4	40	2020	8	14	15	52	41	0100
2020	8	15	2	32	19	2020	8	15	6	26	16	0010
2020	8	16	22	38	47	2020	8	17	0	55	2	1000
2020	8	18	2	22	25	2020	8	18	5	10	37	0100
2020	8	18	17	7	34	2020	8	18	19	23	46	1000
2020	8	20	11	36	25	2020	8	20	13	52	37	1000
2020	8	21	15	40	13	2020	8	21	18	28	51	0100
2020	8	22	6	5	8	2020	8	22	9	56	52	1000
2020	8	24	0	33	55	2020	8	24	2	50	15	1000
2020	8	25	4	57	55	2020	8	25	7	46	48	0100
2020	8	25	19	2	38	2020	8	25	21	19	5	1000
2020	8	27	13	31	24	2020	8	27	15	48	1	1000
2020	8	28	12	51	13	2020	8	28	17	7	59	0001
2020	8	28	18	15	46	2020	8	28	21	4	48	0100
2020	8	29	8	0	2	2020	8	29	10	16	52	1000
2020	8	29	10	33	8	2020	8	29	13	57	42	0010
2020	8	31	2	28	59	2020	8	31	4	45	49	1000
2020	9	1	7	33	53	2020	9	1	10	22	51	0100
2020	9	1	20	57	52	2020	9	1	23	14	40	1000
2020	9	3	15	26	49	2020	9	3	17	43	26	1000
2020	9	4	20	52	2	2020	9	4	23	41	14	0100
2020	9	5	9	55	40	2020	9	5	12	12	7	1000
2020	9	5	14	33	10	2020	9	5	17	58	29	0010

YYYY	MM	DD	hh	mm	ss	YYYY	MM	DD	hh	mm	ss	IEGC
2020	9	7	4	24	34	2020	9	7	6	40	54	1000
2020	9	8	10	10	3	2020	9	8	12	59	41	0100
2020	9	8	22	53	23	2020	9	9	1	9	40	1000
2020	9	10	17	22	17	2020	9	10	19	38	31	1000
2020	9	11	23	28	7	2020	9	12	2	17	55	0100
2020	9	12	11	51	4	2020	9	12	14	7	19	1000
2020	9	12	18	33	23	2020	9	12	21	59	30	0010
2020	9	14	6	19	54	2020	9	14	11	20	23	1000
2020	9	15	12	46	12	2020	9	15	15	36	6	0100
2020	9	16	0	48	39	2020	9	16	3	5	2	1000
2020	9	17	19	17	28	2020	9	17	21	33	58	1000
2020	9	19	2	4	43	2020	9	19	4	54	41	0100
2020	9	19	13	46	10	2020	9	19	16	2	50	1000
2020	9	19	22	33	50	2020	9	20	2	0	38	0010
2020	9	21	8	14	55	2020	9	21	10	31	46	1000
2020	9	22	15	22	59	2020	9	22	18	13	13	0100
2020	9	23	2	43	50	2020	9	23	5	0	41	1000
2020	9	24	21	12	48	2020	9	24	23	29	36	1000
2020	9	26	4	41	24	2020	9	26	7	31	56	0100
2020	9	26	15	41	41	2020	9	26	17	58	18	1000
2020	9	27	2	35	13	2020	9	27	6	2	34	0010
2020	9	28	10	10	36	2020	9	28	12	27	4	1000
2020	9	29	17	59	28	2020	9	29	20	50	12	0100
2020	9	30	4	39	27	2020	9	30	6	55	48	1000
2020	10	1	1	5	56	2020	10	1	5	32	38	0001
2020	10	1	23	8	22	2020	10	2	1	24	39	1000
2020	10	3	7	18	17	2020	10	3	10	9	1	0100
2020	10	3	17	37	11	2020	10	3	19	53	25	1000
2020	10	4	6	35	58	2020	10	4	10	3	53	0010
2020	10	5	12	6	1	2020	10	5	14	22	16	1000
2020	10	6	20	36	42	2020	10	6	23	27	38	0100
2020	10	7	6	34	48	2020	10	7	8	51	6	1000
2020	10	9	1	3	38	2020	10	9	3	20	0	1000
2020	10	10	9	55	26	2020	10	10	12	46	40	0100
2020	10	10	19	32	21	2020	10	10	21	48	51	1000
2020	10	11	10	37	1	2020	10	11	14	5	30	0010
2020	10	12	14	1	6	2020	10	12	16	17	46	1000
2020	10	13	23	13	40	2020	10	14	2	5	3	0100
2020	10	14	8	29	48	2020	10	14	10	46	39	1000
2020	10	16	2	58	46	2020	10	16	5	15	37	1000
2020	10	17	12	32	37	2020	10	17	15	24	6	0100
2020	10	17	19	14	6	2020	10	17	23	45	15	0001
2020	10	18	14	37	23	2020	10	18	18	6	26	0010
2020	10	19	15	56	34	2020	10	19	18	13	9	1000
2020	10	21	1	51	11	2020	10	21	4	42	51	0100
2020	10	21	10	25	25	2020	10	21	12	41	51	1000
2020	10	23	4	54	19	2020	10	23	7	10	39	1000
2020	10	24	15	10	7	2020	10	24	18	2	0	0100
2020	10	24	23	23	8	2020	10	25	1	39	23	1000
2020	10	25	18	37	37	2020	10	25	22	7	15	0010
2020	10	26	17	51	57	2020	10	26	20	8	11	1000
2020	10	28	4	28	30	2020	10	28	7	20	32	0100
2020	10	28	12	20	43	2020	10	28	14	36	58	1000
2020	10	30	6	49	32	2020	10	30	9	5	50	1000

YYYY	MM	DD	hh	mm	ss	YYYY	MM	DD	hh	mm	ss	IEGC
2020	10	31	17	47	38	2020	10	31	20	39	48	0100
2020	11	1	1	18	14	2020	11	1	3	34	39	1000
2020	11	1	22	37	59	2020	11	2	2	8	15	0010
2020	11	2	19	46	58	2020	11	2	22	3	31	1000
2020	11	3	13	23	16	2020	11	3	17	58	6	0001
2020	11	4	7	6	18	2020	11	4	9	58	39	0100
2020	11	4	14	15	37	2020	11	4	16	32	22	1000
2020	11	6	8	44	26	2020	11	6	11	1	16	1000
2020	11	7	20	25	24	2020	11	7	23	17	53	0100
2020	11	8	3	13	18	2020	11	8	5	30	9	1000
2020	11	9	2	38	29	2020	11	9	6	9	21	0010
2020	11	9	21	42	10	2020	11	9	23	58	51	1000
2020	11	11	9	43	49	2020	11	11	12	36	28	0100
2020	11	11	16	10	60	2020	11	11	18	27	30	1000
2020	11	13	10	39	52	2020	11	13	12	56	14	1000
2020	11	14	23	3	12	2020	11	15	1	55	59	0100
2020	11	15	5	8	39	2020	11	15	7	24	56	1000
2020	11	16	6	39	49	2020	11	16	10	11	19	0010
2020	11	16	23	37	26	2020	11	17	1	53	40	1000
2020	11	18	12	21	53	2020	11	18	15	14	55	0100
2020	11	18	18	6	9	2020	11	18	20	22	24	1000
2020	11	20	7	31	53	2020	11	20	12	10	12	0001
2020	11	20	12	34	55	2020	11	20	14	51	12	1000
2020	11	22	1	41	8	2020	11	22	4	34	8	0100
2020	11	22	7	3	36	2020	11	22	9	19	59	1000
2020	11	23	10	40	26	2020	11	23	14	12	31	0010
2020	11	24	1	32	16	2020	11	24	3	48	47	1000
2020	11	25	14	59	31	2020	11	25	17	52	47	0100
2020	11	25	20	0	52	2020	11	25	22	17	35	1000
2020	11	27	14	29	35	2020	11	27	16	46	26	1000
2020	11	29	4	19	9	2020	11	29	7	12	28	0100
2020	11	29	8	58	25	2020	11	29	11	15	16	1000
2020	11	30	14	41	15	2020	11	30	18	13	54	0010
2020	12	1	3	27	14	2020	12	1	5	43	56	1000
2020	12	2	17	37	50	2020	12	2	20	31	16	0100
2020	12	2	21	56	1	2020	12	3	0	12	32	1000
2020	12	4	16	24	49	2020	12	4	18	41	12	1000
2020	12	6	6	57	7	2020	12	6	9	50	36	0100
2020	12	6	10	53	33	2020	12	6	13	9	51	1000
2020	12	7	1	40	58	2020	12	7	6	22	15	0001
2020	12	7	18	41	22	2020	12	7	22	14	31	0010
2020	12	8	5	22	16	2020	12	8	7	38	32	1000
2020	12	9	20	15	36	2020	12	9	23	9	19	0100
2020	12	9	23	50	56	2020	12	10	2	7	12	1000
2020	12	11	18	19	37	2020	12	11	20	35	57	1000
2020	12	13	9	35	16	2020	12	13	12	29	6	0100
2020	12	13	12	48	14	2020	12	13	15	4	41	1000
2020	12	14	22	41	19	2020	12	15	2	14	57	0010
2020	12	15	7	16	50	2020	12	15	9	33	26	1000
2020	12	16	22	53	56	2020	12	17	4	2	11	0100
2020	12	18	20	14	6	2020	12	18	22	30	59	1000
2020	12	20	12	13	13	2020	12	20	16	59	44	0100
2020	12	22	2	41	24	2020	12	22	6	15	30	0010
2020	12	22	9	11	37	2020	12	22	11	28	16	1000

183

YYYY	MM	DD	hh	mm	ss	YYYY	MM	DD	hh	mm	ss	IEGC
2020	12	23	19	50	36	2020	12	24	0	34	30	0001
2020	12	24	1	31	50	2020	12	24	5	56	49	0100
2020	12	25	22	9	3	2020	12	26	0	25	25	1000
2020	12	27	14	51	28	2020	12	27	18	54	2	0100
2020	12	29	6	41	33	2020	12	29	10	16	4	0010
2020	12	29	11	6	21	2020	12	29	13	22	40	1000
2020	12	31	4	10	1	2020	12	31	7	51	18	0100

OCCULTAZIONI TRA I SATELLITI
OCCULTATIONS BETWEEN THE MOONS
2013-2020

Ore in T.U.

Legenda :

Data nel formato mese/giorno, un asterisco indica che le lune si avvicinano ma non si occultano
Event type : tipo di evento, eclissi o occultazione
Ph : fenomeno, M=mancato, E=eclisse penombrale,
P=eclisse/occultazione parziale, T=eclisse/occultazione totale,
A=eclisse/occultazione anulare
Durn : durata in secondi
dMag : caduta di luce in magnitudini
%ill : cambio in illuminazione, rispetto alla illuminazione intera, della luna rimanente (occultazione) o di entrambe (eclissi)
Sep : distanza in " tra satellite occultato/eclissato e centro del pianeta
Pa : angolo di posizione tra satellite occultato/eclissato e pianeta
MinD : distanza minima tra i centri delle lune o tra la luna e l'ombra
T1-T7 : inizio/fine della fase di contatto con la penombra
T2-T6 : inizio/fine della fase di contatto con l'ombra o tra i lembi delle lune
T3-T5 : inizio/fine della fase di totalità
Tmax : tempo di metà evento

Times in U.T.

Date in the format month/day, an asterisk shows that the moons
are near but they don't occult
Event type : eclipse or occultation
Ph : phenomenon, M=missed, E=penumbral eclipse, P=partial
eclipse/occultation, T=total eclipse/occultation, A=annular
eclipse/occultation
Durn : duration in seconds
dMag : difference magnitude
%ill : defect of illumination, respect to integer
Sep : distance in " between the satellite and the center of the
planet
Pa : position angle between the satellite and the center of the
planet
MinD : least distance between the satellies
T1-T7 : penumbral phase begins/ends
T2-T6 : umbra phase begins/ends
T3-T5 : totalità phase begins/ends
Tmax : middle time of the event

Year	M	D	h	m	s	Event Type	Ph	Dur	dMag	%Ill	Sep	PA	MinD
2014	6	3	13	17	10	(III) ecl (II)	E	512	0.0	100.0	41.6	107	1.191
2014	7	24	0	4	27	(IV) ecl (III)	P	2877	0.1	90.0	178.9	105	1.061
2014	8	17	22	8	59	(III) occ (IV)	P	3315	0.3	77.2	44.2	292	0.490
2014	8	18	3	7	9	(III) ecl (IV)	P	3476	0.5	66.0	12.8	305	0.763
2014	9	10	17	29	30	(IV) ecl (III)	E	1007	0.0	99.9	238.1	108	1.526
2014	9	11	21	0	13	(IV) ecl (III)	A	4434	1.2	33.1	85.5	110	0.238
2014	9	29	3	0	26	(IV) ecl (II)	P	1494	0.4	66.7	2.1	179	0.712
2014	10	5	17	59	31	(III) ecl (IV)	P	2383	0.2	83.6	300.7	290	1.005
2014	10	7	0	6	53	(III) ecl (IV)	A	4279	0.8	47.1	268.1	290	0.104
2014	10	15	13	23	31	(IV) occ (II)	P	266	0.1	94.2	108.0	110	0.748
2014	10	15	7	6	44	(IV) occ (III)	P	195	0.0	99.2	151.2	110	1.157
2014	10	16	6	17	56	(IV) occ (I)	P	176	0.0	96.3	12.9	291	0.864
2014	10	21	2	2	36	(II) occ (III)	P	173	0.0	99.3	147.3	291	0.980
2014	10	24	8	27	16	(I) occ (IV)	A	331	0.5	63.5	31.7	290	0.068
2014	10	24	5	9	51	(II) occ (IV)	P	181	0.0	97.4	55.5	290	0.859
2014	10	28	5	35	47	(II) occ (III)	P	473	0.2	84.5	154.9	291	0.564
2014	10	29	7	24	22	(I) occ (III)	P	215	0.0	97.2	86.8	110	0.971
2014	10	31	3	28	25	(IV) ecl (III)	A	7422	0.5	63.5	254.2	111	0.102
2014	10	31	15	46	39	(IV) ecl (III)	P	7889	0.7	51.9	187.2	111	0.502
2014	11	1	8	13	23	(III) occ (I)	P	198	0.1	94.7	41.9	111	0.898
2014	11	1	11	51	42	(IV) occ (I)	P	313	0.1	91.5	86.7	111	0.768
2014	11	1	22	39	52	(IV) occ (II)	P	265	0.1	89.2	5.7	99	0.658
2014	11	2	6	2	46	(IV) occ (I)	P	1090	0.4	68.8	49.7	291	0.288
2014	11	2	13	43	51	(IV) occ (I)	T	910	0.5	63.5	107.4	291	0.039
2014	11	3	12	58	49	(IV) occ (III)	P	828	0.1	87.9	268.8	291	0.830
2014	11	4	9	9	26	(II) occ (III)	A	592	0.3	73.9	162.4	291	0.175
2014	11	5	10	21	45	(I) occ (III)	P	306	0.2	86.8	77.8	110	0.692
2014	11	8	11	0	17	(III) occ (I)	P	293	0.2	81.8	55.3	111	0.578
2014	11	9	2	57	51	(I) occ (II)	P	96	0.0	98.0	27.7	109	0.790
2014	11	9	9	30	41	(III) occ (IV)	P	357	0.1	94.7	163.2	290	1.048
2014	11	10	17	46	31	(I) occ (IV)	P	312	0.1	88.3	79.2	111	0.712
2014	11	10	14	43	4	(II) occ (IV)	P	316	0.2	82.6	56.0	112	0.526
2014	11	11	12	42	47	(II) occ (III)	A	639	0.3	73.9	169.6	291	0.182
2014	11	12	16	3	35	(I) occ (II)	P	137	0.1	93.7	25.6	109	0.687
2014	11	12	13	11	59	(I) occ (III)	P	335	0.3	73.8	67.9	110	0.398
2014	11	15	13	47	19	(III) occ (I)	P	346	0.4	69.4	68.7	111	0.288
2014	11	16	5	8	53	(I) occ (II)	P	163	0.1	88.4	23.5	109	0.586
2014	11	18	16	16	48	(II) occ (III)	P	631	0.2	80.8	176.5	291	0.507
2014	11	19	3	5	45	(IV) occ (III)	P	420	0.2	85.9	76.1	291	0.815
2014	11	19	7	37	43	(IV) occ (III)	P	390	0.3	72.5	111.7	292	0.307
2014	11	19	15	56	53	(I) occ (III)	A	336	0.4	67.7	57.2	111	0.100
2014	11	19	18	13	50	(I) occ (II)	P	180	0.2	82.6	21.3	109	0.488
2014	11	22	16	34	44	(III) occ (I)	T	383	0.4	67.7	81.7	111	0.036
2014	11	23	7	18	21	(I) occ (II)	P	192	0.3	76.7	19.2	109	0.395
2014	11	23	3	26	17	(III) occ (II)	P	55	0.0	99.9	33.0	293	1.126
2014	11	25	2	53	4	(III) ecl (IV)	P	5065	0.9	45.5	338.6	291	0.533
2014	11	25	19	53	34	(III) ecl (IV)	P	5053	0.3	78.5	226.0	290	0.915
2014	11	25	19	51	48	(II) occ (III)	P	564	0.1	91.3	182.8	291	0.796
2014	11	26	18	37	20	(I) occ (III)	A	321	0.4	67.7	46.0	111	0.189
2014	11	26	20	22	29	(I) occ (II)	P	200	0.4	71.0	17.0	109	0.306
2014	11	26	21	49	38	(II) ecl (IV)	A	2030	0.2	81.8	26.1	287	0.052
2014	11	28	14	59	51	(III) occ (IV)	P	1042	0.4	68.0	289.5	111	0.394
2014	11	29	19	23	43	(III) occ (I)	T	416	0.4	67.7	94.2	111	0.171
2014	11	30	9	26	12	(I) occ (II)	P	206	0.5	65.6	14.7	109	0.223
2014	11	30	6	31	14	(III) occ (II)	P	245	0.1	90.5	25.6	293	0.785
2014	12	2	23	29	22	(II) occ (III)	P	402	0.0	98.0	188.3	291	1.046
2014	12	2	19	1	33	(II) ecl (III)	E	345	0.0	99.7	223.5	291	1.203
2014	12	3	22	29	30	(I) occ (II)	P	209	0.5	60.8	12.5	109	0.145
2014	12	3	21	14	4	(I) occ (III)	P	294	0.3	75.1	34.2	111	0.458
2014	12	4	20	39	58	(IV) ecl (I)	E	143	0.0	99.8	4.0	117	1.541
2014	12	6	22	14	54	(III) occ (I)	P	457	0.4	69.9	105.7	111	0.324

187

Year	M	D	h	m	s	Event Type	Ph	Dur	dMag	%Ill	Sep	PA	MinD
2014	12	7	11	32	25	(I) occ (II)	P	210	0.6	57.5	10.2	108	0.074
2014	12	7	9	32	28	(III) occ (II)	P	303	0.3	78.6	18.1	293	0.475
2014	12	9	22	42	50	(II) ecl (III)	P	695	0.1	92.6	228.6	291	0.874
2014	12	10	23	47	44	(I) occ (III)	P	260	0.2	84.0	22.0	112	0.697
2014	12	11	0	34	54	(I) occ (II)	T	211	0.6	57.5	8.0	108	0.010
2014	12	12	23	45	40	(II) occ (I)	P	4305	0.3	77.0	71.9	291	0.423
2014	12	12	22	39	36	(I) ecl (IV)	E	428	0.1	88.8	159.3	290	0.959
2014	12	13	1	50	5	(II) occ (I)	P	4171	0.6	60.1	98.3	291	0.135
2014	12	14	1	11	3	(III) occ (I)	P	525	0.3	73.0	115.8	111	0.417
2014	12	14	12	30	15	(III) occ (II)	T	325	0.3	73.9	10.4	294	0.205
2014	12	14	13	36	59	(I) occ (II)	T	210	0.6	57.5	5.7	107	0.047
2014	12	14	18	52	46	(III) occ (I)	T	3626	0.4	67.7	81.7	291	0.028
2014	12	14	21	27	44	(III) occ (I)	T	3278	0.4	67.7	109.9	291	0.117
2014	12	16	10	51	29	(I) occ (I)	P	1644	0.1	89.2	43.8	292	0.659
2014	12	16	16	2	30	(II) occ (I)	A	1676	0.6	57.5	111.4	291	0.057
2014	12	17	2	32	12	(II) ecl (III)	P	958	0.3	76.8	232.0	291	0.553
2014	12	18	2	18	18	(I) occ (III)	P	223	0.1	90.5	9.7	113	0.895
2014	12	18	2	38	39	(I) occ (II)	P	209	0.6	58.1	3.4	104	0.095
2014	12	18	5	56	39	(II) occ (III)	P	2762	0.2	79.5	51.0	112	0.517
2014	12	18	18	30	50	(II) occ (III)	P	1937	0.2	80.4	183.0	111	0.542
2014	12	19	22	28	29	(II) occ (I)	P	1042	0.0	95.6	21.4	292	0.818
2014	12	20	5	41	24	(II) occ (I)	P	1182	0.5	61.8	117.7	291	0.170
2014	12	21	3	22	32	(IV) ecl (I)	A	1113	0.4	67.2	120.2	111	0.222
2014	12	21	4	16	54	(III) occ (I)	P	661	0.3	73.6	123.5	111	0.443
2014	12	21	12	0	55	(IV) ecl (I)	A	1351	0.6	60.1	65.8	111	0.154
2014	12	21	15	24	33	(III) occ (II)	T	329	0.3	73.9	2.8	300	0.016
2014	12	21	15	39	55	(I) occ (II)	P	208	0.6	59.9	1.1	90	0.135
2014	12	21	16	39	5	(III) occ (I)	T	1360	0.4	67.7	16.6	293	0.089
2014	12	22	2	12	31	(III) occ (I)	P	835	0.3	73.1	124.8	291	0.429
2014	12	22	5	24	32	(IV) ecl (I)	E	458	0.1	91.2	112.2	291	1.106
2014	12	23	7	58	19	(IV) ecl (III)	E	512	0.0	99.9	317.2	291	1.588
2014	12	23	10	16	40	(II) occ (I)	P	604	0.0	99.1	1.5	312	0.943
2014	12	23	19	7	9	(II) occ (I)	P	956	0.4	66.4	121.6	291	0.251
2014	12	24	6	34	54	(II) ecl (III)	A	1230	0.2	80.7	232.9	291	0.239
2014	12	25	3	47	37	(II) occ (III)	P	1775	0.1	93.9	14.4	289	0.951
2014	12	25	4	40	49	(I) occ (II)	P	207	0.5	61.4	1.3	308	0.165
2014	12	25	4	46	31	(I) occ (III)	P	189	0.1	94.5	3.0	282	1.044
2014	12	25	9	58	55	(II) ecl (III)	P	4851	0.4	71.6	57.4	112	0.448
2014	12	25	16	37	37	(II) ecl (III)	E	1245	0.0	99.9	131.3	111	1.171
2014	12	25	23	6	17	(II) occ (III)	P	1236	0.2	82.9	196.1	111	0.624
2014	12	27	8	28	9	(II) occ (I)	P	809	0.4	70.1	124.6	291	0.318
2014	12	27	5	42	2	(II) ecl (I)	E	1086	0.0	96.7	105.3	291	0.798
2014	12	28	4	25	12	(III) ecl (I)	E	45	0.0	100.0	118.0	111	1.399
2014	12	28	7	47	37	(III) occ (I)	P	1052	0.4	71.2	125.8	111	0.381
2014	12	28	15	25	34	(III) occ (I)	T	1505	0.4	67.7	39.1	110	0.038
2014	12	28	17	41	20	(I) occ (II)	P	207	0.5	62.5	3.6	297	0.185
2014	12	28	18	15	38	(III) occ (II)	T	325	0.3	73.9	5.0	107	0.180
2014	12	28	19	18	38	(III) ecl (I)	E	678	0.0	99.5	33.2	292	1.213
2014	12	29	1	58	24	(III) ecl (I)	E	392	0.0	99.9	120.8	291	1.311
2014	12	29	5	28	35	(III) occ (I)	P	560	0.2	80.3	124.6	291	0.632
2014	12	29	5	58	40	(III) ecl (IV)	E	703	0.3	78.7	236.1	290	1.031
2014	12	30	7	53	17	(I) ecl (IV)	E	452	0.3	76.5	14.4	278	0.720
2014	12	30	19	30	11	(II) ecl (I)	P	872	0.1	92.4	114.8	291	0.728
2014	12	30	21	43	55	(II) occ (I)	P	711	0.3	72.9	126.7	291	0.370
2014	12	31	10	58	36	(II) ecl (III)	A	1602	0.0	100.0	229.6	291	0.066
2015	1	1	6	29	46	(II) ecl (III)	A	2910	0.0	100.0	23.9	290	0.115
2015	1	1	6	41	29	(I) occ (II)	P	206	0.5	62.9	5.9	295	0.195
2015	1	1	7	12	8	(I) occ (III)	P	167	0.0	96.4	15.5	289	1.136
2015	1	2	2	58	14	(II) occ (III)	P	971	0.2	83.9	203.2	111	0.664
2015	1	3	10	57	50	(II) occ (I)	P	635	0.3	75.1	128.4	291	0.413
2015	1	3	9	5	48	(II) ecl (I)	P	765	0.1	88.3	121.0	291	0.673
2015	1	4	8	3	35	(III) ecl (I)	E	521	0.0	98.1	128.2	111	1.193

Year	M	D	h	m	s	Event Type	Ph	Dur	dMag	%Ill	Sep	PA	MinD
2015	1	4	17	32	31	(III) ecl (I)	E	789	0.0	97.0	33.2	110	1.113
2015	1	4	19	41	19	(I) occ (II)	P	206	0.5	62.8	8.2	294	0.195
2015	1	4	21	4	2	(III) occ (II)	T	321	0.3	73.9	12.8	110	0.283
2015	1	5	8	22	34	(III) occ (I)	P	431	0.2	85.2	120.5	291	0.777
2015	1	5	6	2	14	(III) ecl (I)	E	379	0.0	98.8	129.2	291	1.237
2015	1	6	22	32	55	(II) ecl (I)	P	699	0.2	84.3	125.3	291	0.625
2015	1	7	0	8	32	(II) occ (I)	P	580	0.3	76.7	129.7	291	0.445
2015	1	7	10	41	0	(IV) ecl (I)	A	468	0.4	70.9	5.5	284	0.177
2015	1	7	16	14	21	(II) ecl (III)	A	2501	0.4	70.5	217.0	291	0.372
2015	1	7	23	45	18	(IV) ecl (III)	E	486	0.0	97.2	138.3	111	1.538
2015	1	8	3	45	41	(II) ecl (III)	P	3181	0.4	72.3	96.8	290	0.459
2015	1	8	8	5	50	(I) ecl (III)	E	137	0.0	99.9	45.9	290	1.398
2015	1	8	8	40	50	(I) occ (II)	P	207	0.5	62.2	10.6	293	0.185
2015	1	8	9	35	51	(I) occ (III)	P	163	0.0	96.8	28.0	290	1.168
2015	1	9	6	29	25	(II) occ (III)	P	818	0.2	84.8	207.3	111	0.700
2015	1	10	13	18	21	(II) occ (I)	P	535	0.3	77.7	130.6	291	0.468
2015	1	10	11	56	56	(II) ecl (I)	P	650	0.2	80.2	128.4	291	0.580
2015	1	11	21	40	4	(I) occ (II)	P	208	0.5	61.1	12.9	293	0.164
2015	1	11	23	49	46	(III) occ (II)	T	319	0.3	73.9	199.5	111	0.322
2015	1	12	9	24	3	(III) ecl (I)	E	394	0.1	94.9	126.6	291	1.123
2015	1	12	11	4	29	(III) occ (I)	P	359	0.1	87.8	114.4	291	0.865
2015	1	14	2	25	54	(II) occ (I)	P	502	0.3	78.3	131.2	291	0.481
2015	1	14	1	16	59	(II) ecl (I)	P	615	0.3	76.0	130.5	291	0.536
2015	1	15	10	39	2	(I) occ (II)	P	209	0.6	59.5	15.1	292	0.134
2015	1	15	10	47	24	(I) ecl (III)	E	241	0.0	97.7	54.4	290	1.183
2015	1	15	11	58	2	(I) occ (III)	P	180	0.0	95.8	40.2	290	1.141
2015	1	15	12	34	50	(I) ecl (IV)	E	494	0.5	61.5	107.0	289	0.349
2015	1	16	9	47	45	(II) occ (III)	P	708	0.2	86.2	209.4	111	0.749
2015	1	17	10	4	27	(III) ecl (IV)	P	1416	0.3	74.5	297.1	111	0.884
2015	1	17	14	35	50	(II) ecl (I)	P	585	0.4	71.6	131.9	291	0.493
2015	1	17	15	33	3	(II) occ (I)	P	474	0.3	78.4	131.6	291	0.486
2015	1	18	23	37	47	(I) occ (II)	P	210	0.6	57.8	17.4	292	0.094
2015	1	19	2	33	36	(III) occ (II)	T	321	0.3	73.9	28.3	110	0.297
2015	1	19	12	30	34	(III) ecl (I)	E	406	0.2	86.3	118.5	290	0.980
2015	1	19	13	39	16	(III) occ (I)	P	321	0.1	88.5	106.8	290	0.894
2015	1	21	4	38	30	(II) occ (I)	P	454	0.3	78.1	131.7	290	0.481
2015	1	21	3	52	14	(II) ecl (I)	P	561	0.4	67.1	132.7	290	0.449
2015	1	22	12	36	21	(I) occ (II)	T	211	0.6	57.5	19.7	292	0.044
2015	1	22	13	29	46	(I) ecl (III)	E	307	0.1	91.8	62.2	290	0.970
2015	1	22	14	19	22	(I) occ (III)	P	212	0.1	93.3	52.1	290	1.056
2015	1	23	9	12	44	(IV) ecl (III)	A	831	0.6	59.2	171.9	111	0.323
2015	1	23	12	57	37	(II) occ (III)	P	614	0.1	88.3	210.0	110	0.821
2015	1	23	16	25	54	(IV) ecl (I)	E	631	0.3	79.2	119.1	110	0.892
2015	1	24	5	50	5	(IV) ecl (I)	P	1058	0.8	50.0	4.7	103	0.566
2015	1	24	17	8	1	(II) ecl (I)	P	540	0.5	62.3	132.9	290	0.405
2015	1	24	17	43	45	(II) occ (I)	P	437	0.3	77.3	131.6	290	0.469
2015	1	24	18	54	48	(IV) ecl (I)	A	788	0.3	77.7	126.0	290	0.138
2015	1	25	4	38	15	(IV) ecl (II)	E	1055	0.1	89.3	210.1	291	0.995
2015	1	26	1	34	48	(I) occ (II)	T	211	0.6	57.5	21.9	292	0.015
2015	1	26	5	15	31	(III) occ (II)	P	326	0.3	73.9	35.8	110	0.211
2015	1	26	15	28	11	(III) ecl (I)	P	415	0.4	71.3	106.7	290	0.817
2015	1	26	16	8	39	(III) occ (I)	P	306	0.1	87.2	98.2	290	0.863
2015	1	28	6	47	44	(II) occ (I)	P	424	0.3	76.1	131.3	290	0.447
2015	1	28	6	22	7	(II) ecl (I)	P	523	0.6	57.4	132.6	290	0.359
2015	1	29	14	33	6	(I) occ (II)	T	211	0.6	57.5	24.1	292	0.081
2015	1	29	16	13	35	(I) ecl (III)	P	358	0.2	82.2	69.2	290	0.763
2015	1	29	16	40	41	(I) occ (III)	P	251	0.1	89.0	63.7	290	0.919
2015	1	30	16	2	6	(II) occ (III)	P	521	0.1	91.3	209.1	110	0.920
2015	1	31	19	35	57	(II) ecl (I)	P	507	0.7	52.3	131.8	290	0.313
2015	1	31	19	51	43	(II) occ (I)	P	413	0.3	74.6	130.8	290	0.419
2015	1	31	21	4	5	(II) ecl (IV)	E	463	0.1	95.2	161.0	289	1.094
2015	2	1	21	49	42	(I) ecl (IV)	E	497	0.4	70.1	68.3	112	0.612

189

Year	M	D	h	m	s	Event Type	Ph	Dur	dMag	%Ill	Sep	PA	MinD
2015	2	2	1	39	5	(III) ecl (IV)	A	792	0.4	70.0	103.7	112	0.210
2015	2	2	3	31	23	(I) occ (II)	P	210	0.5	60.4	26.3	292	0.154
2015	2	2	7	56	30	(III) occ (II)	T	331	0.3	73.9	43.2	110	0.074
2015	2	2	18	20	35	(III) ecl (I)	P	419	0.7	50.7	92.1	290	0.636
2015	2	2	18	34	44	(III) occ (I)	P	304	0.2	84.3	88.6	290	0.777
2015	2	4	8	54	46	(II) occ (I)	P	405	0.3	72.7	130.1	290	0.384
2015	2	4	8	48	31	(II) ecl (I)	P	492	0.8	47.0	130.6	290	0.266
2015	2	5	16	27	18	(I) ecl (II)	E	55	0.0	100.0	29.1	291	1.094
2015	2	5	16	29	38	(I) occ (II)	P	207	0.5	64.5	28.5	291	0.233
2015	2	5	18	59	8	(I) ecl (III)	P	403	0.4	70.7	75.4	290	0.565
2015	2	5	19	2	29	(I) occ (III)	P	291	0.2	83.1	74.7	290	0.743
2015	2	6	19	2	14	(II) occ (III)	P	417	0.1	94.7	206.9	110	1.043
2015	2	7	21	57	56	(II) occ (I)	P	397	0.4	70.4	129.1	290	0.343
2015	2	7	22	0	58	(II) ecl (I)	P	478	0.9	41.7	128.9	290	0.217
2015	2	9	5	27	57	(I) occ (II)	P	203	0.4	69.0	30.6	291	0.316
2015	2	9	5	33	13	(I) ecl (II)	E	107	0.0	99.6	29.2	291	1.026
2015	2	9	10	37	6	(III) occ (II)	T	332	0.3	73.9	50.3	109	0.101
2015	2	9	10	48	36	(III) ecl (II)	E	219	0.0	98.5	53.2	109	1.287
2015	2	9	13	37	49	(IV) ecl (II)	E	468	0.3	77.5	94.9	110	0.911
2015	2	9	20	58	40	(III) occ (I)	P	309	0.2	79.6	78.3	289	0.645
2015	2	9	21	9	25	(III) ecl (I)	P	420	0.9	43.8	75.4	289	0.444
2015	2	10	0	44	14	(IV) ecl (I)	E	320	0.1	93.3	9.5	287	1.184
2015	2	11	11	0	22	(II) occ (I)	P	391	0.4	67.9	128.1	290	0.295
2015	2	11	11	12	23	(II) ecl (I)	A	466	0.9	42.0	126.9	290	0.167
2015	2	11	13	38	2	(IV) ecl (III)	A	1506	0.6	55.1	335.4	290	0.219
2015	2	12	18	26	18	(I) occ (II)	P	197	0.3	73.7	32.7	291	0.403
2015	2	12	18	39	10	(I) ecl (II)	E	140	0.0	98.5	29.3	291	0.958
2015	2	12	21	25	59	(I) occ (III)	P	331	0.3	75.9	85.2	290	0.540
2015	2	12	21	47	33	(I) ecl (III)	A	446	0.5	63.3	80.9	290	0.379
2015	2	13	22	0	22	(II) occ (III)	P	282	0.0	98.2	203.4	110	1.189
2015	2	15	0	3	4	(II) occ (I)	P	384	0.5	65.1	126.8	290	0.243
2015	2	15	0	23	48	(II) ecl (I)	A	453	0.8	47.4	124.4	289	0.115
2015	2	16	7	24	48	(I) occ (II)	P	190	0.3	78.5	34.8	291	0.492
2015	2	16	7	45	12	(I) ecl (II)	E	165	0.0	96.5	29.5	291	0.891
2015	2	16	13	18	14	(III) occ (II)	T	326	0.3	73.9	57.2	109	0.301
2015	2	16	14	0	21	(III) ecl (II)	E	340	0.2	84.4	67.7	109	0.979
2015	2	16	23	21	36	(III) occ (I)	P	314	0.3	73.7	67.4	289	0.477
2015	2	16	23	55	57	(III) ecl (I)	P	417	0.6	57.6	3.5	102	0.242
2015	2	17	10	48	10	(III) ecl (IV)	E	468	0.0	98.1	163.5	288	1.590
2015	2	18	5	52	21	(II) ecl (IV)	E	508	0.3	73.9	12.2	122	0.626
2015	2	18	13	5	14	(II) occ (I)	P	377	0.5	62.1	125.4	289	0.187
2015	2	18	13	34	24	(II) ecl (I)	A	441	0.5	62.9	121.8	289	0.062
2015	2	19	20	23	27	(I) occ (II)	P	179	0.2	83.1	36.8	291	0.582
2015	2	19	20	51	15	(I) ecl (II)	E	185	0.1	93.4	29.6	291	0.825
2015	2	19	23	51	29	(I) occ (III)	P	368	0.4	68.9	188.0	109	0.322
2015	2	20	0	39	10	(I) ecl (III)	A	493	0.5	62.3	85.5	289	0.211
2015	2	22	2	7	47	(II) occ (I)	P	370	0.6	59.2	123.7	289	0.128
2015	2	22	2	45	2	(II) ecl (I)	A	429	0.1	90.1	118.8	289	0.008
2015	2	23	9	22	19	(I) occ (II)	P	166	0.1	87.5	38.8	291	0.672
2015	2	23	9	57	24	(I) ecl (II)	E	202	0.1	89.2	29.7	291	0.759
2015	2	23	16	0	50	(III) occ (II)	P	311	0.3	78.1	63.9	109	0.509
2015	2	23	17	12	45	(III) ecl (II)	P	410	0.7	52.9	81.4	109	0.672
2015	2	24	1	44	38	(III) occ (I)	P	316	0.4	68.1	55.8	289	0.285
2015	2	24	2	41	7	(III) ecl (I)	A	410	0.1	90.2	38.7	289	0.034
2015	2	25	15	9	57	(II) occ (I)	A	363	0.6	57.5	122.0	289	0.066
2015	2	25	15	54	58	(II) ecl (I)	A	417	0.4	72.2	115.6	289	0.047
2015	2	26	20	28	6	(IV) occ (II)	P	236	0.1	93.3	69.1	290	0.930
2015	2	26	22	21	26	(I) occ (II)	P	150	0.1	91.5	40.7	291	0.761
2015	2	26	22	48	19	(IV) ecl (II)	E	512	0.5	64.4	33.9	291	0.578
2015	2	26	23	3	37	(I) ecl (II)	E	217	0.2	83.9	29.9	291	0.694
2015	2	26	23	45	55	(IV) ecl (I)	E	651	0.0	99.1	65.2	289	1.267
2015	2	27	2	20	32	(I) occ (III)	A	403	0.4	67.7	103.7	289	0.105

190

Year	M	D	h	m	s	Event Type	Ph	Dur	dMag	%Ill	Sep	PA	MinD
2015	2	27	3	35	56	(I) ecl (III)	A	551	0.2	81.8	89.0	289	0.064
2015	2	27	4	33	26	(IV) ecl (III)	E	640	0.2	86.0	77.7	289	1.141
2015	2	27	7	55	54	(IV) ecl (I)	E	680	0.0	97.3	130.6	289	1.242
2015	2	28	5	34	28	(II) ecl (III)	E	89	0.0	100.0	209.8	109	1.339
2015	3	1	4	12	34	(II) occ (I)	A	354	0.6	57.5	120.1	289	0.004
2015	3	1	5	4	58	(II) ecl (I)	A	405	0.8	46.2	112.2	289	0.104
2015	3	2	11	20	51	(I) occ (II)	P	129	0.1	95.0	42.6	291	0.847
2015	3	2	12	9	54	(I) ecl (II)	P	230	0.3	77.6	30.2	291	0.630
2015	3	2	18	45	22	(III) occ (II)	P	285	0.2	84.9	70.3	109	0.708
2015	3	2	20	25	33	(III) ecl (II)	P	451	0.6	55.5	94.0	109	0.367
2015	3	3	4	8	8	(III) occ (I)	T	314	0.4	67.7	43.8	289	0.085
2015	3	3	5	25	9	(III) ecl (I)	P	399	0.5	64.3	19.8	288	0.177
2015	3	4	17	14	58	(II) occ (I)	A	345	0.6	57.5	118.1	289	0.059
2015	3	4	18	14	23	(II) ecl (I)	A	393	0.9	45.4	108.6	289	0.162
2015	3	6	0	20	33	(I) occ (II)	P	100	0.0	97.8	44.5	290	0.928
2015	3	6	1	16	13	(I) ecl (II)	P	242	0.4	70.3	30.5	291	0.567
2015	3	6	4	54	25	(I) occ (III)	A	441	0.4	67.7	111.5	289	0.099
2015	3	6	6	40	29	(I) ecl (III)	A	636	0.3	77.1	91.2	289	0.055
2015	3	7	8	59	45	(II) ecl (III)	E	321	0.0	99.3	207.9	109	1.182
2015	3	7	11	24	53	(II) occ (IV)	A	432	0.4	70.2	147.0	109	0.016
2015	3	7	14	58	29	(II) ecl (IV)	E	592	0.5	64.7	177.9	109	0.442
2015	3	8	6	17	52	(II) occ (I)	P	336	0.6	58.9	115.9	289	0.120
2015	3	8	7	23	53	(II) ecl (I)	A	380	0.9	43.7	104.9	289	0.221
2015	3	8	9	38	16	(III) occ (IV)	P	1326	0.4	69.6	328.8	109	0.481
2015	3	8	15	49	39	(III) ecl (IV)	E	1455	0.8	46.0	373.3	109	0.538
2015	3	9	13	20	38	(I) occ (II)	P	55	0.0	99.7	46.3	290	1.006
2015	3	9	14	22	39	(I) ecl (II)	P	252	0.5	62.5	30.9	291	0.505
2015	3	9	21	32	43	(III) occ (II)	P	249	0.1	91.1	76.5	108	0.885
2015	3	9	23	39	8	(III) ecl (II)	A	472	0.2	81.6	105.3	109	0.067
2015	3	10	6	33	2	(III) occ (I)	T	307	0.4	67.7	31.5	288	0.109
2015	3	10	8	8	47	(III) ecl (I)	P	383	0.8	49.1	1.4	279	0.386
2015	3	11	19	20	39	(II) occ (I)	P	325	0.5	62.1	113.7	289	0.181
2015	3	11	20	32	54	(II) ecl (I)	P	366	0.8	48.8	101.1	289	0.282
2015	3	13	3	29	7	(I) ecl (II)	P	261	0.7	54.4	31.3	291	0.444
2015	3	13	7	35	26	(I) occ (III)	P	487	0.4	68.1	118.0	289	0.279
2015	3	13	9	59	4	(I) ecl (III)	A	792	0.3	72.5	91.0	289	0.137
2015	3	13	23	29	50	(I) ecl (III)	A	1590	0.4	68.2	67.9	108	0.233
2015	3	14	8	0	28	(I) ecl (III)	A	1163	0.2	79.6	161.8	109	0.119
2015	3	14	12	23	21	(II) ecl (III)	E	422	0.0	96.1	204.6	109	1.006
2015	3	15	8	23	56	(II) occ (I)	P	314	0.5	65.4	111.3	289	0.239
2015	3	15	9	41	57	(II) ecl (I)	P	352	0.6	55.5	97.2	289	0.344
2015	3	16	16	35	42	(I) ecl (II)	P	269	0.8	46.2	31.8	291	0.384
2015	3	17	0	22	41	(III) occ (II)	P	202	0.0	95.7	82.4	108	1.029
2015	3	17	2	52	52	(III) ecl (II)	P	473	0.5	65.2	115.1	108	0.228
2015	3	17	8	59	13	(III) occ (I)	P	297	0.4	68.4	19.0	288	0.288
2015	3	17	10	51	50	(III) ecl (I)	P	363	0.9	45.4	16.1	109	0.591
2015	3	18	21	27	13	(II) occ (I)	P	303	0.4	68.7	108.9	289	0.295
2015	3	18	22	50	37	(II) ecl (I)	P	337	0.5	62.2	93.3	289	0.406
2015	3	20	5	42	19	(I) ecl (II)	P	276	1.0	38.2	32.5	291	0.326
2015	3	20	10	27	30	(I) occ (III)	P	558	0.3	73.0	122.7	289	0.430
2015	3	20	13	51	15	(I) ecl (III)	A	1253	0.3	74.0	85.1	289	0.158
2015	3	20	21	49	49	(I) ecl (III)	A	1665	0.3	76.3	7.1	104	0.156
2015	3	21	1	56	46	(I) occ (III)	P	1502	0.2	82.3	54.8	108	0.680
2015	3	21	7	58	41	(I) occ (III)	P	1252	0.3	77.3	122.2	108	0.546
2015	3	21	11	47	3	(I) ecl (III)	A	741	0.5	62.3	161.8	108	0.376
2015	3	21	15	45	51	(II) ecl (III)	E	484	0.1	89.1	199.9	108	0.813
2015	3	22	10	31	2	(II) occ (I)	P	291	0.4	71.9	106.4	288	0.346
2015	3	22	11	59	18	(II) ecl (I)	P	322	0.4	68.9	89.4	288	0.470
2015	3	23	18	49	1	(I) ecl (II)	P	283	1.1	35.7	33.2	291	0.268
2015	3	24	0	14	33	(III) occ (IV)	P	497	0.3	72.8	121.4	109	0.543
2015	3	24	3	16	1	(III) occ (II)	P	145	0.0	98.6	88.0	108	1.133
2015	3	24	6	7	7	(III) ecl (II)	P	454	0.8	49.5	123.4	108	0.516

191

```
Year  M  D  h  m  s   Event Type      Ph   Dur  dMag  %Ill   Sep  PA  MinD
2015  3 24 11 27 25   (III) occ (I)    P   285  0.3  73.5    6.4 287  0.440
2015  3 24 13 34 54   (III) ecl (I)    P   336  0.4  67.8   32.4 109  0.788
2015  3 25 23 34 55   (II) occ (I)     P   279  0.3  74.8  103.8 288  0.394
2015  3 26  1  7 41   (II) ecl (I)     P   305  0.3  75.3   85.5 288  0.535
2015  3 27 13 38 32   (I) occ (III)    P   706  0.3  77.8  124.3 289  0.551
2015  3 27  7 55 48   (I) ecl (II)     P   288  1.0  39.1   34.0 291  0.212
2015  3 28  0 34 28   (I) occ (III)    P  1084  0.2  85.3    2.5 303  0.748
2015  3 28 11 47 33   (I) occ (III)    P   672  0.3  79.2  122.5 108  0.585
2015  3 28 15  3 41   (I) ecl (III)    P   559  0.3  75.0  155.9 108  0.625
2015  3 28 19  6 50   (II) ecl (III)   P   522  0.3  78.5  194.2 108  0.603
2015  3 29 12 39 19   (II) occ (I)     P   267  0.3  77.5  101.1 288  0.437
2015  3 29 14 16  5   (II) ecl (I)     P   287  0.2  81.3   81.6 288  0.601
2015  3 30 21  2 40   (I) ecl (II)     P   293  0.9  43.8   34.8 291  0.158
2015  3 31  6 12 42   (III) occ (II)   P    80  0.0  99.8   93.3 108  1.189
2015  3 31  9 21 44   (III) ecl (II)   E   411  0.4  68.6  130.3 108  0.797
2015  3 31 13 57 47   (III) occ (I)    P   272  0.3  78.4    6.1 109  0.558
2015  3 31 16 18 14   (III) ecl (I)    E   303  0.2  84.6   47.1 109  0.975
2015  4  2  1 43 49   (II) occ (I)     P   256  0.2  79.9   98.4 288  0.475
2015  4  2  3 24 11   (II) ecl (I)     P   267  0.2  86.9   77.8 288  0.667
2015  4  2  9 48 52   (IV) occ (III)   A  1381  0.7  54.6  309.3 288  0.061
2015  4  3 10  9 37   (I) ecl (II)     A   298  0.4  67.0   35.8 291  0.104
2015  4  3 17 42 28   (I) occ (III)    P  1370  0.2  82.2  117.5 289  0.651
2015  4  3 22 58 59   (I) occ (III)    P  1582  0.2  85.9   60.8 289  0.749
2015  4  4 15  0 46   (I) occ (III)    P   496  0.2  81.6  115.5 108  0.633
2015  4  4 18  7 42   (I) ecl (III)    E   429  0.1  88.8  147.0 108  0.875
2015  4  4 22 27  1   (II) ecl (III)   A   542  0.4  70.7  187.4 108  0.378
2015  4  5 14 48 50   (II) occ (I)     P   245  0.2  82.0   95.7 288  0.507
2015  4  5 16 32 18   (II) ecl (I)     E   245  0.1  91.5   74.0 288  0.735
2015  4  6 23 16 38   (I) ecl (II)     A   301  0.2  81.7   36.9 291  0.053
2015  4  7 12 36 57   (III) ecl (II)   E   334  0.1  91.7  136.0 108  1.070
2015  4  7 16 30 45   (III) occ (I)    P   263  0.2  82.0   18.4 109  0.638
2015  4  7 19  2 19   (III) ecl (I)    E   258  0.1  94.5   60.3 108  1.146
2015  4  8 22 56 55   (II) occ (IV)    A   342  0.4  70.2   27.8 286  0.229
2015  4  8  8  8 28   (III) occ (IV)   P   370  0.1  92.6  149.0 288  1.067
2015  4  9  3 53 59   (II) occ (I)     P   235  0.2  83.7   92.9 288  0.534
2015  4  9  5 40 11   (II) ecl (I)     E   220  0.1  95.0   70.3 288  0.803
2015  4 10 12 23 46   (I) ecl (II)     A   305  0.0 100.0   38.0 290  0.003
2015  4 11 18  0 46   (I) occ (III)    P   404  0.2  83.5  105.8 108  0.669
2015  4 11 21  3 55   (I) ecl (III)    E   308  0.0  97.2  136.3 108  1.127
2015  4 12  1 45 46   (II) ecl (III)   A   545  0.2  79.6  179.9 108  0.140
2015  4 12 16 59 37   (II) occ (I)     P   225  0.2  85.2   90.1 288  0.556
2015  4 12 18 48  5   (II) ecl (I)     E   191  0.0  97.5   66.7 288  0.873
2015  4 14  1 30 57   (I) ecl (II)     A   308  0.2  81.5   39.2 290  0.046
2015  4 14 12 17 30   (III) occ (II)   P    54  0.0  99.9  103.2 108  1.157
2015  4 14 15 53  4   (III) ecl (II)   E   178  0.0  99.7  140.5 108  1.333
2015  4 14 19  6 45   (III) occ (I)    P   259  0.2  84.2   30.6 108  0.680
2015  4 14 21 47 51   (III) ecl (I)    E   196  0.0  98.9   71.9 108  1.300
2015  4 16  6  5 25   (II) occ (I)     P   217  0.2  86.3   87.3 288  0.571
2015  4 16  7 55 46   (II) ecl (I)     E   157  0.0  99.1   63.2 288  0.942
2015  4 17 15 32 46   (IV) occ (II)    P   328  0.3  74.1   28.3 291  0.359
2015  4 17 14 38 16   (I) ecl (II)     A   310  0.4  66.2   40.5 290  0.093
2015  4 17 23 47 14   (IV) occ (I)     P   344  0.1  87.9   59.0 108  0.737
2015  4 18  1 32 27   (IV) occ (III)   A   531  0.7  54.6  109.2 289  0.038
2015  4 18 20 54 44   (I) occ (III)    P   350  0.2  84.6   94.5 108  0.682
2015  4 18 23 55 25   (I) ecl (III)    E   145  0.0  99.9  283.3 108  1.378
2015  4 19  5  3 32   (II) ecl (III)   A   533  0.3  78.7  171.7 108  0.110
2015  4 19 19 11 39   (II) occ (I)     P   210  0.1  87.2   84.5 288  0.580
2015  4 19 21  3 26   (II) ecl (I)     E   110  0.0  99.8   59.8 288  1.013
2015  4 21  3 45 38   (I) ecl (II)     A   312  0.7  53.5   41.9 290  0.138
2015  4 21 15 25 45   (III) occ (II)   P   132  0.0  99.2  107.8 108  1.072
2015  4 21 21 45 54   (III) occ (I)    P   262  0.2  84.9   42.4 109  0.683
2015  4 22  0 35  5   (III) ecl (I)    E    82  0.0 100.0   81.9 108  1.432
```

192

Year	M	D	h	m	s	Event Type	Ph	Dur	dMag	%Ill	Sep	PA	MinD
2015	4	23	8	18	3	(II) occ (I)	P	205	0.1	87.7	81.6	288	0.583
2015	4	24	16	53	8	(I) ecl (II)	P	314	0.9	45.2	43.3	290	0.181
2015	4	25	23	45	26	(I) occ (III)	P	318	0.2	84.6	82.3	108	0.667
2015	4	26	2	1	17	(I) occ (IV)	P	214	0.1	94.3	52.2	109	0.889
2015	4	26	7	39	18	(II) occ (IV)	P	239	0.1	94.7	95.9	109	0.839
2015	4	26	8	20	27	(II) ecl (III)	A	504	0.4	69.8	163.0	108	0.372
2015	4	26	21	24	53	(II) occ (I)	P	201	0.1	87.8	78.8	289	0.580
2015	4	27	10	13	1	(III) occ (IV)	P	1478	0.6	58.7	286.2	109	0.174
2015	4	28	18	38	9	(III) occ (II)	P	208	0.0	96.7	112.2	108	0.945
2015	4	28	6	0	42	(I) ecl (II)	P	316	1.0	39.6	44.7	290	0.222
2015	4	29	0	28	53	(III) occ (I)	P	275	0.2	84.2	53.8	109	0.651
2015	4	30	10	31	54	(II) occ (I)	P	199	0.1	87.6	76.0	289	0.570
2015	5	1	19	8	25	(I) ecl (II)	P	317	1.2	34.4	46.3	290	0.262
2015	5	3	2	34	37	(I) occ (III)	P	302	0.2	83.2	69.5	108	0.618
2015	5	3	10	39	56	(IV) occ (III)	P	387	0.1	91.8	145.6	108	0.960
2015	5	3	11	36	43	(II) ecl (III)	P	457	0.2	80.2	153.8	108	0.644
2015	5	3	23	39	15	(II) occ (I)	P	198	0.1	87.1	73.1	289	0.555
2015	5	4	23	41	18	(IV) occ (II)	P	220	0.0	97.8	132.6	109	0.915
2015	5	5	8	16	12	(I) ecl (II)	P	318	1.2	34.4	47.8	290	0.299
2015	5	5	21	53	54	(III) occ (II)	P	279	0.1	92.1	116.4	109	0.781
2015	5	6	3	15	36	(III) occ (I)	P	299	0.2	82.1	64.5	109	0.588
2015	5	7	12	46	47	(II) occ (I)	P	199	0.2	86.3	70.3	289	0.533
2015	5	8	21	24	10	(I) ecl (II)	P	320	1.0	39.4	49.4	290	0.334
2015	5	10	5	23	22	(I) occ (III)	P	297	0.2	80.2	56.3	108	0.537
2015	5	10	14	52	41	(II) ecl (III)	E	383	0.1	92.7	144.2	109	0.926
2015	5	11	1	54	38	(II) occ (I)	P	201	0.2	85.0	67.5	289	0.506
2015	5	12	10	32	9	(I) ecl (II)	P	321	0.9	44.1	51.1	290	0.367
2015	5	13	1	13	21	(III) occ (II)	P	344	0.2	85.1	120.4	109	0.587
2015	5	13	3	11	47	(III) occ (IV)	P	531	0.6	59.2	102.3	109	0.177
2015	5	13	6	7	11	(III) occ (I)	P	335	0.3	78.9	74.6	109	0.502
2015	5	13	13	1	40	(II) occ (IV)	P	732	0.2	86.6	172.3	109	0.600
2015	5	14	15	2	41	(II) occ (I)	P	204	0.2	83.4	64.7	289	0.473
2015	5	15	23	40	24	(I) ecl (II)	P	322	0.8	48.5	52.8	290	0.398
2015	5	17	8	11	56	(I) occ (III)	P	298	0.3	75.7	43.0	108	0.425
2015	5	17	18	7	53	(II) ecl (III)	E	262	0.0	99.0	134.3	109	1.215
2015	5	18	4	10	59	(II) occ (I)	P	208	0.2	81.3	61.9	289	0.435
2015	5	19	12	48	39	(I) ecl (II)	P	323	0.7	52.5	54.4	290	0.427
2015	5	20	9	4	44	(III) occ (I)	P	384	0.3	74.8	83.6	109	0.400
2015	5	20	4	36	6	(III) occ (II)	P	399	0.3	76.7	124.1	109	0.369
2015	5	21	6	56	20	(III) ecl (I)	P	6047	0.2	82.1	89.9	289	0.899
2015	5	21	7	36	28*	(III) ecl (I)	P	8321	0.1	88.0	94.9	289	0.967
2015	5	21	13	20	48	(IV) occ (I)	P	283	0.0	97.0	97.6	289	0.905
2015	5	21	17	19	29	(II) occ (I)	P	212	0.3	78.7	59.2	289	0.391
2015	5	22	14	29	9	(IV) occ (III)	A	1302	0.7	54.6	265.7	289	0.017
2015	5	23	1	57	13	(I) ecl (II)	P	325	0.6	56.2	56.2	290	0.453
2015	5	24	11	1	8	(I) occ (III)	P	303	0.4	69.9	29.6	108	0.282
2015	5	25	6	28	12	(II) occ (I)	P	216	0.3	75.6	56.5	289	0.342
2015	5	26	15	5	44	(I) ecl (II)	P	326	0.6	59.5	57.9	290	0.477
2015	5	27	12	10	52	(III) occ (I)	P	454	0.4	70.4	91.4	109	0.292
2015	5	27	8	2	21	(III) occ (II)	T	439	0.3	73.9	127.6	109	0.131
2015	5	28	19	37	5	(II) occ (I)	P	219	0.4	72.1	53.8	289	0.287
2015	5	28	3	49	39	(III) ecl (I)	P	1295	0.5	60.4	27.9	290	0.704
2015	5	30	4	14	38	(I) ecl (II)	P	329	0.5	62.4	59.6	291	0.497
2015	5	31	13	50	40	(I) occ (III)	A	306	0.4	67.7	16.3	109	0.112
2015	6	1	8	46	10	(II) occ (I)	P	223	0.4	68.0	51.1	289	0.228
2015	6	2	17	23	30	(I) ecl (II)	P	331	0.5	65.0	61.3	291	0.516
2015	6	3	15	31	1	(III) occ (I)	T	573	0.4	67.7	97.3	110	0.190
2015	6	3	11	32	21	(III) occ (II)	T	459	0.3	73.9	130.9	110	0.121
2015	6	4	1	57	50	(III) ecl (I)	P	1591	0.3	74.5	29.3	109	0.825
2015	6	4	7	19	1	(III) occ (II)	P	1760	0.3	75.4	48.4	290	0.400
2015	6	4	12	49	51	(III) occ (I)	P	1497	0.4	68.7	98.2	290	0.239
2015	6	4	21	55	24	(II) occ (I)	P	225	0.5	63.6	48.4	290	0.163

Year	M	D	h	m	s	Event Type	Ph	Dur	dMag	%Ill	Sep	PA	MinD
2015	6	6	6	32	49	(I) ecl (II)	P	335	0.4	67.1	63.1	291	0.532
2015	6	7	16	41	8	(I) occ (III)	A	305	0.4	67.7	3.2	107	0.080
2015	6	7	7	5	27	(IV) occ (III)	P	217	0.0	98.5	84.3	290	1.097
2015	6	8	11	4	48	(II) occ (I)	P	226	0.6	59.0	45.8	290	0.095
2015	6	9	19	42	6	(I) ecl (II)	P	339	0.4	68.9	64.8	291	0.546
2015	6	10	19	19	34	(III) occ (I)	T	853	0.4	67.7	99.4	110	0.115
2015	6	10	15	5	58	(III) occ (II)	P	449	0.3	77.9	134.0	110	0.381
2015	6	11	5	8	17	(III) occ (I)	P	1283	0.3	73.4	11.6	109	0.349
2015	6	11	17	23	34	(III) occ (I)	T	713	0.4	67.7	99.3	290	0.005
2015	6	12	0	14	21	(II) occ (I)	A	226	0.6	57.5	43.2	290	0.022
2015	6	13	8	51	52	(I) ecl (II)	P	344	0.4	70.3	66.5	291	0.556
2015	6	14	19	32	42	(I) occ (III)	P	295	0.4	70.7	9.5	290	0.287
2015	6	15	13	24	1	(II) occ (I)	A	223	0.6	57.5	40.6	290	0.056
2015	6	15	3	58	36	(II) occ (III)	P	187	0.0	96.9	66.5	110	0.834
2015	6	16	18	22	52	(III) occ (IV)	P	1102	0.3	79.3	248.4	110	0.561
2015	6	16	20	22	29	(I) occ (II)	P	93	0.0	99.5	84.7	291	0.756
2015	6	16	22	1	37	(I) ecl (II)	P	351	0.4	71.3	68.2	291	0.564
2015	6	17	18	43	45	(III) occ (II)	P	387	0.1	89.9	137.0	111	0.644
2015	6	18	21	1	20	(III) occ (I)	P	518	0.4	68.8	92.1	290	0.236
2015	6	19	2	33	51	(II) occ (I)	P	219	0.5	62.1	38.0	290	0.137
2015	6	20	9	35	38	(I) occ (II)	P	147	0.0	98.0	85.6	291	0.702
2015	6	20	11	11	59	(I) ecl (II)	P	359	0.4	71.9	69.8	291	0.568
2015	6	21	22	25	53	(I) occ (III)	P	272	0.2	81.4	22.0	290	0.506
2015	6	22	15	43	46	(I) occ (II)	P	212	0.4	68.5	35.4	290	0.223
2015	6	22	7	25	20	(II) occ (III)	P	297	0.2	84.0	58.2	111	0.505
2015	6	23	22	49	2	(I) occ (II)	P	189	0.0	96.0	86.5	291	0.648
2015	6	24	22	25	5	(III) occ (II)	P	191	0.0	99.2	139.7	111	0.903
2015	6	24	0	22	20	(I) ecl (II)	P	369	0.4	72.2	71.5	291	0.570
2015	6	26	4	53	49	(I) occ (I)	P	201	0.3	75.2	32.9	290	0.312
2015	6	26	0	20	37	(III) occ (I)	P	388	0.2	81.3	82.5	291	0.499
2015	6	27	12	3	14	(I) occ (II)	P	224	0.1	93.7	87.4	291	0.596
2015	6	27	13	33	24	(I) ecl (II)	P	381	0.4	72.0	73.1	291	0.568
2015	6	29	1	21	12	(I) occ (III)	P	224	0.1	91.9	34.2	290	0.729
2015	6	29	10	53	17	(II) occ (III)	A	340	0.3	73.9	49.8	111	0.146
2015	6	29	18	3	55	(II) occ (I)	P	186	0.2	82.1	30.4	290	0.405
2015	7	1	1	17	41	(I) occ (II)	P	257	0.1	91.1	88.2	291	0.545
2015	7	1	2	44	28	(I) ecl (II)	P	394	0.4	71.5	74.6	291	0.563
2015	7	3	7	14	10	(II) occ (I)	P	164	0.1	88.6	27.9	290	0.501
2015	7	3	3	30	51	(III) occ (I)	P	247	0.1	94.4	71.6	291	0.786
2015	7	4	14	33	5	(I) occ (II)	P	289	0.1	88.4	89.0	291	0.496
2015	7	4	15	56	26	(I) ecl (II)	P	411	0.4	70.4	76.2	292	0.554
2015	7	6	4	18	55	(I) occ (III)	P	110	0.0	99.3	45.8	291	0.947
2015	7	6	14	21	56	(II) occ (III)	A	329	0.3	73.9	41.6	112	0.239
2015	7	6	20	24	28	(II) occ (I)	P	133	0.1	94.4	25.4	290	0.600
2015	7	8	3	48	46	(I) occ (II)	P	319	0.2	85.5	89.7	292	0.449
2015	7	8	5	8	27	(I) ecl (II)	P	431	0.4	69.1	77.6	292	0.543
2015	7	10	9	34	51	(II) occ (I)	P	81	0.0	98.9	23.0	290	0.702
2015	7	11	17	5	38	(I) occ (II)	P	350	0.2	82.7	90.4	292	0.406
2015	7	11	18	21	37	(I) ecl (II)	P	455	0.4	67.0	79.0	292	0.527
2015	7	13	17	51	34	(II) occ (III)	P	243	0.1	91.4	33.4	113	0.649
2015	7	15	6	22	50	(I) occ (II)	P	382	0.2	79.9	91.0	292	0.365
2015	7	15	7	34	54	(I) ecl (II)	P	482	0.5	64.6	80.3	292	0.509
2015	7	18	19	41	30	(I) occ (II)	P	415	0.3	77.3	91.5	292	0.328
2015	7	18	20	49	37	(I) ecl (II)	P	516	0.5	61.3	81.5	292	0.484
2015	7	22	9	0	41	(I) occ (II)	P	451	0.3	74.8	91.8	292	0.293
2015	7	22	10	4	41	(I) ecl (II)	P	555	0.6	57.6	82.6	292	0.458
2015	7	25	22	21	49	(I) occ (II)	P	493	0.3	72.6	92.1	292	0.264
2015	7	25	23	21	42	(I) ecl (II)	P	605	0.7	52.9	83.5	292	0.425
2015	7	29	11	43	53	(I) occ (II)	P	540	0.4	70.7	92.2	292	0.239
2015	7	29	12	39	29	(I) ecl (II)	P	664	0.8	47.7	84.3	292	0.389
2015	8	1	3	44	14*	(III) ecl (II)	E	28800	0.1	94.9	112.6	293	1.000
2015	8	1	3	20	44*	(III) ecl (II)	E	8645	0.1	95.4	109.8	293	1.008

194

Year	M	D	h	m	s	Event Type	Ph	Dur	dMag	%Ill	Sep	PA	MinD
2015	8	1	3	21	42*	(III) ecl (II)	E	412	0.1	95.4	109.9	293	1.008
2015	8	2	1	8	40	(I) occ (II)	P	598	0.4	69.3	92.0	293	0.221
2015	8	2	2	0	4	(I) ecl (II)	P	744	1.0	41.2	84.8	292	0.346
2015	8	2	15	35	32	(I) ecl (II)	P	2269	0.2	83.2	52.9	113	0.652
2015	8	5	14	35	17	(I) occ (II)	P	672	0.4	68.2	91.6	293	0.207
2015	8	5	15	22	21	(I) ecl (II)	P	843	1.2	34.2	85.0	293	0.299
2015	8	6	2	55	35	(I) ecl (II)	P	1886	0.7	51.6	31.6	114	0.415
2015	8	6	4	15	43	(I) occ (II)	P	2850	0.4	70.9	45.3	114	0.240
2015	8	6	7	42	44	(I) occ (II)	P	543	0.0	99.8	78.3	113	0.719
2015	8	7	23	37	3	(III) occ (II)	P	2834	0.2	87.0	52.2	294	0.538
2015	8	8	9	52	58	(III) occ (II)	T	2640	0.3	73.9	131.3	293	0.162
2015	8	9	4	6	34	(I) occ (II)	P	776	0.4	67.8	90.6	293	0.201
2015	8	9	4	49	30	(I) ecl (II)	P	993	1.5	25.5	84.6	293	0.243
2015	8	9	14	30	40	(I) ecl (II)	P	1808	1.5	25.6	12.3	117	0.246
2015	8	9	15	20	24	(I) occ (II)	T	1898	0.6	57.5	21.0	115	0.043
2015	8	11	9	17	24	(I) occ (III)	P	768	0.0	96.0	13.7	120	0.797
2015	8	12	17	42	21	(I) occ (II)	P	931	0.4	67.9	89.0	293	0.201
2015	8	12	18	21	19	(I) ecl (II)	P	1219	2.0	16.2	83.5	293	0.181
2015	8	13	2	50	13	(I) occ (II)	P	1731	0.6	58.5	1.1	165	0.078
2015	8	13	2	11	59	(I) ecl (II)	P	1889	2.3	11.9	6.1	285	0.120
2015	8	15	15	57	57	(III) occ (II)	P	1294	0.3	78.6	142.1	293	0.361
2015	8	16	7	29	32	(I) occ (II)	P	1233	0.4	68.9	85.9	293	0.214
2015	8	16	8	6	0	(I) ecl (II)	P	1701	1.3	31.3	80.7	293	0.104
2015	8	16	13	44	3	(I) ecl (II)	P	2248	0.1	95.1	26.0	291	0.017
2015	8	16	14	17	11	(I) occ (II)	P	1834	0.5	65.8	20.2	291	0.175
2015	8	19	21	54	29*	(I) occ (II)	P	1494	0.1	93.5	77.2	293	0.559
2015	8	19	22	23	20	(I) ecl (II)	A	4073	0.1	90.0	72.8	293	0.007
2015	8	19	21	39	49	(I) occ (II)	P	2196	0.4	70.8	79.3	293	0.237
2015	8	19	22	23	20	(I) ecl (II)	A	4074	0.1	90.0	72.8	293	0.007
2015	8	20	1	28	14	(I) occ (II)	P	2654	0.4	71.2	43.1	292	0.243
2015	8	20	0	48	12	(I) ecl (II)	P	4517	0.5	66.0	49.8	292	0.048
2015	8	22	20	50	57	(III) occ (II)	P	730	0.1	92.5	144.7	294	0.655

MERIDIANO CENTRALE DI GIOVE – TRANSITI
CENTRAL MERIDIAN OF JUPITER – TRANSITS

Orari in T.U. in cui transita il Meridiano Centrale

Date in the format dd/mm/yyyy

TIMES IN U.T.

Date	Zero meridian	Zero meridian
01/01/2013	08:03:35	17:54:03	
02/01/2013	03:44:31	13:34:59	23:25:28
03/01/2013	09:15:56	19:06:25	
04/01/2013	04:56:53	14:47:22	
05/01/2013	00:37:50	10:28:19	20:18:48
06/01/2013	06:09:17	15:59:46	
07/01/2013	01:50:15	11:40:44	21:31:13
08/01/2013	07:21:42	17:12:11	
09/01/2013	03:02:41	12:53:10	22:43:39
10/01/2013	08:34:09	18:24:39	
11/01/2013	04:15:08	14:05:38	23:56:08
12/01/2013	09:46:38	19:37:08	
13/01/2013	05:27:38	15:18:08	
14/01/2013	01:08:38	10:59:08	20:49:39
15/01/2013	06:40:09	16:30:40	
16/01/2013	02:21:10	12:11:41	22:02:11
17/01/2013	07:52:42	17:43:13	
18/01/2013	03:33:44	13:24:15	23:14:46
19/01/2013	09:05:17	18:55:48	
20/01/2013	04:46:19	14:36:51	
21/01/2013	00:27:22	10:17:54	20:08:25
22/01/2013	05:58:57	15:49:28	
23/01/2013	01:40:00	11:30:32	21:21:04
24/01/2013	07:11:36	17:02:08	
25/01/2013	02:52:40	12:43:12	22:33:44
26/01/2013	08:24:17	18:14:49	
27/01/2013	04:05:21	13:55:54	23:46:26
28/01/2013	09:36:59	19:27:32	
29/01/2013	05:18:04	15:08:37	
30/01/2013	00:59:10	10:49:43	20:40:16
31/01/2013	06:30:49	16:21:22	
01/02/2013	02:11:55	12:02:29	21:53:02
02/02/2013	07:43:36	17:34:09	
03/02/2013	03:24:42	13:15:16	23:05:50
04/02/2013	08:56:24	18:46:57	
05/02/2013	04:37:31	14:28:06	
06/02/2013	00:18:39	10:09:13	19:59:47
07/02/2013	05:50:22	15:40:56	
08/02/2013	01:31:30	11:22:05	21:12:39
09/02/2013	07:03:13	16:53:48	
10/02/2013	02:44:23	12:34:58	22:25:32
11/02/2013	08:16:07	18:06:42	
12/02/2013	03:57:17	13:47:52	23:38:27
13/02/2013	09:29:02	19:19:37	
14/02/2013	05:10:12	15:00:48	
15/02/2013	00:51:23	10:41:58	20:32:34
16/02/2013	06:23:09	16:13:45	
17/02/2013	02:04:20	11:54:56	21:45:32
18/02/2013	07:36:08	17:26:43	
19/02/2013	03:17:19	13:07:55	22:58:32
20/02/2013	08:49:07	18:39:43	
21/02/2013	04:30:19	14:20:55	
22/02/2013	00:11:32	10:02:08	19:52:45
23/02/2013	05:43:21	15:33:57	
24/02/2013	01:24:34	11:15:11	21:05:47
25/02/2013	06:56:24	16:47:00	
26/02/2013	02:37:38	12:28:14	22:18:51
27/02/2013	08:09:28	18:00:05	
28/02/2013	03:50:42	13:41:19	23:31:56
01/03/2013	09:22:33	19:13:11	
02/03/2013	05:03:48	14:54:25	
03/03/2013	00:45:02	10:35:39	20:26:17

Date	Zero meridian	Zero meridian	
04/03/2013	06:16:54	16:07:32	
05/03/2013	01:58:09	11:48:46	21:39:25
06/03/2013	07:30:02	17:20:40	
07/03/2013	03:11:17	13:01:55	22:52:33
08/03/2013	08:43:11	18:33:49	
09/03/2013	04:24:26	14:15:04	
10/03/2013	00:05:43	09:56:21	19:46:58
11/03/2013	05:37:36	15:28:14	
12/03/2013	01:18:53	11:09:31	21:00:09
13/03/2013	06:50:47	16:41:26	
14/03/2013	02:32:05	12:22:43	22:13:21
15/03/2013	08:03:59	17:54:38	
16/03/2013	03:45:17	13:35:55	23:26:34
17/03/2013	09:17:12	19:07:51	
18/03/2013	04:58:30	14:49:09	
19/03/2013	00:39:47	10:30:26	20:21:04
20/03/2013	06:11:44	16:02:23	
21/03/2013	01:53:01	11:43:40	21:34:19
22/03/2013	07:24:59	17:15:37	
23/03/2013	03:06:16	12:56:55	22:47:34
24/03/2013	08:38:14	18:28:53	
25/03/2013	04:19:32	14:10:11	
26/03/2013	00:00:51	09:51:30	19:42:09
27/03/2013	05:32:48	15:23:27	
28/03/2013	01:14:07	11:04:47	20:55:26
29/03/2013	06:46:05	16:36:44	
30/03/2013	02:27:24	12:18:04	22:08:43
31/03/2013	07:59:22	17:50:02	
01/04/2013	03:40:42	13:31:21	23:22:01
02/04/2013	09:12:40	19:03:20	
03/04/2013	04:54:00	14:44:40	
04/04/2013	00:35:19	10:25:58	20:16:38
05/04/2013	06:07:19	15:57:58	
06/04/2013	01:48:38	11:39:17	21:29:57
07/04/2013	07:20:38	17:11:17	
08/04/2013	03:01:57	12:52:37	22:43:16
09/04/2013	08:33:57	18:24:37	
10/04/2013	04:15:17	14:05:56	23:56:36
11/04/2013	09:47:17	19:37:57	
12/04/2013	05:28:37	15:19:16	
13/04/2013	01:09:56	11:00:37	20:51:17
14/04/2013	06:41:57	16:32:37	
15/04/2013	02:23:17	12:13:58	22:04:38
16/04/2013	07:55:17	17:45:57	
17/04/2013	03:36:38	13:27:18	23:17:58
18/04/2013	09:08:38	18:59:18	
19/04/2013	04:49:59	14:40:39	
20/04/2013	00:31:19	10:21:59	20:12:39
21/04/2013	06:03:21	15:54:01	
22/04/2013	01:44:41	11:35:21	21:26:01
23/04/2013	07:16:42	17:07:22	
24/04/2013	02:58:02	12:48:42	22:39:22
25/04/2013	08:30:03	18:20:43	
26/04/2013	04:11:24	14:02:04	23:52:44
27/04/2013	09:43:25	19:34:05	
28/04/2013	05:24:45	15:15:25	
29/04/2013	01:06:05	10:56:47	20:47:27
30/04/2013	06:38:07	16:28:47	
01/05/2013	02:19:27	12:10:09	22:00:49
02/05/2013	07:51:29	17:42:09	
03/05/2013	03:32:49	13:23:30	23:14:11
04/05/2013	09:04:51	18:55:31	

Date	Zero meridian	Zero meridian	
05/05/2013	04:46:11	14:36:52	
06/05/2013	00:27:32	10:18:13	20:08:53
07/05/2013	05:59:33	15:50:14	
08/05/2013	01:40:54	11:31:35	21:22:15
09/05/2013	07:12:56	17:03:36	
10/05/2013	02:54:16	12:44:56	22:35:37
11/05/2013	08:26:18	18:16:58	
12/05/2013	04:07:38	13:58:18	23:48:58
13/05/2013	09:39:40	19:30:20	
14/05/2013	05:21:00	15:11:40	
15/05/2013	01:02:20	10:53:01	20:43:41
16/05/2013	06:34:22	16:25:02	
17/05/2013	02:15:42	12:06:23	21:57:03
18/05/2013	07:47:43	17:38:23	
19/05/2013	03:29:03	13:19:44	23:10:24
20/05/2013	09:01:04	18:51:44	
21/05/2013	04:42:24	14:33:06	
22/05/2013	00:23:46	10:14:26	20:05:06
23/05/2013	05:55:46	15:46:27	
24/05/2013	01:37:07	11:27:47	21:18:27
25/05/2013	07:09:06	16:59:48	
26/05/2013	02:50:27	12:41:07	22:31:47
27/05/2013	08:22:27	18:13:08	
28/05/2013	04:03:48	13:54:28	23:45:08
29/05/2013	09:35:48	19:26:29	
30/05/2013	05:17:09	15:07:48	
31/05/2013	00:58:28	10:49:09	20:39:49
01/06/2013	06:30:29	16:21:08	
02/06/2013	02:11:48	12:02:29	21:53:09
03/06/2013	07:43:49	17:34:28	
04/06/2013	03:25:08	13:15:49	23:06:28
05/06/2013	08:57:08	18:47:48	
06/06/2013	04:38:27	14:29:08	
07/06/2013	00:19:48	10:10:27	20:01:07
08/06/2013	05:51:46	15:42:27	
09/06/2013	01:33:07	11:23:46	21:14:26
10/06/2013	07:05:05	16:55:46	
11/06/2013	02:46:25	12:37:05	22:27:44
12/06/2013	08:18:24	18:09:04	
13/06/2013	03:59:44	13:50:23	23:41:02
14/06/2013	09:31:42	19:22:22	
15/06/2013	05:13:02	15:03:41	
16/06/2013	00:54:20	10:44:59	20:35:40
17/06/2013	06:26:19	16:16:58	
18/06/2013	02:07:37	11:58:17	21:48:57
19/06/2013	07:39:36	17:30:15	
20/06/2013	03:20:54	13:11:33	23:02:14
21/06/2013	08:52:53	18:43:32	
22/06/2013	04:34:11	14:24:51	
23/06/2013	00:15:30	10:06:09	19:56:48
24/06/2013	05:47:27	15:38:07	
25/06/2013	01:28:46	11:19:25	21:10:04
26/06/2013	07:00:42	16:51:22	
27/06/2013	02:42:01	12:32:40	22:23:19
28/06/2013	08:13:57	18:04:37	
29/06/2013	03:55:16	13:45:55	23:36:33
30/06/2013	09:27:12	19:17:52	
01/07/2013	05:08:30	14:59:09	
02/07/2013	00:49:48	10:40:26	20:31:06
03/07/2013	06:21:44	16:12:23	
04/07/2013	02:03:01	11:53:40	21:44:19
05/07/2013	07:34:58	17:25:36	

Date	Zero meridian	Zero meridian	
06/07/2013	03:16:14	13:06:53	22:57:32
07/07/2013	08:48:10	18:38:49	
08/07/2013	04:29:27	14:20:05	
09/07/2013	00:10:44	10:01:23	19:52:01
10/07/2013	05:42:39	15:33:17	
11/07/2013	01:23:56	11:14:34	21:05:12
12/07/2013	06:55:50	16:46:28	
13/07/2013	02:37:07	12:27:45	22:18:23
14/07/2013	08:09:01	17:59:39	
15/07/2013	03:50:18	13:40:56	23:31:34
16/07/2013	09:22:11	19:12:50	
17/07/2013	05:03:28	14:54:06	
18/07/2013	00:44:43	10:35:21	20:25:59
19/07/2013	06:16:37	16:07:15	
20/07/2013	01:57:52	11:48:30	21:39:08
21/07/2013	07:29:46	17:20:23	
22/07/2013	03:11:01	13:01:38	22:52:16
23/07/2013	08:42:54	18:33:31	
24/07/2013	04:24:08	14:14:46	
25/07/2013	00:05:24	09:56:01	19:46:38
26/07/2013	05:37:16	15:27:53	
27/07/2013	01:18:31	11:09:08	20:59:45
28/07/2013	06:50:22	16:40:59	
29/07/2013	02:31:37	12:22:14	22:12:51
30/07/2013	08:03:28	17:54:05	
31/07/2013	03:44:42	13:35:19	23:25:56
01/08/2013	09:16:33	19:07:09	
02/08/2013	04:57:47	14:48:24	
03/08/2013	00:39:00	10:29:37	20:20:14
04/08/2013	06:10:51	16:01:27	
05/08/2013	01:52:04	11:42:40	21:33:17
06/08/2013	07:23:54	17:14:31	
07/08/2013	03:05:07	12:55:43	22:46:20
08/08/2013	08:36:57	18:27:33	
09/08/2013	04:18:09	14:08:45	23:59:21
10/08/2013	09:49:58	19:40:34	
11/08/2013	05:31:10	15:21:46	
12/08/2013	01:12:23	11:02:59	20:53:35
13/08/2013	06:44:11	16:34:47	
14/08/2013	02:25:23	12:15:59	22:06:35
15/08/2013	07:57:11	17:47:46	
16/08/2013	03:38:23	13:28:58	23:19:34
17/08/2013	09:10:10	19:00:45	
18/08/2013	04:51:21	14:41:57	
19/08/2013	00:32:32	10:23:08	20:13:43
20/08/2013	06:04:19	15:54:54	
21/08/2013	01:45:30	11:36:05	21:26:40
22/08/2013	07:17:16	17:07:51	
23/08/2013	02:58:26	12:49:01	22:39:36
24/08/2013	08:30:12	18:20:47	
25/08/2013	04:11:22	14:01:57	23:52:32
26/08/2013	09:43:07	19:33:42	
27/08/2013	05:24:17	15:14:51	
28/08/2013	01:05:26	10:56:01	20:46:36
29/08/2013	06:37:11	16:27:45	
30/08/2013	02:18:20	12:08:55	21:59:29
31/08/2013	07:50:04	17:40:38	
01/09/2013	03:31:12	13:21:47	23:12:21
02/09/2013	09:02:56	18:53:30	
03/09/2013	04:44:04	14:34:39	
04/09/2013	00:25:13	10:15:47	20:06:21
05/09/2013	05:56:55	15:47:29	

Date	Zero meridian	Zero meridian	
06/09/2013	01:38:03	11:28:37	21:19:11
07/09/2013	07:09:44	17:00:19	
08/09/2013	02:50:52	12:41:26	22:32:00
09/09/2013	08:22:33	18:13:07	
10/09/2013	04:03:41	13:54:14	23:44:47
11/09/2013	09:35:21	19:25:55	
12/09/2013	05:16:28	15:07:01	
13/09/2013	00:57:34	10:48:08	20:38:41
14/09/2013	06:29:14	16:19:47	
15/09/2013	02:10:20	12:00:54	21:51:27
16/09/2013	07:42:00	17:32:32	
17/09/2013	03:23:05	13:13:38	23:04:11
18/09/2013	08:54:44	18:45:16	
19/09/2013	04:35:49	14:26:22	
20/09/2013	00:16:55	10:07:27	19:58:00
21/09/2013	05:48:32	15:39:05	
22/09/2013	01:29:37	11:20:09	21:10:41
23/09/2013	07:01:14	16:51:46	
24/09/2013	02:42:18	12:32:50	22:23:22
25/09/2013	08:13:54	18:04:27	
26/09/2013	03:54:58	13:45:30	23:36:02
27/09/2013	09:26:34	19:17:06	
28/09/2013	05:07:38	14:58:09	
29/09/2013	00:48:41	10:39:12	20:29:44
30/09/2013	06:20:16	16:10:47	
01/10/2013	02:01:18	11:51:50	21:42:21
02/10/2013	07:32:52	17:23:24	
03/10/2013	03:13:55	13:04:26	22:54:57
04/10/2013	08:45:28	18:35:59	
05/10/2013	04:26:30	14:17:01	
06/10/2013	00:07:32	09:58:03	19:48:33
07/10/2013	05:39:04	15:29:35	
08/10/2013	01:20:05	11:10:36	21:01:07
09/10/2013	06:51:37	16:42:07	
10/10/2013	02:32:38	12:23:08	22:13:39
11/10/2013	08:04:09	17:54:39	
12/10/2013	03:45:09	13:35:39	23:26:09
13/10/2013	09:16:39	19:07:09	
14/10/2013	04:57:39	14:48:09	
15/10/2013	00:38:39	10:29:09	20:19:39
16/10/2013	06:10:08	16:00:38	
17/10/2013	01:51:07	11:41:37	21:32:07
18/10/2013	07:22:36	17:13:05	
19/10/2013	03:03:35	12:54:04	22:44:33
20/10/2013	08:35:03	18:25:32	
21/10/2013	04:16:01	14:06:30	23:56:59
22/10/2013	09:47:28	19:37:57	
23/10/2013	05:28:26	15:18:55	
24/10/2013	01:09:23	10:59:52	20:50:21
25/10/2013	06:40:49	16:31:18	
26/10/2013	02:21:47	12:12:15	22:02:44
27/10/2013	07:53:12	17:43:40	
28/10/2013	03:34:09	13:24:37	23:15:05
29/10/2013	09:05:33	18:56:01	
30/10/2013	04:46:30	14:36:57	
31/10/2013	00:27:25	10:17:53	20:08:21
01/11/2013	05:58:49	15:49:17	
02/11/2013	01:39:45	11:30:12	21:20:40
03/11/2013	07:11:08	17:01:35	
04/11/2013	02:52:03	12:42:30	22:32:58
05/11/2013	08:23:25	18:13:52	
06/11/2013	04:04:19	13:54:47	23:45:14

Date	Zero meridian	Zero meridian	
07/11/2013	09:35:41	19:26:08	
08/11/2013	05:16:35	15:07:02	
09/11/2013	00:57:29	10:47:56	20:38:23
10/11/2013	06:28:50	16:19:16	
11/11/2013	02:09:43	12:00:10	21:50:36
12/11/2013	07:41:03	17:31:30	
13/11/2013	03:21:56	13:12:22	23:02:49
14/11/2013	08:53:15	18:43:42	
15/11/2013	04:34:08	14:24:34	
16/11/2013	00:15:00	10:05:27	19:55:53
17/11/2013	05:46:19	15:36:45	
18/11/2013	01:27:11	11:17:37	21:08:03
19/11/2013	06:58:29	16:48:54	
20/11/2013	02:39:20	12:29:46	22:20:12
21/11/2013	08:10:38	18:01:03	
22/11/2013	03:51:29	13:41:54	23:32:20
23/11/2013	09:22:46	19:13:11	
24/11/2013	05:03:36	14:54:02	
25/11/2013	00:44:27	10:34:53	20:25:18
26/11/2013	06:15:43	16:06:08	
27/11/2013	01:56:34	11:46:59	21:37:23
28/11/2013	07:27:49	17:18:14	
29/11/2013	03:08:39	12:59:04	22:49:29
30/11/2013	08:39:54	18:30:19	
01/12/2013	04:20:44	14:11:09	
02/12/2013	00:01:33	09:51:58	19:42:23
03/12/2013	05:32:48	15:23:12	
04/12/2013	01:13:37	11:04:01	20:54:26
05/12/2013	06:44:51	16:35:16	
06/12/2013	02:25:40	12:16:04	22:06:29
07/12/2013	07:56:54	17:47:18	
08/12/2013	03:37:42	13:28:07	23:18:31
09/12/2013	09:08:56	18:59:20	
10/12/2013	04:49:44	14:40:09	
11/12/2013	00:30:33	10:20:57	20:11:22
12/12/2013	06:01:46	15:52:10	
13/12/2013	01:42:34	11:32:59	21:23:23
14/12/2013	07:13:47	17:04:11	
15/12/2013	02:54:35	12:45:00	22:35:24
16/12/2013	08:25:48	18:16:12	
17/12/2013	04:06:36	13:57:00	23:47:25
18/12/2013	09:37:48	19:28:13	
19/12/2013	05:18:37	15:09:01	
20/12/2013	00:59:25	10:49:49	20:40:13
21/12/2013	06:30:37	16:21:02	
22/12/2013	02:11:26	12:01:49	21:52:14
23/12/2013	07:42:38	17:33:02	
24/12/2013	03:23:26	13:13:50	23:04:14
25/12/2013	08:54:39	18:45:03	
26/12/2013	04:35:27	14:25:51	
27/12/2013	00:16:15	10:06:39	19:57:04
28/12/2013	05:47:28	15:37:52	
29/12/2013	01:28:16	11:18:40	21:09:05
30/12/2013	06:59:29	16:49:53	
31/12/2013	02:40:17	12:30:42	22:21:06
01/01/2014	08:11:31	18:01:54	
02/01/2014	03:52:19	13:42:43	23:33:08
03/01/2014	09:23:33	19:13:57	
04/01/2014	05:04:21	14:54:46	
05/01/2014	00:45:11	10:35:35	20:25:59
06/01/2014	06:16:24	16:06:49	
07/01/2014	01:57:14	11:47:38	21:38:03

Date	Zero meridian	Zero meridian	
08/01/2014	07:28:28	17:18:53	
09/01/2014	03:09:17	12:59:42	22:50:07
10/01/2014	08:40:32	18:30:57	
11/01/2014	04:21:22	14:11:47	
12/01/2014	00:02:12	09:52:37	19:43:02
13/01/2014	05:33:28	15:23:53	
14/01/2014	01:14:18	11:04:43	20:55:09
15/01/2014	06:45:34	16:36:00	
16/01/2014	02:26:25	12:16:51	22:07:16
17/01/2014	07:57:42	17:48:08	
18/01/2014	03:38:33	13:28:59	23:19:25
19/01/2014	09:09:51	19:00:17	
20/01/2014	04:50:42	14:41:08	
21/01/2014	00:31:34	10:22:01	20:12:27
22/01/2014	06:02:53	15:53:19	
23/01/2014	01:43:45	11:34:12	21:24:38
24/01/2014	07:15:04	17:05:31	
25/01/2014	02:55:58	12:46:24	22:36:51
26/01/2014	08:27:17	18:17:44	
27/01/2014	04:08:11	13:58:38	23:49:05
28/01/2014	09:39:32	19:29:59	
29/01/2014	05:20:26	15:10:54	
30/01/2014	01:01:21	10:51:48	20:42:15
31/01/2014	06:32:43	16:23:10	
01/02/2014	02:13:38	12:04:05	21:54:33
02/02/2014	07:45:01	17:35:29	
03/02/2014	03:25:57	13:16:24	23:06:52
04/02/2014	08:57:21	18:47:49	
05/02/2014	04:38:17	14:28:45	
06/02/2014	00:19:13	10:09:42	20:00:10
07/02/2014	05:50:39	15:41:07	
08/02/2014	01:31:36	11:22:05	21:12:34
09/02/2014	07:03:02	16:53:31	
10/02/2014	02:44:00	12:34:29	22:24:59
11/02/2014	08:15:28	18:05:57	
12/02/2014	03:56:26	13:46:56	23:37:25
13/02/2014	09:27:55	19:18:24	
14/02/2014	05:08:54	14:59:24	
15/02/2014	00:49:53	10:40:23	20:30:53
16/02/2014	06:21:23	16:11:53	
17/02/2014	02:02:23	11:52:54	21:43:24
18/02/2014	07:33:54	17:24:25	
19/02/2014	03:14:55	13:05:26	22:55:56
20/02/2014	08:46:27	18:36:58	
21/02/2014	04:27:28	14:17:59	
22/02/2014	00:08:30	09:59:01	19:49:32
23/02/2014	05:40:04	15:30:35	
24/02/2014	01:21:06	11:11:37	21:02:09
25/02/2014	06:52:40	16:43:12	
26/02/2014	02:33:44	12:24:15	22:14:47
27/02/2014	08:05:19	17:55:51	
28/02/2014	03:46:23	13:36:55	23:27:27
01/03/2014	09:17:59	19:08:31	
02/03/2014	04:59:04	14:49:36	
03/03/2014	00:40:08	10:30:41	20:21:13
04/03/2014	06:11:46	16:02:19	
05/03/2014	01:52:52	11:43:24	21:33:57
06/03/2014	07:24:30	17:15:03	
07/03/2014	03:05:36	12:56:09	22:46:43
08/03/2014	08:37:16	18:27:49	
09/03/2014	04:18:23	14:08:56	23:59:30
10/03/2014	09:50:03	19:40:37	

Date	Zero meridian	Zero meridian	
11/03/2014	05:31:11	15:21:44	
12/03/2014	01:12:19	11:02:52	20:53:26
13/03/2014	06:44:00	16:34:34	
14/03/2014	02:25:09	12:15:43	22:06:17
15/03/2014	07:56:51	17:47:25	
16/03/2014	03:38:00	13:28:35	23:19:09
17/03/2014	09:09:44	19:00:18	
18/03/2014	04:50:53	14:41:28	
19/03/2014	00:32:03	10:22:37	20:13:12
20/03/2014	06:03:48	15:54:23	
21/03/2014	01:44:58	11:35:33	21:26:08
22/03/2014	07:16:44	17:07:19	
23/03/2014	02:57:54	12:48:29	22:39:05
24/03/2014	08:29:41	18:20:16	
25/03/2014	04:10:52	14:01:27	23:52:03
26/03/2014	09:42:39	19:33:15	
27/03/2014	05:23:51	15:14:26	
28/03/2014	01:05:02	10:55:39	20:46:15
29/03/2014	06:36:51	16:27:27	
30/03/2014	02:18:03	12:08:40	21:59:16
31/03/2014	07:49:52	17:40:29	
01/04/2014	03:31:05	13:21:42	23:12:19
02/04/2014	09:02:55	18:53:32	
03/04/2014	04:44:08	14:34:45	
04/04/2014	00:25:22	10:15:59	20:06:35
05/04/2014	05:57:12	15:47:50	
06/04/2014	01:38:27	11:29:04	21:19:41
07/04/2014	07:10:18	17:00:55	
08/04/2014	02:51:32	12:42:10	22:32:47
09/04/2014	08:23:24	18:14:02	
10/04/2014	04:04:39	13:55:16	23:45:54
11/04/2014	09:36:32	19:27:09	
12/04/2014	05:17:47	15:08:24	
13/04/2014	00:59:02	10:49:40	20:40:18
14/04/2014	06:30:55	16:21:33	
15/04/2014	02:12:11	12:02:49	21:53:27
16/04/2014	07:44:05	17:34:43	
17/04/2014	03:25:21	13:16:00	23:06:37
18/04/2014	08:57:15	18:47:53	
19/04/2014	04:38:31	14:29:10	
20/04/2014	00:19:48	10:10:27	20:01:05
21/04/2014	05:51:43	15:42:22	
22/04/2014	01:33:00	11:23:38	21:14:17
23/04/2014	07:04:55	16:55:34	
24/04/2014	02:46:13	12:36:51	22:27:30
25/04/2014	08:18:08	18:08:47	
26/04/2014	03:59:26	13:50:04	23:40:43
27/04/2014	09:31:22	19:22:01	
28/04/2014	05:12:40	15:03:19	
29/04/2014	00:53:57	10:44:36	20:35:16
30/04/2014	06:25:54	16:16:33	
01/05/2014	02:07:12	11:57:51	21:48:31
02/05/2014	07:39:10	17:29:48	
03/05/2014	03:20:27	13:11:06	23:01:46
04/05/2014	08:52:25	18:43:04	
05/05/2014	04:33:43	14:24:23	
06/05/2014	00:15:02	10:05:41	19:56:21
07/05/2014	05:47:00	15:37:40	
08/05/2014	01:28:19	11:18:58	21:09:37
09/05/2014	07:00:17	16:50:57	
10/05/2014	02:41:36	12:32:15	22:22:55
11/05/2014	08:13:34	18:04:14	

Date	Zero meridian		Zero meridian
12/05/2014	03:54:54	13:45:33	23:36:12
13/05/2014	09:26:52	19:17:32	
14/05/2014	05:08:11	14:58:51	
15/05/2014	00:49:30	10:40:10	20:30:50
16/05/2014	06:21:30	16:12:09	
17/05/2014	02:02:49	11:53:28	21:44:09
18/05/2014	07:34:48	17:25:28	
19/05/2014	03:16:07	13:06:47	22:57:27
20/05/2014	08:48:07	18:38:47	
21/05/2014	04:29:26	14:20:06	
22/05/2014	00:10:47	10:01:26	19:52:06
23/05/2014	05:42:45	15:33:25	
24/05/2014	01:24:06	11:14:45	21:05:25
25/05/2014	06:56:05	16:46:44	
26/05/2014	02:37:25	12:28:05	22:18:45
27/05/2014	08:09:24	18:00:05	
28/05/2014	03:50:45	13:41:25	23:32:04
29/05/2014	09:22:44	19:13:25	
30/05/2014	05:04:05	14:54:45	
31/05/2014	00:45:24	10:36:04	20:26:45
01/06/2014	06:17:25	16:08:05	
02/06/2014	01:58:44	11:49:24	21:40:05
03/06/2014	07:30:45	17:21:25	
04/06/2014	03:12:05	13:02:44	22:53:25
05/06/2014	08:44:05	18:34:45	
06/06/2014	04:25:25	14:16:05	
07/06/2014	00:06:46	09:57:25	19:48:05
08/06/2014	05:38:45	15:29:25	
09/06/2014	01:20:06	11:10:46	21:01:25
10/06/2014	06:52:05	16:42:45	
11/06/2014	02:33:26	12:24:06	22:14:46
12/06/2014	08:05:25	17:56:05	
13/06/2014	03:46:46	13:37:26	23:28:06
14/06/2014	09:18:46	19:09:25	
15/06/2014	05:00:06	14:50:46	
16/06/2014	00:41:26	10:32:06	20:22:45
17/06/2014	06:13:26	16:04:06	
18/06/2014	01:54:46	11:45:26	21:36:07
19/06/2014	07:26:46	17:17:26	
20/06/2014	03:08:06	12:58:46	22:49:27
21/06/2014	08:40:06	18:30:46	
22/06/2014	04:21:26	14:12:06	
23/06/2014	00:02:46	09:53:26	19:44:06
24/06/2014	05:34:46	15:25:25	
25/06/2014	01:16:06	11:06:46	20:57:25
26/06/2014	06:48:05	16:38:45	
27/06/2014	02:29:26	12:20:05	22:10:45
28/06/2014	08:01:25	17:52:04	
29/06/2014	03:42:45	13:33:25	23:24:04
30/06/2014	09:14:44	19:05:23	
01/07/2014	04:56:04	14:46:44	
02/07/2014	00:37:23	10:28:03	20:18:42
03/07/2014	06:09:23	16:00:02	
04/07/2014	01:50:42	11:41:21	21:32:01
05/07/2014	07:22:42	17:13:21	
06/07/2014	03:04:00	12:54:40	22:45:19
07/07/2014	08:36:00	18:26:39	
08/07/2014	04:17:19	14:07:58	23:58:37
09/07/2014	09:49:18	19:39:57	
10/07/2014	05:30:37	15:21:16	
11/07/2014	01:11:55	11:02:36	20:53:15
12/07/2014	06:43:54	16:34:33	

Date	Zero meridian	Zero meridian	
13/07/2014	02:25:14	12:15:53	22:06:32
14/07/2014	07:57:11	17:47:51	
15/07/2014	03:38:31	13:29:10	23:19:49
16/07/2014	09:10:28	19:01:07	
17/07/2014	04:51:48	14:42:27	
18/07/2014	00:33:06	10:23:45	20:14:24
19/07/2014	06:05:04	15:55:43	
20/07/2014	01:46:22	11:37:01	21:27:40
21/07/2014	07:18:20	17:08:59	
22/07/2014	02:59:38	12:50:17	22:40:56
23/07/2014	08:31:36	18:22:15	
24/07/2014	04:12:54	14:03:32	23:54:11
25/07/2014	09:44:51	19:35:30	
26/07/2014	05:26:09	15:16:47	
27/07/2014	01:07:26	10:58:06	20:48:45
28/07/2014	06:39:23	16:30:02	
29/07/2014	02:20:41	12:11:20	22:01:59
30/07/2014	07:52:37	17:43:16	
31/07/2014	03:33:54	13:24:34	23:15:13
01/08/2014	09:05:51	18:56:30	
02/08/2014	04:47:08	14:37:47	
03/08/2014	00:28:26	10:19:04	20:09:43
04/08/2014	06:00:22	15:51:00	
05/08/2014	01:41:39	11:32:17	21:22:55
06/08/2014	07:13:34	17:04:13	
07/08/2014	02:54:51	12:45:29	22:36:07
08/08/2014	08:26:46	18:17:24	
09/08/2014	04:08:03	13:58:41	23:49:19
10/08/2014	09:39:58	19:30:36	
11/08/2014	05:21:14	15:11:52	
12/08/2014	01:02:30	10:53:08	20:43:46
13/08/2014	06:34:24	16:25:02	
14/08/2014	02:15:40	12:06:19	21:56:56
15/08/2014	07:47:34	17:38:12	
16/08/2014	03:28:50	13:19:28	23:10:06
17/08/2014	09:00:44	18:51:21	
18/08/2014	04:41:59	14:32:37	
19/08/2014	00:23:15	10:13:52	20:04:30
20/08/2014	05:55:07	15:45:46	
21/08/2014	01:36:23	11:27:01	21:17:38
22/08/2014	07:08:15	16:58:54	
23/08/2014	02:49:31	12:40:08	22:30:45
24/08/2014	08:21:23	18:12:01	
25/08/2014	04:02:38	13:53:15	23:43:52
26/08/2014	09:34:29	19:25:07	
27/08/2014	05:15:44	15:06:21	
28/08/2014	00:56:58	10:47:35	20:38:13
29/08/2014	06:28:50	16:19:27	
30/08/2014	02:10:04	12:00:41	21:51:18
31/08/2014	07:41:55	17:32:32	
01/09/2014	03:23:08	13:13:46	23:04:23
02/09/2014	08:54:59	18:45:36	
03/09/2014	04:36:12	14:26:50	
04/09/2014	00:17:26	10:08:03	19:58:39
05/09/2014	05:49:16	15:39:53	
06/09/2014	01:30:29	11:21:06	21:11:42
07/09/2014	07:02:18	16:52:55	
08/09/2014	02:43:31	12:34:08	22:24:44
09/09/2014	08:15:20	18:05:57	
10/09/2014	03:56:33	13:47:09	23:37:45
11/09/2014	09:28:21	19:18:58	
12/09/2014	05:09:33	15:00:09	

206

Date	Zero meridian		Zero meridian
13/09/2014	00:50:45	10:41:21	20:31:58
14/09/2014	06:22:33	16:13:09	
15/09/2014	02:03:45	11:54:20	21:44:57
16/09/2014	07:35:32	17:26:08	
17/09/2014	03:16:44	13:07:19	22:57:55
18/09/2014	08:48:31	18:39:06	
19/09/2014	04:29:41	14:20:17	
20/09/2014	00:10:53	10:01:28	19:52:03
21/09/2014	05:42:39	15:33:14	
22/09/2014	01:23:50	11:14:25	21:05:00
23/09/2014	06:55:35	16:46:10	
24/09/2014	02:36:45	12:27:20	22:17:55
25/09/2014	08:08:30	17:59:05	
26/09/2014	03:49:40	13:40:15	23:30:50
27/09/2014	09:21:25	19:11:59	19:12:00
28/09/2014	05:02:34	14:53:09	
29/09/2014	00:43:44	10:34:18	20:24:53
30/09/2014	06:15:28	16:06:02	
01/10/2014	01:56:36	11:47:11	21:37:46
02/10/2014	07:28:20	17:18:54	
03/10/2014	03:09:28	13:00:02	22:50:37
04/10/2014	08:41:11	18:31:45	
05/10/2014	04:22:19	14:12:53	
06/10/2014	00:03:28	09:54:01	19:44:35
07/10/2014	05:35:09	15:25:43	
08/10/2014	01:16:17	11:06:51	20:57:24
09/10/2014	06:47:58	16:38:32	
10/10/2014	02:29:06	12:19:39	22:10:13
11/10/2014	08:00:46	17:51:20	
12/10/2014	03:41:53	13:32:27	23:23:00
13/10/2014	09:13:33	19:04:06	
14/10/2014	04:54:40	14:45:13	
15/10/2014	00:35:46	10:26:19	20:16:52
16/10/2014	06:07:26	15:57:59	
17/10/2014	01:48:31	11:39:04	21:29:37
18/10/2014	07:20:10	17:10:43	
19/10/2014	03:01:16	12:51:48	22:42:21
20/10/2014	08:32:54	18:23:26	
21/10/2014	04:13:59	14:04:31	23:55:04
22/10/2014	09:45:36	19:36:08	
23/10/2014	05:26:41	15:17:13	
24/10/2014	01:07:45	10:58:18	20:48:50
25/10/2014	06:39:22	16:29:54	
26/10/2014	02:20:26	12:10:58	22:01:30
27/10/2014	07:52:02	17:42:33	
28/10/2014	03:33:05	13:23:37	23:14:09
29/10/2014	09:04:40	18:55:12	
30/10/2014	04:45:44	14:36:15	
31/10/2014	00:26:47	10:17:18	20:07:49
01/11/2014	05:58:21	15:48:52	
02/11/2014	01:39:23	11:29:55	21:20:26
03/11/2014	07:10:57	17:01:28	
04/11/2014	02:51:59	12:42:30	22:33:01
05/11/2014	08:23:32	18:14:03	
06/11/2014	04:04:34	13:55:04	23:45:35
07/11/2014	09:36:06	19:26:36	
08/11/2014	05:17:07	15:07:37	
09/11/2014	00:58:08	10:48:38	20:39:09
10/11/2014	06:29:39	16:20:09	
11/11/2014	02:10:40	12:01:10	21:51:40
12/11/2014	07:42:10	17:32:40	
13/11/2014	03:23:10	13:13:40	23:04:10

207

Date	Zero meridian	Zero meridian	
14/11/2014	08:54:40	18:45:10	
15/11/2014	04:35:40	14:26:09	
16/11/2014	00:16:39	10:07:09	19:57:38
17/11/2014	05:48:08	15:38:37	
18/11/2014	01:29:07	11:19:36	21:10:06
19/11/2014	07:00:35	16:51:04	
20/11/2014	02:41:33	12:32:03	22:22:32
21/11/2014	08:13:01	18:03:30	
22/11/2014	03:53:59	13:44:28	23:34:57
23/11/2014	09:25:25	19:15:54	
24/11/2014	05:06:23	14:56:52	
25/11/2014	00:47:20	10:37:49	20:28:17
26/11/2014	06:18:46	16:09:14	
27/11/2014	01:59:43	11:50:11	21:40:39
28/11/2014	07:31:08	17:21:36	
29/11/2014	03:12:04	13:02:32	22:53:00
30/11/2014	08:43:28	18:33:56	
01/12/2014	04:24:24	14:14:52	
02/12/2014	00:05:20	09:55:48	19:46:16
03/12/2014	05:36:43	15:27:11	
04/12/2014	01:17:38	11:08:06	20:58:34
05/12/2014	06:49:01	16:39:29	
06/12/2014	02:29:56	12:20:23	22:10:51
07/12/2014	08:01:18	17:51:45	
08/12/2014	03:42:12	13:32:39	23:23:06
09/12/2014	09:13:34	19:04:01	
10/12/2014	04:54:27	14:44:54	
11/12/2014	00:35:21	10:25:48	20:16:15
12/12/2014	06:06:41	15:57:08	
13/12/2014	01:47:35	11:38:01	21:28:28
14/12/2014	07:18:54	17:09:21	
15/12/2014	02:59:47	12:50:14	22:40:40
16/12/2014	08:31:06	18:21:32	
17/12/2014	04:11:59	14:02:25	23:52:51
18/12/2014	09:43:17	19:33:43	
19/12/2014	05:24:09	15:14:35	
20/12/2014	01:05:01	10:55:27	20:45:53
21/12/2014	06:36:19	16:26:45	
22/12/2014	02:17:10	12:07:36	21:58:01
23/12/2014	07:48:27	17:38:53	
24/12/2014	03:29:19	13:19:44	23:10:09
25/12/2014	09:00:35	18:51:00	
26/12/2014	04:41:26	14:31:51	
27/12/2014	00:22:16	10:12:41	20:03:07
28/12/2014	05:53:32	15:43:57	
29/12/2014	01:34:22	11:24:47	21:15:13
30/12/2014	07:05:38	16:56:02	
31/12/2014	02:46:27	12:36:52	22:27:17
01/01/2015	08:17:43	18:08:07	
02/01/2015	03:58:32	13:48:57	23:39:22
03/01/2015	09:29:47	19:20:11	
04/01/2015	05:10:36	15:01:01	
05/01/2015	00:51:25	10:41:50	20:32:14
06/01/2015	06:22:39	16:13:04	
07/01/2015	02:03:28	11:53:53	21:44:17
08/01/2015	07:34:42	17:25:06	
09/01/2015	03:15:31	13:05:55	22:56:19
10/01/2015	08:46:44	18:37:08	
11/01/2015	04:27:33	14:17:57	
12/01/2015	00:08:21	09:58:46	19:49:10
13/01/2015	05:39:34	15:29:59	
14/01/2015	01:20:23	11:10:47	21:01:11

Date	Zero meridian	Zero meridian	
15/01/2015	06:51:36	16:42:00	
16/01/2015	02:32:24	12:22:48	22:13:12
17/01/2015	08:03:37	17:54:01	
18/01/2015	03:44:25	13:34:49	23:25:13
19/01/2015	09:15:37	19:06:02	
20/01/2015	04:56:25	14:46:50	
21/01/2015	00:37:14	10:27:38	20:18:02
22/01/2015	06:08:26	15:58:50	
23/01/2015	01:49:15	11:39:39	21:30:03
24/01/2015	07:20:27	17:10:51	
25/01/2015	03:01:15	12:51:40	22:42:04
26/01/2015	08:32:28	18:22:52	
27/01/2015	04:13:16	14:03:41	23:54:05
28/01/2015	09:44:29	19:34:53	
29/01/2015	05:25:17	15:15:42	
30/01/2015	01:06:06	10:56:30	20:46:54
31/01/2015	06:37:19	16:27:43	
01/02/2015	02:18:08	12:08:32	21:58:56
02/02/2015	07:49:21	17:39:45	
03/02/2015	03:30:10	13:20:34	23:10:58
04/02/2015	09:01:23	18:51:48	
05/02/2015	04:42:12	14:32:36	
06/02/2015	00:23:01	10:13:26	20:03:51
07/02/2015	05:54:16	15:44:40	
08/02/2015	01:35:05	11:25:30	21:15:55
09/02/2015	07:06:19	16:56:44	
10/02/2015	02:47:09	12:37:34	22:27:59
11/02/2015	08:18:24	18:08:49	
12/02/2015	03:59:14	13:49:39	23:40:04
13/02/2015	09:30:30	19:20:54	
14/02/2015	05:11:20	15:01:45	
15/02/2015	00:52:10	10:42:36	20:33:01
16/02/2015	06:23:26	16:13:52	
17/02/2015	02:04:18	11:54:43	21:45:08
18/02/2015	07:35:34	17:26:00	
19/02/2015	03:16:26	13:06:52	22:57:17
20/02/2015	08:47:43	18:38:09	
21/02/2015	04:28:35	14:19:01	
22/02/2015	00:09:27	09:59:53	19:50:19
23/02/2015	05:40:46	15:31:12	
24/02/2015	01:21:38	11:12:05	21:02:31
25/02/2015	06:52:58	16:43:24	
26/02/2015	02:33:50	12:24:17	22:14:44
27/02/2015	08:05:11	17:55:38	
28/02/2015	03:46:04	13:36:31	23:26:58
01/03/2015	09:17:25	19:07:52	
02/03/2015	04:58:19	14:48:47	
03/03/2015	00:39:14	10:29:41	20:20:09
04/03/2015	06:10:36	16:01:03	
05/03/2015	01:51:31	11:41:59	21:32:26
06/03/2015	07:22:54	17:13:22	
07/03/2015	03:03:50	12:54:18	22:44:46
08/03/2015	08:35:13	18:25:42	
09/03/2015	04:16:10	14:06:38	23:57:06
10/03/2015	09:47:35	19:38:03	
11/03/2015	05:28:32	15:19:00	
12/03/2015	01:09:29	10:59:57	20:50:26
13/03/2015	06:40:55	16:31:24	
14/03/2015	02:21:53	12:12:21	22:02:51
15/03/2015	07:53:20	17:43:49	
16/03/2015	03:34:18	13:24:47	23:15:17
17/03/2015	09:05:46	18:56:16	

Date	Zero meridian	Zero meridian	
18/03/2015	04:46:45	14:37:15	
19/03/2015	00:27:45	10:18:14	20:08:44
20/03/2015	05:59:14	15:49:44	
21/03/2015	01:40:14	11:30:44	21:21:14
22/03/2015	07:11:44	17:02:15	
23/03/2015	02:52:45	12:43:16	22:33:46
24/03/2015	08:24:17	18:14:47	
25/03/2015	04:05:18	13:55:49	23:46:19
26/03/2015	09:36:50	19:27:21	
27/03/2015	05:17:52	15:08:23	
28/03/2015	00:58:54	10:49:26	20:39:57
29/03/2015	06:30:28	16:21:00	
30/03/2015	02:11:31	12:02:03	21:52:34
31/03/2015	07:43:06	17:33:38	
01/04/2015	03:24:10	13:14:42	23:05:13
02/04/2015	08:55:45	18:46:17	
03/04/2015	04:36:50	14:27:22	
04/04/2015	00:17:54	10:08:26	19:58:59
05/04/2015	05:49:31	15:40:04	
06/04/2015	01:30:36	11:21:09	21:11:41
07/04/2015	07:02:14	16:52:47	
08/04/2015	02:43:20	12:33:53	22:24:26
09/04/2015	08:14:59	18:05:32	
10/04/2015	03:56:05	13:46:38	23:37:12
11/04/2015	09:27:45	19:18:19	
12/04/2015	05:08:52	14:59:26	
13/04/2015	00:49:59	10:40:33	20:31:07
14/04/2015	06:21:40	16:12:14	
15/04/2015	02:02:48	11:53:22	21:43:56
16/04/2015	07:34:30	17:25:04	
17/04/2015	03:15:38	13:06:12	22:56:47
18/04/2015	08:47:21	18:37:56	
19/04/2015	04:28:30	14:19:04	
20/04/2015	00:09:39	10:00:14	19:50:48
21/04/2015	05:41:23	15:31:58	
22/04/2015	01:22:33	11:13:08	21:03:43
23/04/2015	06:54:18	16:44:53	
24/04/2015	02:35:28	12:26:03	22:16:38
25/04/2015	08:07:13	17:57:49	
26/04/2015	03:48:24	13:39:00	23:29:35
27/04/2015	09:20:10	19:10:46	
28/04/2015	05:01:22	14:51:58	
29/04/2015	00:42:33	10:33:09	20:23:44
30/04/2015	06:14:21	16:04:57	
01/05/2015	01:55:32	11:46:08	21:36:45
02/05/2015	07:27:21	17:17:57	
03/05/2015	03:08:33	12:59:09	22:49:46
04/05/2015	08:40:22	18:30:58	
05/05/2015	04:21:34	14:12:11	
06/05/2015	00:02:48	09:53:24	19:44:01
07/05/2015	05:34:37	15:25:14	
08/05/2015	01:15:51	11:06:27	20:57:04
09/05/2015	06:47:41	16:38:17	
10/05/2015	02:28:55	12:19:32	22:10:09
11/05/2015	08:00:45	17:51:22	
12/05/2015	03:42:00	13:32:37	23:23:14
13/05/2015	09:13:51	19:04:28	
14/05/2015	04:55:06	14:45:43	
15/05/2015	00:36:21	10:26:58	20:17:35
16/05/2015	06:08:13	15:58:51	
17/05/2015	01:49:28	11:40:05	21:30:43
18/05/2015	07:21:21	17:11:59	

Date	Zero meridian	Zero meridian	
19/05/2015	03:02:36	12:53:14	22:43:51
20/05/2015	08:34:30	18:25:08	
21/05/2015	04:15:45	14:06:23	23:57:01
22/05/2015	09:47:39	19:38:17	
23/05/2015	05:28:55	15:19:33	
24/05/2015	01:10:11	11:00:50	20:51:28
25/05/2015	06:42:06	16:32:44	
26/05/2015	02:23:22	12:14:01	22:04:39
27/05/2015	07:55:17	17:45:55	
28/05/2015	03:36:35	13:27:13	23:17:51
29/05/2015	09:08:29	18:59:07	
30/05/2015	04:49:47	14:40:25	
31/05/2015	00:31:03	10:21:42	20:12:20
01/06/2015	06:03:00	15:53:38	
02/06/2015	01:44:17	11:34:55	21:25:34
03/06/2015	07:16:13	17:06:52	
04/06/2015	02:57:30	12:48:09	22:38:48
05/06/2015	08:29:27	18:20:06	
06/06/2015	04:10:45	14:01:23	23:52:02
07/06/2015	09:42:42	19:33:21	
08/06/2015	05:23:59	15:14:38	
09/06/2015	01:05:17	10:55:57	20:46:36
10/06/2015	06:37:15	16:27:54	
11/06/2015	02:18:33	12:09:13	21:59:52
12/06/2015	07:50:31	17:41:10	
13/06/2015	03:31:48	13:22:29	23:13:08
14/06/2015	09:03:47	18:54:26	
15/06/2015	04:45:05	14:35:45	
16/06/2015	00:26:24	10:17:03	20:07:42
17/06/2015	05:58:22	15:49:02	
18/06/2015	01:39:41	11:30:20	21:20:59
19/06/2015	07:11:39	17:02:19	
20/06/2015	02:52:58	12:43:37	22:34:17
21/06/2015	08:24:57	18:15:36	
22/06/2015	04:06:16	13:56:55	23:47:34
23/06/2015	09:38:15	19:28:54	
24/06/2015	05:19:33	15:10:13	
25/06/2015	01:00:52	10:51:33	20:42:12
26/06/2015	06:32:51	16:23:31	
27/06/2015	02:14:10	12:04:51	21:55:30
28/06/2015	07:46:10	17:36:49	
29/06/2015	03:27:28	13:18:09	23:08:49
30/06/2015	08:59:28	18:50:07	
01/07/2015	04:40:47	14:31:28	
02/07/2015	00:22:07	10:12:46	20:03:26
03/07/2015	05:54:05	15:44:46	
04/07/2015	01:35:26	11:26:05	21:16:45
05/07/2015	07:07:24	16:58:05	
06/07/2015	02:48:44	12:39:24	22:30:03
07/07/2015	08:20:43	18:11:24	
08/07/2015	04:02:03	13:52:43	23:43:22
09/07/2015	09:34:02	19:24:43	
10/07/2015	05:15:22	15:06:02	
11/07/2015	00:56:41	10:47:21	20:38:01
12/07/2015	06:28:41	16:19:21	
13/07/2015	02:10:00	12:00:41	21:51:20
14/07/2015	07:42:00	17:32:40	
15/07/2015	03:23:19	13:14:00	23:04:39
16/07/2015	08:55:19	18:45:58	
17/07/2015	04:36:38	14:27:19	
18/07/2015	00:17:58	10:08:38	19:59:17
19/07/2015	05:49:57	15:40:38	

Date	Zero meridian		Zero meridian
20/07/2015	01:31:17	11:21:57	21:12:36
21/07/2015	07:03:16	16:53:56	
22/07/2015	02:44:36	12:35:15	22:25:55
23/07/2015	08:16:34	18:07:15	
24/07/2015	03:57:55	13:48:34	23:39:14
25/07/2015	09:29:53	19:20:34	
26/07/2015	05:11:13	15:01:53	
27/07/2015	00:52:32	10:43:11	20:33:52
28/07/2015	06:24:31	16:15:11	
29/07/2015	02:05:50	11:56:30	21:47:10
30/07/2015	07:37:50	17:28:29	
31/07/2015	03:19:08	13:09:48	23:00:28
01/08/2015	08:51:08	18:41:47	
02/08/2015	04:32:26	14:23:06	
03/08/2015	00:13:46	10:04:26	19:55:05
04/08/2015	05:45:44	15:36:25	
05/08/2015	01:27:04	11:17:43	21:08:22
06/08/2015	06:59:02	16:49:42	
07/08/2015	02:40:21	12:31:01	22:21:40
08/08/2015	08:12:19	18:02:59	
09/08/2015	03:53:38	13:44:18	23:34:57
10/08/2015	09:25:36	19:16:16	
11/08/2015	05:06:55	14:57:34	
12/08/2015	00:48:14	10:38:53	20:29:33
13/08/2015	06:20:12	16:10:51	
14/08/2015	02:01:30	11:52:09	21:42:49
15/08/2015	07:33:28	17:24:07	
16/08/2015	03:14:46	13:05:25	22:56:05
17/08/2015	08:46:44	18:37:23	
18/08/2015	04:28:02	14:18:41	
19/08/2015	00:09:21	10:00:00	19:50:39
20/08/2015	05:41:17	15:31:56	
21/08/2015	01:22:36	11:13:15	21:03:54
22/08/2015	06:54:32	16:45:11	
23/08/2015	02:35:51	12:26:30	22:17:08
24/08/2015	08:07:47	17:58:26	
25/08/2015	03:49:05	13:39:44	23:30:23
26/08/2015	09:21:01	19:11:40	
27/08/2015	05:02:20	14:52:58	
28/08/2015	00:43:37	10:34:15	20:24:55
29/08/2015	06:15:33	16:06:12	
30/08/2015	01:56:50	11:47:28	21:38:08
31/08/2015	07:28:46	17:19:25	
01/09/2015	03:10:03	13:00:41	22:51:21
02/09/2015	08:41:59	18:32:37	
03/09/2015	04:23:15	14:13:54	
04/09/2015	00:04:33	09:55:11	19:45:49
05/09/2015	05:36:27	15:27:06	
06/09/2015	01:17:45	11:08:23	20:59:01
07/09/2015	06:49:39	16:40:17	
08/09/2015	02:30:56	12:21:34	22:12:12
09/09/2015	08:02:50	17:53:28	
10/09/2015	03:44:07	13:34:45	23:25:23
11/09/2015	09:16:00	19:06:38	
12/09/2015	04:57:17	14:47:55	
13/09/2015	00:38:33	10:29:10	20:19:48
14/09/2015	06:10:27	16:01:04	
15/09/2015	01:51:42	11:42:20	21:32:57
16/09/2015	07:23:36	17:14:13	
17/09/2015	03:04:51	12:55:28	22:46:06
18/09/2015	08:36:44	18:27:22	
19/09/2015	04:17:59	14:08:36	23:59:14

Date	Zero meridian	Zero meridian	
20/09/2015	09:49:52	19:40:29	
21/09/2015	05:31:07	15:21:44	
22/09/2015	01:12:22	11:02:59	20:53:36
23/09/2015	06:44:13	16:34:51	
24/09/2015	02:25:29	12:16:06	22:06:43
25/09/2015	07:57:20	17:47:57	
26/09/2015	03:38:35	13:29:12	23:19:48
27/09/2015	09:10:25	19:01:02	
28/09/2015	04:51:40	14:42:17	
29/09/2015	00:32:53	10:23:30	20:14:07
30/09/2015	06:04:45	15:55:21	
01/10/2015	01:45:58	11:36:34	21:27:11
02/10/2015	07:17:48	17:08:25	
03/10/2015	02:59:02	12:49:38	22:40:14
04/10/2015	08:30:52	18:21:28	
05/10/2015	04:12:04	14:02:41	23:53:17
06/10/2015	09:43:54	19:34:30	
07/10/2015	05:25:07	15:15:43	
08/10/2015	01:06:19	10:56:56	20:47:32
09/10/2015	06:38:08	16:28:44	
10/10/2015	02:19:20	12:09:57	22:00:33
11/10/2015	07:51:09	17:41:45	
12/10/2015	03:32:21	13:22:57	23:13:33
13/10/2015	09:04:09	18:54:44	
14/10/2015	04:45:20	14:35:57	
15/10/2015	00:26:32	10:17:08	20:07:43
16/10/2015	05:58:19	15:48:55	
17/10/2015	01:39:31	11:30:06	21:20:42
18/10/2015	07:11:17	17:01:53	
19/10/2015	02:52:28	12:43:04	22:33:39
20/10/2015	08:24:15	18:14:50	
21/10/2015	04:05:25	13:56:00	23:46:35
22/10/2015	09:37:11	19:27:46	
23/10/2015	05:18:21	15:08:56	
24/10/2015	00:59:31	10:50:06	20:40:41
25/10/2015	06:31:16	16:21:51	
26/10/2015	02:12:25	12:03:01	21:53:35
27/10/2015	07:44:10	17:34:45	
28/10/2015	03:25:19	13:15:54	23:06:29
29/10/2015	08:57:03	18:47:38	
30/10/2015	04:38:12	14:28:47	
31/10/2015	00:19:21	10:09:56	20:00:30
01/11/2015	05:51:04	15:41:39	
02/11/2015	01:32:13	11:22:47	21:13:21
03/11/2015	07:03:55	16:54:30	
04/11/2015	02:45:04	12:35:37	22:26:11
05/11/2015	08:16:45	18:07:19	
06/11/2015	03:57:53	13:48:27	23:39:01
07/11/2015	09:29:34	19:20:08	
08/11/2015	05:10:42	15:01:15	
09/11/2015	00:51:49	10:42:22	20:32:56
10/11/2015	06:23:30	16:14:03	
11/11/2015	02:04:36	11:55:10	21:45:43
12/11/2015	07:36:16	17:26:50	
13/11/2015	03:17:23	13:07:56	22:58:29
14/11/2015	08:49:02	18:39:35	
15/11/2015	04:30:08	14:20:41	
16/11/2015	00:11:14	10:01:47	19:52:19
17/11/2015	05:42:52	15:33:25	
18/11/2015	01:23:58	11:14:30	21:05:03
19/11/2015	06:55:35	16:46:08	
20/11/2015	02:36:41	12:27:13	22:17:45

213

Date	Zero meridian	Zero meridian	
21/11/2015	08:08:18	17:58:50	
22/11/2015	03:49:22	13:39:54	23:30:27
23/11/2015	09:20:59	19:11:31	
24/11/2015	05:02:03	14:52:35	
25/11/2015	00:43:07	10:33:39	20:24:11
26/11/2015	06:14:42	16:05:14	
27/11/2015	01:55:46	11:46:18	21:36:49
28/11/2015	07:27:21	17:17:52	
29/11/2015	03:08:24	12:58:55	22:49:27
30/11/2015	08:39:58	18:30:30	
01/12/2015	04:21:01	14:11:32	
02/12/2015	00:02:03	09:52:35	19:43:06
03/12/2015	05:33:37	15:24:08	
04/12/2015	01:14:39	11:05:10	20:55:41
05/12/2015	06:46:11	16:36:42	
06/12/2015	02:27:13	12:17:44	22:08:14
07/12/2015	07:58:45	17:49:16	
08/12/2015	03:39:46	13:30:17	23:20:47
09/12/2015	09:11:17	19:01:48	
10/12/2015	04:52:18	14:42:48	
11/12/2015	00:33:18	10:23:49	20:14:19
12/12/2015	06:04:49	15:55:19	
13/12/2015	01:45:49	11:36:19	21:26:49
14/12/2015	07:17:18	17:07:48	
15/12/2015	02:58:18	12:48:48	22:39:17
16/12/2015	08:29:47	18:20:16	
17/12/2015	04:10:46	14:01:15	23:51:45
18/12/2015	09:42:14	19:32:43	
19/12/2015	05:23:13	15:13:42	
20/12/2015	01:04:11	10:54:40	20:45:09
21/12/2015	06:35:38	16:26:07	
22/12/2015	02:16:36	12:07:05	21:57:34
23/12/2015	07:48:03	17:38:31	
24/12/2015	03:29:00	13:19:29	23:09:57
25/12/2015	09:00:26	18:50:55	
26/12/2015	04:41:23	14:31:51	
27/12/2015	00:22:20	10:12:48	20:03:16
28/12/2015	05:53:45	15:44:13	
29/12/2015	01:34:41	11:25:09	21:15:37
30/12/2015	07:06:05	16:56:33	
31/12/2015	02:47:01	12:37:29	22:27:57

MERIDIANO CENTRALE I
(Valido per le regioni equatoriali)

CENTRAL MERIDIAN I
(For equatorial zones)

MERIDIANO CENTRALE II
(Valido per le regioni a media latitudine)

CENTRAL MERIDIAN II
(For middle latitude zones)

Longitudine del meridiano che transita alle ore 0 T.U. del giorno indicato in °

Longitude of the meridian that transits at 0 U.T. in °

Data Date	Gen Jan	Feb Feb	Mar Mar	Apr Apr	Mag May	Giu Jun	Lug Jul	Ago Aug	Set Sep	Ott Oct	Nov Nov	Dic Dec
	°	°	°	°	°	°	°	°	°	°	°	°
1	64.4	278.8	16.3	224.7	274.2	121.2	171.2	20.0	230.4	285.2	140.4	200.2
2	222.3	76.6	174.0	22.3	71.8	278.9	328.8	177.7	28.2	83.1	298.4	358.2
3	20.3	234.4	331.7	180.0	229.5	76.5	126.5	335.4	186.0	241.0	96.3	156.3
4	178.2	32.2	129.5	337.7	27.1	234.2	284.2	133.1	343.8	38.8	254.3	314.3
5	336.1	190.0	287.2	135.3	184.8	31.8	81.9	290.9	141.6	196.7	52.3	112.3
6	134.1	347.8	84.9	293.0	342.4	189.5	239.6	88.6	299.4	354.6	210.2	270.4
7	292.0	145.6	242.6	90.6	140.0	347.1	37.3	246.4	97.2	152.5	8.2	68.4
8	89.9	303.4	40.3	248.3	297.7	144.8	195.0	44.1	255.0	310.4	166.2	226.4
9	247.8	101.2	198.0	46.0	95.3	302.4	352.6	201.8	52.8	108.3	324.1	24.5
10	45.7	259.0	355.7	203.6	253.0	100.1	150.3	359.6	210.6	266.1	122.1	182.5
11	203.7	56.8	153.4	1.3	50.6	257.8	308.0	157.3	8.5	64.0	280.1	340.6
12	1.6	214.6	311.1	158.9	208.3	55.4	105.7	315.1	166.3	221.9	78.1	138.6
13	159.5	12.3	108.8	316.6	5.9	213.1	263.4	112.8	324.1	19.8	236.1	296.6
14	317.4	170.1	266.5	114.2	163.6	10.7	61.1	270.6	121.9	177.7	34.1	94.7
15	115.2	327.9	64.2	271.9	321.2	168.4	218.8	68.3	279.7	335.6	192.0	252.7
16	273.1	125.6	221.9	69.5	118.8	326.1	16.5	226.1	77.6	133.5	350.0	50.8
17	71.0	283.4	19.6	227.2	276.5	123.7	174.2	23.8	235.4	291.4	148.0	208.8
18	228.9	81.2	177.3	24.8	74.1	281.4	331.9	181.6	33.2	89.4	306.0	6.9
19	26.8	238.9	334.9	182.5	231.8	79.1	129.6	339.4	191.0	247.3	104.0	164.9
20	184.6	36.7	132.6	340.1	29.4	236.7	287.3	137.1	348.9	45.2	262.0	323.0
21	342.5	194.4	290.3	137.7	187.1	34.4	85.1	294.9	146.7	203.1	60.0	121.0
22	140.4	352.2	88.0	295.4	344.7	192.1	242.8	92.7	304.6	1.0	218.1	279.1
23	298.2	149.9	245.7	93.0	142.4	349.7	40.5	250.4	102.4	159.0	16.1	77.1
24	96.1	307.6	43.3	250.7	300.0	147.4	198.2	48.2	260.2	316.9	174.1	235.1
25	253.9	105.4	201.0	48.3	97.7	305.1	355.9	206.0	58.1	114.8	332.1	33.2
26	51.8	263.1	358.7	206.0	255.3	102.8	153.6	3.7	215.9	272.8	130.1	191.2
27	209.6	60.8	156.4	3.6	53.0	260.4	311.3	161.5	13.8	70.7	288.1	349.3
28	7.5	218.1	314.0	161.3	210.6	58.1	109.1	319.3	171.7	228.6	86.1	147.3
29	165.3		111.7	318.9	8.2	215.8	266.8	117.1	329.5	26.6	244.2	305.4
30	323.1		269.4	116.5	165.9	13.5	64.5	274.9	127.4	184.5	42.2	103.4
31	121.0		67.0		323.6		222.2	72.7		342.5		261.5

Data Date	Gen Jan	Feb Feb	Mar Mar	Apr Apr	Mag May	Giu Jun	Lug Jul	Ago Aug	Set Sep	Ott Oct	Nov Nov	Dic Dec
	°	°	°	°	°	°	°	°	°	°	°	°
1	169.7	147.6	31.5	3.4	184.0	154.5	335.5	307.8	281.7	107.6	86.3	277.1
2	320.0	297.8	181.6	153.4	334.0	304.5	125.6	97.9	71.9	257.9	236.6	67.5
3	110.3	88.0	331.7	303.4	124.0	94.5	275.6	248.0	222.1	48.1	26.9	217.9
4	260.6	238.1	121.8	93.5	274.0	244.6	65.7	38.1	12.2	198.3	177.2	8.3
5	50.9	28.3	271.9	243.5	64.0	34.6	215.8	188.2	162.4	348.6	327.6	158.7
6	201.2	178.5	61.9	33.5	214.1	184.6	5.8	338.3	312.6	138.8	117.9	309.1
7	351.5	328.7	212.0	183.6	4.1	334.6	155.9	128.4	102.7	289.1	268.2	99.5
8	141.8	118.8	2.1	333.6	154.1	124.7	305.9	278.5	252.9	79.3	58.6	250.0
9	292.1	269.0	152.2	123.6	304.1	274.7	96.0	68.6	43.1	229.6	208.9	40.4
10	82.4	59.1	302.2	273.6	94.1	64.7	246.1	218.8	193.3	19.9	359.3	190.8
11	232.7	209.3	92.3	63.7	244.1	214.7	36.1	8.9	343.5	170.1	149.6	341.2
12	23.0	359.5	242.4	213.7	34.1	4.8	186.2	159.0	133.6	320.4	300.0	131.6
13	173.2	149.6	32.5	3.7	184.2	154.8	336.2	309.1	283.8	110.6	90.3	282.0
14	323.5	299.7	182.5	153.7	334.2	304.8	126.3	99.2	74.0	260.9	240.7	72.4
15	113.8	89.9	332.6	303.7	124.2	94.9	276.4	249.3	224.2	51.2	31.1	222.8
16	264.0	240.0	122.6	93.8	274.2	244.9	66.5	39.5	14.4	201.5	181.4	13.2
17	54.3	30.2	272.7	243.8	64.2	34.9	216.5	189.6	164.6	351.7	331.8	163.7
18	204.5	180.3	62.8	33.8	214.2	185.0	6.6	339.7	314.8	142.0	122.2	314.1
19	354.8	330.4	212.8	183.8	4.2	335.0	156.7	129.9	105.0	292.3	272.5	104.5
20	145.0	120.5	2.9	333.8	154.3	125.1	306.8	280.0	255.2	82.6	62.9	254.9
21	295.3	270.6	152.9	123.8	304.3	275.1	96.8	70.1	45.4	232.9	213.3	45.3
22	85.5	60.8	303.0	273.9	94.3	65.1	246.9	220.3	195.6	23.2	3.6	195.7
23	235.7	210.9	93.0	63.9	244.3	215.2	37.0	10.4	345.8	173.5	154.0	346.2
24	25.9	1.0	243.1	213.9	34.3	5.2	187.1	160.5	136.0	323.8	304.4	136.6
25	176.2	151.1	33.1	3.9	184.3	155.3	337.2	310.7	286.3	114.1	94.8	287.0
26	326.4	301.2	183.1	153.9	334.4	305.3	127.2	100.8	76.5	264.4	245.2	77.4
27	116.6	91.3	333.2	303.9	124.4	95.3	277.3	251.0	226.7	54.7	35.6	227.8
28	266.8	241.4	123.2	94.0	274.4	245.4	67.4	41.1	16.9	205.0	186.0	18.2
29	57.0		273.3	244.0	64.4	35.4	217.5	191.3	167.2	355.3	336.3	168.6
30	207.2		63.3	34.0	214.4	185.5	7.6	341.4	317.4	145.6	126.7	319.1
31	357.4		213.3		4.5		157.7	131.6		295.9		109.5

2014

Data	Gen	Feb	Mar	Apr	Mag	Giu	Lug	Ago	Set	Ott	Nov	Dic
Date	Jan	Feb	Mar	Apr	May	Jun	Jul	Aug	Sep	Oct	Nov	Dec
	°	°	°	°	°	°	°	°	°	°	°	°
1	59.5	277.7	19.0	230.5	281.6	129.2	178.7	26.5	235.4	288.1	140.7	198.0
2	217.5	75.7	176.9	28.3	79.3	286.8	336.4	184.2	33.1	85.9	298.6	355.9
3	15.6	233.6	334.7	186.0	237.0	84.5	134.0	341.8	190.8	243.7	96.5	153.9
4	173.6	31.6	132.6	343.7	34.7	242.1	291.7	139.5	348.6	41.5	254.3	311.8
5	331.6	189.5	290.4	141.5	192.3	39.8	89.4	297.2	146.3	199.3	52.2	109.8
6	129.7	347.5	88.2	299.2	350.0	197.4	247.0	94.9	304.0	357.1	210.1	267.8
7	287.7	145.4	246.0	96.9	147.7	355.1	44.7	252.6	101.8	154.9	8.0	65.7
8	85.7	303.3	43.9	254.6	305.4	152.7	202.3	50.3	259.5	312.7	165.9	223.7
9	243.8	101.3	201.7	52.3	103.0	310.4	0.0	208.0	57.2	110.5	323.7	21.7
10	41.8	259.2	359.5	210.1	260.7	108.0	157.7	5.7	215.0	268.3	121.6	179.6
11	199.8	57.1	157.3	7.8	58.4	265.7	315.3	163.4	12.7	66.1	279.5	337.6
12	357.8	215.0	315.1	165.5	216.0	63.3	113.0	321.1	170.5	223.9	77.4	135.6
13	155.9	13.0	112.9	323.2	13.7	221.0	270.7	118.8	328.2	21.7	235.3	293.6
14	313.9	170.9	270.7	120.9	171.3	18.6	68.3	276.5	126.0	179.6	33.2	91.6
15	111.9	328.8	68.5	278.6	329.0	176.3	226.0	74.2	283.7	337.4	191.1	249.6
16	269.9	126.7	226.3	76.3	126.7	333.9	23.7	231.9	81.5	135.2	349.0	47.6
17	67.9	284.6	24.1	234.0	284.3	131.6	181.3	29.6	239.3	293.0	146.9	205.5
18	225.9	82.5	181.9	31.7	82.0	289.2	339.0	187.3	37.0	90.9	304.9	3.5
19	23.9	240.4	339.7	189.4	239.6	86.9	136.7	345.0	194.8	248.7	102.8	161.5
20	181.9	38.2	137.4	347.1	37.3	244.5	294.3	142.7	352.5	46.5	260.7	319.5
21	339.9	196.1	295.2	144.8	195.0	42.2	92.0	300.4	150.3	204.4	58.6	117.5
22	137.9	354.0	93.0	302.5	352.6	199.8	249.7	98.1	308.1	2.2	216.5	275.5
23	295.9	151.9	250.7	100.2	150.3	357.5	47.4	255.9	105.9	160.0	14.5	73.6
24	93.9	309.7	48.5	257.9	307.9	155.1	205.0	53.6	263.6	317.9	172.4	231.6
25	251.9	107.6	206.3	55.6	105.6	312.8	2.7	211.3	61.4	115.7	330.3	29.6
26	49.9	265.5	4.0	213.2	263.2	110.5	160.4	9.0	219.2	273.6	128.3	187.6
27	207.9	63.3	161.8	10.9	60.9	268.1	318.1	166.7	17.0	71.4	286.2	345.6
28	5.8	221.2	319.5	168.6	218.5	65.8	115.7	324.4	174.7	229.3	84.1	143.6
29	163.8		117.3	326.3	16.2	223.4	273.4	122.2	332.5	27.1	242.1	301.6
30	321.8		275.0	124.0	173.9	21.1	71.1	279.9	130.3	185.0	40.0	99.7
31	119.8		72.8		331.5		228.8	77.6		342.9		257.7

Data	Gen	Feb	Mar	Apr	Mag	Giu	Lug	Ago	Set	Ott	Nov	Dic
Date	Jan	Feb	Mar	Apr	May	Jun	Jul	Aug	Sep	Oct	Nov	Dec
	°	°	°	°	°	°	°	°	°	°	°	°
1	259.9	241.6	129.3	104.2	286.5	257.5	78.2	49.4	21.7	205.6	181.6	10.0
2	50.3	31.9	279.5	254.3	76.5	47.5	228.2	199.4	171.8	355.7	331.9	160.3
3	200.7	182.2	69.7	44.5	226.6	197.5	18.2	349.5	321.9	145.9	122.1	310.6
4	351.1	332.5	219.9	194.6	16.6	347.5	168.3	139.6	112.0	296.0	272.4	100.9
5	141.5	122.9	10.1	344.7	166.7	137.6	318.3	289.6	262.1	86.2	62.6	251.3
6	291.9	273.2	160.3	134.8	316.7	287.6	108.3	79.7	52.2	236.4	212.8	41.6
7	82.3	63.5	310.5	284.8	106.8	77.6	258.3	229.7	202.4	26.6	3.1	191.9
8	232.7	213.8	100.7	74.9	256.8	227.6	48.4	19.8	352.5	176.7	153.4	342.3
9	23.1	4.1	250.9	225.0	46.8	17.7	198.4	169.9	142.6	326.9	303.6	132.6
10	173.5	154.4	41.1	15.1	196.9	167.7	348.4	319.9	292.7	117.1	93.9	283.0
11	323.9	304.7	191.2	165.2	346.9	317.7	138.5	110.0	82.8	267.3	244.1	73.3
12	114.3	95.0	341.4	315.3	136.9	107.7	288.5	260.1	232.9	57.4	34.4	223.7
13	264.7	245.3	131.6	105.4	287.0	257.7	78.5	50.1	23.1	207.6	184.7	14.0
14	55.1	35.5	281.8	255.4	77.0	47.8	228.6	200.2	173.2	357.8	334.9	164.4
15	205.5	185.8	71.9	45.5	227.0	197.8	18.6	350.3	323.3	148.0	125.2	314.7
16	355.8	336.1	222.1	195.6	17.1	347.8	168.7	140.3	113.4	298.2	275.5	105.1
17	146.2	126.4	12.2	345.7	167.1	137.8	318.7	290.4	263.6	88.4	65.8	255.4
18	296.6	276.6	162.4	135.7	317.1	287.9	108.7	80.5	53.7	238.6	216.0	45.8
19	87.0	66.9	312.6	285.8	107.2	77.9	258.8	230.6	203.8	28.8	6.3	196.2
20	237.4	217.1	102.7	75.9	257.2	227.9	48.8	20.7	353.9	179.0	156.6	346.5
21	27.7	7.4	252.8	225.9	47.2	17.9	198.9	170.7	144.1	329.2	306.9	136.9
22	178.1	157.6	43.0	16.0	197.2	167.9	348.9	320.8	294.2	119.4	97.2	287.3
23	328.5	307.9	193.1	166.1	347.3	318.0	138.9	110.9	84.4	269.6	247.5	77.7
24	118.8	98.1	343.3	316.1	137.3	108.0	289.0	261.0	234.5	59.8	37.8	228.1
25	269.2	248.4	133.4	106.2	287.3	258.0	79.0	51.1	24.6	210.0	188.1	18.4
26	59.5	38.6	283.5	256.2	77.3	48.0	229.1	201.2	174.8	0.3	338.4	168.8
27	209.9	188.8	73.7	46.3	227.4	198.1	19.1	351.3	324.9	150.5	128.7	319.2
28	0.2	339.0	223.8	196.3	17.4	348.1	169.2	141.3	115.1	300.7	279.0	109.6
29	150.6		13.9	346.4	167.4	138.1	319.2	291.4	265.2	90.9	69.3	260.0
30	300.9		164.0	136.4	317.4	288.1	109.3	81.5	55.4	241.2	219.6	50.4
31	91.2		314.1		107.5		259.3	231.6		31.4		200.8

2015

Data Date	Gen Jan °	Feb Feb °	Mar Mar °	Apr Apr °	Mag May °	Giu Jun °	Lug Jul °	Ago Aug °	Set Sep °	Ott Oct °	Nov Nov °	Dic Dec °
1	55.7	275.0	19.3	234.7	288.7	137.9	188.0	35.4	243.3	294.6	145.2	200.0
2	213.7	73.0	177.3	32.6	86.5	295.6	345.7	193.1	41.0	92.3	303.0	357.9
3	11.8	231.0	335.3	190.4	244.2	93.3	143.3	350.8	198.7	250.0	100.8	155.8
4	169.8	29.1	133.2	348.3	42.0	251.0	301.0	148.4	356.4	47.8	258.6	313.7
5	327.8	187.1	291.2	146.1	199.7	48.7	98.7	306.1	154.1	205.5	56.4	111.5
6	125.9	345.1	89.1	303.9	357.5	206.3	256.3	103.8	311.8	3.3	214.2	269.4
7	283.9	143.2	247.1	101.8	155.2	4.0	54.0	261.4	109.5	161.0	12.0	67.3
8	81.9	301.2	45.1	259.6	312.9	161.7	211.6	59.1	267.2	318.7	169.8	225.2
9	240.0	99.2	203.0	57.4	110.7	319.4	9.3	216.8	64.9	116.5	327.6	23.1
10	38.0	257.3	0.9	215.3	268.4	117.0	167.0	14.4	222.6	274.2	125.4	181.0
11	196.0	55.3	158.9	13.1	66.1	274.7	324.6	172.1	20.3	72.0	283.2	338.9
12	354.1	213.3	316.8	170.9	223.9	72.4	122.3	329.8	178.0	229.7	81.0	136.8
13	152.1	11.3	114.8	328.7	21.6	230.1	279.9	127.4	335.7	27.5	238.8	294.7
14	310.2	169.4	272.7	126.5	179.3	27.7	77.6	285.1	133.4	185.2	36.7	92.6
15	108.2	327.4	70.6	284.3	337.0	185.4	235.2	82.8	291.1	343.0	194.5	250.5
16	266.3	125.4	228.5	82.1	134.7	343.1	32.9	240.5	88.8	140.7	352.3	48.4
17	64.3	283.4	26.4	239.9	292.4	140.7	190.6	38.1	246.5	298.5	150.2	206.3
18	222.3	81.4	184.4	37.7	90.2	298.4	348.2	195.8	44.2	96.3	308.0	4.2
19	20.4	239.4	342.3	195.5	247.9	96.1	145.9	353.5	201.9	254.0	105.8	162.1
20	178.4	37.4	140.2	353.3	45.6	253.7	303.5	151.1	359.6	51.8	263.7	320.0
21	336.5	195.4	298.1	151.1	203.3	51.4	101.2	308.8	157.3	209.6	61.5	118.0
22	134.5	353.4	96.0	308.9	1.0	209.1	258.8	106.5	315.1	7.3	219.3	275.9
23	292.6	151.4	253.9	106.6	158.7	6.7	56.5	264.2	112.8	165.1	17.2	73.8
24	90.6	309.4	51.7	264.4	316.4	164.4	214.2	61.9	270.5	322.9	175.0	231.7
25	248.7	107.4	209.6	62.2	114.1	322.1	11.8	219.5	68.2	120.7	332.9	29.7
26	46.7	265.4	7.5	219.9	271.8	119.7	169.5	17.2	225.9	278.4	130.7	187.6
27	204.7	63.4	165.4	17.7	69.5	277.4	327.1	174.9	23.7	76.2	288.6	345.6
28	2.8	221.3	323.3	175.5	227.2	75.0	124.8	332.6	181.4	234.0	86.5	143.5
29	160.8		121.1	333.2	24.9	232.7	282.5	130.3	339.1	31.8	244.3	301.4
30	318.9		279.0	131.0	182.6	30.4	80.1	288.0	136.8	189.6	42.2	99.4
31	116.9		76.9		340.2		237.8	85.6		347.4		257.3

Data Date	Gen Jan °	Feb Feb °	Mar Mar °	Apr Apr °	Mag May °	Giu Jun °	Lug Jul °	Ago Aug °	Set Sep °	Ott Oct °	Nov Nov °	Dic Dec °
1	351.2	333.9	224.6	203.5	28.6	1.3	182.5	153.4	124.8	307.1	281.1	107.1
2	141.6	124.3	14.9	353.7	178.7	151.3	332.5	303.4	274.8	97.2	71.3	257.4
3	292.0	274.7	165.3	143.9	328.9	301.4	122.6	93.5	64.9	247.3	221.5	47.6
4	82.4	65.1	315.6	294.1	119.0	91.5	272.6	243.5	214.9	37.4	11.6	197.8
5	232.8	215.5	105.9	84.3	269.1	241.5	62.6	33.5	5.0	187.5	161.8	348.1
6	23.2	5.9	256.3	234.5	59.2	31.6	212.7	183.6	155.1	337.6	312.0	138.3
7	173.6	156.3	46.6	24.8	209.3	181.6	2.7	333.6	305.1	127.7	102.2	288.6
8	324.0	306.7	196.9	175.0	359.4	331.7	152.7	123.7	95.2	277.9	252.3	78.8
9	114.4	97.1	347.2	325.2	149.5	121.7	302.7	273.7	245.3	68.0	42.5	229.1
10	264.8	247.5	137.5	115.3	299.6	271.7	92.8	63.7	35.3	218.1	192.7	19.4
11	55.2	37.9	287.9	265.5	89.7	61.8	242.8	213.8	185.4	8.2	342.9	169.6
12	205.6	188.3	78.2	55.7	239.8	211.8	32.8	3.8	335.5	158.3	133.1	319.9
13	356.0	338.7	228.5	205.9	29.9	1.9	182.9	153.8	125.5	308.4	283.3	110.2
14	146.4	129.1	18.8	356.1	180.0	151.9	332.9	303.9	275.6	98.6	73.5	260.4
15	296.8	279.5	169.1	146.3	330.1	302.0	122.9	93.9	65.7	248.7	223.7	50.7
16	87.2	69.8	319.4	296.4	120.2	92.0	272.9	244.0	215.8	38.8	13.8	201.0
17	237.7	220.2	109.6	86.6	270.3	242.0	63.0	34.0	5.9	189.0	164.0	351.3
18	28.1	10.6	259.9	236.8	60.3	32.1	213.0	184.1	155.9	339.1	314.3	141.5
19	178.5	161.0	50.2	26.9	210.4	182.1	3.0	334.1	306.0	129.2	104.5	291.8
20	328.9	311.4	200.5	177.1	0.5	332.2	153.1	124.1	96.1	279.4	254.7	82.1
21	119.3	101.7	350.7	327.2	150.6	122.2	303.1	274.2	246.2	69.5	44.9	232.4
22	269.7	252.1	141.0	117.4	300.6	272.2	93.1	64.2	36.3	219.6	195.1	22.7
23	60.1	42.5	291.3	267.5	90.7	62.3	243.1	214.3	186.4	9.8	345.3	173.0
24	210.6	192.8	81.5	57.7	240.8	212.3	33.2	4.3	336.4	159.9	135.5	323.3
25	1.0	343.2	231.8	207.8	30.9	2.3	183.2	154.4	126.5	310.1	285.7	113.6
26	151.4	133.5	22.0	358.0	180.9	152.4	333.2	304.4	276.6	100.2	76.0	263.9
27	301.8	283.9	172.3	148.1	331.0	302.4	123.3	94.5	66.7	250.4	226.2	54.2
28	92.2	74.2	322.5	298.2	121.1	92.4	273.3	244.5	216.8	40.5	16.4	204.5
29	242.6		112.8	88.4	271.1	242.5	63.3	34.6	6.9	190.7	166.6	354.9
30	33.0		263.0	238.5	61.2	32.5	213.3	184.7	157.0	340.8	316.9	145.2
31	183.5		53.2		211.2		3.4	334.7		131.0		295.5

TRANSITI MACCHIA ROSSA
TRANSITS OF THE RED SPOT

Orari in T.U. in cui transita la grande macchia rossa

Date in the format dd/mm/yyyy

TIMES IN U.T.

Date	Time	Time	Time
01/01/2013	06:59:27	16:55:05	
02/01/2013	02:50:44	12:46:23	22:42:02
03/01/2013	08:37:41	18:33:20	
04/01/2013	04:28:59	14:24:38	
05/01/2013	00:20:17	10:15:57	20:11:36
06/01/2013	06:07:15	16:02:55	
07/01/2013	01:58:35	11:54:14	21:49:54
08/01/2013	07:45:34	17:41:14	
09/01/2013	03:36:54	13:32:34	23:28:14
10/01/2013	09:23:54	19:19:34	
11/01/2013	05:15:14	15:10:55	
12/01/2013	01:06:35	11:02:16	20:57:56
13/01/2013	06:53:37	16:49:18	
14/01/2013	02:44:58	12:40:39	22:36:20
15/01/2013	08:32:01	18:27:42	
16/01/2013	04:23:24	14:19:05	
17/01/2013	00:14:46	10:10:28	20:06:09
18/01/2013	06:01:51	15:57:32	
19/01/2013	01:53:14	11:48:55	21:44:37
20/01/2013	07:40:19	17:36:01	
21/01/2013	03:31:43	13:27:25	23:23:08
22/01/2013	09:18:50	19:14:32	
23/01/2013	05:10:15	15:05:57	
24/01/2013	01:01:39	10:57:22	20:53:05
25/01/2013	06:48:47	16:44:30	
26/01/2013	02:40:13	12:35:56	22:31:39
27/01/2013	08:27:22	18:23:06	
28/01/2013	04:18:49	14:14:32	
29/01/2013	00:10:16	10:05:59	20:01:42
30/01/2013	05:57:26	15:53:10	
31/01/2013	01:48:53	11:44:37	21:40:21
01/02/2013	07:36:05	17:31:49	
02/02/2013	03:27:33	13:23:17	23:19:01
03/02/2013	09:14:45	19:10:30	
04/02/2013	05:06:14	15:01:59	
05/02/2013	00:57:43	10:53:28	20:49:13
06/02/2013	06:44:57	16:40:42	
07/02/2013	02:36:27	12:32:12	22:27:57
08/02/2013	08:23:41	18:19:27	
09/02/2013	04:15:12	14:10:57	
10/02/2013	00:06:43	10:02:28	19:58:13
11/02/2013	05:53:59	15:49:44	
12/02/2013	01:45:30	11:41:15	21:37:02
13/02/2013	07:32:47	17:28:33	
14/02/2013	03:24:19	13:20:05	23:15:51
15/02/2013	09:11:37	19:07:23	
16/02/2013	05:03:09	14:58:55	
17/02/2013	00:54:42	10:50:28	20:46:15
18/02/2013	06:42:01	16:37:47	
19/02/2013	02:33:34	12:29:21	22:25:07
20/02/2013	08:20:54	18:16:41	
21/02/2013	04:12:28	14:08:15	
22/02/2013	00:04:02	09:59:49	19:55:36
23/02/2013	05:51:23	15:47:10	
24/02/2013	01:42:57	11:38:44	21:34:32
25/02/2013	07:30:19	17:26:07	
26/02/2013	03:21:54	13:17:42	23:13:29
27/02/2013	09:09:17	19:05:04	
28/02/2013	05:00:53	14:56:40	
01/03/2013	00:52:28	10:48:16	20:44:04
02/03/2013	06:39:51	16:35:39	
03/03/2013	02:31:28	12:27:16	22:23:04
04/03/2013	08:18:51	18:14:40	

Date	Time	Time	Time
05/03/2013	04:10:28	14:06:16	
06/03/2013	00:02:05	09:57:54	19:53:42
07/03/2013	05:49:30	15:45:19	
08/03/2013	01:41:07	11:36:56	21:32:44
09/03/2013	07:28:33	17:24:22	
10/03/2013	03:20:10	13:16:00	23:11:48
11/03/2013	09:07:37	19:03:26	
12/03/2013	04:59:15	14:55:04	
13/03/2013	00:50:53	10:46:41	20:42:31
14/03/2013	06:38:20	16:34:09	
15/03/2013	02:29:59	12:25:48	22:21:37
16/03/2013	08:17:26	18:13:16	
17/03/2013	04:09:05	14:04:54	
18/03/2013	00:00:44	09:56:33	19:52:23
19/03/2013	05:48:12	15:44:02	
20/03/2013	01:39:52	11:35:41	21:31:30
21/03/2013	07:27:21	17:23:10	
22/03/2013	03:18:59	13:14:50	23:10:40
23/03/2013	09:06:29	19:02:19	
24/03/2013	04:58:09	14:53:59	
25/03/2013	00:49:48	10:45:38	20:41:29
26/03/2013	06:37:19	16:33:08	
27/03/2013	02:28:59	12:24:49	22:20:39
28/03/2013	08:16:29	18:12:20	
29/03/2013	04:08:09	14:03:59	23:59:49
30/03/2013	09:55:40	19:51:30	
31/03/2013	05:47:20	15:43:11	
01/04/2013	01:39:01	11:34:51	21:30:41
02/04/2013	07:26:33	17:22:23	
03/04/2013	03:18:13	13:14:04	23:09:54
04/04/2013	09:05:44	19:01:35	
05/04/2013	04:57:26	14:53:16	
06/04/2013	00:49:06	10:44:57	20:40:48
07/04/2013	06:36:39	16:32:29	
08/04/2013	02:28:20	12:24:11	22:20:01
09/04/2013	08:15:51	18:11:43	
10/04/2013	04:07:33	14:03:24	23:59:14
11/04/2013	09:55:06	19:50:56	
12/04/2013	05:46:47	15:42:39	
13/04/2013	01:38:29	11:34:20	21:30:10
14/04/2013	07:26:02	17:21:52	
15/04/2013	03:17:43	13:13:35	23:09:25
16/04/2013	09:05:16	19:01:07	
17/04/2013	04:56:58	14:52:49	
18/04/2013	00:48:40	10:44:30	20:40:22
19/04/2013	06:36:13	16:32:03	
20/04/2013	02:27:55	12:23:46	22:19:37
21/04/2013	08:15:27	18:11:19	
22/04/2013	04:07:10	14:03:01	23:58:52
23/04/2013	09:54:44	19:50:34	
24/04/2013	05:46:25	15:42:17	
25/04/2013	01:38:08	11:33:59	21:29:49
26/04/2013	07:25:41	17:21:32	
27/04/2013	03:17:23	13:13:15	23:09:06
28/04/2013	09:04:57	19:00:47	
29/04/2013	04:56:39	14:52:30	
30/04/2013	00:48:21	10:44:12	20:40:04
01/05/2013	06:35:55	16:31:46	
02/05/2013	02:27:38	12:23:28	22:19:19
03/05/2013	08:15:10	18:11:02	
04/05/2013	04:06:53	14:02:44	23:58:35
05/05/2013	09:54:27	19:50:18	
06/05/2013	05:46:08	15:42:01	

Date	Time	Time	Time
07/05/2013	01:37:51	11:33:42	21:29:33
08/05/2013	07:25:25	17:21:16	
09/05/2013	03:17:07	13:12:59	23:08:50
10/05/2013	09:04:41	19:00:31	
11/05/2013	04:56:23	14:52:14	
12/05/2013	00:48:05	10:43:56	20:39:48
13/05/2013	06:35:39	16:31:30	
14/05/2013	02:27:22	12:23:12	22:19:03
15/05/2013	08:14:54	18:10:46	
16/05/2013	04:06:37	14:02:28	23:58:18
17/05/2013	09:54:10	19:50:01	
18/05/2013	05:45:52	15:41:44	
19/05/2013	01:37:35	11:33:25	21:29:16
20/05/2013	07:25:08	17:20:59	
21/05/2013	03:16:49	13:12:41	23:08:32
22/05/2013	09:04:23	19:00:13	
23/05/2013	04:56:05	14:51:56	
24/05/2013	00:47:47	10:43:37	20:39:29
25/05/2013	06:35:20	16:31:10	
26/05/2013	02:27:02	12:22:53	22:18:44
27/05/2013	08:14:34	18:10:26	
28/05/2013	04:06:16	14:02:07	23:57:58
29/05/2013	09:53:49	19:49:40	
30/05/2013	05:45:30	15:41:22	
31/05/2013	01:37:13	11:33:03	21:28:54
01/06/2013	07:24:45	17:20:36	
02/06/2013	03:16:26	13:12:18	23:08:08
03/06/2013	09:03:59	18:59:49	
04/06/2013	04:55:41	14:51:31	
05/06/2013	00:47:21	10:43:12	20:39:03
06/06/2013	06:34:54	16:30:44	
07/06/2013	02:26:36	12:22:26	22:18:16
08/06/2013	08:14:06	18:09:58	
09/06/2013	04:05:48	14:01:38	23:57:29
10/06/2013	09:53:20	19:49:10	
11/06/2013	05:45:00	15:40:52	
12/06/2013	01:36:42	11:32:32	21:28:22
13/06/2013	07:24:13	17:20:03	
14/06/2013	03:15:53	13:11:43	23:07:35
15/06/2013	09:03:25	18:59:15	
16/06/2013	04:55:06	14:50:56	
17/06/2013	00:46:46	10:42:36	20:38:27
18/06/2013	06:34:17	16:30:07	
19/06/2013	02:25:58	12:21:47	22:17:37
20/06/2013	08:13:27	18:09:18	
21/06/2013	04:05:08	14:00:58	23:56:47
22/06/2013	09:52:38	19:48:28	
23/06/2013	05:44:18	15:40:08	
24/06/2013	01:35:58	11:31:48	21:27:37
25/06/2013	07:23:28	17:19:18	
26/06/2013	03:15:07	13:10:57	23:06:47
27/06/2013	09:02:37	18:58:26	
28/06/2013	04:54:17	14:50:06	
29/06/2013	00:45:56	10:41:45	20:37:36
30/06/2013	06:33:25	16:29:14	
01/07/2013	02:25:05	12:20:54	22:16:43
02/07/2013	08:12:33	18:08:23	
03/07/2013	04:04:12	14:00:01	23:55:51
04/07/2013	09:51:41	19:47:30	
05/07/2013	05:43:19	15:39:09	
06/07/2013	01:34:58	11:30:47	21:26:37
07/07/2013	07:22:27	17:18:16	
08/07/2013	03:14:05	13:09:53	23:05:43

Date	Time	Time	Time
09/07/2013	09:01:32	18:57:21	
10/07/2013	04:53:11	14:49:00	
11/07/2013	00:44:49	10:40:38	20:36:27
12/07/2013	06:32:16	16:28:05	
13/07/2013	02:23:54	12:19:43	22:15:32
14/07/2013	08:11:20	18:07:10	
15/07/2013	04:02:59	13:58:47	23:54:36
16/07/2013	09:50:25	19:46:14	
17/07/2013	05:42:02	15:37:51	
18/07/2013	01:33:40	11:29:28	21:25:17
19/07/2013	07:21:06	17:16:54	
20/07/2013	03:12:42	13:08:31	23:04:20
21/07/2013	09:00:08	18:55:56	
22/07/2013	04:51:45	14:47:33	
23/07/2013	00:43:22	10:39:10	20:34:59
24/07/2013	06:30:47	16:26:35	
25/07/2013	02:22:23	12:18:11	22:13:59
26/07/2013	08:09:47	18:05:36	
27/07/2013	04:01:24	13:57:12	23:52:59
28/07/2013	09:48:48	19:44:36	
29/07/2013	05:40:23	15:36:12	
30/07/2013	01:32:00	11:27:47	21:23:35
31/07/2013	07:19:23	17:15:11	
01/08/2013	03:10:58	13:06:46	23:02:34
02/08/2013	08:58:21	18:54:09	
03/08/2013	04:49:57	14:45:44	
04/08/2013	00:41:31	10:37:19	20:33:07
05/08/2013	06:28:54	16:24:41	
06/08/2013	02:20:28	12:16:16	22:12:03
07/08/2013	08:07:50	18:03:38	
08/08/2013	03:59:25	13:55:12	23:50:59
09/08/2013	09:46:47	19:42:34	
10/08/2013	05:38:20	15:34:07	
11/08/2013	01:29:55	11:25:41	21:21:28
12/08/2013	07:17:16	17:13:02	
13/08/2013	03:08:49	13:04:35	23:00:23
14/08/2013	08:56:09	18:51:56	
15/08/2013	04:47:42	14:43:29	
16/08/2013	00:39:16	10:35:02	20:30:49
17/08/2013	06:26:35	16:22:22	
18/08/2013	02:18:08	12:13:55	22:09:41
19/08/2013	08:05:27	18:01:14	
20/08/2013	03:57:00	13:52:46	23:48:32
21/08/2013	09:44:18	19:40:04	
22/08/2013	05:35:50	15:31:36	
23/08/2013	01:27:22	11:23:08	21:18:54
24/08/2013	07:14:40	17:10:26	
25/08/2013	03:06:12	13:01:57	22:57:43
26/08/2013	08:53:29	18:49:14	
27/08/2013	04:45:00	14:40:46	
28/08/2013	00:36:31	10:32:17	20:28:02
29/08/2013	06:23:48	16:19:33	
30/08/2013	02:15:18	12:11:04	22:06:49
31/08/2013	08:02:34	17:58:19	
01/09/2013	03:54:05	13:49:50	23:45:35
02/09/2013	09:41:20	19:37:05	
03/09/2013	05:32:50	15:28:35	
04/09/2013	01:24:20	11:20:05	21:15:49
05/09/2013	07:11:34	17:07:19	
06/09/2013	03:03:04	12:58:48	22:54:33
07/09/2013	08:50:18	18:46:02	
08/09/2013	04:41:46	14:37:31	
09/09/2013	00:33:16	10:29:00	20:24:44

223

Date	Time	Time	Time
10/09/2013	06:20:29	16:16:13	
11/09/2013	02:11:57	12:07:41	22:03:25
12/09/2013	07:59:09	17:54:53	
13/09/2013	03:50:38	13:46:21	23:42:05
14/09/2013	09:37:49	19:33:33	
15/09/2013	05:29:17	15:25:01	
16/09/2013	01:20:44	11:16:28	21:12:12
17/09/2013	07:07:55	17:03:39	
18/09/2013	02:59:22	12:55:06	22:50:49
19/09/2013	08:46:33	18:42:16	
20/09/2013	04:37:59	14:33:42	
21/09/2013	00:29:26	10:25:09	20:20:52
22/09/2013	06:16:35	16:12:18	
23/09/2013	02:08:01	12:03:44	21:59:27
24/09/2013	07:55:10	17:50:52	
25/09/2013	03:46:35	13:42:18	23:38:00
26/09/2013	09:33:43	19:29:26	
27/09/2013	05:25:08	15:20:51	
28/09/2013	01:16:33	11:12:16	21:07:58
29/09/2013	07:03:40	16:59:23	
30/09/2013	02:55:05	12:50:47	22:46:29
01/10/2013	08:42:11	18:37:53	
02/10/2013	04:33:35	14:29:17	
03/10/2013	00:24:59	10:20:41	20:16:22
04/10/2013	06:12:04	16:07:46	
05/10/2013	02:03:27	11:59:09	21:54:51
06/10/2013	07:50:32	17:46:14	
07/10/2013	03:41:55	13:37:36	23:33:18
08/10/2013	09:28:59	19:24:40	
09/10/2013	05:20:21	15:16:02	
10/10/2013	01:11:43	11:07:25	21:03:05
11/10/2013	06:58:46	16:54:27	
12/10/2013	02:50:08	12:45:49	22:41:30
13/10/2013	08:37:10	18:32:51	
14/10/2013	04:28:32	14:24:12	
15/10/2013	00:19:53	10:15:33	20:11:13
16/10/2013	06:06:54	16:02:34	
17/10/2013	01:58:14	11:53:55	21:49:35
18/10/2013	07:45:15	17:40:55	
19/10/2013	03:36:35	13:32:15	23:27:55
20/10/2013	09:23:35	19:19:14	
21/10/2013	05:14:54	15:10:34	
22/10/2013	01:06:14	11:01:53	20:57:33
23/10/2013	06:53:12	16:48:52	
24/10/2013	02:44:31	12:40:10	22:35:50
25/10/2013	08:31:29	18:27:08	
26/10/2013	04:22:47	14:18:27	
27/10/2013	00:14:06	10:09:45	20:05:24
28/10/2013	06:01:02	15:56:41	
29/10/2013	01:52:20	11:47:59	21:43:38
30/10/2013	07:39:16	17:34:55	
31/10/2013	03:30:34	13:26:12	23:21:51
01/11/2013	09:17:29	19:13:07	
02/11/2013	05:08:46	15:04:24	
03/11/2013	01:00:02	10:55:40	20:51:19
04/11/2013	06:46:57	16:42:35	
05/11/2013	02:38:13	12:33:51	22:29:29
06/11/2013	08:25:06	18:20:44	
07/11/2013	04:16:22	14:12:00	
08/11/2013	00:07:37	10:03:15	19:58:53
09/11/2013	05:54:30	15:50:07	
10/11/2013	01:45:45	11:41:23	21:37:00
11/11/2013	07:32:37	17:28:14	

224

Date	Time	Time	Time
12/11/2013	03:23:52	13:19:29	23:15:06
13/11/2013	09:10:43	19:06:20	
14/11/2013	05:01:57	14:57:34	
15/11/2013	00:53:11	10:48:47	20:44:24
16/11/2013	06:40:01	16:35:38	
17/11/2013	02:31:14	12:26:51	22:22:28
18/11/2013	08:18:05	18:13:41	
19/11/2013	04:09:17	14:04:54	
20/11/2013	00:00:30	09:56:07	19:51:43
21/11/2013	05:47:19	15:42:55	
22/11/2013	01:38:32	11:34:08	21:29:44
23/11/2013	07:25:20	17:20:56	
24/11/2013	03:16:32	13:12:08	23:07:44
25/11/2013	09:03:20	18:58:56	
26/11/2013	04:54:31	14:50:07	
27/11/2013	00:45:43	10:41:19	20:36:54
28/11/2013	06:32:30	16:28:06	
29/11/2013	02:23:42	12:19:17	22:14:53
30/11/2013	08:10:28	18:06:03	
01/12/2013	04:01:39	13:57:14	23:52:50
02/12/2013	09:48:25	19:44:00	
03/12/2013	05:39:36	15:35:11	
04/12/2013	01:30:46	11:26:21	21:21:57
05/12/2013	07:17:31	17:13:07	
06/12/2013	03:08:42	13:04:17	22:59:52
07/12/2013	08:55:27	18:51:02	
08/12/2013	04:46:37	14:42:12	
09/12/2013	00:37:47	10:33:22	20:28:57
10/12/2013	06:24:32	16:20:07	
11/12/2013	02:15:42	12:11:16	22:06:51
12/12/2013	08:02:26	17:58:01	
13/12/2013	03:53:35	13:49:10	23:44:45
14/12/2013	09:40:20	19:35:54	
15/12/2013	05:31:29	15:27:04	
16/12/2013	01:22:38	11:18:13	21:13:48
17/12/2013	07:09:23	17:04:57	
18/12/2013	03:00:32	12:56:07	22:51:41
19/12/2013	08:47:16	18:42:51	
20/12/2013	04:38:26	14:34:00	
21/12/2013	00:29:35	10:25:09	20:20:44
22/12/2013	06:16:18	16:11:53	
23/12/2013	02:07:28	12:03:02	21:58:37
24/12/2013	07:54:12	17:49:47	
25/12/2013	03:45:21	13:40:56	23:36:31
26/12/2013	09:32:05	19:27:40	
27/12/2013	05:23:14	15:18:49	
28/12/2013	01:14:24	11:09:58	21:05:33
29/12/2013	07:01:08	16:56:43	
30/12/2013	02:52:18	12:47:53	22:43:28
31/12/2013	08:39:02	18:34:37	
01/01/2014	04:30:12	14:25:46	
02/01/2014	00:21:21	10:16:57	20:12:32
03/01/2014	06:08:06	16:03:41	
04/01/2014	01:59:17	11:54:52	21:50:26
05/01/2014	07:46:02	17:41:37	
06/01/2014	03:37:12	13:32:47	23:28:22
07/01/2014	09:23:58	19:19:33	
08/01/2014	05:15:08	15:10:44	
09/01/2014	01:06:19	11:01:54	20:57:30
10/01/2014	06:53:05	16:48:40	
11/01/2014	02:44:16	12:39:52	22:35:28
12/01/2014	08:31:03	18:26:39	
13/01/2014	04:22:14	14:17:50	

Date	Time	Time	Time
14/01/2014	00:13:26	10:09:02	20:04:38
15/01/2014	06:00:13	15:55:49	
16/01/2014	01:51:26	11:47:02	21:42:38
17/01/2014	07:38:14	17:33:50	
18/01/2014	03:29:27	13:25:03	23:20:39
19/01/2014	09:16:16	19:11:52	
20/01/2014	05:07:28	15:03:05	
21/01/2014	00:58:42	10:54:18	20:49:55
22/01/2014	06:45:32	16:41:09	
23/01/2014	02:36:45	12:32:22	22:27:59
24/01/2014	08:23:36	18:19:13	
25/01/2014	04:14:50	14:10:28	
26/01/2014	00:06:04	10:01:42	19:57:19
27/01/2014	05:52:57	15:48:34	
28/01/2014	01:44:12	11:39:49	21:35:27
29/01/2014	07:31:05	17:26:42	
30/01/2014	03:22:20	13:17:58	23:13:36
31/01/2014	09:09:14	19:04:52	
01/02/2014	05:00:30	14:56:09	
02/02/2014	00:51:47	10:47:25	20:43:03
03/02/2014	06:38:42	16:34:21	
04/02/2014	02:29:59	12:25:38	22:21:17
05/02/2014	08:16:55	18:12:34	
06/02/2014	04:08:13	14:03:52	23:59:31
07/02/2014	09:55:10	19:50:49	
08/02/2014	05:46:29	15:42:08	
09/02/2014	01:37:47	11:33:27	21:29:07
10/02/2014	07:24:46	17:20:26	
11/02/2014	03:16:06	13:11:45	23:07:25
12/02/2014	09:03:05	18:58:45	
13/02/2014	04:54:25	14:50:05	
14/02/2014	00:45:46	10:41:26	20:37:06
15/02/2014	06:32:47	16:28:27	
16/02/2014	02:24:08	12:19:49	22:15:29
17/02/2014	08:11:10	18:06:51	
18/02/2014	04:02:32	13:58:13	23:53:54
19/02/2014	09:49:35	19:45:16	
20/02/2014	05:40:57	15:36:39	
21/02/2014	01:32:20	11:28:02	21:23:43
22/02/2014	07:19:25	17:15:07	
23/02/2014	03:10:48	13:06:30	23:02:12
24/02/2014	08:57:54	18:53:36	
25/02/2014	04:49:18	14:45:00	
26/02/2014	00:40:43	10:36:25	20:32:07
27/02/2014	06:27:50	16:23:32	
28/02/2014	02:19:15	12:14:58	22:10:40
01/03/2014	08:06:23	18:02:06	
02/03/2014	03:57:49	13:53:32	23:49:15
03/03/2014	09:44:58	19:40:41	
04/03/2014	05:36:25	15:32:08	
05/03/2014	01:27:52	11:23:35	21:19:18
06/03/2014	07:15:02	17:10:46	
07/03/2014	03:06:29	13:02:13	22:57:57
08/03/2014	08:53:41	18:49:25	
09/03/2014	04:45:09	14:40:53	
10/03/2014	00:36:37	10:32:22	20:28:06
11/03/2014	06:23:51	16:19:35	
12/03/2014	02:15:19	12:11:04	22:06:49
13/03/2014	08:02:33	17:58:18	
14/03/2014	03:54:03	13:49:48	23:45:33
15/03/2014	09:41:18	19:37:03	
16/03/2014	05:32:48	15:28:33	
17/03/2014	01:24:19	11:20:04	21:15:49

Date	Time	Time	Time
18/03/2014	07:11:34	17:07:20	
19/03/2014	03:03:05	12:58:51	22:54:37
20/03/2014	08:50:22	18:46:08	
21/03/2014	04:41:54	14:37:40	
22/03/2014	00:33:26	10:29:12	20:24:58
23/03/2014	06:20:44	16:16:30	
24/03/2014	02:12:16	12:08:03	22:03:49
25/03/2014	07:59:35	17:55:21	
26/03/2014	03:51:08	13:46:55	23:42:41
27/03/2014	09:38:28	19:34:15	
28/03/2014	05:30:01	15:25:48	
29/03/2014	01:21:35	11:17:22	21:13:08
30/03/2014	07:08:55	17:04:43	
31/03/2014	03:00:30	12:56:17	22:52:04
01/04/2014	08:47:51	18:43:38	
02/04/2014	04:39:25	14:35:13	
03/04/2014	00:31:01	10:26:48	20:22:35
04/04/2014	06:18:23	16:14:11	
05/04/2014	02:09:58	12:05:46	22:01:34
06/04/2014	07:57:21	17:53:09	
07/04/2014	03:48:57	13:44:45	23:40:33
08/04/2014	09:36:21	19:32:09	
09/04/2014	05:27:57	15:23:45	
10/04/2014	01:19:34	11:15:22	21:11:10
11/04/2014	07:06:58	17:02:47	
12/04/2014	02:58:35	12:54:23	22:50:12
13/04/2014	08:46:00	18:41:48	
14/04/2014	04:37:37	14:33:26	
15/04/2014	00:29:14	10:25:03	20:20:51
16/04/2014	06:16:40	16:12:29	
17/04/2014	02:08:17	12:04:07	21:59:55
18/04/2014	07:55:44	17:51:33	
19/04/2014	03:47:22	13:43:11	23:39:00
20/04/2014	09:34:49	19:30:38	
21/04/2014	05:26:27	15:22:16	
22/04/2014	01:18:06	11:13:55	21:09:44
23/04/2014	07:05:33	17:01:23	
24/04/2014	02:57:12	12:53:01	22:48:51
25/04/2014	08:44:40	18:40:29	
26/04/2014	04:36:18	14:32:09	
27/04/2014	00:27:58	10:23:47	20:19:37
28/04/2014	06:15:27	16:11:16	
29/04/2014	02:07:06	12:02:56	21:58:45
30/04/2014	07:54:35	17:50:24	
01/05/2014	03:46:15	13:42:04	23:37:54
02/05/2014	09:33:43	19:29:34	
03/05/2014	05:25:24	15:21:13	
04/05/2014	01:17:04	11:12:54	21:08:43
05/05/2014	07:04:33	17:00:24	
06/05/2014	02:56:14	12:52:03	22:47:53
07/05/2014	08:43:44	18:39:34	
08/05/2014	04:35:24	14:31:15	
09/05/2014	00:27:04	10:22:54	20:18:44
10/05/2014	06:14:35	16:10:25	
11/05/2014	02:06:15	12:02:06	21:57:56
12/05/2014	07:53:46	17:49:36	
13/05/2014	03:45:27	13:41:17	23:37:08
14/05/2014	09:32:58	19:28:49	
15/05/2014	05:24:39	15:20:29	
16/05/2014	01:16:20	11:12:10	21:08:01
17/05/2014	07:03:51	16:59:42	
18/05/2014	02:55:32	12:51:22	22:47:13
19/05/2014	08:43:04	18:38:54	

Date	Time	Time	Time
20/05/2014	04:34:45	14:30:36	
21/05/2014	00:26:26	10:22:17	20:18:07
22/05/2014	06:13:58	16:09:49	
23/05/2014	02:05:39	12:01:30	21:57:21
24/05/2014	07:53:11	17:49:01	
25/05/2014	03:44:53	13:40:43	23:36:34
26/05/2014	09:32:24	19:28:16	
27/05/2014	05:24:06	15:19:57	
28/05/2014	01:15:48	11:11:39	21:07:29
29/05/2014	07:03:19	16:59:11	
30/05/2014	02:55:02	12:50:52	22:46:42
31/05/2014	08:42:34	18:38:25	
01/06/2014	04:34:15	14:30:07	
02/06/2014	00:25:57	10:21:48	20:17:38
03/06/2014	06:13:30	16:09:20	
04/06/2014	02:05:11	12:01:02	21:56:53
05/06/2014	07:52:43	17:48:34	
06/06/2014	03:44:26	13:40:16	23:36:07
07/06/2014	09:31:57	19:27:49	
08/06/2014	05:23:39	15:19:30	
09/06/2014	01:15:22	11:11:12	21:07:03
10/06/2014	07:02:53	16:58:45	
11/06/2014	02:54:35	12:50:26	22:46:16
12/06/2014	08:42:08	18:37:59	
13/06/2014	04:33:49	14:29:41	
14/06/2014	00:25:31	10:21:22	20:17:12
15/06/2014	06:13:04	16:08:54	
16/06/2014	02:04:45	12:00:37	21:56:27
17/06/2014	07:52:18	17:48:08	
18/06/2014	03:44:00	13:39:50	23:35:41
19/06/2014	09:31:31	19:27:23	
20/06/2014	05:23:13	15:19:04	
21/06/2014	01:14:55	11:10:46	21:06:36
22/06/2014	07:02:27	16:58:18	
23/06/2014	02:54:09	12:49:59	22:45:49
24/06/2014	08:41:41	18:37:31	
25/06/2014	04:33:22	14:29:13	
26/06/2014	00:25:04	10:20:54	20:16:44
27/06/2014	06:12:36	16:08:26	
28/06/2014	02:04:17	12:00:08	21:55:59
29/06/2014	07:51:49	17:47:39	
30/06/2014	03:43:31	13:39:21	23:35:11
01/07/2014	09:31:01	19:26:53	
02/07/2014	05:22:43	15:18:33	
03/07/2014	01:14:25	11:10:15	21:06:05
04/07/2014	07:01:55	16:57:47	
05/07/2014	02:53:37	12:49:27	22:45:17
06/07/2014	08:41:09	18:36:59	
07/07/2014	04:32:49	14:28:40	
08/07/2014	00:24:30	10:20:20	20:16:10
09/07/2014	06:12:02	16:07:52	
10/07/2014	02:03:42	11:59:32	21:55:23
11/07/2014	07:51:13	17:47:03	
12/07/2014	03:42:54	13:38:44	23:34:34
13/07/2014	09:30:24	19:26:15	
14/07/2014	05:22:05	15:17:55	
15/07/2014	01:13:46	11:09:36	21:05:26
16/07/2014	07:01:15	16:57:06	
17/07/2014	02:52:56	12:48:46	22:44:36
18/07/2014	08:40:27	18:36:16	
19/07/2014	04:32:06	14:27:57	
20/07/2014	00:23:47	10:19:36	20:15:26
21/07/2014	06:11:17	16:07:07	

Date	Time	Time	Time
22/07/2014	02:02:56	11:58:46	21:54:37
23/07/2014	07:50:26	17:46:16	
24/07/2014	03:42:06	13:37:56	23:33:45
25/07/2014	09:29:35	19:25:25	
26/07/2014	05:21:15	15:17:04	
27/07/2014	01:12:55	11:08:44	21:04:34
28/07/2014	07:00:23	16:56:14	
29/07/2014	02:52:03	12:47:52	22:43:41
30/07/2014	08:39:32	18:35:21	
31/07/2014	04:31:10	14:27:01	
01/08/2014	00:22:50	10:18:39	20:14:28
02/08/2014	06:10:18	16:06:08	
03/08/2014	02:01:57	11:57:46	21:53:36
04/08/2014	07:49:25	17:45:14	
05/08/2014	03:41:04	13:36:53	23:32:42
06/08/2014	09:28:31	19:24:21	
07/08/2014	05:20:10	15:15:59	
08/08/2014	01:11:47	11:07:37	21:03:26
09/08/2014	06:59:15	16:55:05	
10/08/2014	02:50:53	12:46:42	22:42:31
11/08/2014	08:38:21	18:34:09	
12/08/2014	04:29:58	14:25:47	
13/08/2014	00:21:36	10:17:25	20:13:13
14/08/2014	06:09:03	16:04:51	
15/08/2014	02:00:40	11:56:28	21:52:18
16/08/2014	07:48:06	17:43:54	
17/08/2014	03:39:44	13:35:32	23:31:20
18/08/2014	09:27:09	19:22:58	
19/08/2014	05:18:46	15:14:34	
20/08/2014	01:10:22	11:06:12	21:02:00
21/08/2014	06:57:48	16:53:37	
22/08/2014	02:49:25	12:45:13	22:41:01
23/08/2014	08:36:50	18:32:38	
24/08/2014	04:28:26	14:24:15	
25/08/2014	00:20:02	10:15:50	20:11:38
26/08/2014	06:07:27	16:03:15	
27/08/2014	01:59:02	11:54:50	21:50:39
28/08/2014	07:46:26	17:42:14	
29/08/2014	03:38:03	13:33:50	23:29:38
30/08/2014	09:25:25	19:21:14	
31/08/2014	05:17:01	15:12:49	
01/09/2014	01:08:36	11:04:24	21:00:12
02/09/2014	06:55:59	16:51:47	
03/09/2014	02:47:34	12:43:22	22:39:09
04/09/2014	08:34:57	18:30:44	
05/09/2014	04:26:31	14:22:18	
06/09/2014	00:18:06	10:13:53	20:09:40
07/09/2014	06:05:28	16:01:15	
08/09/2014	01:57:02	11:52:49	21:48:36
09/09/2014	07:44:23	17:40:10	
10/09/2014	03:35:57	13:31:44	23:27:31
11/09/2014	09:23:18	19:19:05	
12/09/2014	05:14:52	15:10:38	
13/09/2014	01:06:25	11:02:12	20:57:58
14/09/2014	06:53:45	16:49:32	
15/09/2014	02:45:18	12:41:05	22:36:51
16/09/2014	08:32:38	18:28:24	
17/09/2014	04:24:11	14:19:57	
18/09/2014	00:15:44	10:11:30	20:07:16
19/09/2014	06:03:03	15:58:49	
20/09/2014	01:54:35	11:50:21	21:46:07
21/09/2014	07:41:53	17:37:39	
22/09/2014	03:33:25	13:29:11	23:24:57

229

Date	Time	Time	Time
23/09/2014	09:20:43	19:16:29	
24/09/2014	05:12:15	15:08:01	
25/09/2014	01:03:46	10:59:32	20:55:18
26/09/2014	06:51:03	16:46:49	
27/09/2014	02:42:35	12:38:20	22:34:05
28/09/2014	08:29:51	18:25:37	
29/09/2014	04:21:22	14:17:07	
30/09/2014	00:12:53	10:08:38	20:04:23
01/10/2014	06:00:09	15:55:54	
02/10/2014	01:51:39	11:47:23	21:43:09
03/10/2014	07:38:54	17:34:39	
04/10/2014	03:30:23	13:26:09	23:21:53
05/10/2014	09:17:38	19:13:23	
06/10/2014	05:09:08	15:04:52	
07/10/2014	01:00:37	10:56:22	20:52:06
08/10/2014	06:47:51	16:43:35	
09/10/2014	02:39:20	12:35:04	22:30:48
10/10/2014	08:26:33	18:22:17	
11/10/2014	04:18:01	14:13:46	
12/10/2014	00:09:30	10:05:14	20:00:58
13/10/2014	05:56:42	15:52:26	
14/10/2014	01:48:10	11:43:54	21:39:38
15/10/2014	07:35:22	17:31:06	
16/10/2014	03:26:49	13:22:33	23:18:17
17/10/2014	09:14:00	19:09:44	
18/10/2014	05:05:28	15:01:11	
19/10/2014	00:56:54	10:52:38	20:48:21
20/10/2014	06:44:05	16:39:48	
21/10/2014	02:35:31	12:31:14	22:26:57
22/10/2014	08:22:41	18:18:24	
23/10/2014	04:14:07	14:09:50	
24/10/2014	00:05:33	10:01:16	19:56:58
25/10/2014	05:52:41	15:48:24	
26/10/2014	01:44:07	11:39:49	21:35:32
27/10/2014	07:31:15	17:26:57	
28/10/2014	03:22:40	13:18:22	23:14:04
29/10/2014	09:09:47	19:05:29	
30/10/2014	05:01:11	14:56:54	
31/10/2014	00:52:36	10:48:18	20:44:00
01/11/2014	06:39:42	16:35:24	
02/11/2014	02:31:06	12:26:48	22:22:30
03/11/2014	08:18:11	18:13:53	
04/11/2014	04:09:35	14:05:17	
05/11/2014	00:00:58	09:56:40	19:52:21
06/11/2014	05:48:03	15:43:44	
07/11/2014	01:39:26	11:35:07	21:30:48
08/11/2014	07:26:29	17:22:11	
09/11/2014	03:17:52	13:13:33	23:09:14
10/11/2014	09:04:55	19:00:36	
11/11/2014	04:56:17	14:51:58	
12/11/2014	00:47:38	10:43:19	20:39:00
13/11/2014	06:34:41	16:30:21	
14/11/2014	02:26:02	12:21:42	22:17:23
15/11/2014	08:13:03	18:08:43	
16/11/2014	04:04:24	14:00:04	23:55:44
17/11/2014	09:51:25	19:47:05	
18/11/2014	05:42:45	15:38:25	
19/11/2014	01:34:05	11:29:45	21:25:25
20/11/2014	07:21:04	17:16:44	
21/11/2014	03:12:24	13:08:04	23:03:43
22/11/2014	08:59:23	18:55:02	
23/11/2014	04:50:42	14:46:21	
24/11/2014	00:42:01	10:37:40	20:33:19

Date	Time	Time	Time
25/11/2014	06:28:59	16:24:38	
26/11/2014	02:20:17	12:15:56	22:11:35
27/11/2014	08:07:14	18:02:53	
28/11/2014	03:58:32	13:54:11	23:49:50
29/11/2014	09:45:28	19:41:07	
30/11/2014	05:36:46	15:32:25	
01/12/2014	01:28:03	11:23:42	21:19:20
02/12/2014	07:14:58	17:10:37	
03/12/2014	03:06:15	13:01:54	22:57:32
04/12/2014	08:53:10	18:48:48	
05/12/2014	04:44:26	14:40:04	
06/12/2014	00:35:42	10:31:20	20:26:58
07/12/2014	06:22:36	16:18:14	
08/12/2014	02:13:52	12:09:29	22:05:07
09/12/2014	08:00:45	17:56:22	
10/12/2014	03:52:00	13:47:37	23:43:15
11/12/2014	09:38:52	19:34:29	
12/12/2014	05:30:07	15:25:44	
13/12/2014	01:21:21	11:16:58	21:12:36
14/12/2014	07:08:13	17:03:50	
15/12/2014	02:59:27	12:55:04	22:50:41
16/12/2014	08:46:18	18:41:54	
17/12/2014	04:37:31	14:33:08	
18/12/2014	00:28:45	10:24:21	20:19:58
19/12/2014	06:15:34	16:11:11	
20/12/2014	02:06:48	12:02:24	21:58:00
21/12/2014	07:53:37	17:49:13	
22/12/2014	03:44:49	13:40:26	23:36:02
23/12/2014	09:31:38	19:27:14	
24/12/2014	05:22:51	15:18:27	
25/12/2014	01:14:02	11:09:39	21:05:15
26/12/2014	07:00:51	16:56:26	
27/12/2014	02:52:02	12:47:38	22:43:14
28/12/2014	08:38:50	18:34:25	
29/12/2014	04:30:01	14:25:37	
30/12/2014	00:21:12	10:16:48	20:12:24
31/12/2014	06:07:59	16:03:35	
01/01/2015	01:59:10	11:54:46	21:50:21
02/01/2015	07:45:56	17:41:32	
03/01/2015	03:37:07	13:32:42	23:28:18
04/01/2015	09:23:53	19:19:28	
05/01/2015	05:15:03	15:10:39	
06/01/2015	01:06:14	11:01:49	20:57:24
07/01/2015	06:52:59	16:48:34	
08/01/2015	02:44:09	12:39:44	22:35:20
09/01/2015	08:30:54	18:26:29	
10/01/2015	04:22:04	14:17:39	
11/01/2015	00:13:14	10:08:49	20:04:24
12/01/2015	05:59:59	15:55:33	
13/01/2015	01:51:08	11:46:43	21:42:18
14/01/2015	07:37:53	17:33:28	
15/01/2015	03:29:03	13:24:37	23:20:12
16/01/2015	09:15:47	19:11:22	
17/01/2015	05:06:56	15:02:31	
18/01/2015	00:58:06	10:53:40	20:49:15
19/01/2015	06:44:50	16:40:25	
20/01/2015	02:35:59	12:31:34	22:27:08
21/01/2015	08:22:43	18:18:17	
22/01/2015	04:13:52	14:09:27	
23/01/2015	00:05:01	10:00:36	19:56:11
24/01/2015	05:51:46	15:47:20	
25/01/2015	01:42:55	11:38:30	21:34:05
26/01/2015	07:29:39	17:25:14	

Date	Time	Time	Time
27/01/2015	03:20:49	13:16:23	23:11:58
28/01/2015	09:07:33	19:03:08	
29/01/2015	04:58:42	14:54:17	
30/01/2015	00:49:52	10:45:27	20:41:02
31/01/2015	06:36:37	16:32:12	
01/02/2015	02:27:46	12:23:21	22:18:56
02/02/2015	08:14:31	18:10:06	
03/02/2015	04:05:41	14:01:16	23:56:51
04/02/2015	09:52:26	19:48:01	
05/02/2015	05:43:36	15:39:11	
06/02/2015	01:34:46	11:30:22	21:25:57
07/02/2015	07:21:32	17:17:07	
08/02/2015	03:12:43	13:08:18	23:03:53
09/02/2015	08:59:29	18:55:04	
10/02/2015	04:50:39	14:46:15	
11/02/2015	00:41:51	10:37:26	20:33:01
12/02/2015	06:28:37	16:24:13	
13/02/2015	02:19:49	12:15:24	22:11:00
14/02/2015	08:06:36	18:02:11	
15/02/2015	03:57:47	13:53:23	23:49:00
16/02/2015	09:44:35	19:40:11	
17/02/2015	05:35:48	15:31:24	
18/02/2015	01:27:00	11:22:36	21:18:12
19/02/2015	07:13:48	17:09:25	
20/02/2015	03:05:01	13:00:38	22:56:14
21/02/2015	08:51:51	18:47:27	
22/02/2015	04:43:04	14:38:40	
23/02/2015	00:34:17	10:29:54	20:25:31
24/02/2015	06:21:08	16:16:45	
25/02/2015	02:12:22	12:07:59	22:03:36
26/02/2015	07:59:13	17:54:51	
27/02/2015	03:50:28	13:46:05	23:41:43
28/02/2015	09:37:20	19:32:57	
01/03/2015	05:28:35	15:24:13	
02/03/2015	01:19:50	11:15:28	21:11:06
03/03/2015	07:06:44	17:02:21	
04/03/2015	02:58:00	12:53:38	22:49:16
05/03/2015	08:44:54	18:40:32	
06/03/2015	04:36:10	14:31:49	
07/03/2015	00:27:27	10:23:06	20:18:44
08/03/2015	06:14:23	16:10:01	
09/03/2015	02:05:40	12:01:19	21:56:58
10/03/2015	07:52:37	17:48:16	
11/03/2015	03:43:54	13:39:34	23:35:13
12/03/2015	09:30:52	19:26:31	
13/03/2015	05:22:11	15:17:50	
14/03/2015	01:13:30	11:09:09	21:04:49
15/03/2015	07:00:29	16:56:08	
16/03/2015	02:51:48	12:47:28	22:43:08
17/03/2015	08:38:48	18:34:28	
18/03/2015	04:30:08	14:25:48	
19/03/2015	00:21:29	10:17:09	20:12:50
20/03/2015	06:08:30	16:04:11	
21/03/2015	01:59:51	11:55:32	21:51:13
22/03/2015	07:46:54	17:42:34	
23/03/2015	03:38:15	13:33:56	23:29:38
24/03/2015	09:25:19	19:21:00	
25/03/2015	05:16:41	15:12:23	
26/03/2015	01:08:04	11:03:46	20:59:27
27/03/2015	06:55:09	16:50:51	
28/03/2015	02:46:32	12:42:14	22:37:56
29/03/2015	08:33:38	18:29:20	
30/03/2015	04:25:02	14:20:44	

Date	Time	Time	Time
31/03/2015	00:16:27	10:12:09	20:07:51
01/04/2015	06:03:34	15:59:17	
02/04/2015	01:54:59	11:50:42	21:46:25
03/04/2015	07:42:07	17:37:50	
04/04/2015	03:33:33	13:29:16	23:24:59
05/04/2015	09:20:42	19:16:25	
06/04/2015	05:12:09	15:07:52	
07/04/2015	01:03:35	10:59:19	20:55:02
08/04/2015	06:50:46	16:46:29	
09/04/2015	02:42:13	12:37:57	22:33:40
10/04/2015	08:29:24	18:25:08	
11/04/2015	04:20:52	14:16:36	
12/04/2015	00:12:21	10:08:05	20:03:49
13/04/2015	05:59:33	15:55:18	
14/04/2015	01:51:02	11:46:46	21:42:31
15/04/2015	07:38:16	17:34:00	
16/04/2015	03:29:45	13:25:30	23:21:14
17/04/2015	09:16:59	19:12:45	
18/04/2015	05:08:29	15:04:14	
19/04/2015	00:59:59	10:55:45	20:51:30
20/04/2015	06:47:15	16:43:00	
21/04/2015	02:38:46	12:34:31	22:30:17
22/04/2015	08:26:03	18:21:48	
23/04/2015	04:17:34	14:13:19	
24/04/2015	00:09:06	10:04:51	20:00:37
25/04/2015	05:56:23	15:52:09	
26/04/2015	01:47:55	11:43:41	21:39:28
27/04/2015	07:35:14	17:31:00	
28/04/2015	03:26:46	13:22:33	23:18:19
29/04/2015	09:14:05	19:09:51	
30/04/2015	05:05:39	15:01:25	
01/05/2015	00:57:11	10:52:59	20:48:45
02/05/2015	06:44:32	16:40:18	
03/05/2015	02:36:06	12:31:53	22:27:39
04/05/2015	08:23:26	18:19:14	
05/05/2015	04:15:01	14:10:48	
06/05/2015	00:06:35	10:02:22	19:58:09
07/05/2015	05:53:57	15:49:45	
08/05/2015	01:45:32	11:41:19	21:37:07
09/05/2015	07:32:54	17:28:42	
10/05/2015	03:24:29	13:20:17	23:16:05
11/05/2015	09:11:52	19:07:40	
12/05/2015	05:03:28	14:59:16	
13/05/2015	00:55:04	10:50:52	20:46:40
14/05/2015	06:42:28	16:38:16	
15/05/2015	02:34:04	12:29:52	22:25:40
16/05/2015	08:21:28	18:17:17	
17/05/2015	04:13:05	14:08:53	
18/05/2015	00:04:42	10:00:30	19:56:19
19/05/2015	05:52:07	15:47:56	
20/05/2015	01:43:44	11:39:33	21:35:21
21/05/2015	07:31:10	17:26:59	
22/05/2015	03:22:47	13:18:37	23:14:25
23/05/2015	09:10:14	19:06:02	
24/05/2015	05:01:52	14:57:40	
25/05/2015	00:53:29	10:49:19	20:45:07
26/05/2015	06:40:56	16:36:45	
27/05/2015	02:32:35	12:28:23	22:24:12
28/05/2015	08:20:01	18:15:51	
29/05/2015	04:11:40	14:07:29	
30/05/2015	00:03:19	09:59:08	19:54:57
31/05/2015	05:50:46	15:46:36	
01/06/2015	01:42:25	11:38:14	21:34:03

Date	Time	Time	Time
02/06/2015	07:29:54	17:25:43	
03/06/2015	03:21:32	13:17:22	23:13:12
04/06/2015	09:09:01	19:04:50	
05/06/2015	05:00:41	14:56:30	
06/06/2015	00:52:19	10:48:10	20:43:59
07/06/2015	06:39:49	16:35:38	
08/06/2015	02:31:29	12:27:18	22:23:08
09/06/2015	08:18:57	18:14:48	
10/06/2015	04:10:37	14:06:27	
11/06/2015	00:02:18	09:58:07	19:53:57
12/06/2015	05:49:46	15:45:37	
13/06/2015	01:41:27	11:37:17	21:33:06
14/06/2015	07:28:57	17:24:47	
15/06/2015	03:20:37	13:16:28	23:12:17
16/06/2015	09:08:07	19:03:57	
17/06/2015	04:59:48	14:55:38	
18/06/2015	00:51:28	10:47:17	20:43:09
19/06/2015	06:38:58	16:34:48	
20/06/2015	02:30:39	12:26:29	22:22:19
21/06/2015	08:18:09	18:14:00	
22/06/2015	04:09:50	14:05:40	
23/06/2015	00:01:31	09:57:21	19:53:11
24/06/2015	05:49:02	15:44:53	
25/06/2015	01:40:43	11:36:33	21:32:23
26/06/2015	07:28:14	17:24:04	
27/06/2015	03:19:54	13:15:46	23:11:36
28/06/2015	09:07:26	19:03:16	
29/06/2015	04:59:07	14:54:57	
30/06/2015	00:50:47	10:46:38	20:42:29
01/07/2015	06:38:19	16:34:09	
02/07/2015	02:30:01	12:25:51	22:21:41
03/07/2015	08:17:31	18:13:23	
04/07/2015	04:09:13	14:05:03	
05/07/2015	00:00:54	09:56:45	19:52:35
06/07/2015	05:48:25	15:44:16	
07/07/2015	01:40:07	11:35:57	21:31:47
08/07/2015	07:27:39	17:23:29	
09/07/2015	03:19:19	13:15:10	23:11:01
10/07/2015	09:06:51	19:02:41	
11/07/2015	04:58:33	14:54:23	
12/07/2015	00:50:13	10:46:03	20:41:55
13/07/2015	06:37:45	16:33:35	
14/07/2015	02:29:27	12:25:17	22:21:07
15/07/2015	08:16:57	18:12:49	
16/07/2015	04:08:39	14:04:29	
17/07/2015	00:00:21	09:56:11	19:52:01
18/07/2015	05:47:52	15:43:43	
19/07/2015	01:39:33	11:35:23	21:31:14
20/07/2015	07:27:05	17:22:55	
21/07/2015	03:18:46	13:14:37	23:10:27
22/07/2015	09:06:17	19:02:08	
23/07/2015	04:57:59	14:53:49	
24/07/2015	00:49:39	10:45:30	20:41:21
25/07/2015	06:37:11	16:33:01	
26/07/2015	02:28:53	12:24:43	22:20:33
27/07/2015	08:16:23	18:12:14	
28/07/2015	04:08:05	14:03:55	23:59:45
29/07/2015	09:55:36	19:51:26	
30/07/2015	05:47:16	15:43:08	
31/07/2015	01:38:58	11:34:48	21:30:38
01/08/2015	07:26:29	17:22:19	
02/08/2015	03:18:09	13:14:00	23:09:50
03/08/2015	09:05:40	19:01:30	

Date	Time	Time	Time
04/08/2015	04:57:22	14:53:12	
05/08/2015	00:49:01	10:44:51	20:40:43
06/08/2015	06:36:33	16:32:22	
07/08/2015	02:28:14	12:24:04	22:19:53
08/08/2015	08:15:43	18:11:34	
09/08/2015	04:07:24	14:03:14	23:59:04
10/08/2015	09:54:55	19:50:45	
11/08/2015	05:46:35	15:42:26	
12/08/2015	01:38:15	11:34:05	21:29:55
13/08/2015	07:25:46	17:21:36	
14/08/2015	03:17:25	13:13:16	23:09:06
15/08/2015	09:04:56	19:00:45	
16/08/2015	04:56:36	14:52:26	
17/08/2015	00:48:16	10:44:05	20:39:56
18/08/2015	06:35:46	16:31:35	
19/08/2015	02:27:26	12:23:15	22:19:05
20/08/2015	08:14:54	18:10:45	
21/08/2015	04:06:35	14:02:24	23:58:14
22/08/2015	09:54:04	19:49:54	
23/08/2015	05:45:43	15:41:33	
24/08/2015	01:37:23	11:33:12	21:29:02
25/08/2015	07:24:52	17:20:41	
26/08/2015	03:16:31	13:12:21	23:08:10
27/08/2015	09:04:00	18:59:49	
28/08/2015	04:55:39	14:51:28	
29/08/2015	00:47:18	10:43:07	20:38:57
30/08/2015	06:34:46	16:30:35	
31/08/2015	02:26:25	12:22:14	22:18:03
01/09/2015	08:13:52	18:09:43	
02/09/2015	04:05:32	14:01:21	23:57:10
03/09/2015	09:52:59	19:48:48	
04/09/2015	05:44:37	15:40:27	
05/09/2015	01:36:16	11:32:05	21:27:54
06/09/2015	07:23:44	17:19:32	
07/09/2015	03:15:21	13:11:10	23:07:00
08/09/2015	09:02:48	18:58:37	
09/09/2015	04:54:27	14:50:15	
10/09/2015	00:46:04	10:41:53	20:37:42
11/09/2015	06:33:31	16:29:19	
12/09/2015	02:25:09	12:20:57	22:16:46
13/09/2015	08:12:34	18:08:24	
14/09/2015	04:04:12	14:00:00	23:55:49
15/09/2015	09:51:38	19:47:26	
16/09/2015	05:43:15	15:39:04	
17/09/2015	01:34:52	11:30:40	21:26:28
18/09/2015	07:22:17	17:18:06	
19/09/2015	03:13:54	13:09:42	23:05:31
20/09/2015	09:01:19	18:57:07	
21/09/2015	04:52:56	14:48:44	
22/09/2015	00:44:32	10:40:20	20:36:08
23/09/2015	06:31:56	16:27:44	
24/09/2015	02:23:32	12:19:20	22:15:08
25/09/2015	08:10:56	18:06:45	
26/09/2015	04:02:32	13:58:20	23:54:07
27/09/2015	09:49:56	19:45:43	
28/09/2015	05:41:31	15:37:19	
29/09/2015	01:33:07	11:28:54	21:24:42
30/09/2015	07:20:30	17:16:17	
01/10/2015	03:12:05	13:07:52	23:03:40
02/10/2015	08:59:27	18:55:15	
03/10/2015	04:51:03	14:46:50	
04/10/2015	00:42:37	10:38:24	20:34:12
05/10/2015	06:29:59	16:25:46	

Date	Time	Time	Time
06/10/2015	02:21:33	12:17:21	22:13:08
07/10/2015	08:08:55	18:04:43	
08/10/2015	04:00:29	13:56:16	23:52:03
09/10/2015	09:47:51	19:43:37	
10/10/2015	05:39:24	15:35:11	
11/10/2015	01:30:58	11:26:45	21:22:31
12/10/2015	07:18:19	17:14:05	
13/10/2015	03:09:52	13:05:38	23:01:25
14/10/2015	08:57:12	18:52:58	
15/10/2015	04:48:45	14:44:31	
16/10/2015	00:40:17	10:36:04	20:31:51
17/10/2015	06:27:37	16:23:23	
18/10/2015	02:19:09	12:14:56	22:10:42
19/10/2015	08:06:28	18:02:14	
20/10/2015	03:58:00	13:53:46	23:49:32
21/10/2015	09:45:19	19:41:04	
22/10/2015	05:36:50	15:32:36	
23/10/2015	01:28:22	11:24:08	21:19:53
24/10/2015	07:15:40	17:11:25	
25/10/2015	03:07:11	13:02:56	22:58:42
26/10/2015	08:54:28	18:50:13	
27/10/2015	04:45:58	14:41:44	
28/10/2015	00:37:29	10:33:15	20:29:00
29/10/2015	06:24:46	16:20:31	
30/10/2015	02:16:16	12:12:01	22:07:46
31/10/2015	08:03:31	17:59:16	
01/11/2015	03:55:02	13:50:47	23:46:32
02/11/2015	09:42:17	19:38:02	
03/11/2015	05:33:46	15:29:31	
04/11/2015	01:25:16	11:21:01	21:16:45
05/11/2015	07:12:30	17:08:15	
06/11/2015	03:03:59	12:59:44	22:55:29
07/11/2015	08:51:13	18:46:57	
08/11/2015	04:42:41	14:38:26	
09/11/2015	00:34:10	10:29:54	20:25:39
10/11/2015	06:21:23	16:17:07	
11/11/2015	02:12:51	12:08:35	22:04:19
12/11/2015	08:00:03	17:55:47	
13/11/2015	03:51:31	13:47:15	23:42:59
14/11/2015	09:38:43	19:34:26	
15/11/2015	05:30:10	15:25:53	
16/11/2015	01:21:37	11:17:21	21:13:04
17/11/2015	07:08:47	17:04:31	
18/11/2015	03:00:14	12:55:58	22:51:41
19/11/2015	08:47:24	18:43:07	
20/11/2015	04:38:51	14:34:34	
21/11/2015	00:30:17	10:26:00	20:21:43
22/11/2015	06:17:26	16:13:09	
23/11/2015	02:08:52	12:04:35	22:00:17
24/11/2015	07:56:00	17:51:42	
25/11/2015	03:47:25	13:43:08	23:38:50
26/11/2015	09:34:33	19:30:15	
27/11/2015	05:25:58	15:21:40	
28/11/2015	01:17:23	11:13:05	21:08:47
29/11/2015	07:04:29	17:00:11	
30/11/2015	02:55:53	12:51:35	22:47:17
01/12/2015	08:42:59	18:38:41	
02/12/2015	04:34:23	14:30:05	
03/12/2015	00:25:47	10:21:28	20:17:10
04/12/2015	06:12:52	16:08:33	
05/12/2015	02:04:15	11:59:56	21:55:38
06/12/2015	07:51:19	17:47:01	
07/12/2015	03:42:42	13:38:23	23:34:04

Date	Time	Time	Time
08/12/2015	09:29:46	19:25:27	
09/12/2015	05:21:08	15:16:49	
10/12/2015	01:12:30	11:08:11	21:03:52
11/12/2015	06:59:32	16:55:13	
12/12/2015	02:50:54	12:46:35	22:42:15
13/12/2015	08:37:56	18:33:36	
14/12/2015	04:29:17	14:24:57	
15/12/2015	00:20:38	10:16:18	20:11:58
16/12/2015	06:07:39	16:03:19	
17/12/2015	01:58:59	11:54:39	21:50:19
18/12/2015	07:45:59	17:41:39	
19/12/2015	03:37:19	13:32:59	23:28:39
20/12/2015	09:24:18	19:19:58	
21/12/2015	05:15:38	15:11:18	
22/12/2015	01:06:57	11:02:37	20:58:16
23/12/2015	06:53:56	16:49:35	
24/12/2015	02:45:14	12:40:54	22:36:33
25/12/2015	08:32:12	18:27:51	
26/12/2015	04:23:30	14:19:09	
27/12/2015	00:14:48	10:10:27	20:06:06
28/12/2015	06:01:45	15:57:24	
29/12/2015	01:53:03	11:48:41	21:44:20
30/12/2015	07:39:59	17:35:37	
31/12/2015	03:31:16	13:26:54	23:22:33

TRANSITI DI LUNGA DURATA
LONG TERM SHADOWS
2013-2020

Quotidianamente i satelliti medicei di Giove proiettano la loro
ombra sul grande pianeta, ma di rado può accadere che ad un
transito di un'ombra ne segua subito un altro creando un lungo
fenomeno. La tabella elenca i giorni in cui Giove presenta ombre
per oltre 4 ore.

E' indicato il satellite che inizia per primo a transitare con
l'ombra

The table shows the day with shadows on the disk of Jupiter
during more than 4 hours
It is mentioned the satellite that begins the first transit.

Date in the format yyyy/mm/dd

Anno	m	g	h	m	s	Anno	m	g	h	m	s	#
2012	7	24	20	51	35	2012	7	25	0	56	54	E
2012	8	29	8	15	12	2012	8	29	12	20	9	I
2012	9	1	21	11	57	2012	9	2	1	39	6	I
2012	12	27	14	39	51	2012	12	27	18	45	10	G
2013	6	3	5	24	49	2013	6	3	9	29	26	I
2013	9	27	22	11	34	2013	9	28	2	58	29	E
2013	10	1	11	29	52	2013	10	1	15	54	56	E
2013	10	5	0	47	48	2013	10	5	4	51	31	E
2013	11	5	23	7	44	2013	11	6	3	10	7	I
2013	11	9	12	4	16	2013	11	9	16	28	12	I
2013	11	13	1	0	40	2013	11	13	5	46	56	I
2014	3	9	18	9	16	2014	3	9	22	42	53	G
2014	3	24	0	17	36	2014	3	24	5	28	40	I
2014	4	14	9	16	44	2014	4	14	13	22	1	C
2014	5	1	3	19	41	2014	5	1	7	30	44	C
2014	5	13	6	9	60	2014	5	13	12	9	37	G
2014	5	17	21	12	19	2014	5	18	1	37	56	I
2014	5	20	10	9	53	2014	5	20	14	44	60	G
2014	6	3	15	23	59	2014	6	3	21	34	56	C
2014	6	10	19	43	49	2014	6	11	1	34	42	E
2014	6	20	9	25	48	2014	6	20	14	36	35	C
2014	7	7	3	26	44	2014	7	7	7	55	51	C
2014	7	23	21	27	26	2014	7	24	2	0	12	C
2014	7	31	2	2	48	2014	7	31	7	36	20	G
2014	8	9	15	27	40	2014	8	9	20	3	31	C
2014	8	14	9	7	60	2014	8	14	13	31	51	I
2014	8	26	9	27	15	2014	8	26	14	5	50	C
2014	9	12	1	54	29	2014	9	12	8	7	21	G
2014	9	28	21	25	16	2014	9	29	2	30	19	C
2014	10	15	15	23	25	2014	10	15	20	8	13	C
2014	11	1	9	21	33	2014	11	1	14	7	47	C
2014	11	18	3	19	25	2014	11	18	8	6	42	C
2014	12	4	21	17	8	2014	12	5	2	5	18	C
2014	12	9	1	32	49	2014	12	9	6	36	16	E
2014	12	12	14	51	19	2014	12	12	19	32	57	E
2014	12	16	4	8	52	2014	12	16	8	29	42	E
2014	12	21	13	37	41	2014	12	21	20	3	52	I
2014	12	28	13	21	2	2014	12	28	17	47	33	G
2015	1	7	9	13	39	2015	1	7	14	2	29	C
2015	1	11	19	17	18	2015	1	12	0	54	29	I
2015	1	17	2	42	25	2015	1	17	6	46	13	I
2015	1	20	15	39	19	2015	1	20	20	3	52	I
2015	1	24	3	12	33	2015	1	24	9	22	29	C
2015	1	27	17	32	49	2015	1	27	22	40	22	I
2015	2	9	21	12	18	2015	2	10	2	0	29	C
2015	2	26	15	12	37	2015	2	26	21	54	9	C
2015	3	15	9	13	18	2015	3	15	13	59	38	C
2015	4	1	3	14	55	2015	4	1	7	59	56	C
2015	4	17	21	16	37	2015	4	18	1	59	56	C
2015	5	4	15	18	26	2015	5	4	19	59	36	C
2015	5	20	20	59	50	2015	5	21	2	24	19	G
2015	5	21	9	20	29	2015	5	21	16	22	12	C
2015	6	4	3	57	17	2015	6	4	8	35	56	I
2015	6	7	3	22	16	2015	6	7	7	58	24	C

Anno	m	g	h	m	s	Anno	m	g	h	m	s	#
2015	6	23	21	23	28	2015	6	24	1	56	31	C
2015	7	10	15	24	51	2015	7	10	19	54	36	C
2015	7	27	9	25	32	2015	7	27	13	51	40	C
2015	7	31	12	53	39	2015	7	31	18	9	11	G
2015	8	13	3	25	40	2015	8	13	7	47	58	C
2015	8	21	23	0	22	2015	8	22	4	24	47	E
2015	8	29	21	24	29	2015	8	30	1	43	46	I
2015	9	15	15	25	6	2015	9	15	19	38	24	C
2015	10	2	9	23	60	2015	10	2	14	43	53	C
2015	10	18	8	37	32	2015	10	18	12	59	49	G
2015	10	19	3	22	45	2015	10	19	7	25	44	C
2015	11	1	14	29	51	2015	11	1	20	2	48	I
2016	2	22	17	57	24	2016	2	22	22	56	37	E
2016	2	26	7	14	58	2016	2	26	11	53	12	E
2016	2	29	20	33	52	2016	3	1	0	50	2	E
2016	3	9	15	52	32	2016	3	9	21	12	10	G
2016	3	23	22	45	4	2016	3	24	3	5	0	I
2016	4	3	13	36	37	2016	4	3	17	59	29	I
2016	4	5	8	5	9	2016	4	5	12	24	32	I
2016	4	8	21	2	6	2016	4	9	1	42	37	I
2016	8	7	3	34	12	2016	8	7	7	46	38	G
2016	8	21	9	22	9	2016	8	21	14	30	3	I
2016	10	17	19	22	38	2016	10	17	23	34	6	G
2016	11	1	2	6	21	2016	11	1	6	7	39	E
2017	5	11	23	40	18	2017	5	12	4	10	34	E
2017	5	15	12	58	18	2017	5	15	17	7	35	E
2017	5	27	22	24	20	2017	5	28	2	27	53	G
2017	6	20	0	29	32	2017	6	20	4	29	37	I
2017	6	23	13	27	4	2017	6	23	17	48	27	I
2018	7	30	5	24	57	2018	7	30	9	31	23	E
2018	9	7	5	53	10	2018	9	7	10	6	59	I
2019	10	10	8	35	51	2019	10	10	13	8	46	E
2019	10	13	21	54	16	2019	10	14	2	6	9	E
2019	10	26	7	18	46	2019	10	26	11	27	6	G
2019	11	9	13	3	52	2019	11	9	18	0	30	I
2019	11	18	9	26	52	2019	11	18	13	39	19	I
2019	11	21	22	24	12	2019	11	22	2	58	53	I
2020	1	6	22	45	51	2020	1	7	2	56	31	I
2020	3	17	14	52	5	2020	3	17	19	58	13	G
2020	3	31	21	30	20	2020	4	1	1	54	56	I
2020	5	28	6	37	11	2020	5	28	11	32	34	G
2020	6	18	16	28	34	2020	6	18	21	50	45	E
2020	7	26	0	40	16	2020	7	26	4	45	48	C
2020	8	11	18	44	50	2020	8	11	22	56	22	C
2020	8	28	12	51	13	2020	8	28	17	7	59	C
2020	9	14	6	19	54	2020	9	14	11	20	23	I
2020	10	1	1	5	56	2020	10	1	5	32	38	C
2020	10	17	19	14	6	2020	10	17	23	45	15	C
2020	11	3	13	23	16	2020	11	3	17	58	6	C
2020	11	20	7	31	53	2020	11	20	12	10	12	C
2020	12	7	1	40	58	2020	12	7	6	22	15	C
2020	12	16	22	53	56	2020	12	17	4	2	11	E
2020	12	20	12	13	13	2020	12	20	16	59	44	E
2020	12	23	19	50	36	2020	12	24	0	34	30	C

Anno	m	g	h	m	s	Anno	m	g	h	m	s	#
2020	12	24	1	31	50	2020	12	24	5	56	49	E
2020	12	27	14	51	28	2020	12	27	18	54	2	E
2021	1	5	10	42	30	2021	1	5	15	17	24	G
2021	1	9	13	59	18	2021	1	9	18	45	50	C
2021	1	19	16	49	37	2021	1	19	22	18	42	I
2021	1	25	0	15	1	2021	1	25	4	17	40	I
2021	1	26	8	8	38	2021	1	26	12	56	45	C
2021	1	28	13	12	20	2021	1	28	17	35	60	I
2021	2	1	2	9	35	2021	2	1	6	55	19	I
2021	2	4	15	6	41	2021	2	4	20	13	55	I
2021	2	12	2	17	53	2021	2	12	7	7	27	C
2021	2	28	20	26	50	2021	3	1	1	17	36	C
2021	3	17	14	35	50	2021	3	17	19	27	12	C
2021	4	3	8	45	0	2021	4	3	13	36	46	C
2021	4	20	2	54	12	2021	4	20	7	45	48	C
2021	5	6	21	3	38	2021	5	7	1	54	39	C
2021	5	23	14	2	19	2021	5	23	20	3	35	I
2021	5	28	18	38	9	2021	5	28	23	45	36	G
2021	6	9	9	23	34	2021	6	9	14	12	21	C
2021	6	12	1	15	23	2021	6	12	6	17	48	I
2021	6	26	3	34	27	2021	6	26	8	21	22	C
2021	7	12	21	45	58	2021	7	13	2	31	2	C
2021	7	29	15	58	19	2021	7	29	22	24	37	C
2021	8	1	6	41	20	2021	8	1	12	59	18	G
2021	8	8	10	42	18	2021	8	8	15	33	31	G
2021	8	15	10	11	58	2021	8	15	18	20	39	C
2021	8	22	17	53	8	2021	8	22	22	21	10	E
2021	8	29	20	27	55	2021	8	30	2	22	16	E
2021	9	1	4	26	46	2021	9	1	9	2	38	C
2021	9	17	22	42	10	2021	9	18	3	14	21	C
2021	10	4	16	59	3	2021	10	4	22	29	55	C
2021	10	19	2	57	56	2021	10	19	8	30	38	G
2021	10	21	11	16	39	2021	10	21	15	39	37	C
2021	11	2	10	5	0	2021	11	2	14	36	57	I
2021	11	7	5	34	54	2021	11	7	9	52	31	C
2021	11	23	23	9	33	2021	11	24	4	5	37	G
2021	12	10	18	12	57	2021	12	11	1	2	23	C

INDICE - INDEX

www.ingramcontent.com/pod-product-compliance
Lightning Source LLC
Chambersburg PA
CBHW030003190526
45157CB00014B/313